四十年的『安全』旅途

SISHINIAN DE "ANQUAN" LÜTU

吴超 著

——吴超学术随笔

WU CHAO
XUESHU SUIBI

中南大学出版社
www.csupress.com.cn
·长沙·

图书在版编目(CIP)数据

四十年的"安全"旅途：吴超学术随笔 / 吴超著.
—长沙：中南大学出版社，2023.3
　　ISBN 978-7-5487-5301-8

Ⅰ. ①四… Ⅱ. ①吴… Ⅲ. ①安全科学－文集 Ⅳ.
①X9-53

中国国家版本馆 CIP 数据核字(2023)第 043636 号

四十年的"安全"旅途
——吴超学术随笔

吴超　著

□出 版 人	吴湘华	
□责任编辑	郑　伟	
□封面设计	李芳丽	
□责任印制	唐　曦	
□出版发行	中南大学出版社	
	社址：长沙市麓山南路	邮编：410083
	发行科电话：0731-88876770	传真：0731-88710482
□印　　装	湖南省汇昌印务有限公司	

□开　　本	710 mm×1000 mm　1/16	□印张 22.5　□字数 427 千字
□版　　次	2023 年 3 月第 1 版	□印次 2023 年 3 月第 1 次印刷
□书　　号	ISBN 978-7-5487-5301-8	
□定　　价	72.00 元	

内容提要

    本书是中南大学吴超教授从 2007 年以来在新浪网和科学网博客上发表的 1000 多篇安全学术博文中精选出来的文章合集，内容主要为作者在中南大学安全专业工作 40 年的学术经验与感悟。本书本质上是一部安全学术著作，全书分安全教学与人才培养心得体会、安全研究与创新随思、安全理论与学说构建典例、安全学科专业建设管见、科研感悟杂说、学术观点与争鸣 6 部分，内容生动、朴实、丰富。本书可供高等院校安全类专业的师生和广大的职业安全人士参考阅读，对其他专业的师生来说同样具有参考意义。

作者简介

吴超，1957年出生，男，汉族，广东揭阳人，工学博士，中南大学资源与安全工程学院教授（1991—2022），国务院政府津贴获得者（2008），宝钢优秀教师奖获得者（2011），全民科学素质工作先进个人（2021），中南大学首届研究生最喜爱导师（2011）。

吴超作为1977年中国恢复高考的第一届大学生，通过服从分配的方式被中南矿冶学院（中南大学的前身之一中南工业大学的前身）录取，就读于采矿工程专业。1981年12月，本科毕业，获学士学位；1984年11月，在职研究生毕业，获硕士学位；之后留校任教。1986年9月—1988年1月，在瑞典律勒欧大学做访问学者；1999年3月—1999年12月，在美国内华达-里诺大学和南伊利诺伊大学做高级访问学者；2000年12月，中南大学在职博士生毕业，获博士学位。

1991年12月开始任中南工业大学教授，2001年开始任中南大学博士生导师，2011年开始任二级教授。2002年5月—2014年7月，兼任中南大学资源与安全工程学院副院长并主持创建了中南大学安全工程本科专业。2005年4月—2018年3月，兼任中南大学国家金属矿安全科学技术研究中心主任；2013年6月—2015年6月，兼任资源与安全工程学院教授委员会主任；2017年11月创立中南大学安全理论创新与促进研究中心，并兼主任。2022年9月退休。从任职到退休，一直从事安全领域的教学和科研工作。

吴超曾主讲本科和研究生课程十多门，已培养100余名硕士和博士研究生；曾获国家和省部级教学与科研奖和图书奖20余项；在国内外发表论文500多篇，其中100多篇被EI、SCI收录；出版专著和教材40多种，其中三种专著获国家科学技术学术著作出版基金资助，两种教材被列为国家级规划教材，一种专著获第14届中国图书奖；主持建设的"大学生安全文化"和"矿井通风与空气调节"两门课程获国家级精品课、国家级精品共享资源课、国家级精品在线课程、国家级一流本科课程等荣誉称号。

吴超工作生涯中前期的科研领域主要为矿井通风与安全、化学抑尘、硫化矿石自燃防治等，颇有建树，代表著作有《矿山安全系统工程基础》(1992)、《高硫矿井内因火灾防治理论与技术》(1995)、《化学抑尘》(2003)、《大学生安全文化》(2005)、《公共安全知识读本》(2006)、《矿井通风与空气调节》(2008)、《微颗粒黏附与清除》(2014)等。后期热衷于安全科学基础理论的研究，创建了安全科学学、安全科学方法学、安全统计学、比较安全学、相似安全系统学、安全信息学、安全文化学等新学科，在安全新理论、方法、原理、模型、体系等方向发表论文200多篇，代表著作有《安全科学方法学》(2011)、《比较安全学》(2014)、《安全统计学》(2014)、《现代安全教育学及其应用》(2016)、《安全科学方法论》(2016)、《安全文化学》(2017)、《安全科学新分支》(2018)、《新创理论安全模型》(2018)、《安全科学原理》(2018)、《安全信息学》(2021)、《安全系统科学学导论》(2021)等，并在全国率先开设和推广安全科学系列研究生课程。吴超近十多年来还热衷于安全学科的科普工作，2007年至今，坚持用业余时间撰写安全类博文1000多篇。吴超主持建设和主讲的"大学生安全文化"在线网课，近6年来在智慧树平台上有600余所高校的77万多名学生选修学习，其中有60多万名学生修完并通过考试获得学分。

吴超多年来还兼任了许多社会学术团体职务，是中国科协第七次全国代表大会代表，曾兼任全国安全工程领域工程硕士培养协助组副组长(2006—2019)，教育部高等学校安全科学与工程学科教学指导委员会委员(2004—2017)、学科建设分委会副主任(2004—2012)，安全领域卓越工程师教育培养计划专家工作组副组长(2011—2018)，国家安全生产专家组成员(2013—2018)，国家职业健康专家组成员(2009—2018)，全国非煤矿山安全生产技术专家(2011—2014)，公共安全科学技术学会理事(2013—)，中国冶金矿山企业协会安全应急产业工作委员会副主任委员(2020—)，中国工程专业认证协会专家(2008—)，中国工程专业认证协会安全类专业认证分委会委员(2014—)，中国职业安全健康协会行为安全专业委员会常务委员(2012—)，湖南省金属学会冶金安全专业学术委员会主任(1998—2010)，湖南省安全生产专家(2011—2020)，机械工业出版社安全工程专业教材编审委员会副主任委员(2005—)，《中国安全科学学报》编委(2008—)，《中国安全生产科学技术》编委(2015—)，《安全与环境工程》编委(2006—)，《金属矿山》编委(2004—)等。

前言

　　我这辈子出版了很多书，但所有书的撰写时间都没有像这部书这样长久。这是一部我在业余时间写了15年并记录了自己40年安全学术经验与感悟的书。这部书虽然在某种程度上夹杂着自己多年安全教学和科研生涯的变迁过程与个人情怀，但从本质上看，这部书还是一部地地道道的安全学术著作。从时间跨度上，读者可以感知到其内容的厚重。由于本书是我的博文选集，就从我开博客这事说起吧。

　　人的一辈子用于工作的时间只有数十年之久，能够坚持业余15年做一件事的肯定不多——这事一定是自己感兴趣的事。当然，我写的博文大多是与自己专业有关的，这也是我能坚持这么久的另一个重要原因。这使得写博文和搞专业两不误，不至于耽误太多的业余时间。

　　说实在的，人生总要有点兴趣爱好，工作再忙也需要安排一些闲暇时间放任自己做点有兴趣的小事。即使是重要人物，就算他们日理万机，能呼风唤雨，时间非常宝贵，也需要度假休闲，偶尔也要过过常人的小日子。像我这类高校专业教师，除了教书、带学生和做点项目之外，也需要有点别的事情做。我不善于打牌搓麻将等，怎么办？业余写博文也算是一种另类选择吧。

　　我开博的起因：2007年春季，在一次坐火车出差的路上，偶然看到一张报纸介绍某知名作家开博的经历——那时开博还是一件新鲜事物。正好那时我想写篇纪念自己高考30周年的文章发表，出差回家后，出于好奇就在新浪网博客栏目注了册(http://blog.sina.com.cn/safetyculture)，并从那时开始，慢慢地养成了写博文的习惯。

　　在新浪网开博的时间是2007年5月13日，那时候我想起自己的写作能力实在是太低了，可能结合自己的安全专业发表些东西还比较合适，而且安全也很需要借助媒体进行科普，因而我把博文的主题确定为安全文化点滴。

　　之后，在给自己起昵称时，又想到50后，正好我是20世纪50年代出生并在2007年步入50岁，因此就用了"After 50"这个名字。对After 50，我自己还有个解释，把 after 的 5 个字母拆开来，在 26 个字母中，A 排 1，F 排 6，T 排 20，E 排 5，R 排 18，1+6+20+5+18＝50——这也是那时发现的。后来，我又把昵称改为 safeman50，以契合博客的安全主题。

到了 2011 年初，听朋友说有个科学网很热闹，有许多高校的老师在那里说事。俗话说，物以类聚，人以群分。在新浪网博客上，的确很少有写理工科博文的，访客也很少，因此我转到了科学网。从 2011 年 1 月 26 日起，我有了在科学网上的博客（https：//blog. sciencenet. cn/home. php？ mod＝space&uid＝532981），同时也喜欢上了科学网的主题，因而从那时开始一直坚持到今天。

15 年的业余写博文经历，对于我这辈子来说，不管在时间上还是内容上，都是值得一提和需要纪念的。从 2007 年 5 月 13 日开博，到 2016 年 9 月 29 日停止更新，我在新浪网博客上发了 972 篇博文；2011 年 1 月 26 日至今，在科学网博客上发了 650 篇博文。

多年的写博经历也使自己有了深刻的感悟，我总结出来这么几句话：写博能让人学会思考，能让人学会学习，能让人学会分析，能让人学会评价，能让人学会选题，能让人学会写作，能让人学会自信，能让人学会自省，能让人学会生活，能让人了解自己，能让人横向交流，能让人有业余兴趣，能让人学会展示自我，能让人学会快速敲字，能让人成为杂家，能让人出名，等等。写博也能让人染上网瘾，能让人虚度时光，能让人自以为是，能让人不思进取，能让人自娱自乐，能让人不务正业，等等。因此写博还要学会扬长避短、趋利避害。最实际的还有一条，就是写博能够留下一大堆文字。而我这 15 年留下的这堆文字正好为自己出版这部博文集在客观上积累了上好的素材。

我主观上想出版这部博文集的原因：我在高校工作了 40 年，其中任教授 31 年，退休时多少还是有一些东西可以与同辈同行和后辈同行分享的，同时也觉得还得为自己退休好好纪念一下。因此，除了专门请公司为自己拍了一个科研总结视频之外，还请两位学生为我在校园里拍了一组纪念照。但这些只是让自己看看而已，而能让别人看到的和最想做的一件事是在我 15 年业余时间写博发表文章的基础上，出版一部博文选集，以便把自己 40 年的学术经验和感悟等与同行们进行一个全面的交流，这才是更值得去做和更有意义的事情。可这件事说起来容易做起来也难。这么多文章需要分门别类地加以整理，工作量不小。幸好经过这些年的历练，自己的 WORD 功夫还行，经过近一个月的努力，书稿终于出来了。

本书定位为学术著作，文风仍保持口语化的博文通俗语调，书里面不纳入我发表的学术论文和出版的专著教材中的内容。书的主体内容全部从博文中选择。本书主要分为安全教学与人才培养心得体会、安全研究与创新随思、安全理论与学说构建典例、安全学科专业建设管见、科研感悟杂说、学术观点与争鸣6部分，以便尽量能够概括自己在安全学科专业40年的安全学术经验与感悟，其中也纳入了一点自己多年学术生涯的变迁过程与个人情怀。由于许多博文的内容具有时间性，一些新思想、新学说等的提出也是需要有时间坐标的，因此每篇博文均标注了撰写及发表的时间。我工作的40年，也是中国经历重大历史转变和科学技术突飞猛进的改革开放的40年。与此同时，中国高等学校同样发生了巨大的变迁和发展，因此通过阅读本书在某种程度上也可以窥见我所经历的那个时代的中国高校之一斑。

本书的书名是经过与朋友和出版社多次讨论后才确定的。我是高校的一名普通老师，书中分享了我在安全学科专业40年中的教学和科研经验、体会、感悟及主要的学术思想——很少有老师愿意敞开心扉将这类内容讲述出来并出版。因此，我相信本书会引起高校师生们的共鸣并从中得到一些借鉴。

对于我来说，15年业余写博文的确花费了不少时间和精力，如果用于去做项目挣钱，也是很可观的。但人生就是这样，选择了兴趣就不能管那么多了。在高校工作，基本收入还是能够保证衣食无忧的，挣钱多了好像也不知道能做什么。现在能够出版这部博文选集，也不枉过去在博文写作上花费的大量时间。

2012年网上流行过一句诗："我有一壶酒，足以慰风尘……"引发了许多诗词爱好者的赋诗梦。那年我也套用这句诗，写下了下面的打油诗，以表达自己编书写书的目的和动力——尽管有些夸张：

我有一痴梦，不受环境困，退思无止境，勤奋业才精。

我有一痴梦，编织安全论，给吾三千日，幻想会成真。

我有一痴梦，退休不郁闷，完成安科书，补给众生读。

我有一痴梦，足以慰余生，安全学若成，护佑天下人。

人到了一定年龄，身体就会退化，工作也不能像年轻时那样持续下去，这是自然规律。为了自勉，我在2017年元旦前夕写了下面这首打油诗，以鼓励自己不断努力：

任岁月如梭，吾童心未泯；虽时光飞逝，然我行有数。

迈甲子新年，喜脑筋还灵；庆身心无碍，藏初心未改。

问何因不舍，乃乐业驱使；有趣事相随，唯此物享受。

老年难益壮，果出终将伴；顺其自然长，余生更舒坦。

不过，人还是不可能违背自然规律的，这两年自己的确感觉身体远不如从前。不过，在编辑自己过去撰写的这些博文时，我又一次被自己过去写的一些东西感动了。对于我这个文学素养极差的工科男来说，心里还是为自己过去居然也能写出这么多文字来而感到自豪的。因为现在自己绝对没有十几年前的那种激情和精力来写出这些东西了。哈哈，能感动自己的文字才能感动别人，我希望本书能够引起一些读者的共鸣。

其实，通过多年以来接触的大量学术界同行(前辈、同辈和后辈)，我清楚地知道许多人的学术智慧比我高很多，经历也比我丰富，他们有更多更好的故事可以讲述。如果他们也能像我一样坚持15年业余写博文，那汇成的博文集一定是比我的要高深和精彩多了。我能出版此书而他们没有，其优势在于我有前15年的博文积累素材，而不在于我的智慧更高。另外，人无完人，许多伟人一辈子也都有功有过，何况我这种凡人，我这辈子也自然走过不少弯路、存在一些缺点。还有，我中学阶段处于"文革"时期，那时候语文、历史、哲学等基本没有学习，到了大学阶段仅恶补了理工科的一些知识，文科知识一直是我终生的缺陷。人到了65岁，眼睛都有些昏花了，写作障碍也增多了。综上所述，本书肯定有许多不足和错误之处，特在此恳请读者批评指正。

本书的出版得到了国家社科基金重大项目(22ZDA121)和国家自然科学基金重点项目(51534008)及中南大学一流学科创新能力提升——安全科学与工程(506010803)的资助，并得到了中南大学出版社编辑的润色，还纳入了我的一些已毕业研究生的宝贵意见，在此一并特表感谢！

吴 超

2022 年 8 月写于 65 岁退休之际

目 录 ◯◦

第一章

安全教学与人才
培养心得体会

　　我一直认为，总体上说，人才培养始终是高校的根本要
务和第一使命，科学研究和社会服务等均是在人才培养之下
的事情。我是一名兼顾教学与科研的高校教师，对教学的地
位一直是更加看重的，重视教学和人才培养是理所当然的
事。特别是我曾在 2002—2014 年期间兼任所在学院的教学
副院长 12 年之久，对教学和人才培养工作更是不敢怠慢，我
认为搞好教学和人才培养是学院的头等大事。由于上述原
因，自己经常思考一些教学和人才培养的事情，因而在自己
的博客上也写下了许多与教学和人才培养相关的博文。

教学心得散记

让博客成为学生了解导师学术思想的窗口(2015-05-02)

博客风格各异,博文五花八门。博客有个最大的好处是可以表达博主的思想,我的地盘我做主。我个人开博的主要原因之一是希望博客成为学生了解我的学术思想的窗口。

写博文自然要花一定的时间。为了使写博和工作两不误,我的做法是让博文回归到工作上来,受众主要是我的学生,如果能够惠及其他网友,那是再好不过了。我不太在乎博文的点击量。至于有人把博文拓展到娱乐大众、引领学界、感化众生的境界,我自已现在是没有这个能力的。

我每年都要招数名研究生,今年(2015)我就招了1名博士生和3名硕士生(在职工硕不算),他们都是外校来的。现在到9月份开学还有4个月,也是这些待入门的研究生比较有空余时间的时候,准备读硕的学生的本科论文(设计)已快完成了,准备读博的硕士生的毕业论文(设计)应该都做好了。我没有时间和条件请他们到我的面前给予学术上的熏陶或指导,为了使学生能够尽早了解我的学术思想和以前的研究工作,最简单有效的方法是请他们先读读我的博文,使之尽早真正进入导师的门下。其实,即使学生到了门下,我也难得有很多时间将多年的积累和想法都向他们充分交流透彻。

当然,学生了解导师的学术研究工作,也可以通过文献数据库从过去导师指导毕业的学生的论文中探索。但发表的论文是已经做过的工作,而且很多是以学生为主做的,没有短小的博文那样更加直接和全面。其实博文比学术论文更具针对性和思想性,博文才比较真实地反映了博主精神层面的东西。

学生提前读了导师的博文自然会与导师做进一步的交流,接着就自然而然地进入了读研的状态。

每年5月到9月,4个月的时间不算短,相当于一个学期。这段时间可以读很多书、做很多事,甚至写出一篇好文章或是设计出一个专利出来。当然也有些学生愿意去游山玩水、打工或放松自己,这就随个人所爱了。

把这些将入门的研究生提前引进导师的门下,这是一举两得的事,学生既利用了时间,又为攻硕攻博阶段奠定了良好的基础,并可以为参与更加激烈的学业竞争形成有利条件。而导师在每年9月开学前后一般都很忙,没有时间及时顾及学生。如果此时学生已经基本能够自己独立地开展一些研究工作，便能避免开学时导师没空指导学生而使学生浪费时间的问题。

写到这，文章好像变成谈未入门研究生如何利用每年的 5 至 9 月的时间的问题了。不过也没关系，这个问题也是很值得说的。

以追求新开一门研究生课程为目标做科研(2018-12-03)

如果说本科教学是否需要与科研相结合还存在争议，那么研究生教学需要有科研支持的争议应该小一些了吧？个人认为，要讲好研究生课程是需要有科研做支撑的。

如何使教学与科研很好地结合呢？经过较长时间的思考和实践，个人认为，有研究生教学任务的高校教师(特别是新教师)，可以将追求新开一门研究生课程为目标，并将该目标作为研究方向。对于高精尖的学科专业，这一个目标可能太过宽泛和难以实现，但对于一些普通的学科专业(特别是交叉学科)来说，是可以实现的。下面按照 5W 的方法进一步阐述上述观点：

①WHY 的问题

大家都知道，一个学科专业的研究生课程数量是非常有限的，现在各个学科专业的课程一般都排满了。能够新开设一门课程是很难的事，除非自己有很大能耐且经过较长时间做出了足够多的研究成果。因为新开设一门课程通常需要通过专业老师们的多方论证，大家觉得这门课程的确代表了学科专业的新动态、新领域、新未来，才可以排除阻力，添加到培养方案里面。与此同时，能通过上述论证，也在某种程度上证明了新开课程的必要性和发展前景。

作为一门新的研究生课程，一般课程的内容应该有普适性，而且要有相当的积累，直白地说，即有了可以出版一部新书的素材。从另一方面来说，能够开出新的研究生课的教师，他们通常需要从事该方向的研究并已经发表了成系列的论文，这也促使教师将科研工作集中到一个研究方向上。

有了一门与自己研究方向一致的课程，授课自然不会变成负担，而将成为一种动力。授课可以增进对研究领域的系统化思考，而系统化思考又提升了研究领域的完整性；授课内容有了自己研究的成果作为基础，讲起来更加有底气，讲课效果将更好，学生也更愿意听；授课时也可以让学生参与到自己的研究工作之中，使得学习与创新两不误。这就有了循环上升的可能性。

围绕一门可以研究的课程与一个可持续研究的方向，做久做深入了，就可以做出大影响，甚至做成一辈子的大事业。

②WHO 的问题

什么教师更合适和更需要参考本文的建议？显然是青年教师。大多数老教师在岁月的磨砺中都确定了自己的位置，形成了相对固定的业务范围，拥有课程教学任务更不在话下，而且老教师也懒得拓展新领域、开新课程了。因此，新教师自然是更适合思考本文提出的问题和建议。当然，老教师需要转变研究方向时，也是可以按照上述思路去做的，比如我自己近十多年的研究方向就是这么转过来的。

③WHERE 的问题

如何选择一个可以开设新的研究生课程的研究方向？个人觉得比较可能的领域是空白地带和新的交叉领域，而且是有较强普适性的和具有良好发展前景的领域，而这都有赖于自己的学识和判断力。空白地带或交叉领域足够大，就有系列大文章可做，自然就比较容易出成果。

博士毕业以后，仍然沿着跟随导师所做的博士论文方向进行研究，往往很难实现开创新领域和开设新课程的梦想，除非博士论文的工作是全新的。否则通常需要再花七八年时间，才能转入一个新方向，并从业余研究走向专业研究甚至领先研究。

④WHEN 的问题

新教师如果觉得博士论文阶段的研究方向和内容都很不错，那工作时就先继续下去吧，毕竟要转变研究方向至少像新做一篇博士论文一样困难，甚至更难。如果做完博士论文觉得自己已有的研究方向不合适或需要拓宽，那就要尽早从业余研究开始，做好转变研究方向的准备和积累，而不要东一榔头西一棒槌。许多人做科研多年，论文也发表了很多，但就是没有专著或新教材出版，原因是做的研究没有围绕一个方向，没有成体系。如果以新开设研究生课程为研究方向，那其研究一般是有明确方向和目标的，研究成果也是比较能够成体系的。

⑤WHAT 的问题

这是一个没有答案的问题，不同专业更是不一样，只能靠自己琢磨和判断。比如我自己，近一二十年从事安全科学理论研究是由于看到了该领域的空白，因而舍弃了虽能做项目挣钱但却难有学术研究可做的领域。

先寻找新的研究方向，还是先寻找新的研究生课程名称？这类似于先有鸡还是先有蛋的问题，因为它们是相互支撑和循环上升的。显然，在现实中，还是要先有前瞻研究和成果之后，别人才会允许你开设新课程，也才会有新课程的内涵。不过，可以根据已有科研的积累，去看看能否构成一门新的研究生课程，来判断所从事的研究方向是否值得坚持下去。

最后做一下小结：我曾经说过多次，一个专业不外乎由几十门课程构成，如果凭一己之力能够为本专业创建一门新课程并使之发展传承下去，那将是自己成功学术生涯的重要标志。

让新的研究生课程成为自己的研究方向，让自己的研究成果去支撑自己主讲的研究生课程。让我们荡起研究生课程教学与科研的双桨，去到达那自己要去的精神彼岸。

我指导研究生的三阶段的反思（2017-06-10）

高校老师们都算是高级知识分子，通常对自己都比较自信，总是觉得自己做的研究成果是最好的，有的甚至自我陶醉到自己骗自己的地步，能够反思自己不足的并不多。

我虽然也有我的自信和坚持，但我愿意检讨的东西也不少。这篇博文先反思一下自己在带研究生的历程中的不足吧。其实，反思一下对自己有不少好处，可以不断提高自己，更大的好处是促使师生在科研工作中"很搭"，"很搭"的内涵在后面解释。

20世纪50年出生的这代人经历了太多的历史变迁，他们的人生和经验也在不断地被改变着，其世界观和方法论也都在与时俱进。这注定了他们带研究生所用的方式也各不相同，指导研究生的经历也颇具特色。具体来说，还是因人、因专业、因背景、因条件而异。

实事求是地说，二三十年前的中国高校各个方面的水平都还是很低的，包括支撑科研的硬件、获取国际相关领域信息的能力、研究生导师和学生的视野及创新能力等。

本人于1991年12月晋升为教授后，1992年9月开始带研究生。但坦率地说，刚开始带研究生时我可以说是懵懵懂懂的，因为过去自己的科研经历很肤浅，再加上时代的局限，我的老师们的指导方法也存在很多欠缺。

带研究生往往与自己有什么科研课题密切相关，要谈这个问题，还是从做什么科研项目说起吧。我的科研项目可以说经历了三个阶段：

第一阶段是最初级的，即只要有可以做的事就是科研，或是只要能拿到一点经费的事就是科研。对于独立工作不久的高校"青椒"来说，大多数人只能是这个样。这种情况就像一个物业公司里专门做修修补补的师傅，某家的厕所漏水了、水龙头锈蚀了、地板砖烂了一块，甚至换个灯泡，公司有点问题就出点经费，联系上了你就接来做。做的过程需要帮手，研究生自然就成了你的帮手。这时带研究生最直接的方法就是手把手地教、师傅带徒弟式地教，而且在这种情况下，带的学生肯定不多，幸好那个年代研究生还没有扩招。这个阶段也不是一无是处，因为自己积累了经验，学生也能够解决一些小问题，获得一些成果，在行业刊物里也能发几篇小论文什么的。在 20 世纪 90 年代以前，单位对成果、文章也没有很多的层次之分，除了极少数在关键机构里工作的人以外，工科的科研大都如此。但在这个阶段，带研究生时肯定是缺乏方法论、缺乏前沿视野的，不能形成固定的研究方向，也出不了大成果。

第二阶段是稍有层次一点的科研，比如经费稍微多一点的题目，完成以后能够报个小奖的题目，有单位经费资助、算工分能乘系数的项目（现在一般都没有系数可算了），即纵向题目。在此阶段，科研需要按照稍微规范的套路开展了，比如要阅读一些国内外的重要文献，需要做一定的方案设计和计划，需要做实验、计算、分析等，项目完成后需要走结题程序：写总结报告、查新、开验收会或鉴定会等，甚至还需要报奖什么的。在这个阶段，带研究生时比较接近国内主流的范式了，而研究生受到的训练也相对系统和全面一些了，做得好的研究生也能够出版专著，为自己未来独立从事科研项目的申报、开展研究找到基本的方向，奠定一定的基础。但这个阶段使用的基本是"泛养"的方式，我很少与研究生讨论具体的细节问题，这也导致自己对具体实验等细节缺乏了解，无法判断研究生获得的数据和研究结果的可靠性。

第三阶段是自己找到了一个真正有兴趣和有自信的方向及课题，对科研的方法论也有了比较深刻的理解和体会。这个阶段对科研项目采取了"有所为有所不为"的方式，自己也有了一定的积累，能够放开一些烦琐的杂事，科研上有了足够时间的实际投入。同时，这个阶段的科研不完全是为了经费、考核、晋升、报奖等名利，而是为了某种程度的自我实现。此时，对研究生的指导也进入了比较高的境界，能够与研究生一起不断思考问题，经常超前为研究生思考问题，并能够结合研究生的特点为他们选择具体的小课题或小领域，从信心鼓励、方法选择、问题切入、预期结果等方面都能与研究生进行及时的沟通。这个阶段可以比较有效地实现有价值的研究目标，师生之间的工作关系用一个新词来表达就是"很搭"。

"很搭"的内涵是丰富的。在招生阶段的师生双向选择时，导师会主动告知学生自己的研究兴趣和愿意招什么类型的学生，让有志气有兴趣有能力的学生成为自己的学生。同时，导师也会对准学生进行有目的的了解或考核。在研究生入门阶段，导师有一套自己的方式将学生更快地引入自己的领域。在研究阶段，师生能够同时思考同一个问题、做同一个东西，从宏观的方向问题到新信息的获取，到具体的实验，到文章的撰写等，师生都能心往一处想、劲往一处使，彼此之间能够互相认同、互相切磋、互相学习、互为领先，师生双方都能发挥自己的潜能，做出有价值的东西，对研究结果有同样的自豪感和欢乐感。

最后的阶段是比较理想的指导研究生的阶段。尽管自己目前也没有完全进入最后的阶段，但还是能够有一点感悟了。遗憾的是当能够形成感悟和进入这种境界时，自己的导师生涯也快结束了。哈哈，要是所有的导师在很年轻的时候就能进入上述的第三阶段，不需要经历第一阶段，尽量缩短第二阶段，我想他们的研究生涯必将是非凡的，培养出来的研究生将会是出类拔萃的。现在不少优秀的青年导师已经是这样了，一开始就可以进入第二、三阶段。这也是我写这篇博文的一个愿望。

最后申明一下，本文不涉及天才学生和天才导师，天才的学生是不需要导师的，而天才的导师自然一当导师就能进入高级阶段。当天才导师遇上天才的学生时，他们的组合及其产生的正涌现性已经不是我等凡人所能够感悟和评说的了。

把一门课做成一个事业（2014-12-27）

中国高校（特别是中国研究型的高校）对教学的重视程度的确让教学型的老师有些失望。因为一般的教学工作，教学型的老师能做，科研型的老师如果愿意腾出时间来，他们也能做。能进行一般教学的教师大有人在，而能搞大科研项目的牛人却寥寥无几。不得不承认，有钱往往是硬道理，能弄到大钱的牛人在学校里自然受到重视。

科研型的老师有科研做，又有教学的能力，而教学型的老师没有大科研项目做，只能教学，且这类教师的数量也不少，这就使得教学型老师对学校不重视教学的抱怨总是不能理直气壮，说了也白说。

反过来，如果教学型的老师做的教学工作是科研型老师所不能做的和没有能力做的，而且不可或缺，那教学型的老师自然也就硬得起来了。学校也不得不给予高度重视。那么，教学型老师如何达到这个水平？这就是本文想说的，"把一门课做成一个事业"，甚至做到国内乃至国际一流的课程，这是热爱教育职业和有抱负的教学型教师的一条希望之路。

如何把一门课当作事业做并做成事业，以下是一些"中国式"的建议和体会：

①自己真正能够吃透和讲好这门课程。这里所说的"吃透"至少是对该课程内容的来龙去脉和发展现状有深刻的理解。这里所说的"讲好"是没有上限的，打个比方：教学设计像编排小品，讲课熟练程度像和尚念经，课堂表达像讲相声，逻辑推理像编写程序，讲故事像说书，等等，甚至还要能够用双语讲

授。上述比喻的要求太高了，但教师有了这些想法，自己在看电视、看电影，甚至是照镜子时，都能从中学到教学所需要的东西。这种境界是科研型教师即使想学也无法达到的。教学型教师有了这个水平，不管拍摄什么"公开课"就都不成问题了，列入××字号的"视频课"也将变得很有条件。

②自己主编和出版一部好教材。编写教材需要有教学经验，能讲好课的教师一般都能够编出一部好教材。教材应汇集国际上同类教材的优点，出版社才愿意出版这种教材。教材出版以后还要坚持使它能够不断更新和多次再版。既然把一门课当作事业来做，教师也有义务和必要在各种场合向全国乃至世界推广自己主编的教材。有了上述的基础，久而久之，教材列入"××规划"、得到"××奖"等，也就是水到渠成的事了。

③建一个课程资源库网站。教师日积月累地专注这门课的建设，自然会积累大量的国内外相关素材，这样也就有了国际视野，能够对国内乃至国际的同行有所了解。有不断积累课程资源的意识，也就能利用布置作业和考试等机会，借助学生的力量收集和创作课程素材。与此同时，也能产生一些教学改革的思路和题材。建设一个资源库网站并不难，有时学生都能做成，一般学校都有网络教学服务器可以存放这个资源库；如果学校没有，自己也可以到公众网上申请一个存储空间。

④制作数字影像课程。当该课程讲到了炉火纯青的状态时，在这个媒体十分发达的好时代，你自然而然地就会有拍摄课程视频的冲动和需要了，由此也会自觉地学习一些现代教育技术和媒体制作软件的使用方法。有了这些基础，把课程制作成为慕课等数字化视频，不仅可以大大提高个人的影响力，而且之后讲课也会变得更加轻松，可以比较容易地得到学生的认可和尊敬。刚开始，自己制作的视频课程可能得不到"国字号××"称号，但现在只要是好东西和有用的东西，上网的渠道有的是，久而久之就有上官网的机会了。

⑤现在虽然不存在"酒香不怕巷子深"的事了，但自己的课程也需要包装和推广，包括做广告。过去，教师的课件怕别人拷走，现在是需要主动送别人课件。专业学术会议、教学经验会议、微课程比赛等，都要尽量参加。在正经八百的刊物上发表教学论文很难，那就自己开博客发表吧，比如可以在科学网上当博主等等。一旦有了些名气，就会有兄弟院校的专业请你去介绍经验或讲学，认得的人也会慢慢多起来，"关系网"也就有了。

⑥有时自筹经费是必需的。现在干什么事都需要钱，但靠申请什么项目弄点钱，对于刚起步的老师来说绝不是捷径，一是项目很难申请到，二是即使申请到了也是小钱，而且不能随意花。教师也要有生意人的头脑，教学方面需要投入的资金如果不是很多，有时咬一下牙自己掏几万元也是可以的。教师不应

该抱着一毛不拔的旧观念,适当的投入是需要的,等、靠、要往往会耽误很多时间。

有了上述的历程,教师的教学过程中也自然就有了研究的成分。其实,完成上述的工作过程也是一个做研究的过程,能达到这个程度的教师自然也就离不开科研了。所以说即使是教学型教师也是不能没有科研的。

走课程建设和让教学成就自己的道路,并非一朝一夕之功,不可能一气呵成,非得慢慢磨炼不可,多年以后才能有所成就,但其影响却是深远和持续的,远远优于一些昙花一现般的科研成果。如果抱着急功近利和一夜暴富的想法,那还是下决心改变自己职业,不当教师去下海经商吧。怕失业,离不开学校,那就要学习着做科研。总是抱怨学校不重视教学是不会有改变的,除非我们高校的学费像欧美国家那样,学生修一个学分的课程需要交上千美元的学费。其实,一门课是可以做大做强的,而且还可以发展成一个品牌、一个公司、一个学校……大家看看新东方的掌门人吧。达到这种程度的教师也就不太在乎什么职称和工资了,因为能达到这种程度的教师,其职称和工资也会自然而然跟着来的。

十年推一课——以"大学生安全文化"为例(2014-12-18)

个人觉得,在有研究生教育层次的高校中工作的老教师,在各种教学业务中,除了能够比较拿手地主讲一门本科生专业课和一门研究生专业课之外(当然能讲更多的课更好),对于通用性比较强的专业老师来说,还需要讲一门课——那就是科普课(或称素质课)。如何讲科普课就是本文想说的中心。

自吹自擂不是我的风格,但为了举例说明和做安全科普,在此破例一把。

高校学生的安全教育很重要,尽管很早以前很多高校都开办了一些安全知识讲座,但介绍的内容大都是一些防火防盗的简单知识。因此,多年来包括我在内的许多安全科技工作者和教育人士多次呼吁在大学里开设丰富多彩的安全文化素质课程,但呼吁归呼吁,如何付诸实践更为重要。

我对大学生需要学习哪些安全文化进行了深入的思考,2003年我开展了大学生安全文化建设的研究并得到了湖南省教育厅的教学改革立项。与此同时,我检索了国家图书馆的中西文典藏目录,未发现有涵盖基础安全文化和专业安全文化的合适著作可以作为大学生安全文化课的教材。

2004年,我开始着手编撰《大学生安全文化》一书,并于2005年由机械工业出版社出版。这本书的编写目的是大学生阅读此书后,除了能够健康安全地度过美好的大学时光之外,还能够较大幅度地提高自身的安全素质,以便在思想上确立比较正确和牢固的安全理念，并在以后的人生中有意识地将学习到的安全生活知识和职业卫生安全知识应用于生活和工作中。

同时，为了使《大学生安全文化》得到迅速普及，2005 年我向中南大学教务处申请，在国内高校率先开设了"大学生安全文化"素质课程，得到了学校的批准。该课程每年开 4 轮，每轮选课的学生 120 名，学生来自全校数十个不同的专业。

为了进一步把该课程推向全国，2005 年，我请有做网页特长的学生帮助我建设了全国第一个"大学生安全文化课程网"，请学生帮助制作课件，赠送需要的老师。我在许多全国专业建设会议上介绍了开设这一课程的意义和经验，使得开设该课程的高校越来越多，到 2014 年达到了数十所。《大学生安全文化》教材重印五次，其课件已经在全国上百所大学中使用。

以下是该课程的建设历程和受到的鼓励：2005 年 5 月，《大学生安全文化》在机械工业出版社正式出版；建设了全国第一个"大学生安全文化课程网"。2006 年 6 月，"大学生安全文化"被评为中南大学校级精品课。2007 年 7 月，《大学生安全文化》教材被列入"十一五"国家级规划教材；2007 年，我在新浪网开设了"安全文化点滴博客"，到 2014 年已经发表相关博文 300 多篇。2008 年 10 月，《大学生安全文化》教材获湖南省高校教学成果三等奖。2009 年 10 月，"大学生安全文化"课程被评为国家级精品课程。2012 年 4 月，开始拍摄和制作"大学生安全文化"课程视频。2012 年 9 月，"大学生安全文化"列入全国高校教师网络培训计划选题，并于 2012 年 11 月 30 日—12 月 1 日为全国的相关教师进行了视频网络培训。2013 年 5 月，"大学生安全文化"视频被评为中南大学精品视频公开课。2013 年 12 月，"大学生安全文化"被评为国家级精品共享资源课。2014 年 5 月，"大学生安全文化"被评为全国大学素质教育精品通选课。

回顾这门安全科普课程的创建和推广过程，我感觉做科普很不容易，但做好了比发几篇 SCI 文章和拿个红本本更有实际意义。做科普需要坚持不懈，更需要利用媒体宣传。

科普科普，重在普及，由此也让自己写了这篇有自我吹捧嫌疑的博文，请见谅！

许下十年再推一新课的诺言（2016-03-30）

众所周知，在大学里的任何一个本科专业中增设一门新课是非常不容易的。因为每个专业的课时总数是确定的，一个专业既然开办了，其课程就已经基本固定下来了。如果要调整培养方案，通常需要等待四年一个周期的培养方案调整工作的到来，并征得专业老师和管理部门的一致同意，才能把一门新课程列入培养方案。

一门新的课程顺利列入一个学校某一专业的培养方案之后，向全国推广的难度是巨大的——推广人需要有很强的公益精神，还要做出很大的努力才能实现。我在创设和推广"大学生安全文化"素质课程的过程中，留下了深刻的记忆。

近日，我又萌发了在全国推广"安全教育学"这门新课程的想法。因为这门课程可能只在中南大学的安全工程本科专业中开设，而且已经开设十余年了。我过去对其研究得不多，而且一直没有时间去建设这门课的教材和教学课件等资源，国内也一直找不到可作为这门课程的教科书。在这种情况下，推广"安全教育学"基本是不可能的。为了开展"安全教育学"课程推广的工作，经过几年的努力，近日（2016年）我终于在化学工业出版社出版了《现代安全教育学及其应用》这本教材。同时，我在该课程的教学过程中，已经请许多学生帮助制作出了内容丰富且与教材配套的课件资源。因此，现在在全国推广该课程已经有条件了。

为什么我念念不忘地要在全国高校的安全工程本科专业中推广"安全教育学"呢？主要理由是安全教育学是从事安全教育的教师和培训师最重要的理论基础之一。许多安全管理工作者经常需要承担安全教育的工作，安全教育学也是他们的必修课。我在安全教育学的教学实践和多次兼任安全培训机构教师进行继续教育培训的过程中，深切地体会到学习安全教育学的重要性，我的教学水平的提高也得益于讲授安全教育学课程的锻炼。

安全教育学是安全科学与工程和教育学两个一级学科交叉形成的一门分支学科。安全教育学是一门以提高各类安全教育的绩效为主要目标，对人类一切与安全教育活动有关的现象、规律、方法、原理和技术及其应用等进行研究和实践的交叉学科。

尽管我国开展安全教育和安全培训的工作历史悠久，但安全教育领域的水平相对落后于其他领域的教育，愿意开展安全教育学研究的学者很少。1983年四川省冶金局和四川省劳动局组织翻译并出版了日本安全学者青岛贤司的《安全教育学》一书之后，多年来尚未有一部安全教育学著作可作为高等院校安全科学与工程类本科专业的教科书，以至于我在给安全工程专业本科生讲授安全教育学课程时，一直仅能用自己的课件进行讲授。鉴于上述情况，我近年开展了一些安全教育学课题的研究，收集了许多与安全教育学相关的资料。在此基础上，我结合这些年的教学经验积累，撰写了《现代安全教育学及其应用》一书。

该书是基于以下几点指导思想编写的：①教育是一个古老的课题，而当今教育理论和方法及技术(特别是教育技术)迅猛发展，因此，书中尽量纳入了一些新的教育方法和技术，比如现代教育媒体、网络教学技术、慕课等较新的内容。②该书的读者是高层次的安全专业人才，其内容要有一定的理论深度，使读者学习以后能够领会安全教育的规律、原理和方法，使该书有别于现有的安全教育培训科普读物。③现阶段我国安全教育的最大领域是安全生产培训，在校安全工程专业本科生毕业以后从事安全教育的主要任务也是企业安全生产培训，因此，该书专门针对安全培训教育的需要，编写了安全教育学的应用篇——安全培训。④该书是作为教材使用的，书中比较重视对安全教育学的概念、内涵、方法、原理、机制、体系等的描述，每章结尾附有思考题，以便使读者复习思考。

安全教育与安全管理和安全工程并重，是预防事故的三大对策之一。从事职业安全的专门人才，他们必须掌握一些开展安全教育的理论、方法、原理、技巧和技术等知识，以便使安全教育最优化。安全教育学正是针对上述需要而建立的一门学科，对职业安全人士意义重大，但它仍然处于发展阶段，其研究和实践任重而道远。

1991—2016 年，转眼间我已经当了 25 年的教授。我过去做的工作，很少需要我研究教授的教学技艺，主要是完成单位对教授提出的考核内容。其实，在我 30 多年的教学生涯中，大多数时间还是在"教"。

"教师不研究教"，这说起来是个悖论。我们很多人当了一辈子的教师，对教学的技艺研究却做得很少，想起来我也是如此。不过，今年(2016 年)终于能够弥补一下这个缺陷了，那就是《现代安全教育学及其应用》一书出版了。

在校完稿之后，总感觉还是有许多不足之处。为了使自己脱离这个纠结的状态，我对自己说了这么句话：对教学没有研究和总结是态度问题，但研究和总结得好不好是水平问题。我好歹态度是好的，因为我做了。

教什么课让教师不停地苦逼自己(2013-03-30)

本学期(2012—2013 年下学期)我承担了安全工程本科专业"安全教育学"的教学任务。我开场就对学生说：开设"安全教育学"的主要目的，简言之有"二"：一是教你们如何当一名安全教育和安全培训的老师，二是教你们如何组织和开展安全教育与安全培训工作。这是职业安全者必备的重要能力。

由于大学生已经习惯于当学生，而本课程的目的是要他们学习当老师，因此首先要让学生们从心理上转变自己的角色，以一名老师的需要、要求、视角等来学习本课程。

"安全教育学"的主要学习内容有：安全教育学概述，安全教育原理，安全教育的主体与客体，安全教育的方法论，安全教育的教学设计，安全教育的组织实施，安全培训实战技巧，安全教育效果的评价反馈，安全教育教学媒体应用，计算机辅助安全教学，企业安全生产培训的法律法规，企业安全培训的设计、组织、实施、评估，课堂安全教学与课外安全教育活动，不同企业的安全教育实践，典型作业场景的安全教育实践等。

从以上内容可以看出，本课程的教学过程就是最好的"教"与"学"的实践。教授上述内容本身就是对主讲教师的一种检验，既是在给学生传授教育理论、教育方法、教学模式、教学技巧等，也是在实践这些内容，而实践效果如何是对教师进行评价的一种标准。

如果教师在教学过程中未能实践教育学的真谛，那他的教学效果肯定不佳。教师为了很好地实践教育学原理，需要不断地"为难"自己。因为学生越学越会评价老师，越学越知道老师讲得好或讲得坏、老师备课用了功夫还是马虎对付、老师有没有运用各种教学原理、老师有没有运用教学技巧等，由此会对教师的教学底细越来越清楚、对老师越来越挑剔。如果按照这个模式发展下去，老师每讲一次课都要比上次课讲得更好才行。如此发展下去，最后会把自己逼到无法提升的极限或是自己把自己赶下台。

大多数老师毕竟是普通人，我也是。我的教学水平和我能够用于教学的投入毕竟是有限的，作为一名"老教师"也感到了压力。不过，从积极的角度看问题，这也是一种不断挑战自己和提高自己的方式。从提高教学质量的角度看，上述机制也不失为一种迫使教师丝毫不懈怠的好方法。不知道教学管理部门是否想到了？

本学期上这门课程的确费了些神。下面举个我组织教学活动的例子：

①活动主题："安全颂"演讲。我给77位学生出了77道有关"安全颂"的题目，每人一题，要求学生根据题目写好演讲稿，篇幅为1000~1300字，可以演讲5分钟左右。要求围绕题目写，要原创、精练、生动、翔实、有事故案例，演讲前一周提交。演讲要求是学会控制情绪、时间、节奏，能够合理运用开场白、眼神、声音、表情、手势、步伐等方面的技巧。

②活动过程：第一批上台演讲的17名学生采用自己报名的形式，以便增强学生准备过程中的主动性。学生自己做主持人，还请了摄像师全程拍录像。请会做FLASH的同学制作视频片头，进行后期制作之后供学生自己欣赏或传播。

③活动效果："安全颂"活动的目的主要是培养学生的安全观，也紧扣了安全专业的特点。通过写稿和准备演讲，学生体会到了备课和讲课过程中的不

易，感受了当教师的不易。通过录像等方式，学生学习了现代教育技术的运用方法，提高了演讲水平。学生和我总的感觉还不错。

谈女研究生的优势(2013-03-11)

我所在学科领域的多数老师做的课题大都是很"接地气"的(采矿与岩土工程)，特别是现场科研，一般不太适宜女生参与。而我的研究方向属于安全与环保领域，还是比较适宜女生的。再加上我个人性格比较谦和，因此近十年来有20多位女研究生先后选我为师，大约占我带的研究生总数的一半。招的女研究生多了，自然也有了一些体会，特别是在当前女生就业比较困难和职场上经常受到不公正待遇的背景下，我觉得有必要写篇小文章与同行和同学们聊聊。

总的说来，女研究生的优点比男生多，主要表现在：①女研究生做事普遍认真、踏实。她们做的计算、实验、测定等，数据一般比较靠得住，不必担心有数据不实的问题。②女研究生都会很虚心地接受我的指导和建议。她们一般都很用心地听老师的话，会及时调整其研究思路并给予反馈。③女研究生工作的自觉性一般比较强。她们能够根据选定的课题和确定的技术路线自觉地开展课题研究，也比较有耐心，能坐得住。④女研究生的写作能力一般比较强。她们文章中的错别字、语法结构错误等比较少，语言表达能力也都不错，答辩时用的PPT做得也比较精美。

女生们的学习成绩比较优秀，研究成果总体优良，但非常突出的却比较少。近8年来，我有6名弟子的论文被评为省优秀硕士或博士学位论文，他们均为男生。女生没有优博优硕论文，也许是因为与我对她们的要求不高，还有一个原因就是普通工科专业的学生在短时间内的确难有惊天的突破。女生们在硕士毕业之后愿意继续攻博的较少，只要她们有更好的选择，我也极少鼓励她们攻博。

女研究生们毕业后极少有自己创业的，勇于当领导的也很少。她们更多的是追求安稳的工作和生活。前些年，在高校和研究单位就业的女研究生较多，但近年来高校都用"211"本科加博士帽的门槛卡着大家，使得大家不得不转向公司企业就业。

我想上述情况代表着绝大多数中国女研究生的状况和特点。我希望女研究生们能扬长避短，根据自己的素质和能力特点形成更高的追求，树立自信心，确立远大志向，在获取知识能力、学术鉴别能力、科学研究能力、学术创新能力、学术交流能力等方面有更多的思考和飞跃。女生们同样是做科研的能手。

总的说来,我的女研究生们与我的关系是很融洽的,她们毕业以后经常来信给我问候,这使我感到非常温馨。祝她们家庭和事业都美满,实现人生的双丰收!

毕业研究生过80名之回顾(2014-11-15)

这段时间在为2014级安全工程本科专业讲"新生课",有学生问及安全研究生的就业情况,我以我指导过的毕业研究生为例做了个确凿的回答。

我在电脑上一数,20多年指导毕业的研究生正好有80名,其中23名为博士,27名在高校当老师,大约一半在研究院、设计院和大企业工作,30名为女生。80名研究生不算多也不算少,总算得上一大群吧。

我想了想这些毕业生的现状,大部分毕业生业绩平平,职称职务较高的不外是教授、处级干部,经济上也有少部分学生比我富足。可能还是印证了那句老话:物以类聚,人以群分,有其师必有其徒。我和我的学生属于同一类人,我当了20多年教授,业绩一般,跟我学习的研究生也是如此。但也不能把这说死了,人是不断成长的,说不定哪一天我也有学生飞黄腾达、一举成名呢!

我从1992年开始招收研究生,20多年过去了。在这期间,我一直与我的研究生慢慢共同成长、相互学习、亦师亦友、保持联络。

我与我的研究生从同辈人变成隔代人,我与研究生的年龄差距越来越大,有的学生还是我学生的学生。我从单一通风与安全的工程技术课题等很"接地气"的研究方向,转变到以安全科学基础理论为主的上游研究领域,从纯为对付工作考核,到能够兼顾工作考核和个人研究兴趣。我从手把手式的指导到师傅带徒弟式的指导,到以放养式、粗养式等多种方式综合指导研究生。我从不戴眼镜到佩戴弱近视镜,到佩戴弱老花镜。我的体力从一次能游四千米到游四百米,再到四年没有下过水。我从一个血气方刚、朝气蓬勃和年富力强的青年教师变成了一个做事小心翼翼、年近六旬的安全专业老头……这些年还有着太多太多的变化。

在与研究生们共同付出大量时间和心血的过程中,他们与我一起留下的痕迹是合作出版了10多种书,发表了200多篇学术论文,还有那时不时发来的问候信息。

当然,毕业的研究生们也会偶尔给我捎来些"土特产"什么的,但他们送过最好的一份大礼是2011年"中南大学首届研究生最喜爱的导师十佳"荣誉称号。不过到现在我对这个"称号"还在忐忑不安,因为我觉得我做得没有那么好。

祝愿已毕业的研究生们和在读的研究生们工作顺利,事业有成,身体健康,家庭幸福!

20 年教授生涯的回顾与展望(2011-11-14)

自从研究生毕业留校任教以来，我在提职方面遇到的唯一的幸事是：1991年申请晋升副教授职称时，系领导和学校领导居然让我直接晋升为教授。时至今日(2011年)，已经整整过了 20 年。

1991年前，中国高校里的教授还不太多，那时教授这个帽子几乎压弯了我的腰。由于我是个认真的人，为了对得起"教授"这两字，我多年来一直不敢懈怠。让我感觉稍微好一点的是，经过较长时间的磨砺，我逐渐感觉自己是名副其实的教授了。

在角色上，高校的许多教师多年来在不断地变换着角色，有的越来越像领导，有的越来越像老板，有的越来越像研究员。而我在高校工作近 30 年，好像稳坐钓鱼台，什么也没变，只是感觉越来越像个老师了，一直是那么的平凡，真是有点辜负了当年领导晋升我当教授的期望。

在科研上，现在做理论研究难得拿到经费支持，做工程技术的能解决实际问题，比较好挣钱。而我在高校工作近 30 年，自己的研究方向却逐渐从工程技术转向了理论研究，这也导致自己的研究经费与牛人们比较起来显得寒酸，在CPI 日渐增长的今天，自己贡献的"GDP"一直在走跌，课题越做越难，一直在惨淡经营。

在专业上，十多年前(1994 年前后)采矿处于最低潮，我坚持待在采矿专业。可近十多年来采矿行业处于高潮阶段，眼看许多同行都当了大款，我却退出了这一很好挣钱的行当，转而全身心地投入了安全专业这一公益事业。

在业余上，现在很多教师都会了唱歌、跳舞、打牌、搓麻、泡吧等，我却变得越来越不会生活了，小时候学的二胡、吉他，自读了研究生就没有再摸过，少年时就喜欢的游泳、武术几乎忘得一干二净，转而在 50 岁那年(2007 年)赶了一把时髦，在新浪网上开了一个名为安全文化点滴的博客，从那时起把业余时间用在虚幻的网络中。

莫怪夫人不时说，你真是傻到底了，人家是哪里有钱就往哪里钻；你可好，哪里有钱就从哪里退，你又不是不食烟火的人。

我可有自己的主见：教师变成领导有权、教师变成老板有钱、教师变成研究员有项目，可自己变成纯老师却有了更多的学生。科学研究从应用技术转向理论领域，正表明自己的学术水平有了质变和跨越。由采矿专业转向职业安全健康行业，说明自己进入了难能可贵的较高境界，因为安全健康从业者可是专门做积德行善事业的啊！

其实，学人做事如果首先想到的是功利，那就很难有原创性和革命性的突破。功利项目、功利教育、功利发展，必然成不了什么大器。当没有钱，也没有人逼迫你做而你能舍命而为之的事情，这才是真正的兴趣，而现在能达到这种境界的人太少了。

我国古人有"三不朽"的追求，即"立功、立德、立言"。当下中国学人的追求是什么？100年后当下的许多科学界大牛还能留下点什么"不朽"的痕迹吗？

在此我顺便与大家敞开心扉，表达我未来的追求或梦想——我的"五个梦想工程"：

第一个梦想工程是继续培养一批优秀学生，当然能培养出院士、得大奖的更好。尽管我已经培养出了60多名硕士、博士和记不清数量的学士。

第二个梦想工程是继续撰写几部自己专业的经典教科书，让我们专业的本科生和研究生能读上我写的书，传承知识和思想。尽管我已经编著了20多种书，但我一直追求的是写经典的书。

第三个梦想工程是继续建设几门自己专讲的课程，包括一门研究生课程、一门本科生专业课程、一门科普类课程。尽管我已经讲授了十多门课程，还正在建设两门国家精品课程和一门湖南省精品研究生课程。

第四个梦想工程是创造出一项自己真正认可和满意的研究成果，理论成果、技术成果、专利成果或专著成果都可。尽管填起表来我也已经有了一大串的成果可写。

第五个梦想工程是搞好自己家庭建设和健康工程。人过半百，更加留恋和依靠家庭了。身体可是革命的本钱，没有身体就等于10000分前面的1被去掉了，剩下的可都是0啊。

最后总结一句，能像个教授就已经很不错了。别人可以不认可自己，但自己都不认可自己是绝对不行的。

本科生教育点滴

我讲"大学生安全文化"素质课的一点体会（2013-09-11）

安全是每一个人的事，安全教育从出生就开始了。显然，关系到每一个人和从小就开始的安全教育，它必定属于科普教育。而在学校中，科普教育的最好方式是开设素质教育课程。大量实践表明，大多数事故是人的不安全行为所致的，而绝大多数经常有不安全行为的人大都是安全文化水平相对较低的人，他们更需要安全科普。我讲"大学生安全文化"素质课的指导思想如下：

（1）我希望安全素质教育不仅仅是安全基础知识的普及，更重要的是安全文化的熏陶和安全观的塑造。对于大多数人来说，安全意识比安全知识更加重要，只有使安全知识上升成为安全意识，安全知识才能进入人的骨子里，才能在人的行为中奏效。

（2）现在许多专业的安全文化正在转变成基础的安全文化，大学生应该学习一些必需的专业安全文化知识，因此，教程应该使安全素质教育和安全专业教育有机交融。

（3）教学内容需要向大安全观延伸，从大安全的视角来谈安全的价值和学习安全的意义，从终身需要的角度来谈安全文化，从你我他的多方位需要来谈安全文化，从个人、家庭、单位和社会等多方面来谈安全文化，而不是仅仅为了让学习者个人减少安全事故和伤害而设置这门课程。

（4）在安全素质教育的模式方面，我一直在思考。最理想的安全文化教育模式是熏陶式的教育，把安全知识融入和渗透到各门课程中和生活的各个环节、方方面面中，使同学们自然而然地热爱生命，自觉地想到安全和注意安全，不仅关注自己的安全，也关心他人的安全。但目前很难做到这一点，"大学生安全文化"素质课算是对大学生安全文化缺失的一种补救吧。

（5）安全教育是一种公益事业，安全教师需要像医生一样，有一种救死扶伤和积德行善的理念。"大学生安全文化"素质课讲授过程中需要关注的问题有：①由于学生一般都没有经历过大事故和严重的疾病，对安全和健康问题往往不当回事；②由于眼前的状态是安全的，所以学生对安全的重视不足，不感兴趣；③发生事故毕竟是小概率事件，一些学生认为自己很安全，讲安全是杞人忧天；④课程的内容跨度大、变化大、过渡大，比较难处理；⑤课程的讲授要求教师知识面宽、经验丰富，而且需要联系最新的新闻事件，与年轻人有共鸣；⑥教师讲课和布置作业时，要尽量让学生可以参与其中，比如收集事故案例、民俗安全故事、写安全分析小论文、开展安全主题演讲、制作 PPT 等，这样对教材和教学也是一种丰富的手段，可以使教学内容变成开放式的并得到不断的更新与充实；⑦根据我的体会，教师讲授此课程的过程也是自己学习的过程，自己同样受益匪浅。

我给安全工程专业新生讲"新生课"的内容（2012-12-25）

近年有许多高校新开办了安全工程专业。很多学校的老师都不知道安全工程专业"新生课"要讲些什么。作为国内比较知名的安全专业老教师，我经常收到许多老师和同行的来信。鉴于此，不妨写篇博文统一回复一些问题。根据我多年的工作体会，我觉得下面的内容是需要讲授给安全工程专业新生们的。

本课程为 1 学分 16 学时的必修课，听课对象为安全工程专业一年级学生。本课程的主要设置目的是使安全工程专业的大一新生了解本专业的学习目标、定位、就业去向和未来的职业发展规划；了解所学专业的整体知识体系，了解基础知识与专业的关系、所学专业发展的脉络、专业知识与专业的关系、专业实践教学的目标以及课外研学的要求；促使学生尽快适应研究型大学的学习环境，培养学生发现问题、提出问题、解决问题的意识，学习科学的思维方式与培养创新意识。本学期第一次开这门课程，讲授内容如下：

前言：关于自主学习和资源(1 学时)。

第一讲：我国安全专业人才的发展规划及世界对安全人才的需求趋势(1 学时)。

第二讲：安全学科和安全工程专业的发展简史(1 学时)。

第三讲：安全科学技术的学科体系及二、三级学科的介绍(1 学时)。

第四讲：安全工程师的知识体系和所需技能(1 学时)。

第五讲：安全工程专业的培养方案及专业课程介绍(1 学时)。

第六讲：安全工程专业在国民建设与社会发展中的战略地位(1 学时)。

第七讲：安全工程专业毕业生的就业与创业(2 学时)。

第八讲：安全专业人才的工作内容及责任(2 学时)。

第九讲：我国安全科学技术领域的科技规划(1 学时)。

第十讲：注册安全工程师制度及其要求(1 学时)。

第十一讲：安全工程专业学习与研究的方法论(1 学时)。

第十二讲：安全工程专业常见问题解答(2 学时)。

最后的课外活动是参观实验室。

安全工程本科专业的优劣势及如何扬长避短(2009-01-05)

我经常收到安全工程专业本科生提出的一些问题，其中很重要的一个是：这个专业有什么优点和缺点？本文就扼要回答一下。

①与其他专业相比，安全工程专业具有的特点：安全工程师是 38 种工程师之一，有注册安全工程师制度，有专门的安全人才职称制度，有对应的国家职能机构，为教育部工程专业认证专业，学科属性具有综合性，技术和管理并重，自然科学和社会科学并重，就业没有固定行业，体现出宽专业、人才可塑性强

等特点。

②安全工程专业毕业生的优势：安全专业人员的许多能力是其他人员不具备的，如安全法律法规知识、专门的系统分析事故的能力、安全监督管理能力、危险辨识能力、安全评价能力、应急响应计划和组织能力、开展安全教育活动的能力、热爱生命和关注健康的职业素质、比较综合的安全技术知识等。

③安全工程专业毕业生的劣势：对某一具体专业的技术知识的学习不够深入；在企业中，安全工作不是主体工作；一个企业或组织需要的安全专业人才不会很多；安全工作产生的效益是间接的、隐形的；企业间对安全健康的重视程度存在较大差距等。

④安全工程专业毕业生如何规避劣势：对某一具体专业的技术知识的学习不够深入——提倡双学位，自学感兴趣的专业技能，毕业设计做与将来从事的工作相关的课题，毕业后继续学习；在企业中，安全工作不是主体工作——重视对软科学的学习，重视协调组织能力的提升，要有当领导的意识；一个企业或组织需要的安全专业人才不会很多——多途径寻找就业信息，学校开展创业指导，安全工程专业比其他专业有更多的机会；安全工作产生的效益是间接的、隐形的——要善于宣传安全工作的意义，平安就是效益。

本科毕业论文（设计）应让学生获得什么能力？（2011-02-27）

通常来说，工科本科生第 8 个学期的内容是做毕业论文（设计），我也正在指导学生做毕业论文（设计）。因此，我也自然而然地温习起指导教师需要面对的老问题：本科毕业论文（设计）应让学生获得什么能力？

工科本科生的毕业论文（设计）是教学计划的重要组成部分，是教学过程中重要的实践教学环节，是人才培养质量的全面和综合的检验。工科本科生的毕业论文（设计）是学生毕业前全面素质教育的重要实践训练，其目的是培养学生科学的思维方式和正确的研究与设计思想，使其具有综合运用所学理论、知识和技能分析并解决实际问题的能力，能够从事科学研究或工程师的工作，完成毕业论文（设计）也是工科本科学生获得学士学位的必要条件。

上述大道理教师们都知道，但更具体的要求就各不相同了。个人认为，工科本科生的毕业论文（设计）要让学生有 12 个方面的收获：

①通过选题阶段的练习，使学生学会发现、判断、分析、评价科学问题并找到开展研究的切入点。

②通过查阅文献，使学生了解传统图书馆，国内外有关的专业数据库，互联网上的有关科技论文、学位论文、专利、成果、专著、教材、手册等资料的检

索方法和基本信息。

③通过撰写文献综述，使学生学会分析、评述、归纳已有的研究成果和科技类综述文章的撰写方法。

④通过编写开题报告，使学生学会系统地思考开展科学研究所涉及的相关问题，学会开展科学研究的基本步骤和方法。

⑤通过开展实验研究，使学生学会设计实验、动手实验、发现实验现象、获得实验结果、处理分析数据、得到实验结论等实验步骤。

⑥通过计算机模拟仿真，使学生学会某一商业软件的使用方法、如何分析计算结果、如何判定模拟仿真的真实性，以及如何获得需要的解算结果等。

⑦通过理论分析，使学生学会运用科学思维方法，开展建模研究，获得理论的或半理论半经验的公式等。

⑧通过关于某一工程问题的设计，使学生了解有关的设计规范、标准，学会设计和画图，掌握参考设计手册进行工程设计的方法和步骤，能够实现设计的优化从而满足工程的需要。

⑨通过撰写学士学位论文(设计说明书)，使学生学会如何总结自己在毕业论文(设计)阶段所做的所有工作，掌握编写科研报告(设计说明书)的要点和规范。

⑩通过将学位论文(设计)做成 PPT 演讲文件，使学生学会浓缩、表达、突出自己的研究成果，掌握 PowerPoint 软件的使用技巧。

⑪通过答辩，使学生学会如何在规定的时间里高效、准确地表达自己的研究(设计)成果，提高自己的演讲水平。

⑫通过将研究(设计)成果浓缩成可以投稿的小论文，使学生掌握发表论文的基本要求和程序。

在工科本科毕业论文(设计)工作中，要坚持将理论与实践相结合，将教学与科研、生产相结合的原则，加强理论知识和技能综合运用能力的训练，培养学生的创新意识、创新能力和创业精神。

学生所做的题目具有一定的创新性，学生在得到科学训练的同时还能够做出一定的成果，这是一举两得的好事。如果指导教师认真指导，学生努力钻研，本科生同样能够成为科研的生力军。

安全工程专业女生就业的谋略和智慧(2010-12-30)

经常有安全工程专业的女同学问及就业的事，在此写篇小文章回答这一问题。特此说明，这里所说的仅仅是个人一家之言。

（1）概述

目前，安全工程专业招收女生的比例在所有工科类专业中算比较高的，因为很多职业安全工作是适合女生去做的。总的说来，安全工程专业女生找工作比大多数其他工科专业还是比较容易的。近年来，我指导的许多安全工程专业的女生（本科生和研究生）都找到了不错的工作。

由于女性生理方面的特点，比如体力较弱、要生孩子，某些用人单位对女性产生了偏见，而忽略了她们其他方面的长处。还有的单位甚至认为女生缺乏创新意识，实际工作能力差。这些严重的性别歧视影响了女生求职时的公平性。

（2）安全工程专业女生就业的优势

与男生相比，女生一般有以下优势：

①女生的细腻、耐心、有亲和力、表达能力强等特征，非常适合从事安全管理工作。

②女生的语言表达能力一般更出色，从事安全教育、安全培训等教育工作，女生可以做得更出色。

③女生的亲和力一般比较强，在从事安全管理、处理问题和待人接物时会更加得体。她们更懂得根据不同的场合、不同的情况和不同的对象，选择最适宜的沟通手段和交流技巧。

④女生的耐心一般比较强，安全管理工作需要很大的耐心和持久性，这个特点使女生可以孜孜不倦地从事安全管理工作。

⑤女生比较细致的品质很适合做安全检测和查找安全隐患等工作。

（3）女大学生就业时应克服的一些困难

①要合理定位，根据自己的性别优势，选择适合自己的职业安全岗位，如安全管理、安全检测、安全评价、安全培训等。

②要克服自身生理、心理上的弱点，要坚持依靠自己，有吃苦的心理准备。

③不要过于求稳，怯于挑战。高危行业一般有更多的安全岗位，对于那些有一定风险、条件艰苦的工作不要望而却步。我曾在北欧和美国参观了一些矿山，一些开着载重数百吨的大卡车的就是女司机，这些女司机很为自己能够开大卡车而自豪。

④目前有些工作确实是女生较难胜任的，如煤矿井下作业、野外作业等，总的说来女生还是尽量不要涉及。

⑤适当规划结婚和生小孩的时间。几乎所有人都要结婚生子、哺育小孩，这无疑会耽误工作，分散精力和时间，打乱单位的人事安排。做好时间规划便能够尽量减少这些不利影响。

⑥树立较强的进取心。参加工作后，尤其是结婚生子以后，不能完全将注意力和重心转移到家庭上，对工作和事业要投入足够的精力。

(4)为就业提前做好准备

①在学校期间，安全工程专业女生就要提高自己的就业竞争力。除了学习安全工程专业的有关课程、完成实践环节之外，还要针对女生的身心特点，辅助学习一些有利于自己以后就业的课程，如与安全工程专业密切相关的环境类课程、管理类课程、计算机类课程。如果允许，安全工程专业的女生在大学期间还可以辅修一个自己喜欢的专业，英语、计算机、金融、化工、机械……什么专业都可以，有双学位更好。这样不论是在找工作，还是在实际的工作中，就更加有竞争力了，更加能够得到发展。

②要加强自身综合素质的培养，全面提高自己的开拓能力、领导能力、管理能力、综合知识水平、解决实际问题的能力等，注意提高自己的科研能力、动手能力、适应能力和创新能力。

③要有人格上的自尊、能力上的自立、专业上的自信及敢于竞争的自强不息精神。

最后，祝安全工程专业女生找到顺心满意的工作！

给找工作的安全工程专业毕业生的 12 条建议(2010-09-17)

每年的 10 月以后，高校的大四学生们就开始忙碌着找工作了。是的，找到一个好工作比考上大学还重要啊！我长期从事安全工程专业的教学与科研工作，觉得有义务给找工作的安全工程专业毕业生提几点建议。

(1)安全工程专业毕业生找工作要主动出击，多方寻找。目前(2010 年)，全国开设安全工程专业的高校有 127 所，但大多数是近十年新办的。今年(2010 年)全国安全工程专业的招生人数有 7000 多人，但毕业生却只有 4000 多人，因为还有不少学校没有毕业生。据往年的经验，目前安全工程专业的毕业生找工作还是比较容易的，许多高校的一次就业率都在 90%以上。安全工程专业是综合学科，就业面非常宽广，涉及社会文化、公共管理、行政管理、建筑、土木、矿业、交通、运输、机电、林业、食品、生物、医药、能源、航空等行业。但不管哪个企业或公司，每个单位需要的安全工程专业人才不会很多，这是安全工作的性质决定的。因此，许多单位尽管需要安全工程专业人才，但他们也不会花大量人力专门到高校进行招聘。

(2)安全工程专业毕业生在高危行业中比较容易找到工作。目前我国需要较多的安全工程专业人才的行业主要是建筑、化工、矿业、能源、交通等，因为这些行业的安全生产问题比较突出，而且相关企业也很多。

（3）安全工程专业毕业生在大企业和外企比较容易找到工作。就目前来说，在我国的大城市、大企业、外企中，安全工作比较受重视，也比较规范，安全人才也比较受到重视，待遇也好一些。

（4）安全工程专业毕业生不要一味追求公务员的工作。安全工程专业毕业生尽管可以从事安全监管类的公务员工作，但目前国家、省、市等较高层次的安全监管公务员岗位已经基本饱和了。而且，现在当公务员的门槛越来越高了，应届本科生一般都没有资格了，除非竞聘县级以下的公务员岗位。

（5）安全工程专业毕业生有几年基层工作经验之后，从事安全中介工作更好。安全中介机构包括安全评价、安全咨询、安全检测、安全认证、安全培训等机构，是比较适合安全工程专业毕业生的就业单位。但这些公司大都要求求职人员有几年的工作经验，有注册安全工程师或安全评价师的资格。应届毕业生当然还不够格，但一些优秀的本科应届毕业生仍然受到了中介机构的欢迎。

（6）安全工程专业毕业生到企业去从事安全技术与安全管理工作的最多。企业安全技术与管理部门的主要安全职责是：①认真贯彻执行国家及上级的安全生产方针、政策、法令、法规、指示，在经理、厂长和安全生产委员会的领导下负责企业的安全生产工作；②负责对职工进行安全思想和安全技术知识教育，对新入厂职工进行厂级安全教育，组织对特种专业人员进行安全技术培训和考核，组织开展各种安全活动，办好劳动保护教育室；③组织制订、修订本企业的安全生产管理制度和安全技术规程，编制安全技术措施计划，提出安全技术措施方案，并检查执行情况；④组织并参加安全大检查，贯彻事故隐患整改制度，协助和督促有关部门针对查出的隐患制订防范措施，检查整改工作；⑤参加新建、改建、扩建及大修项目的设计审查、竣工验收、试车投产工作，使其符合安全技术要求；⑥负责锅炉、压力容器安全工作；⑦深入现场检查，解决有关安全问题，纠正违章指挥、违章作业，遇到危及安全生产的紧急情况，有权令其停止作业，并立即报告有关领导处理；⑧监督检查安全用火管理制度的执行情况；⑨负责各类事故的汇总统计及上报工作，并建立、健全事故档案，按规定参加事故的调查、处理工作；⑩负责企业内各单位的安全考核评比工作，会同工会认真开展安全生产竞赛活动，总结交流安全生产先进经验，积极推广安全生产科研成果、先进技术及现代安全管理方法；⑪检查督促有关部门和单位的安全装备维护保养和管理工作；⑫建立健全安全生产管理网，指导基层的安全生产工作，不断提高基层安全员的技术素质。安全工程专业的应届毕业生在企业工作几年之后，便可以拥有上述的技术和经验，对以后的发展或从事更高层次的工作都是很有益处的。因此,先到基层工作几年非常重要。

(7)安全工程专业毕业生找到理想工作比考研更重要。对于有志于从事科学研究或在高校当教师的同学来说,考研和取得硕士、博士学位是必要的,因为现在很多高职学校也要求教师有硕士学位甚至博士学位了。这部分同学应该早有考研准备。但对于愿意从事基层安全工作的毕业生来说,考研就不一定是必需的了。找到理想的工作应被列为首选,因为读研毕竟是过渡,读研还是为了以后的工作。

(8)安全工程专业毕业生找工作特别需要有准备。对于安全工程专业的工作对象、工作职责、专业优势,自己所学的知识体系、层次和模块,所学的基础课程、专业课程、实践环节等,学生要能够进行清楚的表述。否则,面试时就要出大问题。

(9)安全工程专业毕业生找到工作和上岗之后必须继续学习。安全工程专业学生在校学习的主要知识是安全技术与管理的一般原理、方法、手段,更多的是工科专业所共有的基础理论和通用知识,对专业(行业)的专门知识学习得比较少。因此,毕业生到了企业,一定要在较短时间内自学所在企业的相关专业课程,并熟悉企业的生产经营流程,这样才能很快地进入角色并做好工作。因为在企业里,不懂生产工艺技术是很难做好安全技术与管理工作的。

(10)安全工程专业毕业生要扬长补短。安全专业人员的许多能力是其他人员所不具备的。但是,安全工程专业的毕业生要不断补充一些专业知识,做到你会的别人不一定会,别人会的你也会,这样你就有竞争力了。

(11)安全工程专业的女生要比男生强(见前文)。目前在我国,工作上的性别歧视是很多专业的共同问题,安全工程专业也面临着同样的问题,女生比男生更难找到工作,这是现实。所以,女生要考虑好自己的就业方向,找工作要做好充分的心理准备,做好功课,不要怕困难,要比男生更加努力和勇敢。

(12)机会永远留给有准备的人,投机取巧或过度依赖不是正确的心态。鉴于安全工程专业的特点,如果条件允许,安全工程专业的学生在大学期间还要辅修一个自己喜欢的专业或自学几门自己喜欢的课程,什么专业都可以,有双学位更好,这样在职场中你就更有竞争力了。

研究生教育点滴

研究生有什么样的能力才能让导师更钟爱？(2015-02-10)

其实，导师们也是五花八门、偏爱各异的。在研究生阶段，师生能够心心相印，心往一处想、劲往一处使、事往一处做，师生彼此默契、珠联璧合、共创佳绩，这是比较理想的。大多数导师一般比较喜欢下面这样的研究生。

研究生求学时能超出"学以致用"的常规，努力使自己达到"学以致慧"的境界。在很多人的心里，"学以致用"被当作指导自己学习的一个基本原则。但我觉得这句话比较适合绝大多数普通人，却不太适合作为研究生等高层次人才的学习指南，因为"学以致用"太功利了，"学以致慧"才更加重要。研究生更重要的是提高自己的能力和水平，使自己变得更加聪明睿智，做事情要比没有读研的人做得更快更好。例如，通过做学位论文（设计），研究生以后可以不论做什么课题的研究都很快上手。如果做什么事都要先考虑如何实用，那就不可能从事基础研究的工作了，那是职业学校的做法。读研时做什么课题，毕业以后只能做类似的课题，这达不到研究生教育的基本要求。导师和研究生都要有超出"学以致用"的境界，导师不要"授生以鱼"，而要"授生以渔"，研究生要"学以致慧"。

研究生有创新意识和钻研精神，才能够很快进入做学问的状态。做研究绝不是做作业，有些同学长期习惯于做作业和应付考试，成绩一直优秀甚至拔尖，但不会想问题、不会批判、不会创新，这就是所谓的高分低能。这类学生让导师最为伤神，短时间内"导不入门"。学生不要以为自己的入学考试成绩拔尖就很了不起，其实导师对成绩并没有看得太重，他们更看重的是学生的研究能力或潜质。高分低能这类问题的出现与学生从中学到大学（本科）期间没有接受科研训练和教师的教育水平不高有很大关系。

研究生要培养大智慧，不要小聪明，敢于知难而进，从正面攻克难关，走研究正道。有统计表明，人在一天的工作中先做难做的事，其总体工作效果最佳；人一辈子做科研，从难的课题开始做，其获得的成就最高。现在耍小聪明的学生不少，受应试教育的影响，家长和老师为了使学生得高分，经常传授一些得分技巧，比如考试先做熟悉熟练的、拿分先拿易得的、不会做的题目也不要留空白、工作先挑容易完成的、学习要速成、培训选立竿见影的等。这样做看起来好像很聪明，效果也很好，但久而久之，就培养了学生们避难就易的习惯，遇到难题就绕道而行，不得已就投机取巧，以至于有些学生把容易让学生毕业的导师当作好的导师。这必然造成师生双败的结果，学生学不到东西、做不出成绩，导师也一无所获。

理工科准研究生面试的实战经验和问答例子(2012-04-01)

多年来，我多次参加研究生的面试工作，自然有一些感想和经验。今年（2012年），考生成绩普遍很高，而淘汰比例却很大。这两天参加完本单位准研究生的面试后，感觉到很有必要写篇博文与正准备参加复试的准研究生或准备考研的同学们做些交流。就个人的经历来说，我很少遇到面试的准研究生能充分利用很短的面试时间来展示自己最好的能力和水平。

这些年参加本单位面试的准研究生很多，每位同学的面试时间很短，只有几分钟到十几分钟。用这么短的时间测试考生的综合能力，对考生和老师都是一种挑战。

有的考生有能力，但不知道怎样通过回答问题来展示自己；有的是没有能力，也不知道怎样通过回答问题来展示自己。前者自然是自己吃了亏，后者是没有办法。

为了使考生面试时不过于紧张，再加上中国人不习惯直来直往，教师提问题时一般都采用看"由表及里"、观"由此及彼"、听"弦外之音"和辅"旁敲侧击"等"狡猾"的方式，以判断学生的水平。教师最想考核的是学生的研究潜能，而优秀的研究潜能需要扎实的专业知识作为基础。

本文不谈面试时的服装、礼仪、坐姿、表情、目光等问题，而是罗列一些面试时的问答例子。

Q."请简单介绍一下你的情况。"

A.有的同学以为这个问题很容易答，马上介绍他的姓名、年龄、父母、出生地等。其实这是浪费时间，介绍上述情况能给你什么高分！考生应该重点介绍能展现自己水平的东西，如学习成绩、获奖经历、特长等。其实老师想知道的也是后者。

Q."请谈谈你所在学院或系里的情况。"

A.老师是想了解考生对所在院系的了解情况、是否关心其院系老师的科研情况等。有的同学只是说了说所在院系大概有多少学生和老师，就没有别的话了。如果学生能够讲出所在院系的研究特色、条件和老师们的典型课题等，效果就不一样了。

Q."请讲讲你正在做的毕业论文(设计)的情况。"

A.有的同学直率地回答"还没有开始"。开学已经两个月了,再过两个月就要毕业了,而毕业论文还没有开始,这可以看出该生在所在学校肯定没有接受过多少研究或设计训练。有的同学简单说了一个题目就完了,这能看出该生没做多少工作。有的同学讲的是一个科普题目,这可以看出该生所在院系的研究水平是不高的,也可以看出这个学生的研究能力不怎么样。

Q."请谈谈你做毕业论文(设计)的技术路线。"

A.有的同学回答:"网上查查资料、整理整理什么的。"对检索什么数据库、采用什么方法、运用什么工具、设计什么实验等一概说不出或没有可说的,这种学生即使毕业了,其论文也等于没做,没有什么创新性可说。

Q."请谈谈你查阅过什么数据库和学术期刊。"

A.有的同学只讲个 CNKI 或一两个常见的刊物,这可以看出学生的学术视野和接受的训练非常一般。如果能够讲出一些国外著名的数据库和学术期刊,那效果就完全不一样了。

Q."请介绍一下你专业的培养方案。"

A.通过此问题,老师是想了解学生的整体知识体系。但一些考生会无层次、无结构地罗列几门课程的名字,甚至连几门骨干专业课的名称都说不出来,这种学生的考分再高也要打上一个问号。

Q."请讲一讲你学得最好的一门课程的内容。"

A.有的同学把考试的课程说出来,但进一步问及该课程的知识体系或里面的一些重点,该生又回答不出来或回答得不正确,那该生就很难说优秀了,因为学得最好的课程也是如此这般而已。

Q."你对哪些研究方向感兴趣?"

A.有的同学把一个大专业、大学科当作兴趣来回答,比如"我喜欢安全管理、交通安全"等,这可以看出该生对所在专业的前沿方向一点不清楚,也没有听过相关的讲座,等于没有回答问题。

Q."你打算具体做什么研究课题?"

A.有的同学把一个常识性题目说出来,有的把一个大专业的名字说出来。这就可以看出这种学生是没有进行过什么科研训练的。

Q."请说一下期刊上发表的学术论文的格式或结构。"

A.有的学生回答不出来。问他们一条参考文献的规范格式包括哪些要素,更是回答不了。这就知道该生没有阅读过什么科技论文了。

Q."请举例谈谈物理知识与安全检测的关系。"

A.这类问题比较能够考查学生的科学思维能力。其实物理学的温度、力、气体等参数的测试在安全测试中一样是需要的，物理学、电学的很多知识都可以用到安全测试中。如果学生一个例子都说不出来，那其科学思维能力和理论联系实际的能力就要打个问号。同样，还可以用数学、化学等在安全测试或事故预防中的作用来提问题。

Q."你读过哪些与你专业相关的课外书？"

A.有些同学列举的课外书是一些99%以上的人都看过的小书，有的列举的书本来就是本专业的书。这就可以看出该生对相关学科不感兴趣，知识面不宽，不具有学科交叉的意识。

Q."举例说一下阅读小说和科技书有什么区别。"

A.这种题目一般考察的是学生的分析总结能力。例如，读小说要读完后才知道整个故事的结构，读科技书只要瞄一下目录就知道该书谈的是什么和整体结构的安排了。

Q."举例说一下你如何做科学实验。"

A.有的学生会不假思索地说出几个简单步骤。这可以看出该生没有设计实验的经验，不会总结实验的方法、步骤。

教师还可以即时根据学生的回答提出更加深入的相关问题来。上述问题同样适合用英文来问答，例如：

Q.'Please introduce yourself briefly.'

A.这类题目是非常有利于展现自己的。但一些同学就像背儿歌一样：My name is ××. I am twenty-one years old. I was born in ×× Henan. I come from ×× University...这样只能让老师看出是学生的英语水平不高，还浪费了很多时间。针对这种题目，学生一般事前应该有所准备，应该用比较"学术"的英语讲讲自己的成绩、获奖经历、特长等，既展示英语水平又展示研究才能。

希望考生们不要只为了应试而准备，有的考生前三年的学习就是为了通过考研的那几门课程，别的就完全不管了。这样即使考上研究生也是失败的。

我赞成研究生以发表一篇好文章为科研入门的首选目标(2014-02-23)

读研时尽管有很多东西要学要做，但作为一名基本上没有研究经验的研究生，如果自己随意遨游在知识信息的海洋中，即使竭尽全力天天沉浸在那无穷无尽的文献库里面，也很难找到自己力所能及的和有科学价值的选题。因为一个人对学术价值的鉴别能力和对可能成功的预见性不是天生就有的，它需要深厚的人生积累。

尽管无边无际的阅读漫游对增加知识面和了解学科专业领域的基本情况有

所帮助，但当需要研究生自己选出一个具体的小题目来开展研究时，一些聪明的研究生经常采取模仿和跟风的方法，看到别人发表的文章好像自己也能写，就自觉不自觉地将其作为选题来研究。而相当一部分研究生还停留在只看不动的层面时，他们便经常选出一些避难就易的垃圾题目来。

基于上述情况，如果指导教师一开始就能够为研究生指出一个比较有学术价值和短期内可能完成的小题目，并让研究生自己愿意做和体会到其实现的意义，并接着将其作为短期内努力的目标和研究的切入点，则是可以达到事半功倍的效果的。这是因为：

①有了明确的选题后，研究生查找文献的范围立即由一片森林变成一棵大树，只要沿着树根—树干—树枝进行梳理，就可以把这棵树很快摸清楚。

②有了明确的选题后，需要学习哪些新知识、新技能、新软件等就非常有针对性了。

③有了明确的选题后，需要做什么实验、做什么仿真、做什么分析、取得什么数据等也就非常明确了。

④有了明确的选题后，选用什么合适的思维方法去分析什么科学问题，并求证出什么科学结论也会变得清晰许多。

当完成了各项基本研究后，就可着手写论文了。对于新手来说，写出符合要求的规范论文是不太容易的，需要在实践中学习。很多研究生平时阅读别人的论文时一览而过，但当自己动手写作时，才发现有很多自己平时没有注意到的问题。以我的经验来说，从来没有发表过论文的研究生的第一篇论文仅在写作方面就要修改四次以上。

说实在的，现在很多企业的高级工程师都写不出一篇符合 CSCD 期刊要求的文章，许多工程师一辈子都没有发过一篇类似现在的 CSCD 层次的文章。一个仅懂得数理化通用知识和所在专业基本知识的理工科硕士研究生能够写出一篇 CSCD 核心刊物文章，这就体现了培养阶段的一大飞跃。

当完成了研究、撰写文章及投稿发表等工作之后，研究生必然会对科研有一个深刻的体会并产生一定的兴趣，同时也具有了某种程度的成就感。

有了第一篇文章打基础，聪明的研究生通常会举一反三，后面的研究就变得比较顺畅了，学生也将逐渐具有独立研究的能力了。

我们有些研究生对导师的作用理解不到位，写出一篇文章后就认为是自己完成的，其实第一篇文章往往是导师起到了主要的作用。有句经验之谈，"好的选题是成功的一半"，何况选了题目以后，导师还要做很多的指导和相关的具体工作。对导师的作用，研究生要有了一些研究经历以后才能真正体会。

研究生（特别是硕士生）在很短的时间内想要获得较好的科研训练，取得一定的成果，以先写出一篇好的小论文为目标不失为一种特效方法。

研究生的主业与副业（2015-02-07）

研究生拥有多方面的能力，智商、情商都高，这些肯定都是难得的优势。但在读研阶段，有些能力、特长、兴趣需要暂时收敛一下，有些想法需要暂时放在一边。

研究生要培养一定的组织领导能力，但不一定都要当学生干部。有些研究生从小就喜欢当干部，到了研究生阶段也要一身多职，学校、学院的学生干部职位都想兼上几个，并从中得到一些学习以外的好处。其实人的时间、精力是有限的，有分身术的人极少。说实在的，对这种情况，导师表面上不会做过多评价，但多数人心里是不太喜欢这类学生的，因为没有时间和静心的境界是难以做好科研的。

研究生情商高是优点，但不要盖过和挤占了智商。有些研究生从小就懂人情世故，会说好听的话，显得很"成熟"，到了大学阶段也是这样。这类同学有时挺让许多人喜欢，短期内可以与院系的干部、辅导员、任课老师熟悉起来，并且可以争取到"好印象"，获得"印象分"，拿个"关系奖"什么的。但读研期间如果还是这样做科研，业务型导师一般是不会认可这类学生的。

研究生的业余特长可以显露，但对爱好的追求不要胜过专业。有些研究生从小参加了很多培训班，说拉弹唱、琴棋书画，样样都能来一点，结果到了读研阶段也是这样，把大部分精力用到了表现自己上，参加了学校许多文体类活动。当然，也有个别可以走上另外一条路，成为文艺明星，但这与导师没有关系，也不是读研究生的初衷。还有一些学生谈恋爱无度，一天时间大都花在谈情说爱上。导师对于这类学生也是看不上的，因为他们不务正业。

研究生阶段不可急于兼职、打工和找工作。读研究生的时间非常自由宽松，特别是在导师管得少的情况下。有的同学因此就放松了科研正业，到外面打工挣点小钱。打工虽然可以锻炼能力，但要看是什么时候。如果刚读研就去打工创业，哪里还能静心进入做研究的状态？其实过早去打工将会得不偿失，如果读研期间能够按时甚至提前完成学分和学位论文，利用最后一个学期或最后一个学年找工作、参加实习和创业，那才是比较合适的。综合考量来看，毕业后再去工作挣钱，得到的东西远比在校期间去兼职打工要多得多。

研究生阶段需要分清主次，抓住主要矛盾。研究生就是做研究的学生，做研究就是要出成果，出成果就意味着出人才。

研究生毕业答辩后，师生还应想点什么？（2011-12-11）

2011 年 12 月 3 日和 9 日，我指导的 7 名硕士研究生和 2 名博士研究生完成了他们的学位论文答辩。这是我 20 年带研究生的生涯中，一次毕业答辩学生最多的一次。在答辩结束的致谢环节中，同学们诚挚的致谢让我感动不已，眼角里不禁也偷偷含着泪花。哈哈，得到学生的几声致谢真比拿什么奖或得什么官方表扬还来得动情些。不过冷静之后，总觉得与学生们的关系还意犹未尽。可不，在学生答辩数天之后，我觉得在他们离校走向工作岗位之前，还得好好提提问题，继续唠叨几句。我想向学生们问一些问题：

你现在能够自我选择研究课题了吗？你现在对选题的意义能够分析判断得清楚了吗？你现在能够快速查阅最新的资料信息吗？你现在能够阅读英文的科技文献了吗？你现在熟悉有哪些国内外数据库了吗？

你现在掌握撰写综述文章的要点了吗？你现在能够编写开题报告了吗？你现在能够独立撰写基金或项目申请书了吗？你现在能够构思研究方案了吗？你现在能够设计实验方案了吗？你现在掌握了哪些科学方法？

你现在能够动手开展实验了吗？你现在能够发现实验现象了吗？你现在能够处理分析数据了吗？你现在能够对实验结果开展推断了吗？你现在能够使用哪些商业数值计算机软件？你现在能够熟练地运用办公软件了吗？你学会了操作哪些专门的仪器设备？

你现在能够进行数学建模了吗？你现在能够总结出自己的研究方法了吗？你现在能够快速查阅设计规范、标准了吗？你现在能够系统地构思出一篇学位论文的框架了吗？你现在能够编撰一本专著或教材了吗？你现在能够把你的研究成果精练准确地表达出来了吗？

你现在能够上台做报告或演讲了吗？你现在了解本专业国内的主要高校和研究机构了吗？你现在了解本专业的国内外主要学术刊物了吗？你现在了解本专业的国内外主要的学术会议了吗？你现在了解本专业国内比较知名的专家学者了吗？

你现在能够把研究成果撰写成规范的论文并投稿了吗？你现在能够撰写英文文章，在国际会议上演讲了吗？如果重新让你做一次毕业论文，你会如何做？

你读研懊悔了吗？你选错学校了吗？你选错专业了吗？你选错导师了吗？你选错了方向吗？你从周围同学身上学到了什么？你从周围老师身上学到了什么？你辜负亲人的期望了吗？如果有重新来过的机会，你会如何安排自己的研究生生涯？

你下阶段的目标是什么？你最想给学弟学妹们的忠告是什么？你最想给老师的建议是什么？你读研期间最大的收获是什么？你读研期间最满意的事是什么？你读研期间最遗憾的事是什么？你现在最想弥补的事是什么？

…………

当然，研究生答辩后，老师该想些什么，同样可以从上面的诸多问题中得到答案。

我赞成女硕士生毕业时首选工作而不是攻博(2014-05-20)

本届(2014届)我有5位硕士生毕业，清一色的女生。我祝贺她们顺利完成学业毕业，更恭喜她们都找到了各自喜欢的好工作！读书阶段仅仅是人生的一小段旅程，更重要的和时间更长的人生阶段是工作。

这届硕士生的研究成果我比较满意，她们与我合作发表了7篇文章，虽然不是什么SCI文章，但我认为这几篇文章都很有意义。还有两位硕士生与我合作出了新书，更是过去从没有过的。

在中国的重点大学，在硕士阶段，如果老师会指导并用心指导，学生能认真学习，则学生的基础知识，文献阅读能力，科研选题和开题能力，实验、计算和分析的能力，写论文和汇报演讲的能力，逻辑思维和创新能力等都已经得到了充分的训练。硕士毕业时，正是她们找个好工作和走向社会的最佳阶段。

有个好工作，可以锻炼实际工作能力，提高做人做事的水平，把学到的知识用于实践，实现人生价值，在经济上走向独立，组建自己的家庭，实现美好的生活，这是十分有意义的。

其实，我们一些老师希望硕士生继续攻读博士学位，一个重要的原因是博士生不需要太多的指导就能够独立开展科学研究，帮助导师完成课题、出成果。而不少愿意继续做博士生的学生是为了能够在高校等有博士学位门槛限制的单位工作，纯粹出于科研的兴趣而读博的人实在是少之又少。

昨天下午我又一次参加了我院一年一度的研究生毕业典礼。在国外，毕业典礼是大学生和研究生毕业离校前的一个非常隆重的日子，但在国内并不显得非常特别。我觉得师生都穿上学位服照照相，对于导师来说是感到自豪的一刻，对于学生来说也是人生中非常值得记忆的幸事。因此，我是非常乐意参加毕业典礼的。

答辩的利弊(2018-01-25)

答辩作为学位教育的最后一道质量关口,有悠久的历史。但现在答辩已经泛滥成灾——项目结题、成果鉴定、申报奖励、申请课题、申报职务、述职汇报、评聘岗位、年终总结,甚至学生评个奖学金,都需要答辩。答辩名目繁多,答辩已经成为高校甚至全社会的流行做法。

答辩最普遍的范式是:根据要求预先准备一个不需要审查的PPT文件,然后按规定的时间做演讲,接着回答评审专家提出的问题,最后由参评专家给出评价。答辩环节本来是让不太熟悉答辩人的专家在很短时间内比较方便地了解答辩人"闯关"的支撑业绩或申请做的东西的可行性等,但随着时间的迁移,答辩的负面效应越来越明显。

人性的共同特点是做什么事都希望成功,而许多人争取成功时不仅善于从正面攻克,更习惯于走捷径、找窍门。从答辩的各个流程中,善于答辩者可以找到很多通过答辩的突破点。

第一,"提前准备"可以造成很大的竞争不平等。准备答辩虽然需要花时间,但与平时做事的时间比较起来,准备答辩的时间还是很短的。明白答辩含义的答辩人很懂得在答辩上所花的时间是最高效和最值的。答辩准备的时间越长,效果会越好;可以动员其他人参加答辩准备,参与准备的人数越多,效果也会越好。因此,答辩前会存在竞争上的不平等。

第二,"不需要审查"和没有内容标准的PPT使答辩者可以纳入很多不需要的东西。有意者甚至可以东拼西凑、背离事实乃至编造有利于通过答辩的内容。竞争越激烈,目标越诱人,存在的问题可能也越大。例如,对于论文或成果的评价,有的答辩者可能会把自己的东西写得天花乱坠,把八竿子都打不着的名人和著名机构都引用进来,而且做得有理有据,乍一看比真实还"真实"。

第三,PPT是一个强大的多媒体工具,多媒体的冲击效果是巨大的。做好PPT展示文件不仅需要让PPT本身的功能得到充分的发挥,而且需要运用人机学、美学、心理学等知识,需要展示内容高度凝练,还要设计表达效果等。这些方面的功效得到淋漓尽致的发挥,对参与答辩的专家的影响力将是不可忽视的。因而,一件实际上很普通的事也可以被表述成很不寻常的事,甚至可以像魔术一样把假的做成真的。这样一来就可能使专家产生误判,进而背离真正的答辩目的。上述效果完全可以借助答辩人以外的力量达到,这也是竞争上的不平等。

第四,演讲效果与口才密切相关。有的人从小就培养演讲能力或具有演讲天赋，加之形象较好，通过充分准备，就能把事实编成精彩的故事。一个人的精力和优势往往是有限的，学问做得极好的人往往表达能力有限，而表达能力的提升绝非一日之功。虽然当演说家也是真本事，但这不是做好学问必需的本事。有的人有十分业绩仅能说出七分，而有的人仅三分业绩可说出十分，而且还能说得意犹未尽。

第五，由于答辩时间都很短，评审人主要是根据答辩人的PPT和演讲内容做判断，按照教育学理论，此时答辩者在这种情况下起到主导作用。评审人根本没有时间上网核实有疑问的信息、查找有关的背景资料，也没有时间问很多问题并连续追问相关的问题，也可能碍于面子不好提很尖锐的问题。答辩会一般都安排得很紧凑，答辩人一个接一个地上，台下专家不可避免地有疲倦的状态出现，评审专家要高度集中精神才能很快领会答辩人材料的核心要点。这就为答辩人形成了可以引导评审专家思维的客观条件。

第六，参加答辩会的答辩人一般都是大领域的同行，答辩人的工作内容很难有完全的可比性，答辩人专业以外的能力表现就显得尤其重要。另外，参会专家也是大领域的同行专家，大部分专家很难对每一个答辩人的具体工作都清楚。此时，答辩人显示出专业以外的能力也更能打动专家。因此，答辩会往往很少专注于答辩人的实际工作能力，专家一般更会受到容易判断的东西的左右，比如论文的数量、刊物的影响因子等表层的东西，而很难真正把握答辩项目的前沿性和意义。因此，网上流传着这么一句话："很多创新都是被专家的投票投下去的。"其实，这是答辩制度的缺陷造成的，答辩让许多专家很为难。如果还有机械的综合打分标准环节，这就更为难单项突出的答辩人了。

第七，回答问题同样有很多的技巧。很重要的一点是是否有自信或底气。大多数专家一般都认同有底气有自信的人。专家提问一般都是挑存在问题处或薄弱环节发问，胆子大和外向的答辩人在回答问题时，他们往往能够以正面和自我肯定的方式回答，比较容易征服专家。而内向和谦虚严谨的人在回答问题时，往往犹豫一些，不敢怎么夸大，进而比较容易让专家得出结论——自己提的问题是对的，切中了答辩者的弱点，结果做出否定答辩者的判断。

第八，人总是比较容易被表面的东西影响，专家也一样。如果一个答辩人形象大方光鲜，PPT制作精美，演讲时楚楚动人、滔滔不绝，回答问题时恰到好处、充满自信，其印象分肯定增加不少。但这些与科学创新、成果质量毫不相干。在创新思想和高质量科研成果非常宝贵的今天，表面的东西经常会把本质的东西给覆盖掉了。因此，答辩的综合结果对稀缺的创新思想和另类人才是非常不利的。

其实，答辩本来是一种不错的形式，但过分利用答辩却会让事实变味。过度依赖于答辩的坏处是让人学会夸夸其谈，让学者变成演说家，造成新的不公平竞争。而且，答辩很容易埋没真正意义上的创新和其貌不扬的特殊人才。

"学术鸡汤"公式(2019-01-30)

现今的"鸡汤"营养太丰富了，啥都有。不管人生成功还是失败，是正面还是反面，都有"鸡汤"可服，以至于人们对鸡汤文章变得不感兴趣了。但我觉得"鸡汤"毕竟是鸡汤，本质实实在在还是营养的，特别是对于在行动的人来说。

俗话说，机会是留给有准备的人的。但我要说另一句话，"鸡汤"是熬给在行动的人的。本文要说的是"学术鸡汤"，是指做科研的规律、方法、原则、点子、经验、教训等。

参加学术会议为了啥？其重要目的之一是了解同行在做些什么，从中得到一些借鉴或启迪，之后对自己所做的工作有所帮助。但如果自己没有在做研究，可能就很难察觉出别人的经验是可以学习的。

阅读科技文献为了啥？其重要的目的之一也是了解同行在做些什么，从中得到一些借鉴或启迪，之后对自己所做的工作有所帮助，提升自己工作的创新性。因此，带着问题寻找和阅读文献是最有效果的。但如果自己没有目的地遍览文献，可能花了很多时间也还是空空如也。

到现场参观人家的实地场景为了啥？其重要的目的之一是了解同行怎么做工作，在什么场所用什么仪器装备，并从中学习经验、获得感受。但如果自己没有研究计划，看了也是白看。

研究生听老师指导为了啥？其重要的作用是从导师的指导性建议或经验中领会如何思考问题、做些什么、怎样才能做得更好等，之后能够事半功倍地高效完成任务，能举一反三地做出更多的成果。但如果学生自己根本就没有什么想法和行动，导师可能说了也白说。

更多的例子就不一一列举了。

其实，在参加学术会议、阅读文献、参观现场、听导师指导等场合中，即使已经品尝到了一些对自己很有用的"学术鸡汤"，而且也心潮澎湃，很认同听到和看到的经验，但如果没有很快地付诸行动，久而久之也就会完全淡化和忘却，所品尝的"学术鸡汤"也将过了保质期而变得变质无味了。

多年来，我从带学生做科研的经历中知道，只有快速行动的人才能更加敏锐地捕捉到别人的经验和创意，才能将喝到的"学术鸡汤"用于实践，才不至于浪费所学到的东西。

对于时刻在行动的人来说，"学术鸡汤"既是营养品，也是催化剂。勤于行动又善于喝"学术鸡汤"的人符合以下公式："学术鸡汤"×行动＝成功。

其实，这个鸡汤公式也体现了人的聪敏程度、工作效率、对于机会的把握能力等，也说明了人如何从优秀到卓越的原理。鸡汤公式可以使人成为导师最喜欢的学生、老板最喜欢的员工、领导最喜欢的下属，当然也可以使他们获得最大的自我实现。

说到这，我想以2018年诺贝尔物理学奖得主唐娜的故事做典型例子。唐娜的导师是莫柔，莫柔的另一位学生和科研助理是史蒂芬·威廉姆斯。有一天，威廉姆斯好奇地向莫柔提出了一个问题：如果光纤和放大器换个顺序会是什么结果？但问完问题后，威廉姆斯就回家了。由于威廉姆斯已经回家了，莫柔就让在实验室里加班的女学生去做一下这个实验，这位女学生就是唐娜。结果做出来后，莫柔和唐娜作为指导者和实验者把结果发表在《光学通信》杂志上，该成果使他们获得了2018年度的诺奖。没有威廉姆斯和莫柔的"学术鸡汤"，没有莫柔和唐娜的行动，就没有这一诺奖的诞生。

优秀的人为何更容易优秀？重要的原因之一是他们具有一种特质：知道如何吸收各种精华，并及时转化为个人的下一步行动。

教书育人有趣轶事

一次课堂练习引来一篇报道的故事(2019-12-05)

2019下半年给2017级安全本科生讲"安全教育学"，本课程的主要目的是让学生们掌握安全教育的基本原理、方法、设计、评价等知识，并开展安全教育技巧培训，让他们知道如何进行安全培训项目的开发、实施和质量管理等活动，为以后负责安全培训师等工作奠定基础。

整门课的内容除了现代安全教育技术之外，绝大多数内容基本上属于文科的范畴。对于理工科学生来说，安全教育学这类知识看起来毫不费力，一说就懂。

为了让学生有实践上的体会，知道教学说起来容易做起来难，我把一半课时让给学生，让每个学生上台讲课。由于选修本课程的学生仅有31名，所以正好比较有时间分配给学生，我的角色转变成了教学的组织者。

为了增强学生的讲课效果，我首先给学生讲解了备课要求、课程设计、课堂组织、上课技巧等要点，并把前一届同学制作的课程分段课件按顺序分发给了每一位同学，让每位同学在分发的课件的基础上进一步修改，提高课件的表达效果，拓展课件的内容，并要求每位同学提前准备好讲稿并预先做演练。

每位同学上台讲课的时间约为15分钟，在学生讲课过程中，我协助把控课堂的氛围和时间进度，并兼任主持人的角色，每位学生讲完之后我做适当的点评。

为了使学生加深对教学实践的体会，我要求每位同学写一篇2000字左右的教学心得，并预告学生要把他们的文章发表在我的微信公众号上。这既是对学生的鼓励，又能促使学生认真总结自己的讲课体会，以便下次做得更好。同时，为了使学生把文章写出水平，联系已经学过的安全教育学知识，我先给同学出了一个写作提纲(见附录)。上述做法真的起到了一定的效果，很多同学写成的文章理论联系实际、内容翔实、有血有肉、生动活泼。

在我推送第三位学生的教学心得时，《中国科学报》的一位记者看到了学生的文章。他很感兴趣，与我联系，表示要采访这位学生。我的那位学生也感到很意外，并荣幸地接受了采访。之后，这位记者还浏览了我以前写的有关安全教育学的教学博文，并为我们专门写了一篇2000多字的报道。文章发表在2019年11月27日第8版的《中国科学报》上，文章的标题为《做安全培训师的培训师，我是认真的!》

一道作业引来一篇报道，这已经是我的第二次巧遇了。

其实，每位教师在教学工作中，只要结合教学内容动动脑筋，都能够调动学生积极性，使课堂变得活起来，还可以提升教学效果。

对于我来说，虽然学生写的教学心得比实际的讲课表现要好，但我觉得能意识到怎样做才能做得更好也非常重要的，这比靠别人指导自己更能内化于心。因为很多人不会进步，是他们由于不知道自己如何做才能做得更好。我相信，学生们以后一定能做得更好! 他们也是这么说的。

附录：教学心得写作提示

题目：我是怎样讲好第一次课的? /我讲安全教育学课程的经验分享

要求：①原创(可用于署名发表)；②文章可以写成叙事性或故事性等风格；③×月×日前完成；④2000字左右，用5号字、1.25倍行距排版。

写作内容参考提纲，重点写如何备课，包括以下内容：

(1)讲课内容的设计

①讲课要领设计(15分钟的细化安排，授课内容分解，授课方法选择，运用的工具，自己的仪表，重点难点内容，体现什么教学原理等)；

②PPT如何制作(如何选择PPT风格，如何应用PPT，动画设计，体现什么教学原理，体现什么人机工程学原理等)；

③如何写讲稿(承上启下方式,知识叙述,内容安排,列举实例,互动环节,结尾问题,引用课外资料等)。

(2)上场讲课过程

①到场如何准备、调节情绪、缓解紧张等;

②授课时的肢体语言、音量、语速、语气、语调等的控制;

③如何与学员互动,如何及时感知和调节讲授效果,如何处理课堂上学员的异常行为,如何处理突发故障等。

(3)个人的体会,发自内心的真感受。

"专业誓言"建设的尝试(2013-11-09)

2013年下半年给2013级安全工程本科生讲专业导论课,在给学生布置课后思考题时,我觉得很有必要让学生树立正确的安全观。因此,上周我让每位同学起草一个"安全专业学生誓言",很快我就收到了几乎所有学生发来的"安全专业学生誓言"。

安全专业学生自己起草"专业誓言"是为学生树立正确的安全观的有效教育方式,也是一种直率的表达方式。在高校所有学科专业中,好像只有医科专业较早地颁发了"医学生誓言"。这是专业文化建设的一种重要体现。其实,安全专业与医学专业在实现预防、控制和减轻人的伤害与保持人的健康的目标方面是一致的,安全专业的学生也应该有自己的专业文化,同时也应该体现出一种特有的精气神。

让同学们写"安全专业学生誓言"并开展评比,然后遴选出最佳"安全专业学生誓言",这也是布置作业上的一种创新,是一种安全专业文化建设有意义的尝试。

网课问答的感受(2019-10-07)

我们的"大学生安全文化"在线慕课在智慧树平台上已经运行到第六轮了,现在(2019年)已经累计有300多所学校的30多万学生完成了本课程的学习,多的时候每轮选课学生超过10万。10万学生总有一些积极回答问题的好学生,因而只要我在App的讨论区提问或发起讨论,说一呼百应真的毫不夸张。实际上,100除以10万,也只有千分之一,比例还是很小的。这与网上明星们的视频或八卦新闻的评论数量比较起来,简直可以忽略不计。因此,我也毫不在意,只是作为玩笑说说而已。

教学互动，其实也不必太当真。有的同学参与互动是为了得加分，有的也仅仅是为了凑热闹。如果参加互动仅仅是回答简单的问题，反而显得无聊，所以以前我读书时很少愿意与老师互动。真正有意义的是个人的深度思考，但如今这类学生太少了。

的确，即使在面对面上课的小教室里，讲课教师的提问都很难得到学生的回应了。我一般都是自问自答，这样至少会与学生有一点心灵上的互动，也不至于自讨没趣。

在线慕课平台有手机终端，用起来真的很方便，闲余之时看看手机顺便给学生们提个问题或发起个话题讨论一下，并能得到许多学生的积极呼应，真是一个乐趣，也没有教学负担。

问题提多了，也是教学资源的积累，挺有意义。下面是我提的一些问题：

《三字经》的哪些内容对安全教育有启示？应急技能平常练习了，遇到突发事件能用得上吗？很多人为何老是重复昨天的事故？见面课与课程视频有什么不同？安全文化为什么不等于安全知识？学习安全知识，提升安全文化，也是对未来养儿育女是一笔优质投资，因为父母是儿女的第一任老师。大家认同否？孙悟空的行为对生活安全和公共安全有什么借鉴？《西游记》中唐僧取经为什么能化解那么多艰险和磨难？《红楼梦》中有什么与安全相关的故事情节？秋天来了，保持身体健康需要注意什么？《三国演义》中有哪些与"火"有关的故事？在你阅读的古文中，你是否发现了一些与安全有关的故事或妙语？请列举几处你发现的身边的安全隐患。你觉得应该怎么处理？为什么"一路平安""一帆风顺"之类的祝愿语百说不厌？请列举几个你家乡的安全民俗故事或安全习俗。为什么每个人都需要接受安全教育，但每个人又都可以是安全教育的老师？安全文化为何人人都需要拥有？养成注意安全的习惯为什么很重要？为什么说安全一定要在一定的时空里讨论才有意义？如何判断和辨识风险？安全意识、安全知识、安全技能，三者之间的关系如何？你知道道路行车分道线是哪国人在何时发明的吗？为什么说"物以类聚，人以群分"可以作为预防事故的通用做法？欧美国家的家用电压为110伏，中国的家用电压为220伏。这个差别对安全有什么影响？是否电压越低越安全？讨论一下安全态度、安全知识和安全技能这三者的重要程度。你的第一任安全教育老师是谁？你还记得他是怎么教你的吗？你觉得他们教得好不好？为什么安全是每一个人的事？安全需要每一个人的努力吗？安全需要所有专业的协同吗？最近发生了××重大事故。大家思考一下这起事故对提升公民素养和弘扬安全文化有何启示。

我领女硕士生们在全国学术会议上做报告(2013-10-31)

2013年10月24—26日,我带了2011级的4名女硕士生到杭州参加全国安全工程专业学术年会并做报告。会后不少会议代表对我学生的报告给予了表扬,其中一位参会的女士直率地对我说:"我虽然是女性,但我不愿意招聘女生,不过吴老师指导的女生我们会要的。"这句话让我感到喜忧参半。不管怎么样,我很感谢这位女士,她既表扬了我和我的学生,又道出了现在社会上的一个现实,也促使我写出了这篇博文。其实,社会上存在对女生的就业歧视是毋庸置疑的。我这次带她们参加学术会议的目的之一就是让他们展示自己和提高自信心,顺便也许可以找份工作。

研究生参加学术会议并做报告,这是培养研究生的重要环节之一,也是一项研究需要做的末端环节。其实,一个研究人员能否做精彩的学术报告可以反映很多方面的能力。

首先,报告的内容需要具有较高的学术水平,能够引起大多数听众的兴趣。其次,需要精心准备报告,最重要的是凝练研究内容,制成表情达意、适宜讲解、逻辑性强、清晰精美、能够吸引听众眼球和满足他们心理需要的PPT。最后是现场演讲,要用简明扼要的语言,在规定的时间内充分地表达内容。

对一位经常参加学术会议的有经验的教师来说,这些都不是问题。但对于一名没有做过学术报告的研究生来说,如果没有指导教师的指导和把关,那可万万不能随意上台演讲。如果报告失败了,听众会怪罪会议组织者怎么安排这种层次的报告人上台。专家学者来听研究生做报告本来就受委屈了,如果研究生的报告又是一团糟,那简直就是浪费时间。如果做报告的研究生被轰下台,将会受到一次很大的打击,指导老师是要对此负主要责任的。所以,我是怀着忐忑不安的心情带她们去参加这次全国学术会议并要求她们做报告的。当然,在此之前我们也做了一定的准备。下面是我对研究生参加学术会议的一些体会:

①研究生能够拿到会议上做报告的内容早就是木已成舟了,已经做的研究不可能更改,而这些已经取得的成果是否符合学术会议的主题,能否引起参加会议的大多数代表的关注,这是需要指导教师预先判断和把握的,能上才上,不能勉强。

②指导教师对研究生能否上台做报告要有一个初步的判断,有八分把握才行,因为一个人公开演讲的胆量和能力不是几天就能够养成的。

③研究生确定了报告题目之后,首先要制作做报告时的演示PPT,这时指

导教师一定要对学生制作的 PPT 提出要求和进行审查，例如：PPT 的制作格式、内容是否符合规范，是否能够在会议规定时间内讲完，是否清晰美观，哪些内容重点讲，哪些内容以展示为主，哪些内容作为拓展，该不该做动画等。

④在会议开始的前两天，指导教师还要要求研究生自己进行演讲练习，最好是要学生们当面试讲。教师要把演讲的基本套路，如开场问候、导题、正文、图解、结束、问答等环节都告知研究生，还有服装、肢体语言、眼神、手势、语气语调等的运用。很有经验的老师上台演讲时也是有些紧张的，对于没有经历过大型学术场面的硕士生来说，心理紧张是很正常的事。只要做了充分的演练，能用流畅的话语背诵下来就是很好的了。

⑤在做报告的前夕，指导教师要给研究生以精神上的鼓励，传授自己的经验给他们，并为他们鼓劲。比如：上台前情绪紧张，可用深呼吸来缓解，可以先站在台前几秒钟，环顾听众，稳定一下情绪。其实，研究生的报告能够博得听众的赞赏，会给他们留下深刻的印象，对他们未来的发展是一个很大的鼓励。

⑥指导老师要亲临现场当听众。指导教师就像教练一样，运动员上场比赛，有教练在身边，会使他们感到更加安全和自信。指导老师听完学生的报告后，还要给学生适当的点评，特别是表扬和鼓励。

⑦我觉得指导老师还要以身作则，上台做报告。研究生都是很聪明的，只要现场观看了会议开场的主题报告程序和演讲人的报告过程，他们就能够领略很多做报告的要点了。

我期望我们的学术报告会不要再把报告人分为三六九等，不要有太多的职务、职称、年龄之分。

给学生的鼓励要大声说出来（2015-09-24）

哈哈，第一次写博文夸我的学生——王秉。

王秉是今年（2015 年）刚加入我研究团队的硕士生，他来自中南财经政法大学的安全工程专业。虽然是研一新生，但他从大三下半年就开始与我有联系了，起因是从保研择校和选导师。通过一年多来连续不断的联系，我感觉到他人品不错，工作踏实。他有做研究的优秀潜质，肯用心思考和钻研，他对安全和安全文化的理解比同龄人更深刻，而且有较强的写作能力和文科功底。这几点是从事安全科学领域研究很需要的特质。

一年多来，我们合作了编著了一本雅俗共赏的专著《安全标语鉴赏与集粹》，该书已送化学工业出版社，正在编辑之中。同时，我们从学科建设的层面围绕安全标语的作用原理、安全文化符号创新、家庭安全文化建设等问题撰写了四篇理论研究论文，被《中国安全科学学报》《中国安全生产科学技术》等接收发表，在我们这个学科，这些刊物都算是不错的。应该指出，这些研究成果属于安全社会科学领域，不需要做具体实验，因此算是比较高效的。至于著作和论文的排名，我都坚持自己为第二作者，以行动表示对他的鼓励和支持。

现在可能很少有老师写文章赞扬刚入门的研究生。我觉得花点时间写篇推介他的博文可能是种更好的鼓励，更是为其他同学树立了一个标杆，为当前的师生关系注入了正能量。

王秉在科学网也开了博客，不过我希望他暂时不要在这方面花过多的时间。我们年纪相差34岁，他90后，我50后，我是他的老师，又是他的朋友，我给他写信和当面讨论学术问题时是都是以平等的态度交流的。

现在有一句时尚话——"爱要大声说出来"。作为一位老教师，对学生的鼓励也要大声说出来！

记录下我的一个原创比喻(2013-09-28)

我讲安全文化时，经常举一个例子，我觉得这是一个非常恰当易懂和具有普适性的例子。为了保护自己的著作权，写这篇博文把它记录下来吧。

如果人们注意安全时能像到了公共厕所的门前时那样，会下意识地看看哪边是男厕哪边是女厕，然后根据自己的性别选择该进的厕所，才算得上真正到位的安全意识。

在现代社会，一天就有数十亿人次需要入厕，尽管也有个别人入错或有意入错厕所，但总的来说其出错的概率可能是现代社会人类行为中犯错率最低的一种了。不知大家想到没有，能够形成这样一种结果是来之不易的。

首先，人一生下来，父母亲就一直对他(她)进行着性别上的熏陶和示范，包括上厕所的方式，都有惯用的范式。当孩子逐渐懂事时，自己是男是女已经铭记于心了，自己的上厕所范式也习以为常了。

接下来，一旦出了家门需要上厕所，大人也一定会教导孩子看厕所门上的男女标志，指引孩子进入该进的厕所，有些聪明的孩子看到男女厕所的标志也会自己做出正确的选择。当然，到了能够识别"男""女"两字或男女符号的时候，孩子一般就不再需要大人教导了。

另一方面，男人女人之所以不会进错公共厕所，还有很多重要的因素：公共厕所门前的标志非常醒目，让人一眼就能明明白白清清楚楚地看到。另外，有男人进入的厕所，有的男人不看厕所标志也会跟着进去；有女人进入的厕所，有的女人也会不看厕所标志跟着进去。

还有一种情况，也有个别另类人士非常想进异性的公共厕所，但他们基本是敢想而不敢做的，因为社会上有强大的道德规范在约束着他们的行为。

言归正传，我这篇博文是讲安全意识的，入厕之事谈多了就离谱了。其实，安全教育能像入厕教育一样就好了。由上述入厕教育和行为效果的分析可以得到很多启发：

①安全教育从出生就要开始，父母是孩子安全教育的第一启蒙老师。

②注意安全必须从小就刻在人们心中，就像自己的性别烙印一样。

③男人女人不进错公共厕所，需要厕所门口有明显的男女标志。人们不违章犯错，也需要有明显的安全警示标志。

④如果我们周围有危险的地方的警示标志能像厕所上的男女标志一样清楚，那么人们辨识危险就像辨识男女厕所一样容易，事故的数量可能就可以大大减少了。

⑤从众心理有时是引发错误的重要原因。为了不入错公共厕所，请在进厕所之前多看它一眼；为了不触发事故，请在进入危险区域时有自己的正确判断。

⑥最后，对于那些有意进入异性厕所或有意制造事故的人，还需要强大的公共安全法律法规和公共安全伦理道德来进行约束。

"?"的力量——把PPT的标题当问题来问来讲(2015-03-30)

在现在的高校(特别是所谓的研究型高校)，很多学生上课前不看书、不预习、不思考，到了课堂上也很少有专注听教师讲课的，教师请学生抬头望黑板一下也不容易。在这种情况下，教师如果一直对着PPT讲，效果肯定不会好，学生能够记住的讲授内容非常之少。而且，教师讲得很累，感觉毫无味道。

为了改变上述状况，我讲课时喜欢把PPT的各级标题当作问题来问学生，就是把说话的"句号"改为"问号"。提问是一门艺术，通常的思路是5W1H，即"who？""why？""where？""when？""what？""how？"，顺序一般无所谓。比如，标题中出现"××定义"，讲授时就可以根据需要提问："为什么要给出这个定义？""这里给出了什么样的一个定义？""谁提出了这个定义？为什么是他提出的？你还能再给出一个吗？""在什么时候提出的？""在何地提出的？""怎样提出这个定义的？"

这么一问，教师经常也会把自己给问倒了！教师有这个方便和主动权，自己不知道的也能问学生。这样做可以起到很神奇的效果，主要有这样几点好处：

①把问题提出来问学生，实际上不需要学生真的站起来回答，但学生们自然会把头抬起来一下，关注一下你讲的问题。此时，教师可以停顿几秒钟，慢慢把提出的问题做个讲解，而解释的内容就是PPT的正文。

②如果上大班课，教师请同学回答会浪费大多数同学的时间，通常需要自问自答。教师的自问自答可以与学生起到某种心灵互动的效果，同时增强讲课的效果。

③把PPT的标题当作问题来问学生，教师可以适当地插入自己对问题的解释和观点，这要求教师具备较强的分析问题和解决问题的能力。如果师生都比较投入，师生可以同时进入"项目研究"的状态，这也是现代教学的新要求。

④既然是用讨论问题的语气，教师在回答或解释问题时讲得不够系统全面也是正常的，对于自己不熟悉的问题，也可以为自己找到可下的台阶。

⑤有钻研精神的师生，久而久之，说不定就能够从教与学中找到科研的切入点，同时也提高了科研的素养，养成了分析、批判、解决问题的习惯。

但是这招对于不来上课的学生和不配合的学生是不灵的。教师还是需要适时地舞动考试和分数的大棒。

与一位硕士生合作撰书的心得（2013-11-02）

以前我曾经统计过我指导的数十名研究生的情况，并得出一个一般规律：女生们都比较优秀，但最优秀的研究生却是男生。不过，对于这一届的硕士生，我可以直率地说女生（特别是王婷）是最优秀的，我是以我的学术标准来衡量的。王婷明年3月份硕士毕业，已与我一起发表了两篇文章，编著了也许是国际上第一部以《安全统计学》命名的著作。这是一部关于由安全科学与工程一级学科和统计学一级学科交叉形成的新领域的著作，也是我思考了数年很想撰写的一本教材。我希望以后能把该书推广成本科或研究生教材。

邀请硕士生合作编写学术著作和教材，对于这类事情，在学术界内经常有不同的看法。许多人认为硕士生达不到编写学术著作的水平，请他们来编书有失水准，因此导师的学术严谨性也会受到质疑。我同样有这种顾虑，不过从完成的书稿来看，我认为这次尝试是成功的，所以也敢写这篇博文公开我们的这次合作。

从我20余年指导研究生的经验来看，大多数硕士生的确不可能在读研期间撰写学术著作，导师也不能有这样的要求。不过，也不能完全排除这种可能。如果有条件，不妨做个尝试。

我觉得有能力撰写学术著作的硕士生至少要满足几个条件：第一，研究生愿意努力做这件事；第二，研究生有良好的文字表达能力；第三，研究生有较强的逻辑思维能力和学术思想；第四，研究生有扎实的基础知识；第五，研究生把撰写的著作作为其研究的方向，做硕士论文和撰写著作不冲突；第六，研究生从入学第一年开始就做这项工作，否则就没有时间上的保证了。

能否发现研究生有没有上述几个方面的能力，这就要靠导师的慧眼和鉴定能力了。

除了研究生方面的因素之外，更主要的就是导师了：第一，导师要有比较丰富的著作编撰经验，还要处于所在领域研究的前沿。第二，导师要有一个切合实际的创新选题，这是最为关键的。比较适合硕士生参与编写的著作是交叉学科方面的选题，因为交叉学科更多的是组合创新，如果在纵向发展方向选题，短短两年的研究成果是不太可能形成著作的。第三，导师的选题内容必须是研究生经过努力后所能企及的。比如《安全统计学》，其主体内容是安全科学和统计学的知识，对理工科的硕士生来说，统计学是必修课，而安全科学的知识是安全专业的学生自然要学的。第四，导师必须是全书框架、纲目、形式的设计者，还是全书内容的审定者、补充者和统稿人。而研究生主要是书稿具体内容的编写人或书稿素材的整理者。第五，研究生编写完成的书稿都要反复修改，导师要为每章每节的内容画龙点睛。当然，导师也要参加一些重要章节的撰写，书的前言和序的编写工作也非导师莫属。联系出版社、撰写出版选题申请书和签订合同等自然都是导师的事。

有了上述条件，师生经过两年左右时间的合作，出版一部交叉学科方面的新著作还是很有可能的。

其实，指导研究生参与撰写著作也是培养研究生的重要方式，这个过程可以使研究生得到很多方面的锻炼。研究能力方面的锻炼不用说，其他方面也可以得到锻炼，比如专心做事的能力，系统、细致地查阅文献的能力，写作技巧，编撰能力，系统地应用和巩固已学知识的能力等。

不过，我也不太赞成让很多研究生在读研期间编写著作，这毕竟是少数情况。何况，按照现在的研究生考核机制，他们出书也不会被作为评奖的条件，这是有失公平的。

上一门硕士生课与学生们合作发表多篇文章的心得(2014-05-29)

在美国许多大学里，教师上研究生课时，经常会给学生布置一些大作业，让学生们熬夜苦思数天后完成。学生们大都不知道老师布置如此高难度的大作业的原因，不过学生发奋努力完成作业后，其创新思维和动手能力得到了很大的锻炼和提高，这是不争的事实，因此对老师也只有感激之情而不会有什么怨言了。其实，不少老师是将其科研课题分解成了给多名学生的大作业，学生在完成作业的过程中，也为老师的科研项目添砖加瓦。

在美国的许多大学，硕士不需要做学位论文，因此，学生也没有继续做研究和发表论文的愿望，而任课老师也没有义务继续指导学生写论文发表。

在我国，硕士研究生一般都需要做学位论文和发表论文。因此，学生都有发表论文的意愿。

我认为，学习美国大学的教师上课布置研究型大题目的方法，并在此基础上进一步指导部分学生深入开展研究，直至写成小论文发表，这确实是一个提高课程学习效果和锻炼学生科研能力的好方法。因此，近几年来我一直在开展这种实践。

硕士生通过上一门课，做一个老师布置的大作业并继续深化，就能做出论文发表，这可绝非易事。因为一门课程的时间非常有限，而学生为这门课所投入的时间和精力更是有限的。我认为实现上述目标是需要一些条件的。

①所在学科是新兴学科，具有较多的空白可以填补，特别是理论空白。

②所在学科最好是交叉学科。交叉学科比较容易从两个或多个学科之间提炼出彼此都有用的理论、方法等，花的时间比较短，不需要做实验，仅靠文献阅读和科学思维就能够挖掘出可供两个甚至更多学科借鉴的有价值的东西来。

③讲课老师必须在该研究领域有比较成熟的思想，处于该领域的研究前沿，能够为学生提炼出有学术价值、短时间内可以完成的系列题目，并能够给学生以具体的指导，包括看哪些书、哪组文章等。

④对于综合交叉学科，指导老师必须具有科学学的思想和方法，有学科建设的前瞻性和预见性。

⑤学生必须自己有兴趣、肯钻研，具有较强的创新思维和阅读、分析文献的能力，并具有良好的文字表述基本功。

⑥在学生研究和撰写文章的过程中，老师要多次做出具体的修改指导，甚至需要逐句修改学生的文章，因为这些学生毕竟是没有做过科研和写过文章的新手。

⑦老师要先让学生知道，文章写成和发表时，学生是第一作者，老师仅作为第二作者。老师给学生出论文发表时的版面费更是不用说的事。这样学生才有更大的积极性，没有后顾之忧。

满足了上述几个前提条件，将零碎时间加起来，一般花上约两个月的时间，学生写出一篇可以发表的小文章是完全可能的。

例如，去年（2013年）我给我院安全科学与工程学科的硕士生上了一门专业课，我就运用上述方法进行了教学，半年后就有一组学生与我合作发表了一组 CSCD 核心期刊文章，还有几位学生的文章正在投稿和审稿的过程中。值得一提的是这些学生都不是我带的学生。

尽管这些文章不是 SCI 期刊文章，但我觉得其内容颇具意义。这些文章可以充实现有安全专业教科书中的不足，这也是我自己的学术评价标准——能充实和编入教科书的成果比被 SCI 收录更有学术价值。

说实在的，指导硕士生撰写和发表第一篇文章是最费劲的。我指导这些不属于我的研究生并与他们合作发表了论文，我自认为这些工作在很大程度上是帮了他们的导师，因为他们以后写第二篇文章时可能就不需要导师花太大劲了。但不知他们是会感谢我，还是会怪我多事呢？

工科研究生如何利用和拓展研究资源（2011-12-29）

一个课题组、教研室、研究所，甚至一个学院，其可用于科学研究的硬件平台毕竟非常有限。如果研究生在开展研究工作时，能够把视野拓展到全校，甚至更大的范围的平台，并基于此进行选题，则即便是再差的学校，其研究生也同样拥有先进的硬件平台和学术资源，同样可以做出一流的研究成果。例如：

①在利用数据库时，如果一个研究生只会在"中国知网"上搜索文章，则其视野仅仅局限在中国的学术文章领域，如果他同时能够搜索"中国知识产权局专利数据库""国家图书馆典藏数据库""国家自然科学基金项目库"等，那其获得信息的量和质就大不一样了。如果他还能够搜索 EI（Engineering Index）、Elsevier Science、SCI（ISI Web of Knowledge）、美国专利商标局 USPTO 网、欧洲专利局 EPO 网、世界知识产权组织 WIPO 网、Encyclopedia Britannica Online（《大英百科全书》）等数据库，则其获得的信息就是世界级的层面了。

②在实验条件上，如果一个研究生选题的基础条件只是其所在的课题组或是教研室的几件现有设备，那么其选题肯定比较狭窄和陈旧的，因为即使国家重点实验室的设备也是有限的。如果基于借用、租用、请做等方式，则他做分析、化验、测定等实验时，用比较少的钱就可以得到很难获得的数据和图象了，比较容易进入尖端的科技领域。比如 X 射线衍射方法（XRD）、电镜扫描（SEM）、能谱分析（EDAX）、傅里叶变换红外光谱（FTIR）等，每样设备都拥有的课题组是极少的。

③在计算研究上，如果一个研究生在算题时仅会用自己的笔记本、台式机来开展运算，那他计算的结果就会总是停留在个人计算机的规格、精度、速度

之上。对于复杂问题，如果他能够利用本校或外校高性能的计算机平台，则其计算或仿真的层次就会高出几个数量级。如果他需要做计算时，就只是想自己编程或下载个盗版软件算一算，而没有想去利用本校和外校的正版大型商业专业软件，则其计算和仿真的水平将是很一般的。

④在查阅文献资料时，如果一个研究生仅看自己熟悉专业的资料，这往往很难得到新的启发。高校图书馆、网上书店、数据库等有各个学科的资料，如果按照从"题目"到"提要"到"目录"到"一见钟情"的章节的顺序阅读，则往往可以激发出很多思路，得到许多新的突破点。

⑤在拜师学艺时，导师自然是研究生最需要学习的人。但再优秀的导师毕竟只有一个人的知识和水平。如果研究生能从给他上课的每位老师的身上都学点什么，能学到该老师最有益的本事，则其收益就更大了。如果能够经常参加对自己有益的全校层面的大师报告会，则有时会获得意想不到的大收获。每个同学都是有长处，能够有心学习周围同学的优点也可以让自己受益匪浅。

类似上面的建议还有很多，期望有经验的老师和研究生们多多补充。

学生毕业时老师油然而生的话是啥？（2017-05-26）

一年一度的毕业季又来临了，今年（2017年）有三名博士生和三名硕士生顺利毕业，其中有两位女博士。随着自己年龄的变老，每届学生毕业离开自己时，我就有点像一位父亲，感觉远在外地工作的儿女回家探亲但又马上要远行。

三年前，一方是为了读研，一方是为了招生，我们彼此素不相识，通过写邮件、发短信、打电话、成为微信朋友等，为了一个共同的目标走到一起来，接着开始了不长不短的三年的共同学习和研究。特别是研究生一方，在他们的人生中肯定是留下了难以忘怀的一段经历。

对于研究生来说，读研期间可能经历了许多第一次，但对于导师来说，许多事却是不断循环和日复一日的事务。

比如第一次见面，我通常免不了要询问学生过去的生活和学习情况，为学生介绍学校、院系和课题组的情况，阐述一下自己的过去、研究兴趣及目前正在做的课题，同时也一定会给研究生一些鼓励。研究生只要努力尽快进入做研究的状态，就一定能做出优秀的成果。

之后，接下来的各种事务不外是给研究生确定选课计划，上课交流，批改课程作业或论文；指导第一篇小论文的选题、撰写、修改、定稿、投稿、录用、校稿等；介绍本学科的前沿领域，帮助研究生确定研究方向、文献综述、编制开题报告,启动学位论文的实质工作;反复思考,不断开会讨论;发表阶段论文;完成学位论文素材的整理工作,学位论文撰写、修改、初稿完成,论文送审,通过和修改,组织答辩,PPT制作的建议,答辩会举行,毕业登记,学位授予,合影,还有一个就是参谋找工作这件大事。在上述烦琐的事务中,我一直认为,研究生能够顺利毕业取得学位仅仅是一个方面,更重要的是通过研究生阶段的训练,其以后的工作能力和发展潜力等肯定要远比没有读研究生时更高。

在此期间,尽管我没有亲眼看到学生们对他们的父母是什么样子,可我坚信学生们对我的态度远比他们对父母要来得更客气、谦虚、有礼貌、容易沟通、有责任感、积极向上。学生们在老师面前的表现比在家里更好,这好像是一条普遍规律,也许也是读研过程中的一种人格修养附加值。这种表现不管是虚是实,它的效果是正能量的,也是让我非常感动的,尽管我一直没有当面与学生们表达过这个意思。

经过三年时间,师生双方在学术上彼此磨合、切磋和进步,不可能不留下深刻的印象,形成师生的情义。而这种印象和情义,对于老师一方,当学生毕业时,就自然而然地转化成了一种美好的祝愿——祝他们毕业之后事业有成、生活美好、前程似锦!

教育观点与改革点滴

大学生创新能力的培养(2012-12-22)

近年来,许多大学(包括机构)为了培养大学生的创新能力,最普遍的做法是搞工程,弄出一些创新基金名目,模仿各类科研项目的做法,让大学生去申请和实践。但我一直对此不敢苟同。大学生的创新能力培养绝不是弄个什么小题目像老师一样做科研就可以的。培养大学生的创新意识需要全方位较长时间的熏陶,需要渗透在各个培养环节中,使大学生养成一种习惯或形成一种文化。

学校的每一位老师都要有培养大学生创新意识的理念和水平,并落实在所有的教学工作中。比如,上政治课的老师在讲课过程中可以分析革命者为何敢于投身革命,以及他们机智勇敢取得胜利的创新行为等;英语课老师在讲课过程中可以举例说明英语学习方法的创新、新单词形成的创新、广告语的创新事例等；数学课老师在推导公式时可以启发学生以多种途径分析解决问题，以及著名的数学家是怎么发现并解决世界数学难题的；力学课老师可以讲力学体系是怎么建立的，牛顿为什么能发现牛顿定律等；化学课老师更是可以结合各种新物质新材料的诞生培养学生的创新思维。

其实，每位老师在讲各种课程、指导学生做各种实验和实习时，只要有培养学生创新能力的意识，比如讲知识点时顺便把知识的来源、发展沿革、可用于什么新领域、存在的问题、怎么补足、不同视角的比较等，都可以达到老课新讲、创新性教学的效果。

评价一所大学的层次和水平时，其所有教师在教导学生时有没有注意培养学生的创新意识是一条重要的标准。我想，清华北大的教授与一所三本学校的老师同样讲一门高等数学课，其主要区别可能就在于讲授过程中能不能、有没有培养学生的创新意识，学生能不能学到创新解决问题的能力。

大学生弄个小题目，像老师一样做科研，尽管使学生可以较早地进入科研实践的环节，但也会带来很多负面效果。例如，由于时间短，许多学生申请课题时写的申请书往往是东拼西凑，不是抄老师的，就是从网上摘来的，一开始就养成了抄袭的习惯。由于时间短和主要以业余时间做，有时做了一点调查或是有了几个实验数据，就急于写文章或申请专利的，养成了急功近利的不良作风。为了应付项目评估，许多学生在垃圾刊物上花钱登文章，有的甚至捏造数据。由于项目使用的经费与财务规定的经费之间往往有很多不一致，一些学生一开始就学会了报假发票，或是拆东墙补西墙。有的学生甚至把申请题目作为赚钱的途径。总的说来，最明显的后果是制造了一大堆科研垃圾，也带坏了许多大学生的科研品德，造成了新的科研创新浮夸风气。而且，大学生申请一个项目也需要同很多对手竞争，这个竞争的过程也浪费了很多的人力、物力和财力。

如果一所大学的教师都有培养大学生创新能力的意识和能力，真正有天分的大学生在正常的教学过程中是完全能够被教师发现和栽培的。大学里培养出来的毕业生有没有创新能力，与他们在大学里有没有参加过所谓的创新项目是没有很大关系的。

什么样的教学模式适合研究生教学？（2016-07-04）

在大学里，研究生导师一般都会给本学科的研究生上专业课。因此，只要是研究生导师，不管谁都应该有一些教学心得。如果要谈谈我讲研究生专业课的体会，多年来在研究生教学中总结出来的觉得值得交流的一点是"研究型教学"。有人说，研究生教学本就应该是研究型教学，这还有什么可说的？但我觉得，要做到这一点，真的是不那么容易。

顾名思义，"研究型教学"就是结合所讲的专业课程，从做研究的视角、层面和需求对研究生开展教学活动，在完成本课程内容讲述的同时，使选课的研究生不仅了解这门课程（这里特指理工科领域）的核心理论、方法、原理、工艺技术等，还要知道这门课程的过去、现在和将来的发展动态，同时对本课程的某些内容具有一定的研究能力，并能举一反三地将本课程的精髓运用于自己以后的学位论文之中。能够以上述要求来讲授专业课，这才算是"研究型教学"。要实现这一目标，我觉得至少要具备以下几个具体条件：

①所讲课程的普适性程度较高，适合于本专业多个方向的研究生需要。选修研究生专业课的学生师从不同研究领域的老师，学生们自然而然地会将其导师的研究方向当作自己的研究方向。学生选修一门课程时，总会联想到这门课对其研究方向有什么作用。就算是一个对大学科都比较了解、知识面很宽的教师，也很难对本专业各个学科方向都了解得很多。因此，所讲课程的通用性强是吸引听课学生认真学习的重要前提，教师讲课列举的实例也需要具有通用性。

②教师本身必须从事该领域的研究，而且研究的水平要处于该领域的一流层次。一个教师对该领域没有做研究，讲课必然只能是对现有知识的传达，要是教师能够备课充分一些，也不外是比较系统的知识传达而已。当教师对该领域有了深入的研究之后，才能对所讲领域的历史和已有成果进行科学的评述和鉴赏，才能展望该领域的未来发展趋势，才能讲授该领域的研究经验和体会，才能告诉学生做该领域研究的方法论，才能与学生研讨该领域的科学问题，讲课才底气满满。同时，教师也才能布置一些有水平、有学术价值的论文题目或实践任务给学生完成。

③本学科的方法论是最具通用性和最受欢迎的内容。不同学科方向的研究内容肯定有很大的差异，但其研究方法却大都是相同或相通的，因此可以讲方法论是具有普适性的。为了使得所有学生都能够受益，要多讲方法论，使学生能够将科学方法论运用于自己的研究实践中，这也是研究型教学模式所必需的。但教师能达到讲方法论的层次是比较难的，需要教师具有丰富的研究经验，对方法论有一定的研究，才能用方法论启迪学生的思维。

④教师的知识面要比较宽，这也很重要。教师比较关注大同行、大学科的知识和研究成果，对横断或交叉领域比较有兴趣，数理化、文史哲、天地生等都懂得一点，在讲专业课时才能比较大气，才能贯穿自然科学和社会科学，使学生对研究产生较大的兴趣。

⑤研究型教学要体现在课程讲授的具体内容和研讨环节及实践中。对一个科学问题或知识点，老师要能讲历史、讲启示、讲经验、讲问题、讲不足、讲创新、讲发展等，学生听起来就比较有兴趣，可以以此提高自己的对科学研究的鉴赏能力和分析解决问题的能力。

⑥最后一点是选课的学生要真正发自内心地愿意学习本课程，并具有研究生的素质。只有这样，学生才能够配合教师的研究型教学模式，认真学习、积极思考、努力钻研，才能有学术讨论的互动氛围，才能完成教师布置的论文或实践等任务，才能最终实现教学目标。

防疫隔离期间如何指导研究生（2020-03-14）

前些天我应单位约稿，写了篇疫情期间如何指导研究生的短文，之后《中国科学报》刊登了这篇文章（《中国科学报》，2020-03-10 第 7 版）。

此次新型冠状病毒肺炎疫情防控期间，很多导师通过微信群、QQ 群、电子邮件等方式指导研究生。其实，这种方式在平时也同样适用，只是导师在运用这些网络工具指导研究生时，利用的程度可能各不相同。

值得一提的是，在隔离时期，师生都待在家中，有较多时间关注网络信息，此时如果导师能适时地利用网络，效果比平时更好。

我个人就有以下几点体会。

第一，不管做什么科研项目，不管科研处于什么阶段，不管研究生的选题是做什么，思考都是非常重要的。人因为客观条件，必须待在家中，更加有时间并更能静心专注思考一些问题，取得更好的效果。此时，研究生导师可以在课题思考方面给予学生引领，比如所从事的研究方向中方法层面上的思考、已有知识运用上的思考、可能的突破口或应用领域上的思考、国际发展动态的预测上的思考等。作为导师，对自己研究生的具体项目中的关键点和突出问题，应该比学生更加清楚且有经验。

第二，网络通信指导研究生，也要尽量个性化和具体化。所谓个性化和具体化，就是要根据研究生的层次进行有针对性的指导，如学生是博士、学术硕士还是专业硕士，如研究生做的课题内容是理论、方法、原理、模型，还是实验、计算、设计，如学生的特长是动手操作、数理计算、逻辑思辨，还是文理兼优、英语写作等。例如，对于英语水平较高和论文基本完成的研究生，此时可指导他们写英文文章；对于刚进入研究阶段的学生，可以要求和指导他们写综述文章；对于处于研究中间阶段的学生，可以指导他们做逻辑建模仿真等。上述内容都是可以在家里做的。

导师不能只会说大话和原则上的话进行指导。能够用说大话指导的研究生毕竟极少，而这些有天赋的研究生其实不用导师说也早就知道这些大话了。出于个性化和具体化的需要，导师与学生联系时最好是一对一的交流，而不是在群里散发信息；需要在群里共享的信息，才在群里发送和集体研讨。

第三，网络通信指导研究生时，导师要给予一些实际的非物质资源。这里的非物质资源很宽泛，比如研究经验、技术方案、预见性、国际热点把握、经典著作和文献等，导师对这些是比较有优势的。具体做法可以是让研究生去阅读某部专著、阅读某个学者的文章、关注某个研究机构的成果等。

导师对各个研究生的研究内容要能实质性地参与进去，要能给出一些研究生想不到的建议，要有能把研究生所想所做的东西拔高提升的归纳能力，还要及时反馈给学生。导师自己积累的有价值的资料和往届研究生留下的有用经验等，都可以传授给新的研究生。

第四，导师要学会利用教育心理学，以身作则。例如，导师要求研究生坚持学习、做研究、写论文，如果导师也能亲自谈谈自己看了些什么书、得到了什么新思想、写了什么新文章、有什么新收获等，并将这些信息及时与学生进行交流，学生就会比较信服导师，并以导师为榜样，否则导师就会变成了老板或领导。特别是远距离网络通信指导时，导师的约束力显著下降，需要研究生自主学习和工作。

对于学生发来的信息，导师要及时给予反馈并进行沟通。在群里，导师要把学生当作朋友来看待，要积极吸取学生的好建议，表扬学生的优秀之处。另外，研究生有比导师更优秀的地方，师生亦师亦友，关系融洽，这样才有很有益处。一个群也是一个小集体，互相激励和互相表扬是很有促进作用的。

第五，有些研究方向在家里是可以进行具体研究的，比如利用网络开展函询调查获取数据，利用大型网站做一些大数据方面的研究。另外，重大公共卫生事件是涉及所有人的系统问题，无论哪个学科专业从不同的视角都可以找到各自的切入点，可以联系这次疫情的实际情况开展思考甚至做一些具体的研究，如人类公共卫生和安全素养、社会公共卫生管理和风险治理、网络舆情传播规律和模型、社会力量参与应急、日常卫生习惯养成、重大突发事件对商业经济政治文化的影响等。

第六，由于疫情期间绝大多数研究生都是回家与父母等亲人住在一起，此时，导师还可以鼓励学生同他们的父母家人多交流，鼓励他们多做家务、学着做饭。

历史上有不少伟大的科学家，其伟大发明创造都是在孤独寂静的环境下产生的。防疫隔离之下同样可以出成果，甚至出更好的成果。当今网络的功能很强大，从网络上可以学到几乎我们想要学的所有东西。导师利用网络开展研究生指导工作，只要用心去做，可以随时、随地、随心地指导学生，并与学生进行沟通交流，从而达到预想不到的效果。

如何出考试题目？（2019-07-15）

我想每位当老师的都出过试题，出题说难也难，说不难也不难，大家都有一定的体会。

近日，我为"安全科学原理"慕课设计题目，感觉还挺伤神。其难点一是题量大，题目多多益善；二是还要配答案，其实很多时候题目易出，答案难给；三是只能是客观题（选择题），适合网上考试。

因此，我就"不耻下问"，百度搜一下有没有什么《出题学》或《命题学》之类的教人如何出题的书，结果却大失所望，居然没有搜到。中国每年有数以百万计的老师为数亿学生呕心沥血地出题，就没有哪位老师著一本通用一点的出题指南让师生们参考一下吗？其实出题大有学问，覆盖面也很宽，从幼儿教育到老年人教育，各层次、各专业、各工种、各学科、各环节等的教育，都需要出试题，且特点不同，需求是巨大的。

既然如此，我就先说点自己的经验吧。待以后有空专门做点这方面的研究，再著本《试题学》，说不定还能成为畅销书。

针对一门理论性很强且适合本科和研究生学习的课程，建立该课程的试题库，首先要遵循几个基本原则：

①目标原则：要有利于服务本课程的教学目标，这是所有试题都需要遵守的原则。

②全面原则：要考核学生是否系统地学习了所学课程的内容，试题全面完整是至关重要的，即整个课程的所有知识点都要有试题。

③重点原则：每门课程一般都有重点、难点，重要知识要多出题，难点部分也要有适量的题目。

④逻辑原则：培养学生的逻辑思维能力至关重要，试题要能够考核学生逻辑分析的能力和举一反三的能力，这方面的题目是比较有难度的。

⑤新颖原则：教科书或参考教材中的内容一般都是较成熟的，在某种意义上也可以说是较陈旧的。教师需要讲授一些新颖的相关内容，至少要联系新的实际问题，因此出试题时也要有少量联系新形势或新未来的题目。

⑥超越原则：培养高层次的人才，还需要考核学生是否能够将所学知识用于课程以外的知识推理或是解决实际问题，甚至开展创新的思维活动，这方面

也要有少量的试题，在某种程度上这也是教师考自己的试题。

有了基本原则之后，接下来就是具体出题的战术问题和大量的编写设计工作了，如：各部分题目数量的比例，编写每段视频观看过程中的弹出题，编写每章结尾的测试题，编写每章的讨论题（主观题），试卷上的题量和各类题目的比例等。除此以外，我觉得如果是线上线下混合式教学，还需要有少量能写成论文的研究型题目供个别优秀学生选择。

出题也是一种技巧活，做多了就有经验。比如，编写视频播放过程中的弹出题时，教师可以利用一些基本的提问句型，如正面提问句型、反面提问句型、假设提问句型、判断提问句型，四补一、四缺一、四选一二三等。这样有利于提高出题的效率，根据一道基本的题目也可以编排出多道题来。其实，如果能熟练运用计算机编程技术，部分逻辑题目还可以通过编程由计算机自动产生。

题库建设完成之后，出题者也经历了一次再学习、再提升的过程。出题过程中需要用到一些教育学原理，所以这也是实践教育原理的过程。同时，教师增进了对教育学原理的理解，有利于提高以后上课的教学技巧，提升教学质量。

对于学生来说，一套高质量的试题有利于科学地考核学习效果，还可以升华学习效果。

在网络课程热中也要倡导学生看书学习思考（2020-02-26）

由于防疫的需要，很多高校的老师都在开设网络视频课程。其实，我觉得最好的学习方式还是由学生自己认真阅读高质量的教材，然后仔细品味，深入思考，即开展传统的研究型学习才是最有效果的。

这几年自己也做了几门网络课程，其中的"大学生安全文化"科普网课也算火，每学期的选修人数多时超过十万学生，也积累了一些录制网课的经验。但在网课录制过程中我也体会到，网课也有很多缺点。

①网课视频大都是分知识单元或知识点讲授的，通常每段视频的长度不超过15分钟，只能讲授基本的知识，对于知识难点是没有时间可以充分诠释和演绎的，而这正是最重要的东西。比如一张有内涵的图表，如果要仔细解释，则需要用很多时间，而视频课在时间上不太允许这么做。

②网络课程的课时与平时线下上课的课时是不对等的，一般只有平时线下上课时间的1/2到1/3。因此，一门网络课程录制完成后，往往不能像一本教材那样详细和系统化，更不可能纳入更多的相关教学资源。如果仅学习网络课程视频的内容，学到的整体知识并不完整和系统。

③学习是需要思考的,学习网络课程很难像看书一样,遇到一个有兴趣的问题或难题,就可以停下来慢慢思考,之后再继续往下学习。在网络上学习,遇到一个引发自己思考的问题或是想多次学习思考某段视频时,就不像看书时那么方便了。

④网络课程的题目(特别是闯关题目)一般都被设计成选择题、是非题,让学习者去选择,以便计算机能够自动判断答案正确与否。这类题型不利于教师方便地设计出有深刻意义和内涵的题目,当然也不方便设计出模糊和无标准答案的题目,不利于学习者通过做题获得深层次的内容。期末考试时也存在一样的问题。

⑤线下教室中的学习是针对少量有定向专业学生的学习,教师讲课时可以有针对性地举例和研讨。而网络课程是面向不同专业不同层次的大众学习者的,老师录制视频时不会列举一些很专业的案例,不能体现很强的专业性。

⑥网络课程中有很多花花绿绿的画面,看起来似乎很吸引人,形象易懂。但从另一个方面来说,这类画面却抑制了学习者的想象力和思考能力,有些画面反而起了扰乱思维的效果。有时就像看科技知识类节目一样,制作出很大的场面其实内容就是几句话可以讲完的东西,这样学习者的学习效率反而更低。

⑦阅读理工科的教材时,可以根据自己的阅读习惯和兴趣自由选择。而看网络课程时,一般只能跟着视频顺序观看,特别是有些慕课设置了定时学习内容和时段,就更不能自由选择了。

⑧在线下课堂上,负责任和有水平的教师能及时吐旧纳新,能理论联系实际,能举一反三地诠释知识,能及时与学生互动,能有针对性地让某些知识点开启学生的心智。在线下课堂上课时,教师能自由地对已有知识或同行的研究开展批评和讨论,并评价书本上的相关知识,而在网络上就不太敢也不太允许这么直白地说话了。

⑨网络课程中的虚拟现实实验也不是十全十美的,一是虚拟现实技术还是存在局限性,二是其效果与虚拟现实设计者的水平和所花的功夫有很大的关系,三是其效果还是远不如在真实场景中亲自试验好。网络虚拟现实实验的实际效果并不太好,还存在不少问题。

网络课程的很多优点在这里就不说了,已有很多文章做了阐述。

总的来说,如果学生的自学能力不错,属于主动积极学习的类型,则不见得需要在网络上学习视频课,要允许和提倡学生看书自学,并用适当的方式进行考核,让他们获得学分。说直白一点,网络课程比较适合非研究型的普通学生学习,比较适合不太有钻研精神和不太会自学的学生学习。

我把 PPT 的"报告目录"改为"报告逻辑"（2022-06-27）

近期学校非常重视实验室安全问题，学校专门安排了几次全校人员的安全教育活动。我被邀请为全校的研究生和导师做一次安全培训，由于听者来自不同的专业，我选择了一个与安全意识有关的题目："防范事故千万条，安全意识第一条——研究生及导师需要树立的现代安全观和安全思维"。

由于听众是研究生和导师，都是高智商人群，而且报告的时间很短，不能像平时做安全培训那么讲解，有导师参加也不适合居高临下地讲课。

经过一番设计，我觉得应该从安全原理的层面来讲，大家一起研究、一起学习，讲课的效果和目的才能达到，也才能受欢迎。

具体内容不必细说了，这里只分享一下 PPT 演讲文件第 2 页的设计（首页通常为题目和演讲人信息），PPT 的第 2 页通常为"报告目录"，但我觉得"目录"的形式太老套了。结合这次讲座的特殊听众，我把"报告目录"改为了"报告逻辑"。

该页 PPT 的内容如下：

本讲座的基本逻辑：防范事故千万条，安全意识第一条；明白安全道理，才能自觉提升安全意识。

具体一点说：①人性和心理引领行为，知安全人性和安全心理，才能自我约束不安全行为，养成安全行为习惯，自我塑造成安全人；②安全认同促进安全意愿，安全意愿强化安全意识，安全意识规避风险，规避风险不出事故；③安全意识从"无意识安全"到"有意识安全"，到"不假思索就安全"；④从"要我安全"到"我要安全"，再到"我会安全"，再到"我能帮大家安全"。

有了上述内容，报告的目录也相当于已经做了介绍了。其实"报告逻辑"也相当于学位论文和项目研究报告前面经常出现的"研究的技术路线"。把这点讲清楚了，接着要讲的内容和层次听众就基本了解了，这样安排也有利于自己演讲的承上启下和记忆。

整个报告的内容提要：简述安全意识的重要意义及其在事故预防中的作用，阐述不安全的意识及行为的人性原因和心理原因。在此基础上，从安全公理、先进安全观和现代安全思维等方面论述如何树立先进的安全观念并提升自己的安全意识，在生活和工作中如何运用现代安全思维防范各种事故，以便安全地实现人生理想。

教育现代化与大学功能的转变(2016-09-06)

近几年我都为所在学科的本科新生上专业导论课(学校叫"新生课")。我第一讲谈的主题是"学习资源与自主学习",讲学习资源时会从本系、本院、本校的相关学习资源介绍到国内、国外和网络上的各种学习资源,并请同学们把学习眼光放远到全世界,而不是仅仅盯着本专业的几个教师、几个实验室、学校图书馆自己专业的几架图书,那是极为有限和狭窄的小资源。

超星公司有句很棒的口号叫"天下名师皆我师"。在如今的信息和网络时代,对于本科教育来说,如果一个人能够坚持自己学习,就学习的效果来说,上不上大学已经不那么重要了。可能自己看书和在网上学到的东西的层次比大学里老师讲的都要高。

目前,网络上的数字资源和出版的纸质图书资源比三四十年前的情况要好上千倍。不管是书店还是网站销售的基础课教材还是专业课教材,其品种、质量和内涵都比三四十年前要强。我记得三四十年前书店卖的《高等数学》就只有高等教育出版社等出版的沿用多年的几款书,而现在编著出版《高等数学》的作者和出版社数不胜数。三四十年前的《基础英语》也只有外文出版社出版销售的那几款书,而现在的英语教材和读物堆积如山。三四十年前书店里基本不卖专业书,大学里的很多专业书都是教师们自编的油印本,而现在连国外出版社出版的专业书都能够买到。

三四十年前没有网络,没有什么多媒体,没有视频课程,更不可能看到世界著名大学的知名教授的演讲和授课视频。例如,三四十年前学习英语是寸步难行,许多英语老师只能结结巴巴地讲几句,想练习英语听力,只有比较有钱的学生才能买个收音机,偷偷地收听美国之音的英语900句。而现在各种开放课程网站让人学都学不完,外语就更不用说了,可以通过无线广播电台、电视、网络等媒体学习,甚至找真人对话都很容易。

就说中国大学精品开放课程"爱课程"网站,里面有全国很多大学的名师主讲的数千门视频公开课、数千门资源共享课、数百门慕课,而且还在不断增加,基本上涵盖了大学所有专业的基础课,大专业的专业课也有不少。如果一个人愿意坚持上网学习,其学习的效果可能比在大学里听自己老师讲的要强得多。

有关的网络课程网站还有很多,如超星学术视频网、新浪公开课、中国教育在线开放资源平台等。国外的公开课资源也不少,如 MIT OPEN COURSE WARE(CORE),美国多所大学都有开放课件免费下载。

数字图书馆更多,如中国国家数字图书馆、维基百科等。各大搜索引擎的百科词条也无比浩瀚，内容更是丰富多彩。有关科学研究的数据库尽管大都是收费的，但价格很低。在许多数据库，浏览论文题目和摘要都是可以的，像"中国知网""维普""中国专利数据库"等都是很容易使用的。

近几年，微信普及极快，几乎各个专业都有了微信平台，通过微信学习专业知识也成了随手可得的免费之事。

有了现在这么多的学习平台和知识资源，如果一个人能够坚持自己学习，不上大学一样可以学习大学里的知识，其学习内容和学习效率甚至比在大学里更好。这是三四十年前所不能想象的，如今的信息量和获取的速度比三十四年前不知高到哪里去了！

既然这样，那现在的人为什么都还要争着上大学呢？最关键的问题是绝大多数人没有被逼着，自己是不会坚持学习的。

对于本科生来说，大学最大的作用是一个"逼"字，通过毕业文凭（学位证书）这根大棒及其分解成的各个科目的小棒，逼着大学生四年间不断地学习、做作业、做实验、做设计、做论文，逼学生围绕着一个专业不断学习，做各种实习实践活动。同时，大学把全国各地的优秀学生汇聚到一起，制造了一个竞争的环境，逼学生积极学习，你追我赶。

大学将大棒小棒的作用发挥得越淋漓尽致，学生的学习效果就越好，毕业生的质量就越高。如果能把学生逼得从被动学习变成主动学习和创造学习，大棒小棒的逼迫作用就发挥到了极致，学生也就进入了理想的学习境界。

对于本科教育来说，现在学校的教学资源和条件真的不是特别重要了，甚至师资也是不那么重要了。过去学生听老师讲几句"传经布道"的话，有些学生就能记住一辈子，并且感叹老师是那么的有水平。可现在什么心灵鸡汤都有，电脑上一点一搜就是一大堆，真的没有什么稀奇的了。

如果孩子的家长能够指导学习，而且孩子又能够坚持学习和自主学习，就学到的东西来说，上不上大学可能没有太大的区别。郑渊洁自己培养教育孩子就是一个例子。

现在如果一个学生能够坚持学习和自主学习，上好大学和差大学也差别不大。因为世界上可以共享学习的资源远远要比一所学校拥有的要多得多。

新生课第一讲的第一个问题"学习资源"讲完了，让新生们知道了世界上有这么多相关的学习资源，接着就很自然地引出了我第二个重要问题——"自主学习"。

学生自主学习的问题，虽然需要因人而异地谆谆诱导，但最关键的手段同样还是一个"逼"字，要慢慢地把学生逼上自主学习和创造性学习之路，原因上面已经做了阐述。

世界上的学习资源越发开放，大学本科的主要功能越来越靠近一个"逼"字，尽管我们不愿意说出来，因为这个字与大学殿堂的高雅气质相距甚远！

三四十年前我们读的教科书现在看起来真的惨不忍睹。那时不到大学里听老师讲那几堂课，再没有多少可以自学的东西了。说实在的，可以说那时没有学到很多东西，视野也非常狭隘。但我们这拨人却也能够毕业成才，成为社会的有用之人，其主要原因是许多人有一种自强不息自主学习的干劲。

我到北京拍视频（2012-04-29）

现在电视、网络几乎都被各种娱乐节目和新闻占满。无可置疑，网络等新媒体的传播力量比传统的媒体要大成千上万倍。可学人们一般还是习惯于传统的知识传播方式——写书、上课、开讲座、做报告等。这些方式的传播效力与网络比较起来，的确非常小。

安全是每一个人的事，安全需要人人参与，安全是积德行善的事业。我从事安全科学与工程领域的研究和教学的目的，不外是促使更多的人安全健康，减少事故、职业危害和各种灾害造成的负效应。从这一视角来看，利用新媒体，可以极大地放大我工作的功效，更好地达到上述目的，因为这样能够影响更多的人，使更多的人受益。

其实，各个学科的科普工作也是如此。因此，学人应该转变观念，也要抛头露面，学当明星。

由于上述原因，我接受了超星学术视频公司的邀请，到北京拍摄视频课程。在北京满满当当地对着摄像机讲了一周的课，不管效果如何，体力加脑力辛苦了七天后，还是有一些感想的，也写篇博文与网友分享一下。

①我是怀着展示一下自己和做公益事业的心态去完成任务的。视频课程一般比较适合文科的老师来做；对于工科老师来说，拍摄频课程没有多少经济效益，比起做课题要辛苦得多。

②拍视频的备课和平常上课的备课有很大的不同。平常上课的课件可以做得非常详细，可以系统地将教材的内容纳入课堂，可以非常全面细致地讲授。而拍摄视频课程就需要进一步的精简和提炼，以便加强表达效果，缩短时间。每单元的时间长度要与视频每集的时间长度相匹配。为了提高连贯性，开头结尾时承上启下的表述非常重要。

③拍摄视频时和平时教室里上课的讲授方式也有很多不同。平常上课时一般可以比较缓慢，经常可以停顿片刻让学生思考一下。可在拍视频时需要连续地讲下去，有点像播音员一样，需要非常流畅地讲解，这样就要求更加熟悉

课程。

④讲课时自由发挥的程度也很不一样。平时课堂上讲授时，可以比较随意，举的例子也比较随便。视频课程上就不能胡举乱编、瞎开玩笑，更不能随意评议他人及单位什么的。

⑤连续讲课是脑力和体力的综合大考验。一天连续讲五六个小时，这可是要真功夫。首先是身体要受得了，喉咙不出毛病，思维还要时时跟上。其实，如果让一个最优秀的演员一天在台上连续表演几个小时，其效果也不可能好。台上一分钟，台下十年功，少而精一点没错，连续讲演五六个小时，绝对不能保持很好的状态，可我工作忙，不允许拉长讲课时间。

⑥对着镜头讲和对着学生讲各有利弊。对着镜头讲，比较专一，但没有互动感。对着学生讲，虽然有激情，但还要分散精力组织课堂。当然，能够专门组织学生来录像是比较理想的，但要有条件，而且有时也显得很假。

⑦形体语言也很重要。拍视频时如果没有一点形体语言，那就十分呆板。上镜头自然要形象好些，但服装太花哨，也不是上课的样子。

⑧上大学前我不会讲普通话，经过35年的磨炼，还是乡音难改，只能以潮州普通话勉强对付，不过这或许也是一种特色。

⑨除了自己精心设计和制作课件外，后期专业人员的加工、美化和技术处理等也非常重要，这里面也有包装的成分啊！因此，好的视频课程还要请专业公司和专业队伍进行制作。

七天时间里，我讲完了"大学生安全文化"21讲、"安全文化与企业安全管理导论"3讲、"比较安全学的创立及其研究"3讲、"安全科学方法学导论"3讲、"金属矿山通风导论"8讲。讲了这么多内容，也算是破了自己教学生涯的记录。

谈安全专业毕业生"改行"(2015-03-26)

经常有一些工作几年的安全专业毕业生对我说："老师，我改行了。"我说，只要你心中有"安全"，你就没有改行，你就能为安全做贡献，安全专业绝对是会伴随你一生的，在任何岗位工作都会涉及安全问题。这也是学习安全专业的特点之一，改行是进步的表现之一。

其实，学习安全专业不仅是要学习安全科学技术知识和技能，更重要的是树立科学的安全理念。安全专业毕业生工作一段时间后，从事非职业安全岗位的工作是很正常的事，特别是进入管理岗位工作。这是一种很正常的选择，在管理岗位工作同样可以间接地为安全管理工作做贡献，甚至做出更大的贡献。

比如，一个安全专业的毕业生当了企业一把手，他对企业安全状况的重视程度、对安全的理解、对安全投入、对安全岗位设置、对安全人员的地位等，肯定与其他专业的人不一样，此时他对企业安全发挥的作用可能比在安全岗位上更加重要。

安全专业的毕业生如果从事工程、管理、教育等工作，特别是能够进入高层领导岗位，如果他们对安全有足够的重视和科学的认识，在他们的权限范围内，就会对安全更加关注，对安全生产和职工的劳动保护等就会有足够的力度，他们起的作用与职业安全人员发挥的作用是相辅相成的，甚至更加重要。

从专业知识上看，学安全专业的人能够胜任很多其他岗位的工作。安全专业在我国虽然属于工科专业(在国外是理、工、法、医、管等都有)，要学习约50%的其他工科专业的基础知识和专业基础知识。但安全专业学生还要学习许多社会科学的课程，如安全法学、安全经济学、安全管理学、安全行为科学、安全心理学、安全教育学等，这是其他工科专业所没有的，也是安全专业的特色和优势，因为安全主要涉及人的问题，解决人的问题更多地要靠社会科学的东西。安全专业学生学习多门社会科学的知识，对他们毕业以后从事管理、教育、行政等岗位的工作非常有用，甚至比学习行政管理专业的有关课程更加有效果。

安全专业学生学习的技术课程有防火、防爆、通风、环保、防尘、职业卫生、安全原理、检测技术等，如果在某一方向上自学加深，便同样能够胜任相关的各种技术或工程岗位的工作，而且能够在技术或工程活动中更加注重安全问题。

所以，安全专业的毕业生就算没有从事职业安全工作，其所学的东西也仍然能够发挥应有的作用。安全专业人才改行完全没有问题，他们在任何工作岗位上都可以发挥重要的安全作用。

还有，学习安全专业除了工作上的贡献以外，对自身、家庭、周边亲人的安全也大有益处，就像医生发挥的作用一样。

对本科毕业论文存在的问题的感想(2014-06-19)

这几年，每到6月份本科毕业生答辩的前几天，在工作上遇到最烦心的事就是看到许多学生的毕业论文(毕业设计)检测出来的复制比高得让人心痛。这些学生的论文(设计)的复制比达到了50%～90%，个别的甚至更高。很显然，这些学生的论文(设计)大部分是复制来的，但离答辩只有两三天了！尽管学校和学院强制他们修改，但谁都清楚，平时几个月时间里他们都没有做什么和做不出什么，靠最后这两三天又能做什么呢？这些学生能够改的就是将复制的句子调整一下，躲避查重，降低复制比。

很显然，在世界著名的大学里，学生的论文（设计）出现了这种情况的后果肯定只有一个——不及格，甚至开除学籍。但在中国的大学里，处理的方法和结果完全不一样，这些学生毕业前基本上都找了工作，毕业论文（设计）不及格就意味着毕不了业、拿不到文凭，这样他们就会千方百计地纠缠你，就会找你和领导哭哭闹闹。

这怎么办？有些部门和管理人员还会以毕业率、就业率、安定团结等理由，使许多普通教师承担不起这种压力而采取迁就的方式。还有，有些领导也会说出类似的话："要是让这些学生不及格，拿不到文凭，就会害他们一辈子。"总之，这时睁着眼闭着眼放这些学生毕业大家都省事，学生也开心。即使坚持不放，最后搞得多方精疲力竭，结果还是那么回事。

可长此以往，学校的各种规章制度就显得苍白无力了，教师的职业道德底线就被彻底冲垮了，校园的抄袭之风难除，不良文化将永远传播甚至放大下去。

一想到这就让人心痛不已。我们的专业每年保持着 5%~10% 的不毕业率，对比一些高校的许多专业都是 100% 的毕业率，可能我们还是严格很多、好很多的。

为了安抚一下自己的职业道德，此时经常需要用许多说不出口的想法来开导自己："学生论文（设计）做好了又能怎么样？""毕业论文（设计）做得差的并不见得到了社会就差。"

遇到这种情况时，我也期望着，等到何时我们的学生才能坦然接受"不合格不能毕业"的基本法则？等到何时我们社会招聘人才的标准才能与学生在高校的质量标准一致？到了那时，高校的教师和管理人员就可以省却许多烦心事。

除了毕业论文（设计）的问题之外，还有一些学生总有些课程经过多次补考不及格，但不及格就是不及格，还能怎么办呢？

每年的 6 月份，我们的毕业生越来越张扬地释放自己，他们狂拍毕业照，他们经常聚餐。高校的校长和院长们也都学会了在学生毕业典礼上慷慨激昂地演讲，其版本有"赞扬型""励志型""祝愿型""讨好型""雷人型""广告型""留恋型""补偿型""致歉型"等，更多的是"复合型"。这些"迷魂汤"使毕业生们一下子感觉自己过去四年里好像付出了很多很多似的，好像马上就要飞黄腾达、前程似锦了。

我觉得还是低调的"默默型"好，学生毕业时说难听的话自然不妥，说太多赞美之词好像也是言不由衷。因为我还在为几天前看到的那些学生的毕业论文（设计）的高复制比而忧心忡忡、心痛不已。

我们在庆祝学生毕业的同时，是否也能够在学生毕业的前夕营造一个短暂的氛围，哪怕是一节课的时间，让学生思考一下：自己是否有过舞弊抄袭等不端行为？是否达到了培养标准的要求？是否学到了应有的专业知识和能力？是否对得起父母多年的期盼和支持？是否学会了感恩，具备了为社会有所担当的责任感？马上走入社会将会遇到什么艰难险阻？……

研究生是学生还是科研力量？（2015-06-29）

研究生是学生还是科研力量？这是一个看似肤浅的问题，但在当下的中国高校却很重要。

说肤浅是因为很多人会觉得提这种问题太无知了，研究生肯定既是学生又是科研力量。可实际上，对于具体某个学科专业的某位研究生而言，那就很难说了，特别是在中国大学扩招以后的状况下，大部分硕士生，甚至一些博士生基本上还属于学生，他们谈不上是什么科研力量，仅有少数优秀者可归类到科研力量的行列中。

讨论这个问题还是需要用数字表达才有说服力，就我熟悉的学科和所在的学校而言，可能10个研究生中有一两个属于科研力量就很不错了，大部分研究生还是属于学生。

要是所有的研究生都是科研力量，那导师可就"赚了"。这里说的"赚"仅仅是指导师有了些业绩点。要是所有研究生都还是学生，那导师就"亏了"，因为导师付出了许多，什么业绩点都不算。在一个学院里，对于普通的老师来说，能够实现盈亏平衡就不错了。说实在的，让导师"赚了"的研究生也不应该有"廉价劳动力"的自我评价。因为研究生如果能够成为"廉价劳动力"，那这个研究生一定会"赚得更多"。他肯定已经有了丰硕的学术成果，有了高额的奖学金，有了出国的机会，各种五花八门的优秀奖也会接踵而来，而且可以为以后参加工作赢得更多机会，奠定坚实的基础。

很遗憾的是，现在导师招收的研究生大都还是学生。能否把这批学生转化为"廉价劳动力"，这就需要看导师的本事了。把学生培养成"廉价劳动力"，这可不是一件容易的事，往往需要导师付出比学生更多的心思。而且有这种能力的导师并不多，经常是刚刚把学生培养得接近"廉价劳动力"时，他们就毕业远走高飞了。

还是回到前面的问题，研究生是学生还是科研力量这个问题为何很重要？

我们的一些领导能够招到"廉价劳动力型"学生的概率一般比较大(主要是因为研究生主动投入他们门下),如果领导形成了固化的认识或观念,那很快就会影响许多重大决策,比如研究生毕业前要发表多少符合级别要求的文章、指导研究生不算工作量、导师招生要按其科研经费进账多少定指标、招生导师要给向学校缴纳科研费、导师要责无旁贷地给学生支持生活费等。毫无疑问,如果导师招的学生是"廉价劳动力型"的,那上述政策非常合理,就像一些美国大学一样(其实现在美国绝大多数高校招生硕士生时都是收高价学费的)。但实际上,当今中国高校里很多老师是"被导师"的,绝大多研究生不属于"廉价劳动力型",在上述政策的驱使下,高校就会出现一些很奇怪的现象。

对于研究生是学生还是科研力量这个问题,需要思考更多的不是教师,而是各级高校领导。教育部或高校的领导,他们很希望我们的研究生都成为科研力量。如果这样,教育部和高校领导就可以把筹钱的重任和难题转移到导师们的身上了。其实导师们何尝不希望研究生都是科研力量呢?可惜我们国家现在事实上并非如此。脱离实际地把研究生当作科研力量的片面认识也会把导师与研究生的关系逼成"老板与员工"的雇佣关系,这是非常危险和恐怖的事情。

一二十年前,高校教师中好像极少有人被称为老板。随着学校管理政策的改革,下海经商、开公司、搞承包、从政当官等热潮涌现,一些教师开公司赚钱当起了老板,一些教师拿了太多的项目需要雇人帮工当起了老板,一些干部为了提高执行力开始学习老板的做法,使得老板的称呼开始在高校里盛行起来。老板一词从"文革"前的贬义词变成中性词,直至变成褒义词,并演化成有钱人的称呼。随着老板意思的转化,高校里的铜臭味也越来越浓,以至于走到了一切以经费挂帅、以经费论英雄的地步。因为有了经费就有了人、有了论文成果、有了业绩、有了职称、有了名气、有了头衔、有了地位……

上述分析把导师和研究生的关系可能说得太俗气了。其实现在高校里的大多数老师还是没有忘记老师的天职的。老师和老板的本质属性就不一样!老板可以随便使唤员工,老师需要循循教导学生;老板可以冠冕堂皇地把员工的劳动成果都据为己有,但老师经常是第二作者或无名作者;老板只看中效益,老师更看中人才。

导师是教育者,导师把研究生的素质、知识、能力提高到一个新水平并使他们具有很强的独立科研能力,远比让研究生做出科研成果更值得表彰,这也是导师的使命所在。导师不应该变成老板,但现实中已经有一些导师变成了老板或是采用了老板的工作方式。研究生是选导师还是选老板,这需要自己掂量一下自己适合哪类领导方式。而制定教育政策的领导在制定政策时也需要考虑一下会不会有意无意地迫使导师变成老板。

教研工作不被高看，何谈卓越人才的培养？（2020-05-11）

为什么高校中设立的各种人才培养、教改、教学等项目及其研究工作不被高看？主要原因有以下方面：

①高校中还有很多教师和领导不清楚教育教学研究同样具有高深的科学技术可以探究。人才培养、教学改革、课程建设等都是教育学的问题。教育学是一门古老的学科。在中国本科和研究生的教育体系中，教育学都是一级学科。教育学也是全世界公认的重要基础学科。教育学涉及人性、脑科学、生理学、心理学、认知科学、信息科学、系统科学、环境科学等前沿的学科领域。特别是随着社会的不断发展，现代教育技术和新媒体传播技术等更是融入了各种高新技术。但由于国内文理分科的体制存在了较长时间，很多人重理轻文的思想极为严重，大多数优秀人才热衷于选择理工科，而文理分科又导致了很多理工科的人才不懂教育，因为教育属于文科领域，因而也就忽视了教育学的研究。

②长期以来很多教研工作处于偏向社科和低水平的研究状态。由于文理分科的原因，大多数优秀的理工科人才忽视或不太懂得教育，他们不屑于从事教研项目的研究，对教研工作另眼相看。实际上，他们是不愿意或找不到能够纳入理工优势的教育研究前沿领域或切入点。而高校中的文科教师虽然愿意研究教育教学，但由于他们在理工科方面的缺陷，大都只能提留在社科的研究层面，如调查统计、行为实验及实证层面的研究，他们很难深入到脑科学、认知科学、系统科学、教育技术能等领域，因而做出来的成果都是文科性质的成果。

③教研项目是长周期项目，但体制上大都将其当作短周期课题。人才培养、教学改革、课程建设等项目的研究，都是需要长期稳定的研究，多年以后才能看出其真正的效果。比如一种新的教学模式，需要几代人的时间才能看出其实际效果，其成果实现的周期往往比理工科类的成果更长。但现在的教研项目实际上大都被学校的教务部门当作短期课题来管理了，短的课题有时一两年就要结题验收。而且经费少，有时几千元也能当作一个项目来立项，可立项、检查、验收等环节倒是一个都少不了。在考核大棒的强大压力下，有能耐的理工科教师大都不愿意做这种无效益、费时间、算不上业绩的事情。很显然，长期性的教研项目用短平快省的方式来实施，肯定难以得到什么好的成果。

④现有的教育成果评价体系不适宜评价教师个人的教研业绩。以人才培养项目为例，人才培养是非常复杂的长期系统工程，而且评价标准多种多样。一个人一生中遇到的老师有很多，包括其父母和经常打交道的人。教师即使做得再好，其实也很难说某一个人才的成功都是他培养的。因此，教师的教研成果

只能通过其教学工作中的某一具体工作业绩来体现。比如一位教师独立创建了一门新课程，这是很难的事，但这种业绩还是难以得到高度的认可（实际上应该给予高度认可，因为一个专业不就是由几十门课组成的吗）。而长期以来，国家层面的教学成果都是用大而全的标准来衡量的，因而造成很多国家级教学成果的申报方式走向了大而全的方向，大者集全校教学之大成，小者集全专业教学之大成。显而易见，获奖的成果都是组合形式的成果，大并不等于高水平，这样教师个人获个教学大奖的确很难。

⑤现有的科研管理制度不能计入教研工作的业绩。现在高校中什么才算是大科研呢？这是众所周知的：项目经费多且来源于国家层级、出产数量多且影响因子高的文章、获得国家科技奖和能挣很多钱的专利技术等。按现在的情况，人才培养、教学改革、课程建设等教研工作不管怎么做和坚持多长时间，都是难以达到上述要求的，其产出也是与各种数据库统计的指标体系无法对应的。因而，现有的科研体制可以冠冕堂皇地认为教研工作不是科研，不符合科研的统计标准。

说了这么多，那解决上述问题有什么好建议呢？

我觉得，要使教研项目及其研究工作不成为食之无味弃之可惜的鸡肋，其重要的途径是使教研项目及其研究工作向文理大交叉方向发展，而大交叉学科发展目前遇到的瓶颈是单一学科管理体系的限制。因此，教研工作被高看的前景还非常渺茫，其发展还有待时日。

具体一点说，要使教研项目及其研究工作得到重视和发展，高校中需要使大交叉人才有发展空间、有项目可申请、有科学研究项目的平台，有适合大交叉成果的评价制度等。比如理工科专业的教师在社科领域能做出出色的业绩，也可以按社科类教师的标准去评价考核他们；理工科专业的教师在社科领域能够带出更好的学生，就可以让他们去带社科领域的学生；理工科的学生愿意做社科类的研究，也可以在社会类专业毕业。反之亦然。久而久之，就可以使大交叉学科真正发展起来。

学科交叉是科技和教育发展的必然趋势，重视和发展交叉学科，在学术界、管理界和政界等已经倡导多年。但很多年过去了，交叉学科仍然处于举步维艰的局面，处处都受到制约，因为现有的科技界及关联部门都是按照传统的学科分类方式布局的，即使是某一部门或是某一单位想改革，也常常无济于事。

以我对安全学科的体会，安全学科这一大交叉综合学科发展遇到的突出障碍也是受到单一学科管理体制的限制。因此，发展交叉学科很重要的条件是建立能够促进交叉学科生存和发展的体制。

最后小结一下：

国内高校的教研项目及其研究工作为何不被高看？因为很多人还不知道教育研究工作可以向大交叉方向发展，它同样具有高深的科学技术可以探究，长期以来很多教研项目及其研究工作处于偏向社科和低水平的状态，教研项目的长周期特性得不到理解，现有的教育成果评价体系不适宜评价教师个人的教研业绩，现有的科研管理制度不能评价教研工作的业绩。

人才培养、教学改革、课程建设等教研项目的研究，在很多高校的绩效考核制度中都不被作为科研看待，原因是很多领导和科研人员都不认为教研是科研。其实教研也是科研，是科研的一个很重要的方面。如果教研不算科研，那我们何谈卓越人才的培养？

打破文理分科，教研工作向大交叉方向发展，建立适合大交叉学科人才发展的评价体系，是高校未来取得高质量教研成果，进行复合型人才培养的重要前提。

工程教育应开设"工程伦理"还是"安全伦理"？（2020-01-27）

医学伦理大家可能很早就听说过了，但工程伦理是近年国内高校工科界偶尔谈论的问题，全国专业硕士教指委还专门为工程硕士教育推出了"工程伦理"课程，并大力宣传推广。

几年前，我就听说了工程伦理，个人觉得，安全伦理远比工程伦理更加重要和具有普适性，但遗憾的是几乎没有人倡导所有专业开设"安全伦理"课程，甚至安全界本身也极少有人提过。还有，安全领域有数百万与安全相关的工作者，也没有人乐于花时间写本安全伦理教材出来，这也是安全界自己不争气之处。

最近我又想到安全伦理的问题，于是也想知道现有的"工程伦理"课到底具体在说些什么，并查阅了一本工程伦理教材的目录，一看才恍然大悟，这就是工程伦理啊？大体内容不就是安全的事吗？里面谈的例子更是安全专业经常举的案例。例如，2016年清华大学出版社出版的《工程伦理》（李正风、丛杭青、王前等编著），每章的导入案例有：怒江水电开发的争议；温州动车组列车追尾事故；南水北调工程——跨流域调水中的利益协调；DDT与《寂静的春天》；2008年中国奶制品污染事件；湖南凤凰县沱江大桥特大坍塌事故；关于黄河三门峡工程的论争；2005年吉化双苯厂案例；日本福岛核事故；"棱镜门"下的隐私权；再生水厂建设与选址案例；"反应停"事件。不要说专门以安全伦理为题编写的教材了，就是我讲的"安全专业导论"和"安全科学原理"课中，其实也有很多观念和原理是工程伦理讨论的内容。

那为什么开设"工程伦理"课许多人还感觉挺新鲜呢？我们国家的半官方机构还助力推广呢？其主要原因是这是国外大学先开设的课程，在大力倡导新工科的背景下，我们也需要引进一些国外的新课程，当然也会觉得工程伦理有些道理，因而就有了"工程伦理"课。另一方面，安全伦理学这一安全分支学科在国内安全界虽然较早就提出来了，但在高等教育中，人们总觉得安全是安全专业的事，与非安全专业无关，因而不愿意成立专门的安全课。可没想到把安全观的内容换上个工程伦理的帽子，加上国外的背景，高等教育管理机构和许多专业就接受了。

其实，我多年来一直提倡所有专业都要开一门安全课，特别是培养工程师为主的工科专业。不管毕业生工作之后做什么事，都要有安全的理念和行动，这样才能从源头实现安全。从这个意义上讲，不管以什么课程名称开课，"工程伦理"也好，"安全伦理"也好，能把安全观念讲透就好！

"工程伦理"毕竟主要针对工程问题，其实工程问题并不是工科专业的专属，工程问题也涉及法律、管理、经济、社会、文化等专业，一味地认为工程就限定在工科专业显然是片面的。如果开设"安全伦理"课程，那安全伦理就可以适合所有的专业，因为它是所有专业都需要的。

对于安全伦理，我自己先给出一个范畴：安全伦理是指人类一切活动（包括生产、生活等活动，如工程、教育、管理、经营、旅行、娱乐等）都要遵循保护生命安全的一般伦理原则与正义原则；安全伦理对人们在生存、生产和生活等各种活动中是否安全和是否具有安全保障进行伦理批判；安全伦理要求从事各种活动的主体（如政府及其机构、风险决策者、企业、工程设计开发者、安全管理者以及利益相关者等）都要使活动本身和涉及的人员与环境等在现在和未来都有足够的安全保障；安全伦理是各种人类活动主体都必须遵循的安全道德规范。安全伦理的核心思想是尊重生命，它要处理的基本问题是人类活动主体对自己和对社会抱什么样的安全观念或态度的问题。

为了确保人类各种活动能够持续，提供足够的安全资源及条件，人类必须确保有适当比例的资源用于安全，需要舍弃一些不利于安全的功能和欲望，为此也就需要用安全伦理和安全行为道德来限制不道德的安全活动，处理利益冲突。安全道德是指政府部门、企业组织、商业组织、工程设计开发者、风险决策者及利益相关人等在各种活动中涉及各种利益时，尤其是涉及生命安全时，所表现出来的行为的指导思想或观念态度。

安全伦理的第一要义是保存生命，核心价值是以人的生命安全健康为根本，其基本道德要求是关注安全、关爱生命，以实现社会正义。安全伦理道德涉及安全道德正义、安全道德良心、安全道德权利与义务、安全道德责任等。有关安全伦理道德的原理还涉及庞大的伦理学领域，如价值、善与恶、应该与正当、事实与是非、伦理公理与公设等。

由此可以看出，我更提倡高校开设"安全伦理"课，而不是"工程伦理"课。

安全是人类生理需求之上的第二层次需求，其实它与第一层次的生理需求互为支撑。安全伦理是可以涵盖几乎所有学科专业的伦理教育的。医学伦理、工程伦理等，应该是伦理学与医学或工程的交叉学科，医学和工程学都是很大的领域，将其简称为医学伦理、工程伦理也是很自然的事。但如果工程伦理又类推和细分为化工工程伦理、矿业工程伦理、冶金工程伦理、建筑工程伦理、核能工程伦理、水利工程伦理等，这就不太合适了，其实它们都是 ethics applied to various engineering。

人工智能会淘汰教师职业吗？
——研究型教学的特征（2020-01-21）

对于标题中的问题，我的回答是有些会，有些不会。不用说人工智能教学了，就说现在广泛流行的大学慕课其实就已经是现代教育技术的运用了，就已经替代相当一部分的课堂教学工作了！今天要获取知识实在是太容易了，手机或电脑一搜，啥都出来了，而且有些多媒体还能让人眼花缭乱。如果教师只能照本宣科，那教师就变成阅读器了，不久就会被计算机和软件所替代。

那什么样的课堂教学不会被淘汰呢？我认为研究型的教学是人工智能替代不了的，即使技术上可行，经济上还是行不通。那什么是研究型教学呢？我觉得研究型教学有以下特征：能对知识及时吐旧纳新；能理论联系实际；能深入浅出地讲解知识；能举一反三地诠释知识；能把书本上的符号变成生动语言；能让书本中的某些知识点启动学生的心智；能结合书本知识给学生以创新创业的启示；能用极简的方式梳理出课程的知识体系；能结合书本知识让学生形成逻辑知识；能将书本知识与其他知识关联成体系；能汇集与课程名称相关的学科体系；能利用书本内容评价相关知识的意义；能借助书本知识了解本领域的科学史；能预测和展望本课程的未来；能利用书本知识调动学生的兴趣和潜能；能利用个人魅力吸引学生专心听课。

即使人工智能能够具备上面的部分特征或全部特征，也肯定需要付出高出教师工资无数倍的巨大成本，还要有更高智商的人才才能实现。

研究型教学的关键在于有研究型的教师。因此，未来不被人工智能淘汰的教师一定在所教领域具有深厚的研究功底。即科研支撑教学将越来越重要。而能否做到科研支撑教学也是评价课堂教学质量的核心标准。

上述特征也可以作为教师备课的追求和评价教师教学质量的新标准。

至于很多传统的教学设计和教学方法等，未来则不再有多大的实际效果和推广价值了，传统的教师培训内容在未来将逐渐被弱化。

比如怎样呈现教学目标、课堂上如何导入知识、如何引导学生参与教学活动、如何设计教学情境、采用哪些教学方法和教学手段、如何设计教学活动、如何让学生掌握技能、如何营造课堂上教学氛围等，尽管这些在目前还很重要，但未来将不再是课堂教学质量的核心评价项目了。

当下高校的许多课堂教学质量评估体系为什么没有实质的意义？其原因是评不到研究型教学的点子上，它们针对的仅仅是一些教学表象，有价值的实质东西基本上评不到。

但由于当下大多数学生更愿意停留在轻松的学习氛围中，缺乏刻苦钻研的积极性，他们不懂得也体会不到研究型教学的价值。部分有能力、愿意做研究型教学的教师也不得不照顾大多数学生的实际，去迎合大学生的需要。这就是当下注重形式的高校教学质量评价体系仍然存在的意义。

如果教师要迎合学生轻松学习的要求，那教师个人再怎么努力也难以达到理想的效果，所以就经常会出现课堂上学生不听课而更愿意玩手机的场景。

第二章

安全研究与创新随思

　　安全是古老的问题，但安全作为学科却是崭新的。随着社会和技术及人们生活水平的提高，安全的内涵不断地变化和拓展着，安全研究也在与时俱进。安全是一个多维度交织的问题，因而安全研究非常复杂。安全涉及人性、观念、时间、空间、主客体、物质、能量、环境、认知、管理、法规、信息、文化、伦理、道德等要素，具有很大的不确定性。因而，从不同的视角可以构建出安全的许多维度，从不同的安全维度审视安全问题，所得结论是各不相同的。即使在同一维度，从不同的尺度去审视安全问题，所得结论也会各不相同。本章是我发表的学术论文以外的一些东西，内容主要是我多年间思考安全科学问题时萌发的一些安全新理论、新思想和新观点，其中的许多内容成为我之后系统地开展该领域研究的动因和源头。

安全研究新视角

安全的一个框架式定义（2022-08-15）

"安全"的定义很多，如果要给出一个容纳所有安全定义的框架式定义，个人认为，安全的框架式定义为：安全是基于某种预设的状态。"某种预设"可以概括无穷多种界定。下面具体说明这个框架式定义的四个层次问题：

①在定义中，第一个大问题是：安全主体与状态的一致性问题。如果安全主体与状态是一体的，那这种状态一般是安全主体所希望的，如正常人总希望自己平安、不受伤害、不受威胁等，这种情况的安全可定义为基于某种预设的希望状态。如果安全主体与状态不一致，如对于敌对双方来说，一般敌方发生内乱、遇到灾难，甚至全部毁灭，我方反而会感到安全了，这种情况的安全可定义为基于某种预设的敌方不希望状态。当然还有更多的例子可以列举。

②在定义中，如果假设安全主体与状态是一体的，那么第二个大问题是：预设的安全主体是什么？即安全对象的预设问题。如果安全对象指的是人、人群、团体、组织、城市、国家、地区、动物、植物、经济、政治、军事、文化、环境、网络等，则给出的具体定义是很不一样的。如对于人来说，安全可定义为：人的身心免受外界危害因素影响的状态。对于国家来说，安全可定义为：安全是国家不受外部侵略和内部保持稳定的状态。更多不同安全主体的安全定义不必一一枚举。

③在定义中，如果假设安全主体与状态是一体的，那么第三个大问题是：安全的时空预设问题。在不同的时间区间或尺度内，安全的整体状态表达是不一样的，如过去、现在、未来的安全，短时、长期、无限期的安全，等等。在不同的空间范围或尺度内，安全的整体状态表达也是很不一样的，如一个家庭、一个社区、一个城市、一个国家、全世界、太阳系和宇宙，生态系统、动物系统、植物系统，海洋系统、地球表面系统、空间系统、网络系统，等等。总之，根据不同的时空预设给出的具体安全定义是有很大不同的。

④在定义中，如果假设安全主体与状态是一体的，那么第四个大问题是：安全的各种对象和预设可以是多级的。如时空可以不断细分，条件可以有多层限制，当时空和条件规定得越具体时，给出的安全定义就越明确，可操作性也越强；反之则给出的安全定义越模糊、越不实用。

在大多数情况下，人们说安全时一般是主体与状态一体的，而且是针对人为主体的，时空也是比较有限的，因而这类安全的定义较为常见，也比较容易为大多数人所熟悉和习惯。通常在小同行中或"小安全"中，安全定义才可能比较明确和通用。但对于小同行使用的常用安全定义，使用者千万不要以为它就是在哪里都适用的。

我认定了这个安全科学研究新方向(2019-09-03)

尽管安全是一个古老的问题，但安全科学却是一门崭新的学科。20世纪70年代中期，安全科学问题在学界才成为一个专门的研究领域，安全科学研究才步入科学的殿堂。从20世纪80年代开始，安全科学才得到快速发展及广泛关注。经过近半个世纪的发展，安全科学已基本形成了自身特定的研究对象、研究领域与研究范式，也逐渐成了一门独立的新学科，为社会安全发展与科学技术进步做出了巨大贡献。

在世界安全科学发展的经历中，已经经历了两次里程碑阶段：

第一个里程碑阶段是在工业机械制造和工业电气化时代(工业1.0和2.0时代)。安全科学的研究对象主要是事故及引发事故的物质与能量，其研究进路主要是从事故出发，研究目的主要是事故防控和损伤预防，代表性的安全科学丰碑是各种事故致因理论和模型，它们都是西方国家的安全专家发明创造的。

第二个里程碑阶段是在自动化和工业电子信息化时代(工业3.0时代)。安全科学除了继续传统的研究使命之外，其研究对象逐渐转向复杂系统的安全及灾难的防控，具有代表性的安全科学丰碑是系统安全科学与工程的诞生和应用，这也是西方国家的安全专家发明创造的。

随着科技的不断创新和发展，21世纪已经进入了信息时代、大数据时代、人工智能时代，安全的内涵、范畴、外延发生了诸多变化，安全的新问题、新动态、新领域等不断出现。但在大量新安全问题中，最典型和最核心的科学问题是安全信息科学。而这里阐述的安全信息科学绝不是以计算机网络为核心的信息安全科学，这里的安全信息科学是人类活动(包括思维等无形的活动)所涉及的一切领域中能够服务于安全目的的科学规律、原理和方法及其应用理论等集成的学科。

例如，感知和认知等过程的信息缺失、信息不对称、信息失真等，是当代的新风险，它是导致各类事故与降低系统安全性的普遍重要原因。信息透明、信息易感可知、信息传达真实等，是确保和提升系统安全性、消除不安全行为、获得有效安全预测结果和采取正确行动等的最好途径。

而且，信息关联一切。人、物质、能量、行为、环境、事物等都可以由信息关联和表征，无意事故、有意恐袭、自然灾害等都可以由信息关联和表征，即大安全乃至宏安全都可以由信息关联和表征，过去、现在、将来的安全都可以由信息关联和表征，社会、文化、生态、自然复杂系统的安全等都可以由信息关联和表征，网络空间、人工智能等高新科技安全都可以由信息关联和表征。

由上可以看出，安全信息科学理论的研究具有极其重要的意义，也可以推出安全信息科学将引领和决定未来安全科学的发展方向和关键问题，这也是历史赋予安全科学发展的使命。

因此，可以预测：安全科学除了继续完成第一次、第二次工业化变革所带来的安全问题之外，安全科学将进入第三个里程碑阶段——安全信息科学时代，未来的第三座安全科学丰碑将是安全信息科学理论及其应用。在这个阶段，国内外的安全专家都处于同一起跑线，这是中国安全专家有望领先的机会。

安全信息科学的主要研究方向：

①安全信息学基础理论。内容主要包括：安全信息基本问题、安全信息学学科建设理论、安全信息学核心原理、基于安全信息的安全行为干预理论、多源安全数据信息融合与协同理论、安全情报基础理论、基于安全信息的典型安全管理方法，以及大数据驱动的安全信息学基础理论、安全信息学分支学科（特别是安全情报学与安全大数据学）的学科基础理论等。

②计算安全科学基础理论。内容主要包括：安全语言的数据表征与计算方法、安全内隐行为的数据表征与计算方法、安全外显行为的数据表征与计算方法、安全文化场的数据表征与计算方法、安全组织行为的数据表征与计算方法、复杂系统的安全信息数据表征与计算方法、设备设施安全隐患透明计算方法等。

③安全智能相关基础理论。内容主要包括：各种典型场景下"安全现象→安全数据→安全信息→安全情报→安全智慧"模型和范式体系的构建，各种典型场景的安全认知模型构建，大数据融入传统安全情报获取与分析方法，基于大数据、安全情报与复杂性科学方法等的安全风险精准预测方法等。

④基于安全信息的典型系统安全精准化计算模型与方法。内容主要包括：基于安全信息的城市生命线系统安全精准化计算模型与方法、基于安全信息的社区系统安全精准化计算模型与方法、基于安全信息的典型生产系统安全精准化计算模型与方法、基于安全信息的系统安全管理精准化计算模型与方法等。

安全信息科学是大交叉新兴领域，安全信息科学是一个需要多学科多层次多维度合作研发的领域，比如安全科学、人文科学、认知科学、信息科学、计算机科学、软件工程、安全技术等学科专业人才的通力合作和各自的突破，具有广阔的时空范畴。不同学科专业的人才可以根据他们的特长和兴趣选择所能企及的切入点和小方向开展研究。

对于中上游安全信息科学理论，这是我们课题组比较关注和具有基础优势的领域，也是不需要大团队就能够涉猎的领域，这几年我们已经取得了一些进展。未来不管我们得不得到国家的资助，我们都会坚持做下去，而且相信一定会有更多的人与我们一起做下去。至于能出什么样的结果，这还很难预测，还决定于运气和我们付出的努力等。

总之，我认定了这个安全科学研究新方向。

安全科学的五大基础问题（2015-10-06）

①人们经常说安全以人为本。但以人的什么为本？其实这涉及与人密切相关的几门重要的安全科学分支，如安全人性、安全心理、安全生理、安全生物力学、安全行为科学等。而这些学科分支的基础科学问题又是什么？如何提炼？这里可以将其概括为安全生命科学原理问题，安全生命科学原理可以为实现安全以人为本提供理论支持和指导。

②人们经常说安全无小事。但在大量小事件中，哪些小事可以孕育、演化成大灾难？其实这涉及具有自然科学特征的事件链、事件网链、事件尺度演化、事故致因模型、灾害容量、灾害物理、灾害化学等安全学科分支。而这些学科分支的基础科学问题又是什么？如何提炼？这里可以将其概括为安全自然科学原理问题，安全自然科学原理可以为判别和预防小事件酝酿成大灾难提供理论支持和指导。

③在各种人造工程及设备的设计、施工和使用中，如何实现物的本质安全，需要遵循哪些原则？其实这涉及与人造物密切相关的几门重要的技术性安全科学分支，如物质安全、能量安全、功能安全、环境安全、人造物宜人、人机工程等。而这些学科分支的基础科学问题又是什么？如何提炼？这里可以将其概括为安全技术科学原理问题，安全技术科学原理可以为实现人造物的本质安全提供理论支持和指导。

④为什么很多事故一而再再而三地重复发生？其实这涉及几门与社会科学密切相关的重要的安全科学分支，如人-机-环-管的相似规律、安全法规、安全教育、安全文化、安全伦理、安全经济等。而这些学科分支的基础科学问题又是什么？如何提炼？这里可以将其概括为安全社会科学原理问题，安全社会

科学原理可以为避免或减少事故多次发生提供理论支持和指导。

⑤世界万事万物都处在不断变化的大大小小的系统之中，如何使系统做无害化变化？其实这涉及几门与系统科学密切相关的重要的安全科学分支，如安全管理系统、安全信息系统、安全系统和谐、安全系统自组织等。而这些学科分支的基础科学问题又是什么？如何提炼？这里可以将其概括为安全系统科学原理问题，安全系统科学原理可以为实现系统安全运行提供理论支持和指导。从某种意义上讲，第五个安全科学问题在宏观上也涵盖了前四个安全科学问题，因为再小的问题也可以构成一个系统。

发展安全科学之浅见(2015-06-30)

①为什么安全科学多年处于实验科学的阶段？

从安全科学的发展历史看，过去人们关注安全更多的是吸取事故教训。发生了一起伤害或损失事故，为了使事故不再发生，人们在事故调查中寻找发生事故的原因，进而采取措施加以预防和控制，即所谓吃一堑长一智。慢慢地，这种工作方式就演变成安全科学的一种研究方式和习惯。为了预防事故的发生，人们进而开展各种风险分析，比如开展各种事故致因理论和模型的研究，以期盼得到各种预防事故发生的原理和方法，进而将其上升为科学。但人们感知风险和预先洞察事故的能力总是有限的，经常是滞后于客观世界和新事物的发展。

从问题的复杂性和难度看，由于安全问题涉及的因素复杂繁多，有人因（包括人性、心理、生理、生物力学、人体尺度等）、工程、技术、管理、环境、文化等，而且是随时间和空间在不断变化的。因此安全科学是一门复杂的综合科学，开展理论研究难度很大，为此人们多采用整体性的实验研究方法，比如观察法、实测法、访谈法、比较法等，所运用的主要工具自然离不开统计学的方法。至于新颖一些的方法，目前的大数据分析法至少应该算一种，大数据分析的优势之一是可以避开系统内部复杂的作用过程，只要从大量数据中统计分析出可用的结果就可以。

还有一个事实是，小至单一元件大至巨系统的故障率或失效率都是需要经过实验统计出来的。没有这些可靠的数据作为基础，安全科学将总是处于定性研究阶段，很难发展到定量研究的阶段，这也说明安全科学永远离不开实验研究。

②如何发展处于实验科学阶段的安全科学？

综合上述几点可知，安全科学较长时期来处于实验科学阶段是必然的。但安全科学研究者是决不会满足于这一种现状的。为了摆脱人类对事故预知的局限性和滞后性,抛开安全系统内部作用的复杂性,更加充分地利用有限的事物和系统故障率的基础数据,我们需要换一种新的思路开展研究。个人较长时间思考的结果是:可以从安全出发来开展研究和做好事故预防工作。

其实,过去人们更多地注意到从事故中吸取教训,但忽略了从安全现象中学习安全经验。在我们周围的自然物和自然环境或人造物和人造环境之中,处于安全的系统远远多于发生事故的系统,我们要善于从安全现象中探索安全规律和原理,并将它们用于新系统的设计、建造及使用之中。

其次,要勇于从本原安全出发探索研究安全科学理论,如果基于目前安全科学处于实验科学阶段的现状我们就无所作为,不敢有所突破,那安全科学将不可能成为一门真正意义上的科学。因此,要提升安全科学的理论层次,研究者可能有很多很多的思路。但我个人的切入点是借助有效的安全科学方法研究安全科学原理,通过完善安全科学原理来丰富安全科学理论和支撑安全科学。

公共安全管控的"两只手"(2015-06-08)

近段时间来不太想写博文,因为很多事故使自己心情不好。2015年先是5·15陕西淳化县的重大交通事故死亡35人,接着是河南鲁山县5·25重大火灾死亡38人,紧接着是6·1长江游轮惨案死了434人(还有10人失踪),作为职业安全人士只能用"心痛"两字来表达。但有一个自己一直在思考的问题,那就是公共安全到底用什么来管控最有效?

个人认为,公共安全的有效管控要靠"两只手":一只是看不见的手——"安全文化";另一只是看得见的手——"政府安全监管"。这就像众所周知的社会主义市场经济调控的"两只手"一样。

过去我们对"政府安全监管"这只手非常重视,比如建立了比较完善的国家、省、市、县、乡等安全生产监督管理体系,并开展大量宏观甚至微观的安全监管工作。尽管政府有了系统的安全监管系统和队伍,但公共安全有效管控靠政府管控这只手是孤掌难鸣的,实施起来更是力度层层减弱,直至归零,而且可能漏洞百出,出现按了葫芦起了瓢的问题。解决这个问题就要靠另外一只手的作用——建设安全文化,有效发挥安全文化的功能。

实际上,正如市场调节这只无形的手一样,安全文化这只看不见的手在公共安全系统的运行中发挥的作用更大,而且起着自动调控的功能。公共安全是一个变化无穷而庞大的系统工程,要使如此之大且瞬息万变的安全系统正常运行和实现自组织,那就需要靠全民的安全文化建设来实现。安全文化建设使全民认识到：安全不是专职安全人士的事，安全是每一个人的事，每一个人都要有与社会相适应的安全意识、安全知识、安全能力、安全义务和安全责任，每一个人在享受安全成果的同时都需要时时刻刻为他人的安全做贡献，并落实在自己的各项工作和生活之中。全民安全文化建设是一个长期而艰巨的任务，也受到社会经济发展水平的限制。安全文化建设的首要任务是促使全民拥有崇高的安全愿景、安全使命、安全价值观、安全伦理道德。

社会公共安全需要靠安全文化这只"看不见的手"进行自发的调节，通过全民安全信仰、安全价值观、安全互惠、安全互保、安全互帮等，来管控每个人的安全行为，做出每一个人的安全贡献。政府安全监管这只看得见的手通过经济、法律和行政等手段，引导社会按零事故零伤亡的要求去不断发展。"两只手"结合起来才能推动社会公共安全向好的方向持续发展。

为何不创立一门"事故学"？（2015-03-31）

在中国知网数据库中搜索标题中有"安全"的文献，记录数有 70 余万条；搜索标题中有"灾害"的文献，记录数有 5 万余条；搜索标题中有"事故"的文献，记录数有 10 万余条。从时间维度分析文献的记录数，近 8 年来，标题中有"安全"的文献记录数处于一个高台分布，每年约有 6 万条；标题中有"灾害"的文献记录数的顶峰是在 2008 年，该年度有接近 7000 条；标题有中"事故"的文献记录数的顶峰是在 2007 年，该年度有 8000 余条。

由上述简单统计可以看出，谈安全的文献远比谈灾害和事故的多，高出一个数量级。这说明"安全"远比"灾害"和"事故"宽泛，有更多的问题可以研究和讨论；人们逐渐更倾向于使用"安全"这一词汇；在很多情况下，安全问题可以涵盖灾害和事故。不过，"灾害""事故"的描述更加具体和有针对性。

谈"安全""灾害""事故"的文献记录数在 2007—2008 年是最多的，之后谈"安全"的文献记录数趋于稳定，而谈"灾害""事故"的文献记录数却逐年下降。除了上述原因之外，还有一个原因就是近年我们国家已经逐渐离开灾害和事故的高发阶段，安全形势趋于好转。

讨论"安全""灾害""事故"有这么多的文献，说明该领域非常重要，有很多人在该领域做工作，也取得了很多的业绩，按理说建立和形成一门学问应该是很正常的事。的确，安全学（含××安全学）和灾害学的提法已经出现了很多年，并且为广大的科技界所常用，同时已经有了许多以该名称命名的著作和教科书。但就个人有限的检索范围可知，迄今却没有事故学一说，也没有《事故学》一书。由此也看出研究事故的学者比较关注具体的问题，而不注重做学问，不重视把事故提升为一门学问。还是说事故的范畴太大，不方便浓缩为一门学问？还是说事故本身没有学问可做？这一点我想大家都不敢苟同。

那么什么是事故学？个人给出以下定义：事故学是一门以安全为目的，以事故为研究对象，研究事故的致因、演变、致灾或消失的机制与规律，事故的预测、预防与最优控制方法和工程措施，发生事故的应急、勘查、鉴定、处理、借鉴等的方案和技术手段等的一门综合交叉学科。

事故学的分支至少应包括事故心理学、事故致因理论、事故演化规律、事故预测与预防方法、事故应急管理、事故调查方法与技术、事故仿真与重现技术、事故鉴定技术与规范、事故控制工程、典型事故案例、××行业事故等。

事故学的理论和技术基础有法学、心理学、教育学、行为科学、管理学、经济学、系统学、数学、物理学、化学、生物学、逻辑学、侦查学、技术学、工程学等。

事故学的交叉学科主要包括安全心理学、安全管理学、安全法学、安全教育学、安全检测技术、安全规划、应急管理、行业安全工程等。

安全价值观的一些具体表述（2013-10-21）

安全观是对安全的作用、地位、价值等的总的看法。在不同时代，不同历史时期的人们的安全观是不同的。同时，不同的人群，由于所从事的职业、所受教育程度的不同，其安全观也是不一样的。

①安全是人类生存和发展的最基本需要，是生命与健康的基本保障。一切生活，生产活动都源于生命的存在，如果人们失去了生命，也就失去了一切，所以安全就是生命。

②安全是一种仁爱之心，仁爱即爱人。安全以人为本，就是要爱护和保护人的生命财产，就是要把人看作世间最宝贵的财富。凡是漠视甚至鄙视人本身的行为，都是一种罪恶，是一种对天理、国法、人情的践踏。

③安全是一种尊严，尊严是生命的价值所在，失去尊严，人活着便无意义。无知的冒险，无谋的英勇，都是对生命的不珍惜，将导致人间悲剧。

④安全是一种文明。安全技术要靠科学技术，靠文化教育，靠经济基础，靠社会的进步和人的素质的提高。文明相对于野蛮，不文明的行为也可视为野蛮的行为。呼唤安全，呼唤文明，是人类社会发展的根本利益。

⑤安全是一种文化。重视安全、尊重生命，是先进文化的体现；忽视安全，轻视生命，是落后文化的表现。一种文化的形成，要靠全社会的努力。

⑥安全是一种幸福，是一种美好状态。当人谈到幸福时，有谁会联想到伤

害，有谁会把没有安全感的生活当作幸福生活？有谁敢说安全不是长久地享受幸福生活的保证？

⑦安全是一种挑战。每一次重大事故都会促使人反省自身行为，总结教训，研究对策，发明新技术，预防同类事故重复发生。也许事故永远不会杜绝，于是挑战永远存在，人的奋斗永远不会停止。

⑧安全是一笔财富。实际上，安全账已被算过很多次，安全投入多了，生命财产损失就少了，最终劳动成本降低，企业经济效益提高。

⑨安全是权利也是义务。在生活和工作中，享受安全与健康的保障，是劳动者的基本权利，是生命的基本需求。每个劳动者不仅拥有这个权利，而且要尊重并行使这个权利，不能因利益诱导或暂时困难而玷污了权利的神圣。每一位公民都要尊重他人和自己的生命，都必须维护和保障安全的状态。

安全评价和安全管理的一个发展动态(2017-11-09)

随着公司企业的生产技术和自动化甚至智能化水平的不断提升，其生产安全的水平也在不断提升。过去进入工厂车间随便就能看到那种脏乱差景象，一眼就能看出很多不安全的问题，一眼就能看出作业人员有明显不安全行为等，现在已经越来越少。其实这类不安全现象也不需要太专业的安全人士或是有很多安全专业知识的人就能发现和注意到。

在现代化的公司企业，可能存在的安全隐患，仅靠目视化方式是难以发现的。在这种情况下，安全人还能够快速精准地发现企业生产作业场所和生产系统的安全隐患，则更能体现他们的水平和价值。而且，现代化企业系统存在的风险一旦变成事故，其损失规模比过去简单作业方式往往更加巨大。

从当今现代社会发生的重要事故灾难来看，很多都不是由目视化能发现的问题引发的。因此，需要通过更加专业或高深的视角去发现安全问题和隐患，而想拥有这种能力，其中非常重要的方面是需要从安全人机学的视角去找问题。从人机工程的视角做安全评价才更能发现复杂的隐患，找到更多预防事故的措施。比如：安全人要知道人的功能、机的功能的特点，掌握人与机的优缺点以及如何分配其功能，知道为什么要进行人机功能匹配以及人机功能匹配不当造成的危害，掌握可靠性及其度量指标的概念，掌握影响人的可靠度的因素；安全人要掌握人的失误的类型、具体形式及其对人机系统的影响，知道机的可靠性以及系统可靠性分析，掌握提高系统可靠性甚至韧性的途径；安全人要了解控制室布置和设计的要求，要了解显示终端对健康的影响，掌握显示终端的防护方法，要学会产品设计中的一般要求以及实现产品的安全性、可靠性、舒适性、内实、外美的方法；安全人要知道人的视觉和听觉特征，掌握感觉阈值，知道人的反应时间、视角、视距、视野、错觉、适应、听阈、掩蔽效应等；安全人要懂得人的注意、气质、性格、情绪、情感过程，要知道影响人的非理智行为的心理因素；安全人要了解人的骨骼功能、力杠杆、关节的作用、肌肉的力学特性以及其对安全生产的影响，知道作业时人的生理变化特点，掌握疲劳的影响因素、疲劳的改善与消除；安全人要知道安全防护距离、安全防护装置的设计原则，知道作业空间设计；等等。有了上述的人机工程学等方面的知识，还要能够将这些知识用于安全分析、安全评价、安全设计、安全管理等工作之中。

国际人机工程学会对人机工程学的定义为：人机工程学（又称工效学、人因工程学、人类工效学、人体工学、人因学）是研究人在某种工作环境中的解剖学、生理学和心理学等方面的各种因素；研究人和机器及环境的相互作用；研究在工作中、家庭生活中和闲暇时怎样统一考虑工作效率、人的健康、安全和舒适等问题的学科。人机工程评价师运用人-系统交互技术对系统进行设计、分析、测试、评估、标准化和控制以提高人与系统的工效、健康、安全、舒适和生活质量，并试图寻求根据个人的选择来平衡技术因素以获得艺术状态的高绩效系统。人机工程评价的目标是通过创建工作系统（提供合理的人类的工作绩效、人类的工作负荷、健康状态和风险控制、伤害管理）使技术人性化。从这个定义可以看出，人机工程评价比安全评价更加广泛。

多年来，我国尽管有很多人在开展有关人机工程及其评价的研究，但仅有极少数人提倡开展人机工程评价制度的建设。

2011 年，我曾在中国职业安全健康协会学术年会的报告上，首先提出中国未来是否也需要建立注册人机工程师和开展人机工程评价工作，这项工作由谁来发动、主管、主持、运作、实施和研究，人机工程评价制度是等待中国社会全面发展到接近发达国家的水平时再仓促上马还是预先研究、预先筹划等问题。

随着科技和生活水平的发展，安全评价与人机工程评价的关系将从现阶段的前者包含后者发展到两者并重，并变成后者包含前者。因为人机工程评价不仅包含了安全评价消除事故和职业病的目的，还包括了进一步满足人们对于安全、舒适、高效的需求，未来安全评价必然发展成为人机工程评价。发达国家已经从狭义的预防伤亡事故发展到安全-健康-舒适-高效-审美阶段。

随着科技和经济的高速发展以及人民生活水平的不断提高，人们对于安全的需求也不仅仅局限在预防事故和减少职业病的发生上，而将提升到舒适、高效的更高水平上。因此，安全评价也就不能满足人类将来对于广义安全的需求，需要有更人性化的评价体系来补充，即人机工程评价。

安全信息科学理论的一个创新(2017-10-30)

除了人因以外，物质和能量两大要素一直是安全科学研究者多年来最为关注的研究对象，因而有关物质和能量的安全研究成果也非常丰硕和趋于成熟。物质和能量对人造成的直接伤害首先是身体的伤害，当然身体的伤害也会演变成为心理的伤害。随着社会的发展和生产力的进步，有关物质和能量对人体的伤害在逐年地减小，因而人们也逐渐从重点关注身体伤害转向更加重视心理伤害。

随着人类社会进入信息时代，信息的作用日益重要、无处不在，信息传播和认知等过程带来的负面效应问题或事故灾难也与日俱增，人们对信息引发的事故灾难的关注度也不断提升。

其实，从信息着手，可以把生产安全、社会安全、自然灾害、公共卫生事故等问题都联系起来，这比关注物质和能量产生的事故灾难更具普适性，而且可以解释传统理论不能解释的许多新的事故灾难的发生机制，同时信息也可以表达物质和能量产生的事故和损失等。因此，基于信息来开展安全科学研究，可以构建更加庞大的安全科学理论新体系。从信息入手，可以使安全科学研究更加广泛、更能关联一切、更能解释一切、更好地统领一切，而且更加新颖，符合现代信息社会的需求与发展需要。

传统上，对造成直接伤害的关注焦点主要放在物质和能量与身体的接触点上(如轨迹交叉论)，但很多情况下，伤害首先是信息引发的，特别是心理伤害，此时有害信息对人造成的伤害比物质和能量更具穿透力，而且没有距离限制。因此，如果把伤害分析的焦点放到人的"心"上，这将更加接近人的本质，更加切中人的要害，从时间维度看也更加接近发生伤害的起点或原点。

把伤害分析的焦点放到心理上，也可以看作事故分析方法的一个突破和创新。

基于信息要素开展安全科学理论研究和创新，这一研究方向目前至少是基于物质和能量研究安全的一个重要补充和发展。随着社会的信息化程度和智能化程度的提升，基于信息要素的安全科学理论研究和运用必将越来越重要和不可或缺。

例如，如果在信息视域中去考查复杂系统中发生安全事故的原因，大都是由于人对信息有认知缺陷或是信息不对称，在信息不对称和安全信息认知的视野中研究复杂系统安全问题和建模，更能够体现系统安全的本质关联和机制，更有利于建立符合新时代背景的复杂安全系统的需求和现状。

以信息为主要研究对象的安全理论创新可以从以下几个方面开展：①安全信息学的学科建设及其基础理论研究；②安全信息流的理论模型构建研究；③安全认知信息学研究；④安全认知心理学研究；⑤安全信息可视化研究；⑥安全感知界面技术研究；⑦安全信息载体及其优化研究；⑧安全信息经济学研究；⑨安全信息素养的促进研究；等等。

安全科技工作者还可以根据安全信息的可感化、可知化和可能化的安全"三化"发展模式，在安全管理、安全创业等方面找到各自所需的切入口。

由于看到了这一新的安全科学研究发展动向，我们课题组近期从学科建设的高度，在安全信息学基础理论方面开展了卓有成效的研究，并已经撰写发表了十多篇学术论文。我们期望更多的安全理论研究工作者加入这一新的领域。

基于信息不对称理论的安全科学新基础概念（2017-10-28）

在人-机（这里的"机"与人机工程学中的内涵一样，是指系统主体人以外的一切）系统中，一旦人与机之间如果存在信息不对称，就有可能发生事故或失误，而且这是具有普适性的规律，即主体对客体的认知存在信息不对称，就容易发生事故或失误。比如：我们之所以进入受限空间发生气体中毒，是由于我们不知道空间内存在毒气，我们与空间环境之间存在信息不对称；我们之所以在高处踩到腐烂的地板坠落，是由于我们不知道地板腐烂了，我们与地板之间存在信息不对称；我们之所以吃了有害物质中毒，是由于我们不知道食物的含毒信息，我们与食物之间存在信息不对称；我们之所以买到变质食品，是由于我们不知道食品的变质信息，我们与食品之间存在信息不对称；我们之所以赌钱输了，是由于看不透赌局的内幕，我们与赌局之间存在信息不对称；我们之所以炒股亏了，是由于没有掌握股市的动态规律，我们与股市之间存在信息不对称；我们之所以听信谣言，是由于不了解真相，我们与真相之间存在信息不对称；我们之所以受骗上当，是由于不明底细，我们与骗子之间存在信息不对称；等等。

由此可以构建出安全科学的新的基础概念群。如果把人-机系统之间发生事故或故障的机制描述为信息不对称，则系统安全的基础概念可以定义为：

①安全是理性人在一定的系统里（或时空里），对安全信息认知不存在信息失真或信息不对称的存在状态。具体地说，在该系统里的真信源—信源载体—感知信息—认知信息—响应动作的事件链中，相邻两两事件之间不存在信息失真或信息不对称，此存在状态就可称为安全。

②危险是指理性人一定的系统里（或时空里），对安全信息认知存在信息失

真或信息不对称的存在状态。具体地说，在该系统里的真信源—信源载体—感知信息—认知信息—响应动作的事件链中，相邻两两事件之间存在信息失真或信息不对称的状态。相邻两两事件之间信息失真的绝对值越大，就越危险，反之就越趋近于安全。

③危害是指在一定的系统里（或时空里），安全信息认知存在信息失真或信息不对称，引发了人的身心受到伤害或财产受到损失的结果。

④风险是指理性人在一定系统里（或时空里），安全信息认知的信息失真率的绝对值与由此产生的危害的严重度的乘积。

⑤隐患（或危险源）是指在一定系统里（或时空里），安全信息认知的事件链中存在可能造成危害的信息失真或信息不对称。当这种信息失真或信息不对称可能造成人的身心受到严重伤害或财产受到严重损失时，则成为重大隐患。

⑥事故是指安全信息认知的事件链中存在信息失真或信息不对称，致使信源不透明、信息传达不清、信道不畅、信宿故障等状态后，发生了有形或无形的伤害或损失。当事故对人的身心和财产未造成危害时，称为无害事故；当事故对人的身心和财产造成重大危害时，则称为重大事故。

根据以上新概念还可以推论出更多的安全科学基础理论相关定义。

安全科学为和谐社会构建提供重要理论借鉴（2009-05-24）

安全科学是从人体免受外界因素（即事物）危害的角度出发，并以在生产、生活、生存过程中创造保障人体健康的条件为着眼点，在对整个客观世界及其规律总结的基础上，产生的知识体系。安全科学的研究，是为了保障人们在生产和生活中的生命和健康安全，保证身心与相关设备、财产以及事物免受危害等，揭示安全的客观规律，提供安全学科理论、应用理论和专业理论。

安全的本质不在于人类活动本身极其复杂与多变的外在表现形式，而体现在它是一个依据人体生命活动的要求，与人相伴终生的外在保障功能系统。这个安全的功能系统，有它必然存在的客观条件和自身的内部整体结构。安全系统具有特定的目的性、功能系统性、复杂非线性和整体综合性特征。安全学科具有综合特性，它涉及其他各种学科，因此其他各种学科的知识都可以应用和渗透到安全学科研究中。

安全科学涉及的知识众多，如安全哲学、灾害学、安全社会学、安全法学、安全经济学、安全管理学、安全教育学、安全伦理学、安全文化学、安全人体学、安全人机学、安全系统学、安全信息论、安全控制论、安全模拟与安全仿真学、公共安全等。这些学科的知识能为和谐社会构建提供理论基础。

例如：和谐社会构建需要人与自然关系的和谐、人与社会关系的和谐、人的思想关系的和谐。为之提供支撑的安全科学内容有灾害学、安全模拟与安全仿真学、安全人机学、安全卫生工程技术，安全法学、安全文化学、安全社会工程、安全社会学、安全哲学、安全生理学、安全心理学、安全史、安全科学学、安全伦理学等。

和谐社会构建需要民主法治、公平正义、诚信友爱、充满活力、安定有序。为之提供支撑的安全科学内容有安全法学、安全管理学、安全社会学、安全教育学、安全心理学、安全伦理学、安全文化学、安全信息论、应急救援、安全模拟与安全仿真学、公共安全等。

和谐社会构建需要互相尊重、互相信任、各尽所能、各得其所、和谐兴国、和谐创业。为之提供支撑的安全科学内容有安全伦理学、灾害学、安全生理学、安全文化学、安全工程理论、安全卫生工程技术、安全人体学、安全管理学、公共安全、部门安全工程学、安全系统学、安全控制论等。

安全研究新思维

宏安全 SSS 概念的提出（2019-08-23）

在职业安全领域，大家研究的安全通常为生产安全（safety），简称"小S"。在传统的公共安全领域，公安保安做的安全通常为 security，这里也简称为"小S"。安全是复杂问题，一个安全问题可以关联出一大堆人事物来，而且随着社会的发展，上述两个"小S"经常交错在一起，并且互相影响和关联，成了"双S"，安全界把"双S"俗称为"大安全"。

个人认为，如果把视线放在全球人类永久的安全上，上述的所谓"大安全"其实也是短时间内局部的小安全。在地球上，在复杂多变的社会系统的运动进程中，人事物之间、人（人群）与人（人群）之间、人（人群）与物之间、物与物之间、人（人群）与环境之间、人（人群）与其他生物之间……其中某一时间内、某一局部系统中总会出现各种各样的不和谐或摩擦，即出现不安全的现象，或者说是局部系统出现了"负涌现"现象。为了预防、缓解、调节这种不安全现象，社会上就出现了各类安全事务，并形成了当今的社会安全体系，如现在的生产安全、生活安全、国土安全、军事安全、经济安全、文化安全、社会安全、科技安全、信息安全、生态安全、资源安全、核安全等事务。其实，在地球的历史长河里，这些安全都只在短时间的系统内起到了充当某一局部不和谐现象的润滑剂或缓解剂等的作用而已。当今的社会安全体系并不能保证地球和人类永恒的安全。

那什么安全能保障地球和人类的永恒安全呢？以此为目标的安全才算得上是真正意义的"大安全"，这里简称为"宏安全"（global sustainable safety & security，GSSS）。

宏安全可定义为：以地球和全人类能永续生存为目标的安全称为宏安全，为宏安全目标出发而开展的所有活动称为宏安全活动。

宏安全是超越一切政治安全、国家安全、种族安全等的伟大使命。宏安全具有永久性、全球性、生态和谐性等特征。宏安全反对人类至上主义，宏安全不能完全靠人类自身的力量来保障或实现。下面基于上述宏安全的定义做进一步分析：

第一个问题是，在现有的各类安全中，如生产安全、生活安全、国土安全、军事安全、经济安全、文化安全、社会安全、科技安全、信息安全、生态安全、资源安全、核安全等，如果从地球和全人类的永恒安全着眼，最重要的安全是什么？可能答案是全球生态的永恒安全才是真正的大安全，因为如果地球的生态系统被完全毁灭，地球上的人类也将同样消失，而其他安全就都不复存在了，与全球生态安全比较，其他安全都是在其之下的。

第二个问题是，谁能够保障全球的生态永恒安全？显然，人类的好奇心、野心和贪婪心太可怕了，人类虽然是地球上的生物之一，但依靠人类自身来确保全球生态安全是很难靠得住的。由于人类具有短见、偏见、功利、自私等缺点，从长期的历程来看，人类自身所做出来的公约、安全规范等都是靠不住的。即使人类能够在数代人的时间内进行自我约束，维持生态平衡，但也很难保证代代相传下去。过去的很多安全重大事件已经证明了人类不可能永久保持这种自我约束状态。

因此，保障全球安全必须靠第三方力量，那这种第三方力量是人类自身的力量，还是地球以外的外星人，还是什么新生力量？我认为都不是，这是一个需要大家研究的巨大课题。我初步认为，这种第三方力量可能是地球生态遭到人类或其他物种过分破坏时，地球生态形成的巨大的自然报复力量（包括以各种天灾的形式降临世界，以短期维护全球生态的平衡）。

第三个问题是：人类毕竟是地球生物中最聪明的，人类不愿意坐以待毙，接受大自然或第三方的惩罚。那么人类如何才不会遭到自然的报应，如何基于宏安全来规避自然灾难有节制地活动呢，这是未来人类面临的更加重要的大课题。

第四个问题是：如果以宏安全，即全球生态系统安全为着眼点，人类如何构建新的大安全学科体系？这也是宏安全研究的重大课题。

当然还可以构思出更多的宏安全科学问题来，我感觉这些才是真正有重大意义的前瞻性宏观安全科学问题。

与时俱进看待安全科学（2020-05-25）

科学都是在不断发展的，安全科学也是如此。在欧美国家，100多年前的工业革命及工业生产中的作业人员开始了伤害事故预防工作；二十世纪三四十年代逐渐发展为早期的安全科学雏形；到了二十世纪六七十年代，由于航天航空等先进行业中的安全问题出现，系统安全工程得到了创建和快速发展，安全科学逐渐丰富和成熟起来，因而在20世纪70年代，安全科学基本得到了国外学界和业界的承认；经过几十年的发展，到了21世纪以后，国际上的安全科学已经远远超出了过去生产安全领域的安全科学，并有着更加宽广的内涵和应用领域，Safety & Security 一体化已经发展了十多年。

在国内，在20世纪90年代以前，很少有什么安全科学，生产安全领域的安全一直被称为劳动保护。在刘潜等老一辈安全科学工作者多年的大力推动下，到了二十世纪八九十年代才开始有安全科学的称呼，其中重要的标志之一是1991年《中国安全科学学报》的创刊。但在当时，安全科学显然局限在生产安全领域，从劳动保护到安全科学，在我国发展了几十年，从劳动保护到安全科学也是一种科学的进步。

不过，几十年过去了，国内很多人对安全科学的认识仍停留为生产领域中的安全科学，这显然又与国外拉开了距离。其实，近一二十年来，国内的一些安全科学理论也已经跟上了国际安全一体化 SS 的步伐，甚至开始提出宏安全 SSS 的概念，在某些方面已经处于国际领先的地位。例如，可能极少有人注意到，近年国内中文期刊《安全》的英文名称也已经改为 Safety & Security，这是一个可喜的标志。我们近年出版的一些安全科学理论著作和论文的英文名称也使用了 SS，因为这些著作和论文已经不限制于生产安全领域，特别是上游领域的安全科学理论对所有的安全问题是具有普适性的。

在国内，过去的安全手册、安全教科书、安全连续出版物一直局限在生产安全领域，其内涵也主要是描述生产安全的理论、方法和技术等。而且，过去行业部门的界限比较明显，生产安全与公共安全等领域互不相通，不同行业领域的人员也局限在所在的领域，视域受到具体工作的限制。这都导致很多安全工作者甚至安全理论工作者仍然以传统的生产安全观念来思考和看待现今的安全科学，这显然是不利于安全科学的发展及其国际化的，也不利于安全科学理论研究的创新和发挥作用。

近期，我看到了一些中文期刊论文和网络文章，有些人以行政范畴来界定安全科学，有些人以行政权力来界定安全科学，有些人以过去的劳动保护和生产安全的眼光来看待和评价安全科学，有些人以工作范围或单位的业务范围来界定安全科学，还有些人以几十年前书本上的安全定义来界定安全科学……这就把安全科学的范畴大大缩小，将其地位大大降低了，也使安全科学的普适性被湮灭了，还会使国内的安全科学落后于国际上的安全科学。这显然是不利于安全科学理论的创新和发展的，开展安全科学的领先研究就更成问题了。

如何明晰安全科学的内涵、地位及作用等问题呢？我觉得应该从学理层面来讨论安全科学，以安全科学的本质功能来评价和运用安全科学，以世界范围的先进理念来界定安全科学，以动态的和最新的发展观来分析研究安全科学。

安全科学是一切安全问题的基础，与应急管理、公共卫生等应用学科不是一个层面的东西，关于这方面的讨论，我过去已经写过多篇博文，这里就不再重复了。

安全科学已经从 Safety 发展到 Safety & Security，并将向 SSS（Sustainable Safety & Security）发展，请不要以老眼光看待安全科学。

塑造人的大爱精神是社会安全之首要目的（2016-12-11）

安全以人为本，人本首先要以人性为先。一个社会整体人性的善恶决定了社会整体安全水平的高低。

人性有先天遗传的因素，更依赖于后天的塑造，但后天用什么来塑造有利于社会安全的人性呢？个人认为：人类的大爱精神是塑造美好安全人性的核心。

爱是一切道德的基础，包括安全伦理道德。这里要说的不是小爱，小爱是爱自己、爱家人、爱爱人等。大爱不仅包括小爱，还包括爱他人、爱工作、爱岗位、爱集体、爱制度、爱环境、爱社会等。

大爱是爱人之爱。每个理性人都是爱自己的生命的，因此爱人之爱就是爱护别人的生命，这是大爱的基本价值取向。大爱不以亲疏论大小，爱亲戚、爱朋友、爱熟人，同时也爱陌生人，爱不同民族的人，爱不同国家的人。大爱是用心的爱，是自觉自愿的爱。大爱是稳定持久的爱，执着和深层的爱。

人有了大爱，才有了与动物相区别的显著特征。

有了大爱，当一个人的生命受到威胁的时候，就不会去无缘无故地找替死鬼，拿别人的生命来保护自己的生命。有了大爱，当一个人贫穷时，就不会用偷盗抢劫等不法行为来改变自己的境况。有了大爱，当一个人遇到机会时，就不会财迷心窍、利欲熏心、见利忘义、损人利己、损公肥私，来使自己暴富。有了大爱，当一个人有了权力以后，就不会以权谋私、为所欲为，以牺牲他人和社会利益为条件，来掠夺他人和社会公共资源。有了大爱，当一个人有了一定财富和实力之后，就会想到慈善和公益……

值得一提的是，一些不具有大爱之心的人，可能在受到外界因素的影响或感染下，也会做出一些爱他人的善良举动，但往往不是因为出自内心深处的责任意识，而是一时的冲动或恻隐之心在起作用。

大爱之心在人们的日常生活和生产中可以普遍地体现出来：

有了大爱，当一个人开车要变道或转弯时，就会提前打转向灯提示后面的人或车；有了大爱，当一个人丢弃危险垃圾时，就会想到垃圾会不会伤及无辜；有了大爱，当一个人在制作食品时，就会想到别人吃了以后会不会有害；有了大爱，当一个人在设计产品时，就会想到它对使用者有没有伤害；有了大爱，当一个人在给员工布置任务时，就会考虑到他们能不能完成和会不会出意外；有了大爱，当一个人在制定法规制度时，就会先思考它是否具有人性化；有了大爱，当一个老板遇到赚钱的好机会时，就不会强令员工冒险赶工时；有了大爱，当一个领导在思考安全第一还是生产第一时，就会倾向于安全第一的一边；有了大爱，当一个高层决策者在考虑发展与环境问题时，就会考虑找到其中的平衡点；等等。

其实，大爱可以渗透到经济、政治、文化、宗教、环境等社会生活的各个方面的安全之中。

个人认为，安全教育之首要目的和根本是塑造人的大爱精神，大爱精神就是人类安全观念塑造的核心内容，而安全知识和安全技能教育与大爱相比，仅仅是安全操作实践中的雕虫小技。缺少大爱精神，事故灾难不可避免。

如何塑造人类的大爱精神，这个主题是全世界全人类数千年的老问题了。在新时代，塑造大爱可以被简练地说成营造一个人人互爱的、以人为本的社会氛围。

安全大爱文化的建设首先要有一个大爱制度文化的目标，要使全社会逐渐形成大爱价值观的理念和自觉性，要把大爱贯穿到安全法律法规、安全管理、安全文化、安全教育等的核心思想之中；要把大爱的理念编入各级教材之中，在家庭、社区、学校、企业、组织之中形成良好的氛围；要把大爱物质文化落实到社会的各个角落；要在社会中广为传播和推崇大爱行为文化。

其实，大爱思想源远流长，儒家的仁爱思想就是其典型的代表，并且在中国历史上经久不衰。西方的基督教也把爱当作最重要的精神信仰。

上面的内容又新又旧，说新是因为很少有人研究大爱与安全的关系，说旧是因为大爱说法由来已久。当人类(特别是安全科技工作者)千方百计、千辛万苦地通过人、机、环、管等各种途径开展大量的研究和技术开发，希望预防和控制各种自然和人造灾害时，灾害仍然一轮一轮、一波一波地接踵而来。人类忽略了一个最古老最简单的问题，那就是塑造人类的大爱精神，而先贤已经在数千年前就把它提出来了，并且作为信仰在崇尚！

哈哈，安全真是超科学的学问。

信息视角下的安全新论(2021-12-26)

信息是人类观察世界万事万物与了解周围人事物的最基本和最原始的素材或途径。人对于自身之外的安全判断，也是通过信息来了解的。然而，所有的信息传达和人对信息的感知与认知并非都是可靠的，在信息传递过程和人对信息的感知与认知过程中存在许许多多的偏差、缺失和错误。因此，从信息视角出发，如果各事件之间存在信息失真或信息不对称等，就可以使信息传达过程出现故障，使人对信息的感知和认知出现问题，进而出现错误决策和不安全行为，进而导致事故。

个体安全信息力是指在特定的场景和任务中，个体利用和整合安全观念、安全知识、安全技能等内在安全素质，进行安全信息获取、安全信息分析与安全信息利用，实现既定安全目标和安全绩效的能力。基于上述定义可以开展许多研究，如：①由个体安全信息力的获取能力、个体安全信息的分析能力和个体安全信息的利用能力三个维度，可以组成个体安全信息力概念模型，得出个体安全信息力的三要素：大小、方向和作用点。②可以探索个体安全信息力与个体行为之间的关系，以及个体安全信息力的作用机制。③可以研究个体安全信息力作用于人、机、环境、管理、软件、资源的不同效果。④可以建立个体安全信息力的数学模型，用模型参数表达个体安全信息力的不同作用方向、不同安全信息力的作用夹角和不同作用效果等。⑤可以开展个体安全信息能力的动态性、可塑造性、个体性与差异性等方面的研究。

基于信息意外释放可以发展事故致因理论，形成事故致因新解释，如：①能量源于客观，能量意外释放会产生事故；信息感知和认知源于主观，信息意外释放也可能造成事故；对于涉事外群体来说，事故是群体安全感的下降。②信息传递经常伴随着信息不对称，人的每一次行为都是通过信息的感知和认知做出的决策，因为信息经常存在缺陷，人的每一次行为都可能是风险行为。

③从信息不对称程度分析,任何一次事故的致因因素都具有不确定性,包含着人的主观信息感知和认知上的失误。

安全研究从哪切入?(2013-12-21)

安全学科是一门综合学科,其涉及的维度和时空复杂,从不同的视角可以有不同的研究重点和工作方式。下面列出了 19 个视角和一些实例。可以看出,安全研究可以根据各人的喜好、对问题的认识、关注的重点、已有的基础和个人的特长等方面,从不同视角切入,并运用与之相适应的不同手段、方法和途径开展工作,当然取得的成果自然是五花八门、五彩缤纷的,对其作用和意义的评价也是公说公有理、婆说婆有理,谁也不服谁。

从不同视角看安全学科的研究重点和方向,下面是一些例子:

从发生事故的视角,研究人的不安全动作、物的不安全状态、事故隐患等;

从财产损失的视角,研究风险大小、风险评估、安全经济、金融保险等;

从伤亡人数的视角,研究伤亡事故统计、事故分类、事故调查、事故预测等;

从职业健康的视角,研究职业病的种类、职业病的成因、职业危害预防与控制等;

从地域安全的视角,研究区域安全、城市安全、社区安全、安全规划、区域安全评价等;

从行业安全的视角,研究交通安全、建筑安全、煤矿安全、化工安全、石油安全等;

从学科发展的视角,研究安全科学学、安全学科分类、安全学科创立、安全发展等;

从安全理论的视角,研究安全科学原理、安全规律、安全模型、安全机制等;

从安全技术的视角,研究安全技术、安全装置、安全设施、安全监控、安全检测等;

从安全人文的视角,研究安全文化、安全史、安全民俗、安全伦理、安全道德等;

从政府职能的视角,研究安全监管、安全法律法规、安全标准、安全规范体系等;

从企业管理的视角,研究企业安全管理模式、企业安全文化、安全投入、安全评价等;

从安全效益的视角，研究伤害损失计算、事故赔偿、经济模型、安全价值等；

从灾害类别的视角，研究生产安全、地震、地质灾害、水灾、旱灾、瘟疫、应急等；

从社会稳定的视角，研究防恐、暴力、治安、黑社会、应急管理等；

从政治需要的视角，研究国家安全、民族和谐、人权自由等；

从公共安全的视角，研究防火防爆、城市生命线安全、监测监控技术等；

从学科层次的视角，研究安全基础理论、安全应用理论、安全工程科学、安全技术等；

从信息安全的视角，研究网络可靠性、防黑客、防火墙、杀毒工具等。

从N多视角可以研究N多问题。

我自己近年比较感兴趣的重点是研究安全科学中上游的一些通用的思想、理论、方法、原理、规律、模型等，还希望创建一些新的安全学科分支。

"安全+"或"+安全"思维(2016-07-05)

对于"互联网+"大家已经如雷贯耳了，但"安全+"或"+安全"可能你就还没有听说过吧？让我来说说，其实"安全+"或"+安全"比"互联网+"更具普适性、前瞻性和持久性。

"安全第一"是大家认可的公理，安全自古以来就是人类追求的目标之一，安全是现代人类社会活动的前提和基础，安全是国家和社会稳定的基石，安全是经济和社会发展的重要条件，安全是人民安居乐业的基本保证，安全是建设和谐社会必须保障的重大战略问题。因此，所有事物都需要"+安全"或"安全+"是毫无疑问的。

从古到今到未来，"+安全"或"安全+"无处不在。"生活+安全"或"安全+生活"无处不在；"经济+安全"或"安全+经济"无处不在；"发展+安全"或"安全+发展"无处不在；"创新+安全"或"安全+创新"无处不在。

"+安全"或"安全+"思维看起来首先是对"安全"有益的，因为只有具备"+安全"或"安全+"思维，才能做到事事有安全思维，才能真正做到安全是每一个人的事、安全是各行各业的事、安全是一个系统工程。但"X+安全"或"安全+X"的最终受益者是其中的X。

下面罗列些具体例子：

①"行业+安全"或"安全+行业"是必须的。在机械行业、冶金行业、动力行业、仪器行业、材料行业、电子行业、信息行业、通信行业、控制行业、计算

机行业、建筑行业、土木行业、水利行业、测绘行业、化工行业、地质行业、矿业行业、石油行业、天然气行业、纺织行业、轻工行业、交通行业、运输行业、船舶行业、海洋行业、航空行业、宇航行业、兵器行业、核技术行业、农业、林业、环境行业、生物行业、食品行业、作物行业、园艺行业、植保行业、畜牧行业、林业、水产行业、公共卫生行业、药物行业、军事行业、管理行业、工商行业中，无不需要"安全+"或"+安全"。

②"产品+安全"或"安全+产品"是必须的。在机械产品、冶金产品、光学产品、仪器、材料、电子产品、信息产品、通信产品、控制产品、计算机、土建产品、化工产品、地质产品、矿业产品、石油、天然气、纺织产品、轻工产品、交通产品、运输产品、船舶、海洋产品、航空产品、宇航产品、兵器、核产品、农业产品、林业产品、生物产品、食品、作物、畜牧产品、水产、卫生产品、药物、军事产品等中，无不需要"安全+"或"+安全"。

③"学科专业+安全"或"安全+学科专业"也非常合理。在现有的学科或专业目录中，绝大多数学科或专业名称前面或中间如果加上"安全"两字都是能够成立的。例如，安全哲学、安全理论经济学、安全应用经济学、安全法学、安全政治学、安全社会学、安全民族学、安全教育学、安全心理学、安全体育学、安全新闻传播学、安全艺术学、安全历史学、安全数学、安全物理学、安全化学、安全太空学、安全地理学、安全大气科学、安全地球物理学、安全地质学、安全生物学、安全系统科学、安全科学技术史、安全力学、安全机械工程、安全光学工程、安全仪器科学与技术、安全材料科学与工程、冶金安全工程、安全动力工程，安全工程热物理、电气安全工程、安全电子科学与技术、安全信息与通信工程、安全控制科学与工程、计算机安全科学与技术、安全建筑学、土木安全工程、水利安全工程、安全测绘科学与技术、化学安全工程与技术、安全地质资源与地质工程、矿业安全工程、石油与天然气安全工程、纺织安全科学与工程、安全轻工技术与工程、交通安全运输工程、船舶与海洋安全工程、航空宇航安全科学与技术、兵器安全科学与技术、核安全科学与技术、农业安全工程、林业安全工程、环境安全科学与工程、安全生物医学工程、食品安全科学与工程、安全作物学、安全园艺学、农业资源安全利用、植物安全保护、畜牧安全学、安全林学、安全水产、公共卫生安全与预防医学、安全药学、安全中药学、军事安全思想及军事历史、战略安全学、战役安全学、战术安全学、安全管理科学与工程、工商安全管理、农林安全经济管理、公共安全管理等。实际上，如果以安全的视角来重新组合现有的各个学科，我们甚至可以得出一个全新的学科分类体系。因为一切知识都是要为人类服务的，以人为中心对学科进行分类也不无道理。

从成语和俗语中挖掘安全原理瑰宝(2016-07-29)

成语中的很大一部分是从古代相承沿用下来的,成语之所以是成语,是因为"众人皆说,成之于语"。俗语是群众创造的,广泛流行的定型的通俗语句,它简练而形象,反映了人民生活的经验和愿望。

成语与俗语都是通过长期和大量的社会实践归纳而成的,其中有不少是对安全人性和安全社会规律的总结。对于人和组织行为方面的安全规律,现代人即使花大量精力去做实验,得出的结论也可能远远不如从成语或俗语中筛选出来的安全规律真实和可靠。

下面列举几个典型例子,有兴趣者可以专门去研究。

①事故致因理论中有一个"事故倾向性论",尽管该理论受到了很多的批评,但现实中很多人的行为安全事实还是证明了它是正确的。因为,人的一生中的行为习惯在就业之前就基本上固化了,在工作岗位上诚然可以继续教育和规范,但毕竟比较困难,何况工作的时间也只是一天时间中的小部分。与这一规律相符的俗语或成语有"狗改不了吃屎""江山易改,本性难移""狼行千里吃肉,狗行千里吃屎"等。尽管有些话说得粗俗和极端了,而且针对个别人,但事故往往也是个别人引发的。

②师傅带徒弟是安全传承的重要实践经验之一。很多安全规律都是统计出来的,既然是统计,那就一定需要时间,安全要经验积累,这是生产实践中预防事故的规律。与这一规律相关的俗语有"不听老人言,吃亏在眼前"等。其实"老人言"即所谓经验乃至规律,很多安全规章其实也是"老人言",都是从血的教训中得来的。有多少人以身试法,就有多少人深刻地体悟到其中蕴含的哲理。"听老人言"可以少走一些弯路,面对现实少碰几次壁,不要等到碰得满身伤痕,才悟出一条早已是俗语的道理来。

③在生产生活安全实践中,人们经常需要堆放或保存同一类物品,做到有条不紊,使之不互相影响,保证安全,采取专门的管理措施,这种例子随处可见。开展安全教育时,经常需要分类进行,如企业负责人、职业安全管理人员、特种作业人员、新入厂人员、初训人员、复训人员等,分得越细,安全教育越有针对性,效果越好。组织机构设置等也经常使用分类分级的做法。与这一规律相关的成语或俗语有"物以类聚,人以群分""志同道合""三六九等"等。这些话在自然界和生物界都适用,在人类的实践中更是如此。它告诉我们物是多样的,物是不一样的,人是多样的,人是不一样的。人类对环境的适应以及对彼此的认可都可以用这些话来总结。随着时间的流逝,人们都会被自然而然地划

到一个个专属于自己的圈子。安全管理实践中的道理也是一样的。

④安全文化传承的一个重要途径就是熏陶，企业安全文化建设中很重要的是营造安全的氛围和土壤，使所有员工在不知不觉中养成良好的安全行为习惯。与这一做法相关的成语有"近朱者赤，近墨者黑"等，其实"人以群分"也是为了有利于形成"近朱者赤"的环境。环境对于人生的影响是不可逆的，是重大的，比如"蓬生麻中不扶自直，白沙在涅与之俱黑""橘生淮南则为橘，生于淮北则为枳"等，这与安全文化对人的作用是类似的。一个人生于不同的家庭里，工作在不同的企业里，接受不同的教育和不同的安全规章的约束，这就注定了人与人之间客观上存在着巨大鸿沟。

⑤还有更多的成语、俗语就不解释了。如："吃一堑，长一智""一朝被蛇咬，十年怕井绳""居安思危""长治久安""有备无患""防微杜渐""亡羊补牢""安危相易，祸福相生""安者非一日而安也，危者非一日而危也""百尺之室，以突隙之烟焚""百年养不足，一日毁有余""百寻之室，焚于分寸之飙；千丈之陂，溃于一蚁之穴""冰冻三尺，非一日之寒""不困在于早虑，不穷在于早豫""不困在预慎，见祸在未形""吃饭防噎，走路防跌"等。

从成语与俗语中可以找到颠扑不破的安全人性规律和安全社会规律，从而将其用于安全管理的实践之中。因此，我们没有理由不重视它。从成语和俗语中淘宝，也是一个有趣的安全科学研究方向。

显性功能科技与隐性功能科技(2015-04-19)

不少学科在科普时经常会罗列出许多本学科的伟大贡献，如谈到物理学就会提到爱迪生的那些伟大发明。前几天给学生上安全课时，我突然想起这类问题，就当堂给学生布置了一道课堂作业，题为"试列举安全思想和安全科技给人类带来的巨大变革"。其实对这类问题我也没有做过多少深入思考。

结果学生交上来的答案令我失望，大多数人写的是：烟雾报警器、灭火器、安全瓶、通风口、保险丝、安全火柴、红绿灯、道路分隔线、婴儿安全座椅、监控系统、防静电服、安全网、避雷针、保险箱、安全帽、防护服、安全带、刹车系统、救生索、救生圈、安全通道、安全灯、反光镜、验电笔、防漏阀门、防火墙、隔离带、防触电插座、漏电保护开关、防毒面具、安全岛、安全气囊、消防车、消防栓等。虽然这些发明也很重要，但与电、电话、计算机、互联网等比较起来可算是小菜一碟，甚至不值一提。这不得不让我觉得应该思考一下自己提出的问题了。因为回答好这个问题能为自己所在的学科打气，为自己的工作增加自豪感。

个人认为，安全思想和安全科技给人类带来的巨大影响，可能不是什么硬技术硬装置，而是软科技，如安全规程（如交通规则、劳动法律法规、生产安全操作规程等）、保险制度、安全文化、安全监管组织体系等，这些才是影响全人类的东西，而且在现代社会不可或缺！

更应该指出的是，安全思想和安全科技的最大贡献是使人类减少了大量的死伤、职业危害及物质损失！但这么说很多人又会不以为然："我没有安全思想和安全科技不也活得好好的吗？"这么一问有时会使职业安全人哑口无言、非常无奈。这不只是安全科技遇到的尴尬，环保科技等也有同样的尴尬。如果说环保科技的最大贡献是为人类消除污染、带来"绿色"，也会有人予以否定。其实，出现这种问题是因为许多人对安全与环保等专业的性质不够理解。

科学技术尽管有很多种分类方法，但我在这里把它们分为两类：

一类是为人类生产和生存等一切活动带来积极促进作用的科学技术，类似"造山"或"挖坑"的，大家都看得见摸得着和感受得到的，比如采矿建筑业、制造业、电讯、计算机等；另一类是解决自然灾害或人类各种"任性"活动中带有的负效应问题（如火灾、爆炸、环境污染等）的科学技术，如安全、环保、卫生等方面的科学技术，说不好听一点，这类科技活动有如"填坑"，它为人类开展前一类科技活动带来的负效应"擦屁股"，而很多人是感觉不到"填坑""擦屁股"之类活动的存在的。当然后者在给前者"擦屁股"的同时也经常会产生新的需要"擦屁股"的问题。

在现阶段，"造山"或"挖坑"科技一般比较容易受到人们的重视，引发人们的主动研发，而且比较有显示度；而"填坑""擦屁股"科技则相对来说得不到人们应有的重视，许多科学技术的研发往往是被动和滞后的，而且其效果一直不太显著。

其实，抚平人类活动和自然灾害带来的损伤，使人类能够处于常态，就是一项了不起的贡献，使环境和人类处于常态是一项伟大而艰巨的任务！可惜人类有个恶性——身在福中不知福，一旦生活在一个安全环保的环境中就会忘乎所以，忘记这种状态的来之不易！

安全文化是第一文化（2013-04-17）

安全是最早被人需要，而且一辈子也离不开的东西。对于刚出生的孩子，家长会有意无意地充当起第一位安全导师。家长虽然可能不知道系统地对孩子开展安全教育，但他们还是会凭着生活经验去教育小孩。比如：小孩为什么知道开水烫人？因为有意识的家长很早就会告诉小孩子开水是烫的，还会让小孩子用手去感受,所以小孩子很早就会形成"开水烫人"的认识。

从重要性来看,拥有安全文化的多少,跟一个人出事故的概率大小成反比。人从小到大、时时刻刻都会遇到安全问题,比如接触电器、交通工具、热源等时,可能遇到它们带来的伤害。如果这方面的知识一点都没有,那就极有可能受到伤害,不管是物理的、化学的,还是生物的。

安全知识和安全文化不一样,一个人再没有文化,还是会有一些安全知识的,比如过马路时,你知道车的能量比你大,你不会主动去撞车,这些都是最基本的、不可或缺的安全知识。

安全知识如果演化成人的安全文化,就会成为骨子里的东西。我们好多学安全工程专业的学生拥有很多安全知识,但有些学生也仍然会出事故并受到伤害,这就是因为这些人只有安全知识,但还没有形成安全文化和安全观。安全文化能融入人的骨子里,能左右他的思想、观念、态度等,所以说安全文化比安全知识更深刻,更有内涵。

理想的安全文化与安全教育的状态是把安全教育融入和渗透到生产和生活的各个环节。在这种文化的熏陶下,每个人都会自然而然地热爱生命,有人文关爱精神,富有同情心,有比较先进、科学的安全理念,尊重生命,不仅关注自己的安全,而且关心他人的安全。

安全与环境道德教育是高校学生素质教育的重要内容(2010-10-30)

安全与环境是每一个人的事,这是一条公理!在我国,要解决安全与环境问题,首先要做的是提高每一个人的安全与环境道德。

"搞好安全与保护环境,要从我做起。"在正式场合,许多人讲起这些话来冠冕堂皇,非常顺口。但在具体的行动上,却依旧我行我素,只顾自己当前的舒适和享乐,根本不考虑他人和后代的生存安全与环境问题,即使是一些很容易做到的安全行为和举手之劳就能够解决的环保小事,也不付诸行动。这就是道德问题了。

搞好安全与保护环境是每一位公民应尽的责任,也是一种美德。大学生是知识层次较高的青年群体,是未来国家建设和发展的栋梁之材,他们的安全与环境道德对于加强安全与保护环境将发挥巨大的作用。在大学阶段培养了良好的安全与环境道德和掌握了一些基本的安全与环保知识之后,他们在从事设计、研究、开发、管理、教育、商贸、人文、领导等工作时,就会自觉地将安全意识与环境保护理念融入行动中,从而在实际工作与行动中为保护安全与环境发挥模范带头作用。因此,提高大学生的安全与环境道德修养意义重大!这也是提高全民安全与环境道德的突破口。

让安全道德约束每一个人的不安全行为(2015-01-05)

2015 年的上海外滩踩踏事件过不了几天就会被大众渐渐淡忘。事故之后的工作必定是事故调查、认定与处理等。事故处理结果相信不会涉及成千上万名当时在场的普通群众,但这些群众真的一丝干系都没有吗?当时在场群众涉及的问题至少有安全道德方面的问题。

所谓安全道德,是指一个社会或群体约定成俗的某些有利于社会和大众安全的行为准则,但这些行为准则是强制性的安全法律法规所能约束范围之外的东西,安全道德实际上是指人们理性反思之后的安全习惯。

事故分析通常从事故链的源头开始。就上海外滩踩踏事件来说,近百人被推倒进而被踩踏,在死伤发生前的那几分钟内,肯定有上千名群众曾经有一次从活人或死人的身上踩踏过去。尽管他们的这种行为是身不由己的被迫和未知的行为,但我想在这些人的心理至少会留下一个抹不去的阴影,这些踩踏过活人或死人的人的内心肯定都会受到安全道德的谴责。还有比踩踏过人的人群更多的人,他们当时身不由己地推挤了身边的其他人,类似于多米诺骨牌中的一块,间接导致某些人发生了踩踏行为,这些人同样也会不同程度地受到安全道德的谴责,除非这些人缺少道德感。

因为人都有理性的一面,也有兽性的一面(本能和情感)。在突发危难事件发生的瞬间,人经常表现出本能求生的一面。但事件过后,在理性思考时,人就会对自己在危难时刻时的兽性行为而自责。因为一个人在能够保持理性的情况下,他是不会无故地从另一个人的身上踏过的,也不会无故推倒其他人。

一个安全和谐的社会,大众除了要遵守安全法律法规之外,还需要具有良好的安全道德,而且后者往往更为重要。我们的社会中经常出现许多欠缺安全道德的人和事,比如开车变道不打转向灯;城市里夜间开车不开车灯;个人不顾自己的生命安全,受伤连累家人;随地丢香蕉皮,导致他人滑倒受到伤害。上述行为不会受到安全法律法规的惩罚,但应该受到安全道德的谴责。

还有一个更加普遍的现象,我们排队时不管人多人少,都习惯贴得紧紧的,生怕有人插队或是慢了半步。其实,一个人过分贴近另一个人,这也是一种缺乏安全道德的自私行为,将使被贴近的人形成一种不安全感和无形的压力。如果人与人之间有足够的空间(更不要做出有意插队和挤人的恶劣行为),踩踏事件就不会发生了。

让我们用安全道德来约束自己的不安全行为!

别让安全祝愿语变成客套话(2011-01-24)

在人们的日常交往中,总有祝愿平安的用语,特别是过年过节亲戚朋友彼此问候时。在人们彼此的通信往来里,祝愿平安的用语早已经成为书信结尾的固定格式。但是今天使用的祝愿用语与其最开始出现的意义或许相去甚远,有时仅仅是一种客套话。

祝愿语形成于原始的巫术活动,它首先是巫术,然后才成为礼仪。语言巫术是巫术的重要组成部分,它包括语言、文字和图画,一般使用过程中多以吉利的词语为表现形式,用于书信是其中一种形式。

在原始社会,人类的生产力极其低下,对自然界的认识不够正确,但又不得不谋求生存、祛除灾祸。为此,人类就不得不向想象中的魂灵祈祷,求其保佑,这就需要念叨吉利的言语,于是祝愿语就成了当时生活中离不开的祈安避祸的工具。随着自然奥秘逐渐被揭开,这种向魂灵祈祷的方式被科学取而代之,但"祝"作为一种礼仪被保留下来,主要用于对他人的美好祝愿,这在当今的人际交往中是屡见不鲜的。它说明人们使用祝愿语的真实目的是祈求平安,不管古人的举动何等荒唐,我们都应该肯定他们的诚心与淳朴、坚定与坚信。

令人感到可悲的是,到了现在,平安祝愿语好像仅仅是一种交际时的装饰用语了。可以说它的真实意义已经失落。假若我们能够找回这些失落的、我们最需要的东西,再借助科技的力量,可能真的可以减少许多灾祸。我们的社会可能真会如祝愿语中所说的安好、全安、健康、愉快、春安、暑安、秋安、冬安。美好的、幸福的生活就会真实地呈现在我们面前,命运自然就会在我们的掌握之中。

"注意安全"绝不只是口头禅!但平时人们谈安全时总是说说而已,甚至成了客套话,中外都是如此。英文信件中的安全祝愿语很少,例如,May safety and health be always with you,不太讲究何时、何地、何人、何故、何缘。可国人就大不相同了,给同志写信,给亲属(长辈)写信,给授业老师写信,给友人写信,给同学写信,给编辑写信,给出差或旅游在外的亲友写信,结尾"祝愿"的表达方式多种多样,而且特别讲究,其中最多的就是"安"字:

大安、日安、文安、双安、平安、冬安、冬绥、礼安、戎安、行安、妆安、安好、讲安、时安、吟安、财安、近安、坤安、金安、炉安、法安、学安、春安、政安、勋安、钧安、秋安、俪安、客安、夏安、铎安、笔安、旅安、海安、教安、著安、痊安、康乐、淑安、喜安、暑安、锋安、道安、禅安、编安、颐安、筹安、慈安、福安、撰安、麾安、懿安……

但愿"注意安全"永远不是口头禅!

职业安全人应以业界之外的广大人群为影响对象（2020-03-08）

"安全是每一个人的事。"这是美国狂热的安全主义者 Lorenzo Coffin 于 1874 年提出的。Lorenzo Coffin 是促使美国在 1893 年制定《铁路安全生产法》的先驱①。这句话非常朴实易懂，但具有丰富的内涵和哲理，也有安全方法论的深层意义。安全必须依靠所有的人，也是所有人的事。同时，这句话也是马斯洛人类需求层次的直白表达。我在 2012 年发表的一篇短文②中，把"安全是每一个人的事"这句话归纳为安全工作的公理之一。反思这次新型冠状病毒肺炎疫情的防控工作时，我们可以更加深刻地体会到这句话的价值。

但长期以来，很多职业安全人还是脱离不开"人以群分"的规律，他们更愿意在职业安全人群中相互施加影响。我就加入了 10 多个职业安全人的微信群，在其他安全培训和学术会议上也是一样，职业安全人总喜欢自己聚在一起。显然，这是由于他们有相同的职业和共同的语言等因素所促成的。但这种习惯却忽视了职业安全人真正的使命，职业安全人的重要使命之一是影响每一个人，让每一个人都承担起安全的义务，享受安全的成果。也只有这样，才能有效推动安全工作的效果，提升整体安全水平。同时，职业安全人才能摆脱难以承担的重负，达到事半功倍的效果。这也是安全与其他行业或专业的一个很大的不同点。

基于此，职业安全人需要具备的一项重要素质，就是不断提高自身的影响力，能够用安全科学原理去帮助广大非职业安全人群提升安全素养和能力，去提升广大领导、企业员工、普通人民群众等的安全观念、安全意识、安全知识、安全技能等。

那职业安全人如何提升自己的影响力呢？这是延伸出来的另一个问题，也是一个大问题。这里简单说几句。职业安全界的知名人士曹贤龙在微信刚出现不久，就创建了"安全影响力"微信公众号，他年纪不大却形成了很大的影响。我于 2005 年在高校创建了"大学生安全文化"课，并将其建成了国家级精品在线课程（智慧树网："大学生安全文化"）。2007 年 5 月 13 日，我在新浪网开设了"安全文化点滴"博客，2011 年 1 月 26 日转到科学网，并将其当作兴趣一直更新着。这些就不多说了。

为了提升安全的影响力，践行"安全是每一个人的事"的公理，大家都会想到其重要途径之一是做科普。我们从学科建设的高度，首次创立了安全科普学

---

① 麦金太尔.安全思想综述[M].王永刚，译.北京：中国民航出版社，2007：21.

② 吴超.安全工作十公理[J].湖南安全与防灾，2012(12)：58.

的框架①。

写作《安全科普学的创立研究》的目的是促进安全科普学研究与发展，提升安全科普实践效果。针对目前学界对安全科普理论研究不足的现状，要基于学科建设的高度，开展安全科普学的创建研究。首先，从安全科学视角，基于科普的定义，提出安全科普的定义；其次，提出安全科普学的定义，并深入剖析安全科普学的内涵；最后，系统探讨安全科普学的研究范围、学科特征、研究对象、研究内容与学科基础等五个学科基本问题。安全科普学是专门研究安全科普规律的一门新兴综合交叉学科，其研究可为安全科普实践提供重要的理论基础与科学依据。

研究结果表明：①安全科普是以提高公众的安全素质为目的，以公众与社会的安全科学需求为导向，运用通俗化、大众化及公众乐于接受和参与的方式，普及安全知识与技能、倡导安全科学方法、传播安全科学思想、弘扬安全文化与树立安全伦理道德的社会实践活动。安全科普具有安全教育功能、安全科学功能与安全文化功能等五项主要功能。②安全科普学是以不断提高大众在生产和生活中的安全保障水平为根本目标，以提升大众的安全素质为出发点，以安全科学和科普学为主要学科基础，以大众及社会的安全科普需求为实践基础，以安全科普这种特殊的社会现象为特定研究对象，通过研究与探讨安全科普的定义、内涵、特征、功能、过程、原理、技术、方法、保障体系、作品创作、管理及效果评估等，以揭示安全科普规律，从而指导安全科普实践活动的一门融理论性与实践性为一体的新兴应用型交叉学科。③通过分析安全科普学的研究范围、学科特征、研究对象、研究内容与学科基础等五个学科基本问题可知，安全科普学的研究范围明确，学科特征独特，研究对象具体，研究内容丰富，学科基础坚实，具备成为一门独立学科的所有条件。

此外，安全科普学的外延及学科体系的完善问题、安全科普学的应用实践，以及安全科普学方法论等众多问题尚有待深入研究。在此，呼吁更多的同行关注并研究安全科普学。

五则安全心得（2016-02-03）

①"安全"与"教育"的不对称

现在，对于任何专业设计而言，安全基本上已经被看作整体设计过程的一部分。然而，在大学专业教育里面，安全迄今基本上未被当作人才培养整体过

---

① 王秉，吴超.安全科普学的创立研究[J].科技管理研究，2017，37(24)：248-254.

程的一部分。这就是安全与教育的差距和不对称! 1992 年,美国机械工程师协会曾进行过一次调查,几乎 80%的工程师在大学期间没有学习过安全课,也从未参加过安全会议或讲座。在中国,如果做同样的调查,即使是在现在,估计也是这么个结果。但这是不应该出现的结果,因为当今的社会系统和人造系统存在的高风险已经是众所周知的了。

②100 多年前的公理为何许多人还不知道

"安全是每个人的事"这句话是谁最早提出的? 追索有据可查的文献,它可能是美国狂热的安全主义者 Lorenzo Coffin 于 1874 年提出的。Lorenzo Coffin 是 19 世纪末铁路安全的倡导者,是于促使美国设立《铁路安全生产法》的先驱。"安全是每一个人的事"现在已经被安全业界认为是一个公理,但很遗憾的是我们很多人还不知道,也不执行。

③"向前看"为何比"向后看"更重要

按照时间维度看,安全有两种不同方向的工作方式: 向后看和向前看。

"向后看"就是以过去发生的事故为研究对象,调查分析事故原因,将其作为后事之师,以便预防新的事故发生,这种"向后看"的工作方法在半个多世纪前已经被认为有很大的问题。

"向前看"就是运用系统安全分析等方法和技术,预先辨识和预测系统未来可能存在的风险和隐患,然后采用有效的途径做好风险管理工作,最大限度地防止可能发生的各种事故。"向前看"的工作方法数十年前在西方国家就已经被普遍接受。

实际上,在弘扬"向前看"的工作方法的同时,事故总还是在不断地发生着,因此"向后看"的工作方法仍然需要保留。"向前看"和"向后看"的工作方法要有机结合起来,即所谓瞻前顾后。

现代社会的系统越来越庞大,价值越来越高,"生命第一"的理念越来越得到崇尚,人们再也伤不起了!"向前看"的工作方式将日益确立起来。

④为何必须追求绝对安全

安全不只是不出事故,安全也是不断降低人类活动中的风险等级的目标,这是数十年前发达国家安全业界的认识。安全是相对的,目前很难有绝对的安全。但追求绝对的安全可以是一种信念和一种精神。有了这种孜孜不懈的追求,就可以带动很多福利事业和科技的发展。这正如人类追求太空移民一样,目标尽管遥不可及,但其带动作用却非同小可。航天事业大家都不反对,而是大加赞赏,那追求绝对安全为何迟迟不见行动呢?

⑤"安全工程师"为何用词不当

对"安全工程师"一词不当的批评很早就出现了。例如, John V. Grimaldi

在1975年出版的《安全管理》(Safety Management)一书中就指出，大多数从事专职安全工作的人很少或根本不从事真正的工程类工作。在数十年前，发达国家广泛使用的名词是"安全经理""安全员""安全代表""安全师"，而不是"安全工程师"。美国等国家大都称注册安全师(certified safety professionals)，少数情况下称安全工程师(safety engineer)，其实安全师的定义比安全工程师更加宽，更符合安全师人才来自理工文管法医各类专业的情况。

我们国家中许多从事安全工作的人员也都有非工程类专业的背景，但我国的官方和许多企业仍将其称为"安全工程师""注册安全工程师"。

其实，有无"工程"两字不仅是名字上的区别，更多的是反映了安全认识理念上的落后或进步！安全问题涉及人因的分量更多，而人因问题不是靠工程就能解决的，许多还是伦理道德和社会政治等方面的问题，也就是所谓"超科学"的问题。

风险预测的时间与地质年代比较(2012-03-11)

许多研究表明，一般的钢筋混凝土的使用寿命是100年左右，超过了使用寿命，钢筋混凝土就会开裂和损坏。那么，你能够想象100多年后北京的那么多高楼大厦都要推倒重建吗？全中国那么多近几年建造起来的混凝土建筑物都要重修？重建重修将会带来一系列多大的资源、环境、能源、生态等问题？那时中国人还怎么活？

现在很多工程专家对工程安全的预测是基于几十年或上百年的期限来进行的。例如，核能源的开发和利用经过了几十年的历史，于是很多核能专家就大量宣传核能有多安全和环保。居然能用几十年的核能安全统计数据来证明其安全性。可仅以地下开采的铀矿来说，闭坑数千年后，它也会对地下水造成污染。在三峡工程建设前的风险分析中，一些人以几百年的时间来预测计算其风险，以便证明其绝对安全，可这证明得了吗？转基因食品刚开发、生产了几十年，就有很多专家底气十足地宣称其非常安全。这是合适的吗？

如果看看地质年代表，你就会觉得几十年甚至几百年的时间，与地球的地质年代比较起来，其时间长度简直就是0，那么人们现在基于这么短时间对各种风险进行的预测还有效吗？

工程大家和决策者们，不要为了揽到各种工程，为了一时一事之利益，为了一时的树碑立传，而言之凿凿地下结论！以地质年代来看，我们的很多行为岂止是鼠目寸光啊！

"小小寰球，风物长宜放眼量！"

随处可见的安全标语有何学问？（2015-12-24）

安全标语无处不在，安全标语经常出现在人们的视线之中，但对安全标语的作用、效果、评价、欣赏、收集、分类、优化、创作、开发等，却极少有人关注和涉猎！

安全标语作为传播先进安全文化、理念和安全知识的载体，是一种优质的安全文化读物，是一种直观的视觉表现形式，是一种极佳的安全教育和目视管理工具。它具有成本低、针对性强、醒目等优点，而且有着强大的宣传、感染、动员和警示等功能，对于提高受众的安全意识、意愿、知识和技能，建设组织安全文化，提升组织安全管理水平，促成全民、全社会良好的安全文化氛围都有显著的促进作用。它的更深层次意义是可以为构建和谐社会增添助力，为社会平安发展保驾护航。

因此，安全标语在人们的日常生产、生活中扮演着"全天候安全管理者""安全员的代言人"等重要角色，社会需求很高。它是安全管理人员、安全宣传教育人员、领导、班组长等向工程技术人员、职工等进行安全警示教育的绝好素材，也是一种面向大众的安全科普和教育读物。

长期以来，即使是安全管理工作者，他们对如何提高安全标语的创作质量和应用效果也知之甚少，而且，还缺少安全标语的收集工作。在过去的多少年里，我们忽视了对具有广大受众群体和巨大事故预防作用的安全标语的研究，导致安全标语的创作质量良莠不齐，应用不规范，效果不理想，甚至出现了一些对受众心理造成负面影响的安全标语。另外，安全标语是安全文化的重要分支，由于研究的不足和资料的缺乏，也会间接阻碍安全文化的建设。

鉴于此，为研究安全标语的理论依据和撰写方法，丰富安全标语资料，优化安全宣传教育素材，进而提升安全标语的创作质量和应用效果，拓宽安全宣传、教育途径。我们撰写了《安全标语鉴赏与集粹》一书，全书内容分上、中、下三篇。

上篇为安全标语的鉴赏部分。结合安全标语应用领域广、研究涉及学科多的特点，我们从大安全视角，基于多学科理论和知识，追溯安全标语的起源，跟踪安全标语的发展变革，界定安全标语的概念，总结安全标语的类型、特征、功能，剖析安全标语的传播者和受众的心理认知，提炼安全标语鉴赏的理论基础，研究安全标语的鉴赏方法，分析安全标语在应用中存在的问题及改进策略。

中篇为安全标语的集萃部分。安全标语的真正价值是安全宣传与教育，也就是安全科普。为了实现这一目的，我们收集了6000余条安全标语，按安全为了谁、安全有策略、安全靠知识三个主题做了分类和整理。

下篇为安全标语的拓展部分。为增加本书的趣味性、感染力、可读性和实用性，我们精选了数百条安全对联、安全古文、安全名言等。

正如此书封面上的箴言所述：选准一条精深安全标语＝树立一个科学安全理念；领会一条导向安全标语＝获得一个安全工作法宝；宣传一条恰当安全标语＝构筑一道坚实安全防线；布置一批科学安全标语＝设下一组全天候安全员。安全标语是安全的形象代言者，安全标语是安全的忠诚传播者，安全标语是全天候安全管理者。安全标语创作和应用上的改进为组织迈向更高的安全水平提供助力！

安全新观点

安全科学研究的假设（2015-11-18）

科学假说是人们用理性探求未知，进而变未知为已知的思维方法，是科学发现和发展的一种重要形式。有些人经常说安全科学研究缺乏假设，进而怀疑安全科学研究缺乏科学研究的规范性，这是不对的。其实，安全科学研究一直都在做假设中前进，安全的假设中是更多的预设。由于安全具有复杂性，缺乏预设很难谈具体的安全问题并得出一致的看法。

那么，安全科学研究有什么科学假设呢？一个简单的答案或例子是：研究对象或系统将出现不安全的假设，或者说研究对象或系统将发生事故。研究事故并非简易之事，它需要解开六层问题：①是否发生事故（occur，是非问题）？②发生什么事故（what，类型问题）？③事故什么时候发生（when，时间问题）？④事故发生在哪里（where，位置问题）？⑤发生事故的严重程度如何（environment，环境问题，由前面几点求解）？⑥事故是否发生链式反应（reaction，加减速问题）？这里简称为OWWWER，而且OWWWER往往是动态循环的过程。

现在许多安全研究仅仅停留在1～2层次，达到3～4层次的很少，完成1～6层次的绝对稀缺。通过OWWWER也可以检验一项安全科技成果的水平和档次。

系统和谐与安全(2015-09-29)

现今社会事故频发,安全问题日益突出。安全是社会和谐的根基,和谐社会需要人们共同努力谱写。世界和平提倡和谐,社会安宁需要和谐,生存、生产、生活中与人相关的安全都要求确保系统的和谐。以往人们通常从事故发生的视角,将事故原因归于人的不安全行为、物的不安全状态与环境的不安全因素,这是分析事故原因时偏向某一具体因素对于安全影响作用的结果,因而极易忽视各种因素之间的复杂联系。作为事故发生场所的安全系统,人、物和环境仅是安全系统中的部分要素,事故的发生是因为安全系统不和谐。

从安全系统和谐这一整体角度思考,在充分确保人身心健康、舒适与财产安全乃至社会稳定的前提下,探寻安全系统最大限度实现基本功能这一过程中所应遵循的内在规律,从而揭示系统安全的内在要求机制,并尽可能地将这些原理运用在安全系统设计、制造、运用、维护等各阶段,合理配置安全系统中的各子系统,从而指导故障检测、事故预防等,以保证系统安全功能最大化的正常输出,将系统可能造成的过失降到可接受甚至没有的水平,降低安全事故发生率,使系统输出朝着有益于人类的单向轨道行驶。

和谐思想从体现在"和而不同"的中国传统文化移植到系统管理中,其内在本质并不随形式多样的外在表现而改变,始终不断调整自身以适应环境,求得长远生存发展的形态模式。安全系统和谐原理可定义为:它是以与人相关的安全为着眼点,为最大限度地帮助安全系统完成人们所关注的某项或某些功能输出,且尽量减少其他剩余功能,尤其是负效应功能的输出,保证安全系统中的人、机、环境、信息和管理等要素协同合作,达到安全系统最优这一过程中所遵循的规律和核心思想。

安全系统和谐原理的研究始终从保障人的安全这一视角出发,探寻以人为本,安全系统内各要素或子系统为达到系统最优而遵循的内在机制规律。安全系统和谐的最终目的和表现,就是保证承担多种任务的人这一主体的安全,在此前提下充分发挥系统的功能和作用。人既是安全系统的组成部分,又是创造和管理系统的主体,还是安全系统和谐原理围绕的中心之一,具有特殊的主观能动性作用。因此,在安全系统和谐原理研究中,要特别重视人与安全系统间的复杂关系。

安全系统和谐原理研究涉及安全系统中的人、机、环境、信息、管理等要素及各要素之间的相互作用,还涉及所有影响人的安全的性质、内部结构、组织形式、功能实现方式等。

根据安全系统和谐的最终表现对象，可将安全系统和谐原理研究的内容主要概括为两方面：一方面是安全以人为本的中心目标。始终将与人类相关的安全放置在首位，坚持以人为本，保障人类的生命安全、身心健康、财富保护，乃至社会安定。系统产生的初衷是服务人，功能实现和安全保障在和谐的安全系统中是紧密相连、相偎相依的。这就要求着重研究人的相关特性，如生理活动、心理状态、活动范围、生物力学等，尽可能使设计制造出来的机械设备或人机系统符合人的特性，甚至达到舒适美观的高度。另一方面是功能输出决定了安全系统中各子系统间相互作用、相互联系、相互影响的最佳组织形式。各子系统内部要素和各子系统间以及要素与系统间的相处方式，是实现系统和谐的关键，因而也是安全系统和谐研究的最终落脚点。安全系统具有极高的复杂性，包含多种类型的子系统，子系统间的作用方式也是纷繁复杂，尤其包含着人这一具有能动性的子系统后更显复杂。因此，在系统安全高效运行过程中，归纳总结其规律并进行利用是系统实现和谐的关键所在。还有一个重要的问题是，安全系统要与环境友好相处，要能够适应和利用环境因素，更要有抵御恶劣环境的能力和韧性。

安全多样性原理决定安全不能追求唯一解（2016-07-24）

许多数学问题都有唯一解，但安全问题却没有唯一解，只有相对较优解。这是由安全多样性原理所决定的，或者说是由安全问题的复杂性所决定的。

自然灾害、灾难事故、公共卫生、社会安全等是安全多样性的突出表现。多样性的安全问题会产生差异化后果，其表现形式也不同。安全多样性原理以安全科学理论和实践为基础，以构成安全问题的人、物、环境以及人-物-环境之间的关系为研究对象，运用系统思维和协同理论思想，解决人们在社会生产生活中的安全问题，并实现预定安全目标的基本规律。安全多样性原理以大量实践为基础，从科学的原理出发，对具体的安全实践起指导作用。安全多样性原理主要体现为人的多样性、物质的多样性、社会的多样性和系统的多样性等。

在客观世界中，人的多样性是安全人体多样性的来源。人是一个具有多种存在形式的复杂集合体，从其存在形式的多重角度诠释人的多样性，将其放置到存在形式的综合坐标中，以揭示其丰富而生动的本质特征，是研究安全多样性的一个新思路。

物质可能是安全的保障条件，也可能是危害的根源之一。保障或危害人的物质的存在领域很广泛，形式也很复杂，甚至散布在人类身心之外的所有客观环境之中。毋庸置疑，在安全科学层面讲的"安全物质"也是多样性地存在的，既有安全物质的存在，也有危险物质的存在。

安全问题更多的属于社会科学问题，而社会科学问题很难有唯一答案，这是大家公认的。社会各利益主体之间的矛盾、摩擦、冲突以不同的形式表现出来，给社会的安全稳定带来巨大灾难。安全社会多样性也呈现出复杂的过程，所带来的结果也是多种多样的。社会危机、经济危机、环境危机等问题都是安全社会多样性的表现和证明。

安全系统是一个复杂的巨大系统，其构成要素多种多样，与安全有关的因素纷繁交错。安全系统中的各因素之间，以及因素与目标之间的关系大都存有一定的灰度，这决定了安全系统也是一个灰色系统。安全问题所涉及的范围不同，安全系统在大小上也相差悬殊。安全问题所涉及的系统范围包括人、机、环境等方面的因素，并涵盖空间和时间跨度，人、机、环境等因素相互联系，形成复杂的人机安全系统、机环安全系统、人环安全系统，以及人机环安全系统。因此，将多样性原理应用于安全系统中，将会赋予安全系统多样性的生命力。

为了丰富安全科学理论，给安全实践提供多种安全方案，需要安全研究工作者用多视角去研究安全问题和发现安全规律，如建立丰富多彩的安全模型和模式等，不要陷入追求安全的唯一答案的陷阱，导致创新思维和研究领域受限。

安全文化不宜简单化（2016-07-24）

安全文化近年来在安全管理，特别是在企业安全管理、生产事故预防等领域中讨论和运用得很多。久而久之，大家好像觉得安全文化成了一种独立的文化，甚至成了一种事故根源原因。如果用工科的思维方式思考，这很容易使研究者和实践者误以为如果安全文化不出问题就能保证安全，因而把安全文化简单化地理解为一种简易方法，并努力去寻求它，进而认为在一个具体企业里面开展安全文化建设就能够获得解决企业安全问题的法宝。

其实，文化是一个大染缸，文化是一个巨系统，安全文化也有类似的特征。安全文化建设需要时间、需要积淀、需要过滤、需要传播，安全文化具有惯性、组织性、整体性等。安全文化往往可以比较适宜地解释一些安全问题或事故原因，但对解决实际中的安全问题或预防事故却很难具有直接的可操作性，不易于在有限的时空条件下解决特定的安全问题，不利于抓住系统中的重点，找到问题的切入点。

安全文化与文化是不可能分割的，这里不谈其复杂的理论联系，而是列举一些简单化的例证：

①以单个人来讲，从时间维度看，一个人在企业里的时间只是一辈子时间的一部分，一年、一月、一周或一天中待在企业里的时间也仅仅是一部分。从空间维度看，一个人在企业里仅仅是处于整个活动空间的小部分中。从内心世界看，企业安全文化对一个人的熏陶或约束不可能占据其全部内心世界，只能占据很小的一个位置。由此看来，一个人受到企业安全文化以外的文化熏陶更为主要。

②以企业来讲，企业本身同样处于某个社区、某个城市、某个地区，企业本身的文化和安全文化也是不断地受到社区、城市、地区、国家，甚至世界的影响。因此，企业安全文化不可能保持独立、封闭和不变化，这也决定了企业安全文化与社会文化不可能独立开来。

③以组织来讲，企业这个组织也要受到社会、国家组织的约束，企业安全文化也不可避免地要受到社会和国家组织文化的约束。

安全文化是个好东西，安全文化是文化中的一个子系统，因此不宜将其简单化为引发事故的根源原因，如果要说原因也只能是事故的间接系统原因，而文化才是更大的间接系统原因。企业安全文化建设需要全社会安全文化水平的提高，而全社会安全文化的发展又取决于社会和国家文化的发展。

安全状态评价指标简单化会带来什么？（2015-10-25）

多年来，我们国家的经济发展经常用 GDP 指标来评价，科技进步常用发表 SCI 和 EI 论文的篇数等来衡量，关于这些单一畸形的指标所存在的问题及其带来的各种负面效应，已经有很多人写文章进行了分析和批判，政府管理部门也逐渐意识到了其片面性。但对于安全状态的评价指标，如伤亡总人数、亿元国内生产总值生产安全事故死亡率、工矿商贸就业人员十万人生产安全事故死亡率等，人们却没有提出多少异议。这可能是因为大家有着朴素而美好的愿望：死伤越少总是越好的。如果事实是这样，我也赞同。但问题是生产安全的状态，特别是公共安全状态的好坏，并不是用一个简单的数字就能完全反映的，而且其中有很多弊端。

不能片面追求死伤数字的递减，因为事故的发生或死伤事件的发生并不是均匀分布的，某些时段、某些地区、某些行业的伤亡人数可能会突然增加或突然降低。如果忽视了这一事故发生的规律，就可能出现一种现象：当伤亡人数降低时，就忘乎所以地庆祝起来，而当伤亡事故又高发时，有责任的管理部门为了免于受到追责，就干起瞒报漏报的荒谬勾当来。如此一来会造成恶性循环，为了使年年月月的伤亡人数递减，每届领导在安全压力面前，就会经常不断地瞒报漏报下去，这样就会使评价指标失去意义，安全状态虚假现象膨胀。

事实上，由于安全投入与产出之间具有滞后效应，当年的安全业绩往往不是当年的安全投入或管理在起作用，它是几年前的安全投入和机制进步所做出的贡献，职业危害的防治效果更是如此。现在领导轮岗换岗很频繁，把当年某一个地区的安全业绩或败绩都归因于当年的管理部门，这是不科学和不公平的。安全状态的好坏应该以较长的一段时期与另一段时期进行比较才能看出来。

当某地区某段时间不计成本地加大安全投入时，该时期内的安全形势也会好转，但在这些特殊时间段和特定的区域里，都不能反映常态下的安全状态。

另一方面，单纯的伤亡人数减少了，安全生产形势就好转了吗？也未必，比如企业产能减少了，甚至不开工了，也可以降低伤亡人数。企业转型升级了，脱离了高危行业，伤亡人数也会降低。通货膨胀了，亿元生产安全事故死亡率也会降低。

在某些特殊情况下，没有伤亡并不意味着安全状态就好。例如，某地区发生杀人犯流窜事件，会造成人心惶惶，社会状态很不安全。有时一条骇人听闻的虚假新闻，即使没有造成什么人受到伤害，其对安全状态的影响也是很大的。

如果片面地追求降低伤亡人数，则那些伤亡较多的地区和行业可能就会得到政府的重视，有较大的安全投入，而安全状态比较好的地区和行业则将被忽视。时间长了，可能又会顾此失彼，更容易使来之不易的安全状态发生波动。

其实安全状态的评价指标是多样性的，可以用伤亡数量等负面性指标来表征安全状态，还能用正面指标来表征安全状态，如一个地区的居民或一个企业的职工的安全观念、安全知识、安全能力的水平。也可以用人的不安全行为发生次数来反映安全状态，如用城市中的违法驾驶次数和行人闯红灯的次数来表征交通安全状态的好坏。需要注意的是，这些评价方法要复杂得多。

安全和安全评价是一个复杂问题，如果将复杂问题粗暴地简单化或机械化，就会产生更多的安全问题，进而使安全评价这一行为变为新的不安全因素。安全状态评价简单化也是安全工作急功近利化的表现。

杂说应急(2020-04-03)

①"应急"两字的引申含义有双面性

中国文化博大精深，中国文化根深蒂固。很多人的安全文化水平不高，没有听说过"应急文化"。如果按汉语词典上的解释,"应急"是"应付迫切的需要",指应对突然发生的和需要紧急处理的事件,客观上事件是突然发生的,主观上需要紧急处理这种事件。

不管有多少专家领导怎么解释"应急"的内涵和外延,包括提出所谓的"大应急",都不能把"应急"两字给抹掉,需要从"应急"这两字开始解释。

开头说了,中国的文化博大精深,从文化层面和非应急专业的绝大多数普通人的一般认识层面来分析,"应急"可以引申出很多意思来。

比如,"应急"在某种程度上意味着临时抱佛脚、临渴掘井等,即平时无准备而事急时仓促应对。

比如,"应急"在某种程度上意味着短期行为,指只顾眼前而不顾长远,缺乏远见的行为,甚至还有杀鸡取卵、鼠目寸光之嫌。

比如,"应急"可以被理解为急中生智,也可以关联"投机取巧"等词汇。急中生智是突发性的,从安全的角度来说不是预案所安排的,具有不确定性,从安全可靠性来说也是不可取的,投机取巧就更不用说了。

比如,"应急"还可以关联出对付、应付了事等,还可以联系起急功近利、马马虎虎等,那就更属于贬义了。

对于有应急专业素养的人来说,"应急"能关联出许多有益的词汇出来,如应急管理、应急能力、应急储备、应急训练、应急预案等,又如急人之所急、帮助别人解决眼前紧急的问题、为他人着想等。但很遗憾的是,绝大多数普通民众不懂应急专业,这至少说明对"应急"的理解有正负两面性。

②负面应急意识迎合了人性的弱点

对于人性的弱点,已经有许多人做了深刻的论述,有很多著作可读。理性人自身也能感悟到几分,比如贪婪、自私、妒忌、好逸恶劳、只顾眼前利益、事后诸葛亮、不见棺材不掉泪等。当然,这些是因人、因地、因时、因事而变的,而且很多时候人性是多面的。"应急"隐含的贬义词汇其实也都是人性的弱点,下面简称其为负面应急观或负面应急意识。

人性的弱点有时会给人类带来巨大的灾难。为此,人类的很多行动都是为了克服人性的弱点,比如各种各样的文明教育、法律法规和优秀文化的传承等。

在安全方面,如果一个人的安全观只有负面应急意识,则未雨绸缪对他来说肯定是空话。这类人在处置风险时,一开始想到的就是应急,等到发生事情再应对。如果引申一下,这类人做什么事可能都是应付了事、临时抱佛脚、短期行为、缺乏远见等。因此,负面应急意识正是迎合了人性的弱点。如果一个人一开始就抱着这种应急动机,他还能有什么主动预防的积极性呢?

在安全方面，为了克服人性的弱点，从古到今有许多明智的人苦口婆心地总结出了大量经典的安全名言，想以此克服人性的弱点。随着近代工业化、城市化、系统化的发展，预防为主更显重要，负面应急观越发不可取。因为一旦到了需要应急的地步，就已经到了不可挽回的程度。多年来，经过好几代安全人的不懈努力，好不容易使人们的负面应急观有了一点点改变，开始践行安全主体责任制，形成了"个人主动要安全"的局面。但近年来，社会忽视科学安全观，转向应急观甚至负面应急观，这的确让人担心，长久下去负面应急观将会使科学安全观退步几十年。

③科学安全观变成负面应急观的后果很严重

观念决定意识，观念决定思维，观念影响决策，观念引领行动……所以，历来安全教育都包括观念(态度)教育、知识教育和技能教育，而且观念教育是第一位的。很多工作多年的"老安全"都有这个体会，科学安全观念是最重要的。其实，不仅安全教育如此，所有教育改造人、塑造人、影响人都是从转变人的观念开始的。观念转不过来，行动上都是被动的。这也是我们经常说的把"要我安全"转变为"我要安全"的意义所在。下面再列举些例子。

比如，在安全管理工作中，如果企业领导干部、各级管理人员和全体员工只有负面应急意识，那平时很多安全工作肯定不能做到位，很多安全工作的目的就是对付上面的检查，做表面文章。

比如，在做安全投入计划时，如果决策人只有负面应急意识，则他肯定不会主动地为安全着想，常常等到出了事情才会采取应急措施。

比如，在做工程设计和施工时，如果设计与施工人员只有负面应急意识，则在规划、设计阶段是很难有长期的安全思维的，很难主动做好全生命周期的安全工作。因为安全一定需要投入，安全投入多了，安全效益就提升了，但安全效益是大家的，这时自己的经济效益就少了。此时人性的弱点就会体现出来，应急、应付、短期行为等必然就会显现出来，结果就有了很多事故的发生。

比如，在安全装备的制造过程中，如果企业老板和设计与制造人员只有负面应急意识，则针对装备整体长效的安全功能将不会有过多的投入，其功能安全、本质安全上的设计投入可能就会转到应急设计上，从而使装备的安全特性大打折扣。

相关的例子还可以列举出很多来。即使不谈安全方面的例子，负面应急观在其他方面也是不可取的。

比如，在学习中，如果学生存在负面应急意识，不主动学习，学习态度不端正，认为学习是为了通过考试、拿资格证书，就会存在对付考试、临时抱佛脚、临渴掘井等现象。

比如,在科研中,如果研究人员存在负面应急意识,则很多人就不可能潜心钻研,而是功利浮躁,拿了项目主要是为了名利,具体工作就是为了完成任务,项目验收时的负面应急意识将更加突出。而这种现象不就是现在大家都不愿意看到的,被大肆批判着的吗?

在做服务、做医药、做管理、做教育等工作时,如果大家都以负面应急意识来指导自己,那么其不良后果可想而知。

即使是面对突发事件(如新型冠状病毒肺炎疫情)时,我们也要采取大量的主动预防方法,比如健康的人主动佩戴口罩等。

④安全文化值得大力弘扬

现代安全文化在世界上已经推行了几十年,不管是城市社区安全文化、行业企业安全文化、校园安全文化等,都已经比较深入人心了。谈起安全方略和民俗安全文化,还可以延续到几千年前。

徐德蜀、邱成的《安全文化通论》(2004年,化学工业出版社)一书从很高的层面给出了安全文化的定义:"安全文化是指在人类发展的进程中,在其生产、生活、生存及科学实践的一切领域内,为保障人类身心安全与健康,并使其能安全、舒适,高效从事一切活动,为预防、避免、控制和消除意外事故和灾害,为建造安全可靠、和谐无害的环境和匹配运行的安全体系,为使人类安康,使世界友爱、和平而创造的物质财富和精神财富的总和。"这是多么美好的事情啊!

从功能上讲,安全文化是人类文化的组成部分,可以在人类生产生活过程中调适人与人、人与社会、人与自然之间的关系,达到防止事故、抵御灾害、维护健康的目的。

从学理上讲,安全文化从外到里,由功能不同、相互制约、相互渗透的物质文化、制度文化、观念文化等要素构成,它们相应地起着基础、载体和主导等作用。

从作用上讲,安全文化是无形的,但无处不在,它融入人们的工作和生活中,影响着人们的工作和生活,是让人们自觉感受与遵守的一种文化氛围。

从效果上讲,安全文化是一种巨大的精神力量,它感召人们进行安全文化建设、关心他人、珍爱生命,从而达到控制管理者和操作者不安全行为的目的。

近年来,有部分应急学者提出研究和发展应急文化。个人认为应急文化是安全文化的一个分支,应急文化的研究和发展很有意义。但如果认为应急文化等于安全文化,甚至应急文化涵盖安全文化,那就是绝对不妥的。而且如果片面强调应急文化,必然又会迎合人性的弱点,就会出现片面强调负面应急观的问题,就会使多年来很多人为之不懈努力而形成的良好安全文化氛围倒退,从而使安全局面退步。

⑤安全和安全文化符合老百姓的美好愿望

从古到今，人类都是喜欢祥和吉利的，形成了深厚的文化，赞颂安全的文艺形式丰富多彩，十分美好。

安全是全人类的事，安全是每个人的事，安全需要扎根民众、民生和文化。20世纪70年代有一位日本安全专家在其著作的前言中说道，把风险评价改为安全评价是因为一提到风险人们就有不吉利的感觉，而安全则是人们最美好的期望。当然，将风险评价改为安全评价并不完全是为了吉利，还有内涵上的拓展。与之类似，政府安全职能部门也是为了国民的安全，如果其名称符合大众的美好意愿，适合普通老百姓理解，那岂不是更好吗？

可以这么说：安全是我们的命根，安全是幸福，安全是一切存在的根本，安全是一切工作的开始，安全是稳定的基础，安全是人们的追求，安全是生产与生命的保证，安全创造财富，安全出效益，安全出速度，安全出美满，安全出甜蜜，安全等于生命，安全是个宝，生命离不了……安全是以人为本和积德行善的伟业。安全工作需要热爱生命，关注生命，有人文关怀精神。

从美好和吉祥的意义上说，如果一个学科专业或一个工作岗位，其名字是大众喜闻乐见的，显然要比一个大众觉得不祥的名字，要更受欢迎、更容易得到社会接受。人类需要"安全感"，但如果说人类需要"应急感"，那就很别扭了。

如果一个岗位以"应急"两字来表示，如果一个人自我推荐说"我是搞应急的""我是为你做应急的"，我想不会比"我是为了你的安全服务的""我可以使你更加安全"更好。我们的社会和企业更希望维持长期的安全状态，应急乃无奈之举。

综上，"应急"一词有正负两面的引申含义，其负面意思迎合了人性的弱点，这一点需要引起我们的重视和提防。目前，要避免科学安全观变成单纯的应急观。安全文化才是值得大力弘扬的主流文化。安全和安全文化符合老百姓期盼吉祥的美好愿望。安全工作的最高境界是不需要应急。安全预防为主才是常态和非常态的铁律。

人因风险猛于虎（2015-04-25）

恕我直言，许多工程科学家和工程师在开展工程设计研究和风险评估时，是缺乏人因风险方面的研究与评估的，比如政治因素、恐怖活动、战争破坏、管理失策、人为失误、市场变化等，还有许多"软物质"（如光、磁场、电场、信息等）方面的风险因素，他们很少考虑，也没有能力考虑。设计手册极少提及这些标准，实际上也不可能准确地给出这类风险的标准。

许多工程科学家和工程师在开展工程设计时经常考虑的风险因素是地震烈度、材料强度和寿命、结构可靠性等"硬物质"方面的因素，这些参数和安全标准在设计手册中都能找到，可以有章可循，如某城市高层建筑设计、某地下矿山设计、某发电厂设计、某水利工程设计、某核电厂设计、某化工厂设计等，大多以几百年一遇、千年一遇的地震等灾害来考虑设计。仅考虑这种自然灾害因素计算得出的风险和安全结论，与上面所说的人因风险比较，其安全的结论可能是毫无意义的。因为人因风险有时在几年、几十年内就可能显现出来，而几百年以上的人因风险谁都难说，因为人的寿命只有这么长。

现在许多单位和个人为了获取工程任务，谋取眼前的利益，往往无视人因和"软物质"方面的风险，将"硬物质"风险的片面评估结论当作整体风险评估结论来宣传并鼓动工程的实施。这是非常危险的事。由于片面的风险评估，我们过去启动实施了不少经过实践证明不应该开工的工程，人为地造成了许多不能消除的重大危险源，这些工程产生的巨大负面效应应该引以为戒。

对于关系到大范围老百姓生死存亡的风险和需要很长时间才能做出评估甚至无法评估的重特大工程，我们还是先放下为好。有些领导再不要拍着胸脯说安全了，媒体也不要一知半解地跟风说安全了，以免后患无穷。

成为"安全人"的六个层次（2013-10-29）

安全为天。安全是人类永恒的追求，安全也是每一个人的事。使每一个人成为"安全人"是安全教育事业的最高追求。个人认为，所谓"安全人"需要达到六个层次的状态。

第一，做到我不要伤害自己。这需要每个人都心理健康，无精神上的毛病。这是最基本的安全需求层次。

第二，我主动要安全。这需要每个人拥有热爱生命、珍惜生命、爱护自己的安全观。

第三，我能够安全。这需要每个人都拥有安全知识，具有辨识危险的能力，能够抵御各种不可接受的风险。这样才能做到我不要被别人伤害，我不要被别人制造的不安全环境和事物伤害。

第四，我不要伤害别人。自己安全还不够，自己的言行举止都不能使他人受到伤害。

第五，我要为他人安全。这是比较高的境界，每个人都要自觉关心他人的安危，愿意为他人的安全做出自己的贡献，把安全作为集体荣誉。

最后，我能为他人安全。每个人都要有帮助他人安全的知识、能力和精神，能够将自己的安全知识和经验分享给其他人，用自己力所能及的行为营造一个有利于大家都安全的环境，及时避免事故和损失的发生。

为寿终而设计的理念值得倡导（2013-10-21）

多年前，联合国环境规划署（United Nations Environment Programme，UNEP）就提出了"为闭坑而设计"（to design for closure）的矿山开发、设计新理念，至今已得到世界各国的广泛认同和推广应用。为闭坑而设计的核心是：在进行开采初步设计和制定生产规划时，就充分考虑废弃物处置、废弃地复垦、最小环境损害、保护公共健康和安全、减轻不利的社会经济影响等因素。

如果把该理念扩大到更大的范畴，则可以说成"为寿终而设计"。假如将为寿终而设计的理念运用到制造业和建筑业等领域，则我们的很多产品和建筑物的设计目标可能就有了很大的变化，生产出来的东西就可能与现实中存在的有很大的区别。例如，塑料制品超过了使用期限将必须能够回收利用或自行无害分解；机器设备超过了服务年限，将能够非常方便地拆卸或二次利用；房屋过了使用年限，将非常便于拆除，而且不会形成太多的建筑垃圾；公路桥梁超过了服务年限，将能够很容易地更换和重修；等等。

总之，为寿终而设计的理念值得倡导。

我希望"五一国际劳动节"成为"五一国际安全劳动节"（2008-04-27）

每年的 5 月 1 日是全世界劳动者的共同节日。劳动创造财富，安全的劳动能够创造更多的财富。因此，安全=财富。"五一国际劳动节"又要到来了，我希望"五一国际劳动节"成为"五一国际安全劳动节"，这也标志着社会文明和人权的进步。

安全警句、谚语、顺口溜、标语、口号、对联等是安全哲学、安全原理、安全文化、安全实践、安全经验的精华，对于安全宣传教育和提高安全水平起着十分重要的作用。我国有数千年的文明史，安全始终贯穿于人类社会的发展历程之中，从安全警句、谚语、顺口溜、标语、口号、对联中也可以了解、研究人类发展过程中对于生命的态度及其时代特征。安全警句、谚语、顺口溜、标语、口号对联感人肺腑、意味深长、朗朗上口、易学易记、老少皆宜。

我在与各层次的安全管理人员、安全宣传人员接触时，深刻地感到他们的工作离不开安全警句、谚语、顺口溜、标语、口号、对联，如果他们手中有一本比较全面地包含上述内容的小册子，他们使用安全警句、谚语、顺口溜、标语、口号、对联时将更加得心应手。实际上，除了安全管理人员和安全宣传人员外，司机、工程技术人员、教师、班组长、职工、学生等的工作与生活都与安全息息相关，对安全类成语、亲情安全寄语、保安小窍门、安全对联、宣传口号也颇感兴趣。其中的一些句子甚至可以作为人生的座右铭。记住一些安全类的句子，可以让自己、家人、同事、朋友增进安全责任感，对大家的工作和生活都有益处。

因此，我在2005年就出版了《安全生产宣传用语精选》一书。该书具有很强的哲理性、实用性、趣味性、感化力。为了便于读者检索，该书将所有内容分成综合安全和行业安全两篇，第一篇包括安全意义、安全管理、事故原因、安全教育、安全哲理、安全祝福、安全家庭、环境保护等八章，第二篇包括消防安全、交通安全、电气安全、设备安全、建筑安全、矿山安全等六章。

我倡导"安全健康主义"（2009-01-04）

从近代到现代，有关主义的提法非常之多，例如：拜金主义、享乐主义、个人主义、本位主义、现实主义、人本主义、人道主义、理想主义、英雄主义、爱国主义等。我认为，把安全健康作为主义来倡导完全不为过。

例如，经常用于安全宣传的妙语有："安全、舒适、长寿是当代人民的追求。""安全——生命的源泉。""安全——幸福的根源。""安全安乐值钱多，世界和平幸福多。""安全伴着幸福，安全创造财富。""安全保健康，千金及不上。""安全保健康，全家幸福乐陶陶。""安全创造人类幸福，劳动创造社会财富。""安全的承诺：幸福永远伴随着你。""安全等于生命。""安全二字，价值千金。""安全二字千斤重，息息相关万人命。""安全家家乐，事故人人忧。""安全——家庭幸福的源泉。""安全就是节约，安全就是生命。""安全就是生命，安全就是效益。""安全就是生命和财富。""安全就是效益、生命和幸福。""安全就是最大的效益。""安全你、我、他，情系千万家。""安全你一人，幸福全家人。""安全——生命的保险栓。""安全是个宝，人身最重要。安全是个宝，生命离不了。""安全是美好生活的前提。""安全是你一生幸福的可靠保障。""安全是全家福，福从安全来。""安全是人生的支柱。""安全是生命的保证，安全是幸福的保障。""安全是生命的基石，安全是欢乐的阶梯。""安全是水，效益是舟；水能载舟，亦能覆舟。""安全是稳定的基础、胜利的源泉。""安全是我们的命根。""安全是硬道理。""安全是追求完美，预防是永无止境。""安全是自身生命的延续。""安全思想时时有，安全才能保长久。""安全为了谁？为你，为他，为国家，为大家。""安全——我们永恒的旋律。""安全——幸福的方舟。""安全——
幸福的支柱。""安全——意味着幸福生活的开始。""安全与减灾关系到全民的
幸福和安宁。""安全在心间，美满在明天。""安全责任为天，生命至高无上。"
"安全驻心田，幸福满人间。"……

倡导安全健康主义，就是形成系统的安全健康理论学说与思想体系，指导
人们的安全健康行为。对安全健康的追求，只有提高到安全健康主义的高度，
才能更好地实现目标。如何构建和谐社会，是一个巨大而长期的系统工程。从
以人为本出发，从人类最基本最原始的愿望出发，倡导全社会追求安全健康，
可以使人们形成走向和谐的动力。

我倡导"安全健康信仰"（2009-01-04）

信仰是人们在生活中自发形成或受到影响而形成的某种坚定的信念。人有
信仰的精神要求，是由人的本质决定的。人能主动地处置、理性地驾驭自然条
件和社会条件，能有意识地协调与同类及生存条件的关系，有建立于理性活动
基础上的自由意志，并能担负起相应的责任。在为保证人类自身存在和发展的
对象化活动中，人能意识到自身的有限性，并不断地在物质层面（人与自然的
关系）、社会层面（人与人的关系）和精神层面（人与自身的关系）自觉地追求对
自身有限性的突破。因此，人需要有一种信仰提供的终极意义作为参照和
向导。

倡导安全健康信仰，比其他信仰更实在，它可以为人们的安全健康和社会
和谐发展指出一条途径。

第三章

安全理论与学说构建典例

　　我从事了多年安全学科理论和学科建设的研究，经历了探索阶段、发展阶段、成熟阶段、建设与实践阶段、成果推广阶段。在上述各阶段的研究中，形成了一套成体系的安全科学理论、方法、模型、原理等；先后与团队一起创建了安全科学方法学、安全统计学、安全教育学、安全文化学、安全信息学、比较安全学、相似安全系统学等30余门安全科学新分支及其基本框架；撰写出版了10多部安全科学教材和专著；创建了多门安全科学新课程，并向全国高校进行了推广。上述大量的研究内容并不是本章所要介绍的。本章收录了一些记录自己不同研究阶段的初始学术思想的典型博文和总结研究工作的代表性博文。

交叉学科研究心得点滴

"学科"学和"新学科"学是学科建设的支撑理论（2022-05-22）

学科建设是我国高校近 30 年来一直经久不衰的重头戏，学科建设占据和花费了高校巨大的人力、财力、物力和时间，因而许多高校不仅设有专门的学科建设机构，而且造就了一大批叱咤风云的学科建设专家领导。他们在做学科建设规划、决策、实施和管理等工作的过程中，凭的是什么？可能是凭经验、感知和需要，凭着他们自己的科研和教育实践经验，凭着他们对高校学科发展沿革的理解，凭着他们对世界高校学科动态的认知，凭着他们自己学科团队的需要等。显然，这些都是难能可贵的，都是从实践中得来的。但如果问他们是凭什么理论或原理来做的，则恐怕很多人很少琢磨这事，回答不出来。甚至问他们什么是学科，成为学科的基本条件是什么，学科的演化发展过程怎样，新学科诞生的基本条件是什么等问题，他们都不一定说得清道得明。当然，也有一些人不这么认为，觉得学科建设就是把学科做大做强，搞出新东西来，没有什么复杂的，不需要什么理论指导。

其实，在科学领域内，不管做什么事情，都要从实践到理论，再从理论到实践，以至循环往复、不断提升，这是一条基本的规律。学科建设也理应如此，也需要有理论的凝练，也需要有理论来指导学科的建设实践，也需要从实践到理论，再到实践和循环提升的过程，理论的提升和凝练是非常重要的。基于这一思考，我花了较多的时间进入了一个新的研究领域，并写出了《"新学科"学的基础理论研究》一文。但待到这篇文章发表以后，我才想起应该增加一条结论："学科"学和"新学科"学是学科建设的支撑理论。这篇文章的确回答了许多学科建设的理论问题，因此把文章的一些重要句子摘录如下：

如果有一门专门研究新学科孕育、发展和演化规律的学科，它无疑对新学科的加速孕育和健康发展具有重大意义。

新学科的诞生和成长是有规律的，"新学科"学不仅能够揭示新学科孕育的基因、内部结构和运动发展规律，而且能够揭示新学科与已有学科和学科环境机制的相互促进和协同的规律。

面对层出不穷的新学科，如果能够对其现象背后的规律进行探索，可使新学科的孕育和演化更趋于自觉并更快成熟。

对新学科发展规律进行探索，可以积极主动地建构符合新学科发展规律的学科结构，可引导新学科运动朝着更加正确和快速的轨道前进。

在中国，一门新学科在学科目录中有了正式的称呼和位置，是至关重要的，得到各种投入和支持才顺理成章。

现有"学科"的定义和条件都是基于已经存在的学科情况给出的，显然任何新学科都难以满足学科的条件。由此也可以说，新学科的创建不必拘泥于已有学科的定义和标准。但现有学科的定义和判断标准可以作为新学科建设和发展的引领指南，从而使一门新学科更快地走向成熟。

"学科"学的主要功能：为新学科和新学科群崛起揭示发展规律；为成熟学科的延续提供理论指导；为学科整体战略规划和格局提供决策理论和依据。学科学的功能、作用及其内涵分析，也可为新学科学的功能、内涵研究提供参考。

新学科就是新孕育的学科，是一门学科的雏形。"新学科"学就是把新学科作为专门研究对象的科学。新学科学是一门以新学科孕育、创生与发展阶段的现象和规律为研究对象的学科，新学科学是学科学的一个重要分支。

新学科学的主要任务是对新学科孕育、创生的雏形阶段和发展阶段的学科学基础理论和应用理论进行研究，新学科学的学科基础理论包括新学科学的定义、内涵、外延、研究对象、研究内容、研究方法、研究范式、学科基础、学科框架、学科环境、发展条件、应用领域等。

新学科的创生的七个条件：①有专注于新学科创生的研究者；②构建新学科意识；③社会与人的需求是新学科诞生的外部动力；④已有学科的科学研究和学科间的互动与交融是新学科孕育的基因和最直接的方式；⑤新学科创生的研究方法或方法论助推；⑥相关知识的支撑；⑦外部条件的支持。

新学科雏形创生阶段的研究程式或范式：基于一定的时空预设或系统预设，用前瞻的眼光和视野，根据现有的知识信息、科技发展趋势、社会需求动态等实践基础，以成熟学科具有的一般要素为构想模式，依照一定的科学方法（模式）和学科发展规律，寻求、推断、预测未来可能形成的新学科，并给出该新学科的名称，接着阐述其定义、内涵、外延（与相邻学科的关系）、研究对象、研究内容、研究方法、研究程式、学科基础、学科体系框架、应用领域等，形成该未来学科的蓝图，以吸引更多的资源（人力、财力、物力等）投入该未来学科的建设之中，使之发展并符合已有成熟学科的判断标准，达到服务人类或揭示新科学规律、真理等目的。

新学科创生的五类常见研究方法：思维科学方法、理论分析方法、各种实践方法、数学与工具方法和集成法。

常见新学科的创生孕育模式有5类18种：交叉模式、边缘模式、综合模式、共性模式、横断模式、节点模式、细分模式、结晶模式、问题模式、需求模式、理论模式、猜想模式、实验模式、虚拟模式、人工智能模式、大数据模式、多模式组合模式和不确定模式。

新学科学各阶段研究内容的重点是不一样的。新学科学研究重点主要是新学科的孕育和成长的阶段，新学科学的更多具体研究内容包括新学科学术语、新学科学预测、新学科孕育、新学科诞生模式、新学科内在动力、新学科学鉴别指标、新学科认同、新学科环境机制、新学科仿生、新学科发展助力、新学科生态、新学科协同、新学科模拟、新学科信息、新学科管理、新学科研究人才、新学科方法论、新学科史等。

从"学科"到"学块"，让学科交叉成真！（2021-08-06）

（1）"学科"一词的历史和内涵

在宋代，我国就出现了"学科"一词。在西方国家，13 世纪就出现 discipline 一词。概括起来，"学科"主要有四层含义：①用于指称科学知识体系的一个局部、分支体系，表示科学知识的分类划界；②用于指称学校开设的课程、学生学习的科目；③用于指称高校的学术建制或学术组织；④用于指称科学研究项目申请、成果评审的学术范畴。

千百年来，世界范围内的无数学者都认可和共同使用着"学科"这个术语。有了它，学者们就可以大体勾勒出所从事的研究与应用的知识范围。近数百年来，科学分分合合、合合分分，但更多地呈现出不断分解之势。因此，大家更加习惯使用"学科"一词。

（2）"交叉学科"一词及其问题

随着学科的不断延伸、细分、侧生和增多，现在全新的独立学科创生越来越少，更多的新学科是由已有多个学科交融孕育而成的，这些新学科被称为交叉学科。研究学科学的人，为了表征新学科的创生规律，归纳出来一些交叉学科的创生模式，并经常用简单直观的集合或几何图交叉进行示意。这类表达方式容易被外行人或企图简单化的管理者误解和误用，让很多人误以为交叉学科就是现有多学科的几何交集，学科交叉的形式是有限的，是可以图示化的，交叉知识的产生是可以预设的。

我们经常看到很多文章在讨论交叉学科时用一些简单的交叉的几何图形来表达，其实这仅仅是示意而已。科研工作中运用的多学科知识交叉，能够用几何图形交叉来表达的几乎是不存在的，因而把学科交叉当作几何图形交叉也是一种无知的理解方式。

对于交叉新学科的人为预设和判断，仅仅适合大交叉形成的新学科雏形的创建，而对于海量具体项目的科学研究动态过程中涉及的各种知识交叉形式则是无法完全预先得到的，即不可能穷尽所有的交叉形式。因此，在讨论交叉学科时，应该首先明确交叉概念，是大交叉、小交叉，还是微交叉等。

上述情况也说明了"交叉学科"一词的局限性，学科学研究者谈学科交叉时通常是指大交叉学科，这种学科交叉不适合具体项目研究的小交叉和微交叉。如果套用大交叉学科的管理方式描述项目科学研究的知识小交叉和微交叉，就可能出现矛盾和不适应，要表达具体项目研究的知识交叉，就需要寻求新的表达方式。

(3)"学块"一词的创造缘由

科学技术发展到今天，如果不界定大交叉或小交叉，则可以肯定地说：所有科研工作运用和创新的知识都是有交叉的，复杂问题研究永远是需要交叉的，任何预先设定的知识交叉模式都是不科学的，做研究之前让项目对号入座，判断其是否属于多学科交叉研究，也是不合理的。

科技创新和人才培养过程的交叉模式是不可能预先都按照某一个具体交叉形式实施。特别是科技创新，在未取得成功之前，是难以确定所创造的知识以何种交叉模式呈现的。实际上，知识交叉的模式是多种多样的，任何人为设定的知识交叉模式都是不科学和不符合实际的，即使能构建出一些典型模式出来，其数量和作用也是非常有限的。

为此，必须采用无学科痕迹的非知识交叉分类体系的思路，这样才能从根本上体现出交叉学科产生知识的不可预设性，才能体现交叉形式是不能穷尽和无止境的特点。基于这种思路，我经过长时间思考，提出由非知识性"学块"和"学块矩阵"的新概念来包容各种未知的知识交叉模式和构成交叉学科的知识体系。

(4)"学块"和"学块矩阵"的定义和内涵

我在2021年发表的文章提出了"学块"(science chunk)和"学块矩阵"(science chunk matrix)的新定义："学块"是由学界约定俗成的多门已有学科的知识发生质变融合而成的新知识集合体。具体一点说，所谓"学块"就是在某一范畴内的多种多样、不分学科、关系不确定、特征及结果未知的知识集合或知识场，其中隐含着无数种知识交叉形式。顾名思义，"学块矩阵"就是由"学块"组成的矩阵。学块可大可小，可以包括无数种知识交叉、学科交叉的形式。学块类似积木或模块，可以排兵布阵，形成丰富多彩的格局，也可以用数学矩阵进行表达和开展运算。

基于时间维度对安全研究的分类(2016-02-13)

安全学科是一门综合学科，其维度和时空关系复杂，从不同的视角可以有不同的研究重点和工作方式。例如：发生事故的视角、财产损失的视角、伤亡人数的视角、职业健康的视角、地域安全的视角、行业安全的视角、学科发展的视角、安全理论的视角、安全技术的视角、安全人文的视角、政府职能的视角、企业管理的视角、安全效益的视角、灾害类别的视角、社会稳定的视角、政治需要的视角、公共安全的视角、学科层次的视角、信息安全的视角、安全信息的视角……从这些视角都可以建立不同的研究领域，获得相应的研究成果，也可以得到不同的学科分类方式。

还有一种很重要的视角没有提及，那就是从时间的维度来审视安全研究及其分类。按照时间轴进行分析，安全研究可分为"过去时研究""现在时研究"和"将来时研究"。所谓"过去时研究"主要是针对已经存在的事物，如安全史、事故统计等方面的研究；"现在时研究"主要是针对当下的安全管理、安全教育和安全工程技术等的事故灾难预防研究；"将来时研究"主要是未来安全发展等的前瞻研究，如安全学科建设、安全科学理论创新、安全规划和预测等研究。上述三类研究实际上没有明显的界线，其研究目的总的来说都是面向未来的，只是未来的时间长短不一而已。

"将来时研究"用的时间坐标不是昨天、今天和明天，也不是去年、今年或明年，而应该是比较大的单位，如十年、二十年，甚至百年以上。历史研究可以后移到遥远的过去，一些宏观的预测研究可以延绵到无限的未来。从研究投入的人力、物力和财力等方面分析，三类研究处于两头小中间大的状态，因为当下的问题是人们最为重视的，"中间大"非常正常。

从个人目前的研究兴趣来看，可以将其归类为"将来时研究"。"将来时研究"包括安全学科建设研究，安全科学理论、方法、原理研究，安全科学学研究，安全预测研究，安全教育研究，安全发展研究等。这些研究大都属于中上游，相对来说具有理论性、普适性、持久性、新颖性、间接作用性、隔代生效性等特征，这些研究不直接解决某一具体的安全问题或为某一事故的防控工作。这些研究成果的呈现形式大都为论文、专著、教材、报告等，而不是具体的工程技术实物。这些研究大都是通过间接的方式，如教育等方式，在未来发挥其巨大潜在的作用。

安全学科是一门新兴学科，"将来时研究"目前具有较多空白可以填补，当前是"将来时研究"的最好时机。随着安全学科的不断发展，"将来时研究"的范畴会越来越小,机会也越来越少。因此,把握当前的"将来时研究"机遇非常重要。

白菜萝卜各有所爱。安全研究可以根据各人的喜好、对问题的认识、关注的重点、已有的基础和个人的特长等,从不同视角切入,并运用与之相适应的不同手段、方法和途径等,当然取得的成果自然也是五花八门、五彩缤纷的。对其作用和意义的评价是公说公有理、婆说婆有理,但首先自己要认可自己的工作,这样才有兴趣,才能够坚持不懈,这样自然也才能符合天道酬勤的规律。

综合学科的交叉属性有待深入研究(2016-08-13)

综合交叉学科的交叉属性有利有弊,主要是有利于新学科、新产物等的诞生。当两种适宜的学科交叉或碰撞到一起时,可能就有了新理论、新方法、新原理。但如何运用它们去解决实际问题,却有待深入研究。当两种适宜的产物交叉到一起时,可能由于发生组合或化学反应,新的产物就出现了。

按交叉的形式分类,交叉的形式多种多样,如穿插、包叉、重叠、捆绑交叉、平面交叉、立体交叉、N维交叉等。

按交叉的自动程度分类,交叉可分为人工交叉和自然交叉:人工交叉主要通过人为的干预和协调进行,是不同的学科交叉到一起;自然交叉是由于客观的需要,不同的学科产生了交集。当然还有一种情况是人为交叉和自然交叉同时起作用。

按交叉的可视化分类,交叉可分为有形交叉和无形交叉。

按交叉变化的情况分类,交叉可分为静态交叉和动态交叉。

按交叉的涌现性分类,交叉可分为正涌现交叉和负涌现交叉。

还有更多的交叉分类方法。研究交叉的分类、形式和规律有利于交叉学科的发展,解决交叉中存在的问题。

现实中的交叉经常给人带来许多烦恼,比如组织管理机构的交叉。交叉过多出现机构重复,管理工作互相推诿。交叉不到位,就会出现管理空白和漏洞。有交叉的情况必然出现交叉界面摩擦、边界梯度等问题。

举两个典型的例子:

例子1:安全管理的交叉是客观存在的,比如国家安全、公共安全、交通安全、食品安全、信息安全、文化安全、生活安全、生产安全等,而且这些安全问题又与其他问题交叉在一起。如果将其管理机构一体化、统一化,其机构必然非常庞大,操作起来还是需要分解细化。如果将其分开,由不同管理部门管理,则容易出现机构重复,各部门的职责如果实施不到位,有推诿现象发生,就会导致一些无人管控的真空地带出现。这些都是管理上很可怕的事。安全学科的综合交叉属性在本质上导致了安全管理机构的设置比其他领域更加困难。

例子2：想要编撰一部《安全管理学》教科书，大的交叉肯定会涉及安全学和管理学，这是不可能避免的，因为书名就是两者之和。就安全管理学的主要内容而言，它也牵扯到很多安全学科的分支，例如：开展安全管理需要依据安全法规进行，安全法学的引入不可或缺；安全管理需要讲到安全管理方法，人性和组织行为科学不可避免地会涉及；安全管理需要讲原理，安全科学原理不可避免地会涉及；安全管理需要讲系统管理，系统工程科学不可避免地要涉及；安全管理需要讲安全信息管理，信息管理系统不可避免地要涉及；安全管理需要讲行为管理，行为安全管理不可避免地要涉及；安全管理需要讲企业安全文化，安全文化学不可避免地要涉及；安全管理需要讲应急管理，应急管理理论不可避免地要涉及；安全管理需要讲安全统计，安全统计学不可避免地要涉及；安全管理需要讲事故调查，事故调查方法不可避免地要涉及；等等。其实，安全管理学各部分内容之间也有很多相互交叉的部分。有些不理解安全学科属性的人，经常对安全学科教材的作者提出"减少交叉内容、减少重复内容、划出学科分支边界"等问题，这是基本上做不到的。但现实又要求作者这么做，这要怎么办呢？如果是独立的一本著作，而且不限制篇幅，那就需要把一门课程所涉及的主要内容都纳入进去，这样可能就要把一门课程的内容编写成一部系统的手册。如果是一种系列教材，而且每本教材的篇幅又有所限制，那就要有所侧重，将本分支学科的主要内容写清楚，其他内容只能参见相关的课程。为了更加清晰，最好可以设计一个教材导读图，将互相交叉的内容和其来龙去脉表达清楚。

类似教材的交叉和讲授，总的来说还比较好解决。但对于安全管理组织机构来说，其重复交叉的问题就没那么容易解决了。避免交叉重复或是出现安全管理的漏洞，的确是个很大的难题。

绕不过去的"交叉"是综合交叉学科的一大特征。安全学科的交叉是不可避免的问题，这是由安全学科的综合交叉属性所决定的。

学科的交叉、知识的交叉、组织的交叉、管理的交叉、权利的交叉、信息的交叉等，各种交叉之间肯定存在着相似性和互补性，交叉问题的设计、处理、实施等环节存在着很大的研究空白，安全学科同样如此。

综合交叉学科研究的层次（2016-08-01）

如果将学科分为专门学科和综合交叉学科（尽管现在所有的学科都已经很

难说没有与其他学科交叉了），专门学科的研究层次通常可分为三类：一是基础研究，二是应用基础研究，三是应用研究，这里简称为上中下游研究，显然上游与中游、中游与下游之间是没有明显界线的。

如果与专门学科做比较，对于综合交叉学科而言，其研究是否也可分为几个层次？如果可以，各个层次的内涵怎样定义？回答这两个问题对于综合交叉学科显然是有意义的。个人觉得，综合交叉学科的研究同样可以分为三个层次，但各个层次的内容与专门学科是不可能相同的。

迄今为止，对综合交叉学科研究的层次分类好像没有多少现有的成果可以参考，更没有大家一致认可的结论。因此，个人根据综合交叉学科的研究经验，提出了综合交叉学科研究的上中下游三个层次：上游研究主要是学科的科学学研究，中游研究主要是学科的"自科学"和"他科学"研究，下游研究主要是学科的应用科学研究，三者相当于专门学科的基础研究、应用基础研究和应用研究三个层次。

下面对综合交叉学科研究的三层次做进一步的解释：

①综合交叉学科的科学学研究。综合交叉学科自身的主要问题显然是综合交叉问题，而解决学科的综合交叉问题的理论必然是科学理论。这个内容与专门学科的基础理论有很大的不同。综合交叉学科的基础研究关注的是各学科之间的关联与综合交叉渗透等理论问题，是横断的科学问题。而专门学科的基础问题是自身的理论问题，是纵深的科学问题。

②对于综合交叉学科来说，其应用基础研究主要是两大领域：一个是对综合交叉学科自身领域中的应用基础问题的研究，另一个领域是从其他专门学科中提取可作为综合交叉学科科学知识的问题进行研究。前者称为综合交叉学科的"自科学"研究，后者称为综合交叉学科的"他科学"研究。其中的"他科学"研究是综合交叉学科不同于其他专门科学研究的重要特点。

③顾名思义，综合交叉学科的应用研究与专门学科的应用研究一样。但应该补充说明的是，综合交叉学科的应用研究领域比专门学科的应用领域要宽广得多，因为其应用领域包括了"自科学应用领域"和"他科学应用领域"，而"他科学应用领域"几乎涵盖了所有的领域。

综合交叉学科知识的新分类与新命名（2016-07-31）

探讨这个问题首先要承认有综合交叉学科的存在。综合交叉学科与专门学科的一个重要差别在于前者具有综合交叉特性，其实，现在的专门学科也都具有某种程度的综合交叉特性。在开展综合交叉学科的研究时，除了研究综合交叉学科自身的本质属性和存在领域的科学与应用问题之外，综合交叉学科不可避免地要运用或改造吸纳别的专门学科的知识，那要如何称呼这些已经被吸纳到综合交叉学科中的别的专门学科的知识呢？这是多年来综合交叉学科遇到的尴尬问题，说是"抄的""引的""借的"等自然太难听了，也不太符合实际情况，因为综合交叉学科在"抄""引""借"等过程中已经对其所用的专门学科知识做了必要的改造，并将其用于了具体的综合交叉学科的特定目的，在"抄""引""借"等过程中也需要经过一番细致研究，付出巨大的劳动，何况专门学科所创造的知识也是要应用的。

个人经过较长时间的思考，觉得用"自科学（self-science）"和"他科学（other-science）"来回答上述的问题比较适宜。所谓"自科学"，就是综合交叉学科在研究学科自身领域的本质特征、属性、规律、原理、方法及其应用等过程中得出的科学知识。所谓"他科学"，指基于某一特定目的，通过有意识地研究、借鉴、引用、改造其他专门学科的知识，使之成为某一综合学科的科学知识，这些知识尽管带有其他专门学科的痕迹，甚至是原型，但已经成为某一综合学科所认可的科学知识。"自科学"和"他科学"构成了综合学科的整体科学内容，而且两者之间没有明显的界线。

下面以安全学科为例，安全学科是典型的综合交叉学科，安全学科的"自科学"已经有了一些，比如各种事故致因理论、各种事故统计规律等，这里不妨称之为"自安全科学（self safety science）"。但迄今为止，安全学科的大部分科学知识都是以安全为目的的，通过从别的专门学科挖掘适合用于安全的理论、方法、原理等知识，使之发展成为安全科学的重要分支，这些来自他学科的安全知识不妨称为"他安全科学（other safety science）"，比如：安全法学、安全管理学、安全心理学、安全教育学、安全文化学、安全系统工程、安全人机工程、安全检测技术、职业卫生与防护、风险评价技术、机械安全工程、化工安全工程、建筑安全工程、交通安全工程等。这些学科都是已经被业界认可的重要安全学科分支，但都带有别的学科的烙印和交叉特征。

在研究安全科学原理的过程中，也存在类似情况。部分安全科学原理可以从已有的不安全现象（如发生事故的因果关系）中提炼和归纳出来。可以从实际中的不安全现象、问题、事件出发，以事实为根据进行归纳总结概括，从中构建出更加抽象的安全原理，著名的海因里希事故因果连锁理论就是基于大量数据的基础上提炼出的，这里称之为"自安全科学原理（self safety science principle）"。但更多的安全科学原理是从别的专门学科中提炼和归纳出来的，在已有的安全科学原理中，大量原理都是以其他学科作为技术背景的。比如，安全系统原理以安全为目的，它从系统学、系统工程、可靠性理论等学科中提炼而出；安全经济学原理、安全行为科学原理等都是通过相关学科延伸出来的能够应用于安全的科学原理。这里称之为"他安全科学原理（other safety science principle）"。

综合交叉学科的"自科学"与"他科学"的新分类和新命名简单明了，从字面上也可以理解其实质意义，同时也给出了一种开展综合交叉学科研究的方法论和基本途径。另外，随着综合交叉学科的发展，综合交叉学科的"自科学"与"他科学"也在不断地交融和变质，从而生成比较成熟的"自-他科学（self-other science）"。

综合交叉学科创新路在何方？（2016-07-27）

综合交叉学科说起来好听，做起来难。很多研究者"身在曹营心在汉"，自己声称身在综合交叉学科领域，但想的做的还是某一纵深方向的研究，结果是做着做着就做到别的专门学科领域去了。例如，做矿山安全技术的实际上更倾向采矿专业，做建筑安全技术的实际上更倾向建筑技术，做信息安全技术的实际上更倾向信息技术等。如果安全学科的研究者这样做，就吃上了别人家的饭了。再如，研究环境这一综合交叉学科的学者，不能一做就做到生物技术、化工技术等领域中去，因为这是生物技术和化工技术专业做的事。当然，不管什么领域的人都是可以做同一件事的，但毕竟还是专业一些好，没有必要不入流地自己为难自己，不做综合交叉的事，就没有必要站在综合交叉学科的队伍里。

综合交叉学科的关键词是什么？顾名思义，其关键词是"综合""交叉"。因此，要发挥综合交叉学科的优势，就需要将重点和着眼点放在"综合""交叉"之上。下面我就自己熟悉的安全学科来展开谈谈。

安全学科是一个典型的综合交叉学科。整体而言，安全涉及理工文管法医等学科，涉及生产生活各个领域、各个行业，不得不承认它的综合属性。但具体讨论某一领域时，它又可被称为交叉学科。比如，化工安全是化工与安全两个学科的交叉。当然如果有人不承认安全是一个学科，那化工安全就只能属于化工学科了。

承认安全学科的存在及其综合交叉属性之后，安全学科的研究与创新之路在何方呢？这是一个更为重要的问题。下面谈几点体会：

①安全研究要着眼于未来。即使是研究已经发生的事故，从时间维度来看，还是为了未来不发生事故，还是需要着眼于未来。社会总是在不断发展和变化，对未来的安全没有预见性，安全研究就失去了意义，安全学科就失去了

本身的发展价值。因此，安全综合学科研究一定要着眼于未来，在未来的安全中寻找新课题。

②安全研究要着眼于综合。所谓综合不是指现有安全学科自身的一些分支学科的综合，而是用安全的视角，以安全为目标，在所有学科中寻求可能的有限学科的综合。但这种综合绝不是简单的拼凑和排列组合，而是有机的合成，而且有要 N+N>2N 的"涌现"效果，能使人耳目一新。组合也是创新，这是不可否认的。十多年来，我几乎形成了这么一个习惯，当思路枯竭的时候，只要到一个大书店逛上一天半天，一览书店陈列的各个学科的图书书脊，就总会萌发出一个或几个新的创意。这正如逛商场买衣服，总会找到几件心仪之物。

③安全研究要着眼于交叉。无限的综合几乎是不可能的。当有限的学科综合也遇到障碍时，两个学科的综合就显得比较容易了，而两个学科的综合就是交叉。这种实践已有很多例子，安全学科中的很多分支都是这么生成的。我也做了一些实践，比如安全科学学、安全科学方法论、安全统计学、比较安全学、相似安全系统学等，都是基于这种思想创立的。

④安全研究要有科学学思想。有人说科学学已经被系统学替代了，我认为不宜这么说。科学学思想为综合交叉学科的创新起着重要的作用，没有科学学的视角和高度，就很难俯瞰所有的现有学科，从而捕捉到可以利用的已有学科。科学学思想可以把具体学科当作食材和佐料，从而做出一道道香喷喷的美食来。科学学思想有如总工程师的思想，把恰当的东西用到恰当的地方就是最好的。而系统学思想主要是系统思想或整体性地看问题并开展研究。

⑤在现实中，组合创新很难被瞧得起，比原始创新弱得多。那么，综合交叉学科有没有自己原创的理论和纵深的领域？回答是肯定的，否则综合交叉学科的研究者就变成"拉郎配"了，或是说变成彻头彻尾的"抓药师"了。不同科学理论组合创新和服务于综合学科的发展，其实同样有大量的科学问题需要研究，比如组合的原则、方法、原理、流程、范式、适宜性、效果评价等，各学科之间的比较、相似、交融、涌现等，它本身就是一个很值得研究的课题。

⑥就具体的综合学科来说，其研究内容就更加丰富了。比如安全学科，尽管应用层面的安全应用科学现在已经比较丰富了，但安全学科自身的理论还非常少，上中游的层面(或者说是学科科学和专业科学)仍然有很多空白可以去填补，可以发展出更多的安全学科分支出来。就是看到这种现状，我近十多年来才以很大的热情投入这一层面的研究之中。

当科学技术发展到一定程度以后，往纵深发展的难度越来越大，组合创新将更加有利于现有学科的综合利用和发展，也有利于整个世界的优化。

安全方法与原理新论点滴

从安全科学方法学到安全科学方法论(2016-03-19)

从"安全科学方法学"到"安全科学方法论",其中只有"学"与"论"的一字之差,却让我思考和研究了五年时间。2011年7月,我在中国劳动社会保障出版社出版了《安全科学方法学》一书(该书列入"十一五"国家重点图书出版规划项目,获国家科学技术学术著作出版基金资助)。《安全科学方法学》主要追求"大而全",内容包括安全哲学方法、一般安全科学方法和具体安全科学方法,因此该书长达96.9万字。再加上当时的研究深度有限,整部书还没有达到安全科学方法论的高度,因此书名起为"方法学",不完全是"方法论"。实际上,方法论才是专门研究方法的学问。

时间飞逝,在过去五年中,我和我的研究生们经过不断思考和深入研究,在安全科学方法论研究方面取得了长足进步,在安全系统学方法论研究、安全科学原理方法论研究、风险管理方法论研究、安全物质学方法论研究、安全人性学方法论研究、安全统计学方法论研究、比较安全学方法论研究、比较安全伦理学方法论研究和安全文化学方法论研究等方面取得了一些成果,发表了一组论文,这些都为撰著《安全科学方法论》奠定了良好基础。

安全科学方法论是科学研究如何使人的身心免受外界因素的不利影响或危害的工作指南。安全科学方法论与其他学科一样,是在通用方法论(包括哲学方法论和一般方法论)的指导之下,结合学科本身的特点所形成的通用方法论和具体方法论的复合方法论。安全科学方法论相对于方法论来说属于具体方法论,但就安全学科本身而论,安全科学方法论包括了安全哲学方法论、一般安全科学方法论和具体的安全工程技术方法论。

市面上关于通用方法论(哲学方法论和一般方法论)的图书已经有很多了。虽然这些方法论在安全科学研究中同样得到了广泛应用,但为了节省篇幅,这本书在兼顾通用方法论的同时,没有过多地介绍通用性方法,而是将重点放在介绍一般安全科学方法论上。如果就安全科学方法论的三个层次(安全哲学方法论、一般安全科学方法论和具体安全科学方法论)而言,这本书的重点在中间,即重点介绍一般安全科学方法论,安全哲学方法论比较接近于哲学方法论,不宜介绍太多,而许多具体安全科学方法论是与具体安全科学技术密切相关的，这本书中也不太可能都涉猎。另外值得指出的是，安全科学方法论的三个层次之间实际上也没有明显的界线。

这本书的结构主要参考了安全科学研究方法论的分类，其主线是：总论篇（概论篇）—整体方法论篇（系统方法论篇）—分支性方法论篇（局部方法论篇）—专门性方法论篇（切入方法论篇）。各篇的内容是可以不断扩展的，特别是分支性方法论和专门性方法论并不限于这一本书的内容。安全科学方法论是一门比较抽象难学的学问。具有一定安全科学与工程研究实践经验的人才能够较好地理解和运用安全科学方法论。但这并不意味着没有安全科学与工程实践经验的人就不能学习安全科学方法论。其实，实践经验与方法论之间是相互促进和循环提升的。

方法论是一切科学研究工作的指南。古今中外，方法格外受到人们的重视，"授人以鱼，不如授之以渔"就是一个形象的例证。方法的创新更有原创性和价值，安全科学方法也是如此。而且，安全学科的综合属性决定了其具有浩瀚的时空范围，因此安全科学方法更显重要。安全科学方法是经验、知识、智慧的结晶，具有重要的理论和实际意义。令人遗憾的是，当我们翻开现有的安全基础理论中文教科书时，会很快发现其中的安全科学方法大多都是国外学者发明的，带有引进的痕迹。其实，已发明的许多安全科学理论与方法大都很简单。那么为什么中国人没有发明这些理论与方法呢？个人认为，除了我们的安全科学研究起步较晚之外，多年来中国最短缺的教育之一就是方法论的教育。现今能够潜心开展此类理论研究的人才太少，而且得不到应有的支持。而更深层次的原因是许多人还悟不出方法论的真正价值。多年来，我国许多的安全科技工作者习惯性地重视应用别人总结的方法，特别是外国人的方法，而忽略或轻视从方法论的高度开展理论研究并创立自己的方法。

尽管在过去的近百年历史中，发达国家的安全科技研究者对安全科学方法的研究和贡献一直走在前面，但他们对安全科学方法论的研究并不多。这本书的研究是站在安全科学学的高度，以现有发明创造的安全科学方法（特别是国外的安全科学方法）为基础，通过开展对于安全科学方法研究的研究，进而做出自己的创新性研究，在某种意义上讲，它类似于"站在巨人肩膀上的研究"，因而这本书的有些内容是处于领先地位的。

一门学科有没有其自己的方法论，这是判断这门学科是否成熟和学科范畴是否广阔的重要标志之一。方法论与学科发展是相辅相成的，学科发展有利于方法论的凝练，而凝练出来的方法论又能够促进学科发展。安全科学是一门新兴的学科，其方法论的诞生将有利于促进安全学科的发展。而安全学科的发展将进一步推动其方法论走向成熟。目前，尽管安全科学与工程在我国已于2011

年被列入研究生教育一级学科，但安全科学还没有达到成熟的程度，安全科学方法论也没有很完善，还需要大家不断的努力。

安全统计学的学科分支(2014-05-15)

1.按统计研究的侧重点建立的安全统计学学科分支

根据安全统计学的理论与应用程度，安全统计学可分为理论安全统计学和应用安全统计学两大类。

(1)理论安全统计学主要研究内容：①安全统计学的理论基础，如数理统计学理论、统计物理学理论、信息论、灰色预测理论等；②安全统计学的方法理论，如统计调查方法、统计分析方法、趋势预测方法等；③安全统计学的体系理论，如体系结构、指标设置、相互衔接理论等。

(2)应用安全统计学主要研究内容：①安全统计工作的程序与操作规则，如统计时间要求、安全统计报表的填报、安全统计法规制度的制定与执行、安全统计数据的获取与发布等；②计算方式，如各种统计指标的计算公式等；③安全损失评估方法，主要用于对各种具体灾害的危害后果进行价值评价与估算等。

2.按安全系统统计范围建立的安全统计学学科分支

按安全系统的大小，安全统计学分为宏观安全统计学和微观安全统计学。宏观安全统计学主要统计研究一个较大区域内安全生产与经济发展的关系、事故对社会经济的影响规律、事故的损失和安全活动的经济效益，为安全科学管理和安全决策的最优化等提供科学统计方法。微观安全统计学主要统计研究一个小区域，如一个企业(单位)的事故和隐患规律，有关事故数据的产生、收集、描述、分析、综合和解释，并为事故的对策等提供科学统计方法。

3.按统计的具体行业安全建立的安全统计学学科分支

行业安全统计学通过对不同行业安全问题数据的收集、描述、分析、处理和存储，研究行业事故的规律，为开展预测预报提供科学统计方法。根据《国民经济行业分类和代码表》和《高危行业安全生产费用财务管理暂行办法》，基于安全理论的角度将行业分为高危行业和普通行业。

4.按具体的统计对象建立的安全统计学学科分支

安全统计学的研究对象很多，如可通过伤亡事故、自然灾害、职业健康等方面的数量统计特征和数量关系等来建立其学科分支。

(1)在伤亡事故现象和过程的研究方面，通过搜集生产过程中的事故数据，分析数据表现，直观反映出该领域或企业的安全生产、安全管理现状，提出安全措施，防止事故发生，保证生产顺利进行，并形成伤亡事故统计学学科分支。

该学科分支的研究内容非常广泛,例如:通过研究安全生产领域、社会领域、经济领域等各种事故现象中与社会、经济互相影响的数量关系,并从大安全观和社会各领域互相联系的角度入手,对事故现象进行全方位的观察、描述、分析和评价。

(2)在自然灾害现象的研究方面,例如:对于非人为的自然灾害,通过对不同时期、区域、种类的自然灾害的数量表现、数量关系进行分析和比较,揭示出不同的自然灾害与时期、区域的关系,描述灾害对社会、经济的影响,从而建立自然灾害统计学学科分支。

(3)在职业健康现象研究方面,通过统计研究不同类型有毒物质的致病毒理,预防控制与治疗效果,不同行业、企业、工种及不同的接触毒物时间与发病周期的关系,有毒有害物质检测数据统计分析等,揭示职业病与行业、工作环境的关系,提出行业卫生调整措施,建立职业健康统计学。

5.按安全特征指标建立的安全统计学学科分支

(1)在安全经济现象的研究方面,研究安全经济问题,定量反映安全经济水平、安全经济分配、安全投入与安全经济效益等内容。通过对安全生产领域中经济现象的数量表现、数量关系、数量界限的分析和比较,揭示安全生产和社会发展的关系,预测安全经济的发展方向和趋势,建立安全经济统计学及其子分支。

(2)在安全社会现象的研究方面,研究社会运行过程中的安全管理、安全法学、安全教育等安全问题的发生规律、影响因素及其预测预报等问题。社会统计学的研究内容是除经济统计学之外的所有内容,如劳动统计、生活质量统计等。安全社会学将安全科学和社会学结合起来,研究社会运行过程中所出现的安全问题,通过研究社会运行过程中不同区域、不同类型的安全问题的数量特征,揭示安全问题和社会发展的关系。

安全统计学的几点展望(2014-05-15)

20世纪以来,统计学进入了快速发展时期,由单一的记述型统计学科逐渐扩展为多分支的推断型统计学科。在预测和决策基础上,结合信息论、控制论和系统论的基本方法,运用计算机技术,促使了统计学的理论和实践不断深化,发展为多学科的通用方法学理论,尤其是在现代化国家管理、企业管理和社会生活中,起着愈加重要的作用。安全统计学建立在不断发展的安全科学和统计学基础上,虽然安全工作者早已将安全科学与统计学的方法结合使用,但将安全统计学作为一门独立的学科来建立并发展,这还是首次尝试,因此还有诸多方面亟待完善,而目前我们首先要完善的有以下内容。

1. 安全统计学理论体系的建立

任何应用学科都需要理论的支撑,才能保证应用技术的发展。安全统计学是一门应用型学科,主要是运用统计理论和方法研究、分析安全系统运行过程中出现的安全问题。安全统计学理论的研究可为统计学在安全领域的运用提供指导方法。因此,为了使统计学更好地应用于安全科学,首要任务是建立安全统计学理论体系。

2. 传统安全管理与统计方法的结合

传统安全管理技术通过事故统计分析安全系统,然后采取相应的管理措施。随着安全科学的发展,从被动的"事后处理"进入主动的"事前预防"是安全管理进步的体现,因此现代安全管理需通过预测方法,推断可能发生的安全问题,制定相应的技术措施,预防事故发生。

3. 现代技术手段在安全统计学的应用

信息论、控制论和系统论在许多基本概念、思想和方法等方面有共同点,安全统计学结合三者的理论方法,从不同角度提出解决相同问题的方法和原则,可丰富安全统计学的理论内容与应用技术方法。将计算机技术,如 SPSS、Excel 和 Matlab 等软件运用于安全统计学研究中,可简化各类安全问题的搜集、整理等步骤;建立合理的安全系统数据库,便于数据的分享、处理,可降低安全统计分析的盲目性,完善安全信息学的研究内容。

趣谈古今安全方法论(2016-02-05)

1. "小曹冲"与"老阿基米德"的"成果评说"

①曹冲称象的故事。据说约在公元 200 年,曹冲五六岁的时候,其知识和判断能力所达到的水平已经可以比得上成人。孙权送来一头巨象,曹操想要知道这象的重量,询问他的下属,但都没法想出称象的办法。曹冲说:"把象放到大船上,在水面所达到的地方做上记号,再让船装载其他东西,比较之后就能知道结果了。"曹操听了很高兴,马上照这个办法做了。从科学的视角来说,五六岁的曹冲就能利用漂浮在水面上的物体的重力等于水对物体的浮力这一道理,解决一个有学问的成年人都一筹莫展的大难题,这不能不说是一个奇迹,但奇迹并非科学。

②阿基米德发现浮力原理的故事。传说希伦王召见阿基米德,让他鉴定一下纯金王冠是否掺了假。阿基米德冥思苦想多日,在跨进澡盆洗澡时,看见水面上升而得到了启示,从而有了关于浮力问题的重大发现,并通过王冠排出的

水量解决了国王的疑问。在著名的《论浮体》一书中,他按照各种固体形状和比重的变化来确定其浮于水中的位置,并且详细阐述和总结了后来闻名于世的阿基米德原理:放在液体中的物体受到的向上的浮力,其大小等于物体所排开液体的重量。

其实,曹冲和阿基米德所想到的方法都是"等量替换法"。但对于前者,后人都只是把它作为一个美丽的传说,满足于解决问题即可,也未将其归纳提升为一般规律。而后者使人们对物体的沉浮有了科学的认识,并奠定了流体静力学的基础,成为科技史上的一颗璀璨明珠。

2. 司马光"砸缸"、孙子"焚舟破釜"和项羽"破釜沉舟"之"非议"

如果说上述两个例子与安全无关,那下面另举两个与安全有关的著名故事。

①《宋史·司马光传》载:"(司马)光生七岁,凛然如成人,闻讲《左氏春秋》,爱之,退为家人讲,即了其大指。自是手不释书,至不知饥渴寒暑。群儿戏于庭,一儿登瓮,足跌没水中,众皆弃去,光持石击瓮破之,水进,儿得活。"这就是大家耳熟能详的历史故事"司马光砸缸"。千百年来人们一直在赞扬司马光的机智勇敢,但却极少有人从方法论的角度去分析这个故事。这种救人方式是一种逆向思维的运用,更是一个安全教育方法的生动事例。

②《孙子兵法·九地篇》:"焚舟破釜,若驱群羊而往,驱而来,莫知所之。"这从方法论的高度总结了"焚舟破釜"战法,具有重大的意义,但却未成为后世常谈的典故。而晚孙子300多年的项羽实践了孙子的"焚舟破釜"兵法,成功解了巨鹿之围,"破釜沉舟"就成了妇孺皆知的故事,并流传了2000多年。这是为什么?是因为大多数国人对方法论有偏见吗?

举几个例子就一概而论地说我们的古人不重视方法论肯定不对!上述故事至少说明项羽是重视方法论的,司马光也是有办法的,但重视方法论的是极少数人。

3. 一首与安全沾边的唐诗的"曲解"

1000多年前,唐代诗人杜荀鹤写的《泾溪》诗云:"泾溪石险人兢慎,终岁不闻倾覆人。却是平流无石处,时时闻说有沉沦。"诗的大意是说泾溪虽然水流湍急、石头嶙峋,但是人们经过泾溪的时候格外小心谨慎,一年到头也没有人掉到水里,而恰恰是在平坦没有石头之处,却常常听到落水事件发生。

如果我们从安全的视角来曲解这首诗(说"曲解"是因为当年杜荀鹤写这首诗肯定不是为了谈安全哲理),可以说它隐含着这层意义:处险未必险,反而可能寓安于其中;居安未必安,反而可能藏险于其中。这正是安全哲学原理险与不险的对立和统一的关系。1000多年过去了,直到今天才有职业安全人这么去理解和诠释这首诗。可见,过去的读书人很少有安全哲理。但也有古人留下了一些安全思想方略给我们,如"居安思危""思则有备""有备无患"等。

4. 对安全科学方法论的认识及心得

2014年,以我个人为主出版了《比较安全学》和《安全统计学》两部著作,但一些人不觉得是它们是新作。他们认为"安全比较"和"安全统计"早已有之。但从学科发展和建设的视角来看,过去的"安全比较研究"仅仅是一种比较安全实践活动。而"比较安全学"却是一门科学,两者有质的不同,从"比较安全实践"到"比较安全学"是一个质的飞跃,它经历了一个从实践上升到理论再到学科创立的成长过程。同样,从"安全统计"到"安全统计学"也是一个质的飞跃,它经历了一个从实践上升到理论再到学科创立的成长过程。"安全统计"仅仅是一种安全统计实践活动,而"安全统计学"是一门科学,两者有质的不同。

中国近百年来的安全科学理论、方法的发展远远落后于发达国家,但经过较长时间的研究,我体会到,做安全学科建设、安全科学方法论和安全科学原理等基础研究必须站在巨人的肩膀上开展工作。一旦进入了这种境界,不论研究起点高低和入行时间先后,我们都能处于所在领域的前沿甚至领先的地位,这也是一种安全科学学思想。

国内安全界从事安全公理定理定律归纳研究简况(2020-03-09)

对于一门学科,特别是自然科学类学科,可以用其有没有公理、定理、定律之类的理论作为评价该学科的理论是否具有严密性、严谨性、科学性的标准。说到这大家肯定会想起数学这门学科来,数学是学界公认的最严谨的科学,数学中有很多的公理、定理和定律。

在安全科学这门新兴的大交叉综合学科中,多年来已形成的有关安全科学理论大都是定性的东西,除了经验的定量公式以外,安全科学自身很难拿出一些类似数学中的公理、定理、定律,以至于还有研究者不认为安全科学属于科学,这的确是安全科学的短板。不过,就个人的认识来说,安全科学还是有不少类似的公理、定理和定律可以归纳出来的,只是思考和研究这类问题的人极少,所以现有相关成果非常稀缺。

对于国外的文献还没有做专门研究,不能妄加评论。国内的文献情况,我也还没有系统调查,只是在中国知网文献库做了一个快速检索。以下是按发表时间检索到的一些结果:

2000年12月,抚顺矿务局供电部的刘国财和抚顺市煤气总公司的尹国维在发表的文章①中说："确认安全定理的概念，指导人们从本质上超前有效预防事故发生，这不仅对安全的认识是一次理性飞跃，而且对如何预防事故发生和达到征服事故的目的也是一次重大突破。"文章还给出了安全定理的概念："安全定理系指人与物在其置于系统的变化过程中不仅具有与客观事物规律相依而生的自然属性，而且具有从与隐患、事故对立统一中分离出来变成合于客观事物规律产物的社会属性，能促进客观事物按照客观规律可持续发展。"上述对安全定理意义的认识是很可贵的，但文章并没有对安全定理做具体研究，没有归纳出什么安全定理出来。

2007 年 11 月，我发表的文章②中，给出的安全科学学公理定义是：安全科学学公理是在某一个安全理论系统中公认为不需要证明而成立的命题，安全科学学公理不需要用推理的方法加以证明，它是构造某个安全理论体系的前提。安全科学学公理不证自明的性质是相对的，在某个安全理论体系中作为公理的命题，在另一理论系统中不一定能作为公理。我还从安全科学学的高度，从发展安全学科的角度出发，给出了安全科学学的五条公理：公理①：由于安全学科的综合特性，它的应用涉及其他各种学科，因此其他各学科的知识都可以应用和渗透到安全学科的研究中。公理②：由于安全学科的综合特性，安全学科的思想基础是安全系统思想。公理③：由于安全学科的综合特性，它具有浩瀚的时空范围，安全科学方法学是研究和发展安全学科最重要和最基本的方法。公理④：由于安全学科的综合属性，它具有浩瀚的时间和空间范围，比较研究方法是研究安全科学的最有效途径。公理⑤：从安全学科的综合属性可以得出安全学科具有特定的目的性、功能系统性、复杂非线性和整体综合性特征。

2012 年 9 月，中国地质大学罗云等在发表的文章③中，基于概念和比较优势与科学优化的方法，针对安全的重要性、本质性、相对性、客观性和普遍性，提出并探讨了"生命安全至高无上、事故灾难是安全风险的产物、安全是相对的、危险与风险是客观的、人人需要安全"等五大安全科学公理。在公理的基础上，文章推导演证出了"坚持安全第一的原则、秉持事故可预防信念、遵循安全发展规律、把握持续安全方法论、遵循安全人人有责准则"等大安全科学定理。2013 年 7 月，罗云在中国职业安全健康协会年会上发表了类似的文章④。

---

① 刘国财, 尹国维. 安全的本质、规律和定理[J]. 兵工安全技术, 2000(6)：35-38.

② 吴超. 安全科学学的初步研究[J]. 中国安全科学学报, 2007(11)：5-15.

③ 罗云, 许铭, 范瑞娜. 公共安全科学公理与定理初探[J]. 中国公共安全(学术版), 2012(3)：16-19.

④ 罗云. 安全科学公理、定理、定律的分析探讨[C]. 中国职业安全健康协会 2013 年学术年会论文集, 2013：35-43.

2012 年 12 月，我在发表的文章①中，给出了安全工作公理的定义：安全工作公理是经过人们长期反复的实践检验是真实正确的，而且不需要由其他判断加以证明的安全命题或安全原理。由这些公理又可以推导出很多相关的安全道理，用于指导人们的安全工作。文章指出，除了安全科学技术介绍的安全学原理中的一些可以作为公理外，以下 10 条可作为安全工作的公理：公理①：安全第一，预防为主。公理②：安全是每一个人的事。公理③：安全文化是第一文化。公理④：安全教育是终身教育。公理⑤：安全教育应从出生开始。公理⑥：安全工作是一个系统工程。公理⑦：风险总是存在且是动态的。公理⑧：有安全知识和意识才能感知危险。公理⑨：事故总在系统弱处引发。公理⑩：发生伤亡总有前因后果。

2015 年 1 月，中国地质大学许铭等在发表的文章②中，指出为定义安全科学技术的基本概念，基于公理化方法，阐明危险源、隐患、风险、安全等基本概念的内涵，归纳安全生产领域的四个安全技术公理。公理①：危险源的固有风险是确定的；公理②：成熟技术的现实风险是可控的、可接受的；公理③：隐患增大现实风险；公理④：基于风险可最大化实现安全。

2016 年 10 月，中南大学的杨冕和我在发表的文章③中指出，清晰严谨的原理体系是安全科学立足的根本，基于这一认识，梳理安全学的九个核心概念，提出安全学的五条公理和五条定律，采用推理演绎的方法研究不同事故致因理论之间的逻辑关系，得出了 30 条推论，在此基础上构造了安全学原理系统。结果表明：安全学演绎逻辑体系有利于引导学科理论从宽泛走向严谨。

2017 年 10 月，中南大学的王秉和我在发表的文章④中提出了安全信息视域下的系统安全学研究的两条理论假设；运用逻辑推理方法，梳理并推导出了安全信息视域下的系统安全学的 12 个核心概念和 5 条公理；并在此基础上，构造了安全信息视域下的系统安全学逻辑架构。安全信息视域下的系统安全学逻辑架构为未来的安全信息视域下的系统安全学研究实践绘制了一幅科学严谨的"发展蓝图"，有利于引导安全信息视域下的系统安全学理论研究从"零散化"走向"体系化"，有利于指导基于安全信息视角构建科学严谨的系统安全学理论体系。

上述文章是从安全科学理论层面进行调研得到的结果，的确如我所说，相

---

① 吴超. 安全工作十公理[J]. 湖南安全与防灾, 2012(12)：58.

② 许铭, 吴宗之, 罗云. 安全生产领域安全技术公理[J]. 中国安全科学学报, 2015, 25(1)：3–8.

③ 杨冕, 吴超. 安全学演绎逻辑体系的构造[J]. 系统工程理论与实践, 2016, 36(10)：2712–2720.

④ 王秉, 吴超. 安全信息视阈下的系统安全学研究论纲[J]. 情报杂志, 2017, 36(10)：48–55+35.

关成果非常稀缺。如果从安全技术层面去考查相关的安全技术公理、定理和定律，结果肯定会多得多，但它们基本上属于其他相关领域的内容，而不是安全科学自身的东西。

安全科学原理的分类(2015-02-06)

安全科学原理的内容非常广泛，按安全科学原理的发现过程和背景，可将安全科学原理分为以下三类：

第一类是安全科学原理，指从已有安全现象(或事故，如发生事故的因果关系)中提炼和归纳出来的安全科学原理。从现实中的不安全现象、问题、事件出发，以事实为根据进行归纳总结概括，从中构建出更加抽象的安全原理概念。该思路强调了实践、数据的重要性。著名的海因里希事故因果连锁理论就是在大量数据的基础上提炼出的。

第二类是安全科学原理，指由已有的其他学科知识中提炼和归纳出来的安全科学原理。在已提出的安全科学原理中，大量原理都是以其他学科为技术背景的。比如安全系统原理是根据安全学学科的需求，从系统学、系统工程、可靠性理论等学科中提出的。同理，安全经济学原理、安全行为科学原理等都离不开其他学科。这是由安全科学的多学科交叉综合性决定的，相关学科能够延伸出可以应用于安全的科学原理。

第三类是安全科学原理，指通过科学实验等研究从未知世界中提炼和归纳出来的安全科学原理。我们所存在的这个世界、这个宇宙无处不存在着人类的知识、科技所未碰触的领域，未来可以从中归纳出来更多的安全科学原理。

可以说，从现有研究手段、方法的角度出发，对第一类、第二类安全科学原理进行研究的可行性比较高。

安全科学原理研究的三条路径(2015-02-06)

从安全科学学的高度，通过阅读大量相关文献，并经过系统梳理和归纳，个人首次总结得出：过去安全研究者对安全科学原理进行研究的路径可分为三类。

第一类研究以事故预防为主线，从事故致因等研究中获得安全科学原理，这种研究思想可以简称为"逆向研究"，即针对事故来研究安全，从事故发生规律中获得安全规律。应该指出，事故致因理论并不等于安全科学原理，事故致因理论只是安全科学原理的内容之一。这一类的研究历史较为悠久，有将近百年。

第二类研究以风险控制为主线，从风险管理理论等研究中获得安全科学原理。这种研究思想可以简称为"中间研究"，即从未形成事故的隐患出发来研究安全。这一类研究通常也需要考虑隐患会导致什么样的事故，其研究历史比第一类要短暂。

第三类研究以系统安全为主线，从本原安全开始研究，获得安全科学原理，这种研究思想可以简称"正向研究"，即一开始就从安全出发开展研究。这一类研究通常需要第一类和第二类研究的思想作为基础，从本原安全开始研究安全科学原理的方法经常需要用"逆向研究"和"中间研究"的方法开展安全评估。这一类研究的历史最为短暂。

再论安全多样性原理（2018-06-04）

2012 年，我们就提出了"安全多样性原理"[1]，但迄今为止，安全界的许多人虽然在工作实践中不断地运用了它，却很少有人能有意识地理解它。安全多样性原理有利于正确认识安全问题复杂性的本质，有利于客观地对待各种各样的人和物的安全，有利于制定更加符合实际的安全法律法规，有利于深入开展安全系统非线性问题研究。同时，它也为上述安全问题的解决奠定了理论基础。

安全问题其实都是系统问题，只是系统大小不一而已。通常，小系统比较直观，就不被人们当作系统来对待。安全系统的群体、个体、要素均具有多样性，系统各要素之间是关联的，系统的结构、层次和模块复杂多变，系统具有开放性特征，随时不断演变，通过不同视角对系统的体系、功能、目的等的看法也不一致……上述特征使安全具有多样性，更具体的原因如下：

1. 安全人体多样性

人是安全系统中最活跃的，也是最重要的主体因素，安全人体多样性考虑的是人生理心理特征的多样性。人心理上的多样性主要指人和人之间在智力、知识水平、能力上的差距，以及世界观、知识结构、兴趣爱好上的差异。人生理上的多样性主要指生理参数、生理特点的差异。例如：不同地理区域、国家、民族、年龄的人的测量参数和人体的解剖学特征可能存在不同程度的差异。安全人体多样性不仅体现在个体之间，也体现在同一个个体的不同生命阶段之间。每个人在幼年、少年、青年、中年、老年这五个阶段中的人体参数和生理心理特点都是在不断变化的，尤其是心理特点可能会频繁变化。

---

[1] 吴超，杨冕. 安全科学原理及其结构体系研究[J]. 中国安全科学学报，2012，22(11)：3-10.

2. 安全社会多样性

单纯依靠技术设备进步并不能完全避免事故，员工的态度影响着操作的安全性，而员工的态度与组织的安全文化和制度息息相关。文化和制度是一个组织对外适应、对内整合的机制。一个组织具有良好的文化和制度，管理者和员工都能很好地融入进去，将会产生更强的组织活力，运行更有效率，也会有更好的效益。安全社会多样性大的方面体现在不同的地域、国家，小的方面体现在不同的地区、社区的安全文化、安全制度、安全生产力水平的多样性上。当今社会是一个多样性的社会，工业时代到信息时代的转变，标志着一元性向多样性的过渡。在不同的社会环境下，安全也带有明显的社会特征。不同国家、民族在权力距离、个人主义与集体主义、不确定性回避等三个方面上有显著差异。安全制度和安全生产力水平受社会对安全的重视程度和社会经济水平的影响，最根本地取决于社会生产力水平。社会生产力水平低下，势必造成经济效益大于安全效益，安全制度不会完善、制度落实不能到位、安全生产力低下。因此，不同国家、地区的经济水平和生产力水平的不同也会使安全制度和安全生产力具有多样性。

3. 安全过程和结果多样性

相同的系统在发展变化的过程中表现出多样性。例如，即使约束系统演化过程的规则是确定的，其演化方向和演化结果是可以预测的，但是系统最终的演化方向或结果也是随机的、不确定的，既确定性随机。又如，安全系统是一个灰色系统，约束系统演化的规则可能也是不确定的，因而系统演化的方向和结果也不确定，既不确定性随机。此外，安全系统还可能因受到外界环境的随机作用而产生随机行为，因为安全系统具有开放性特征，它和客体系统物质流、能量流、信息流是不断交换的，如果外部环境的能量流、物质流因为随机性而涌入安全系统内部，就可能使安全系统产生随机的行为。

4. 安全系统内部变化呈现多样性

这种多样性主要是系统内因受到外部的影响所引起的。例如，每个人都是一个复杂的系统，人在生长发育过程中，由于环境因素、心理因素和生活方式的影响，身体器官发生病变，会得各种各样的疾病，表现出系统变化的多样性。安全系统是由人、机、环境三个子系统组成的，各个子系统以及子系统内的构成因素发生变化时，系统也会出现变化。对人这个子系统来说，人的心理虽然具有稳定性，但是也会受到外界环境的随机影响而产生波动，情绪的波往往通过人的行为表现出来，心理上较大的刺激也会导致偏激行为的产生。对于机器这个子系统来说，随着生产活动的进行和外界环境对机器的影响，机器可能会发生老化、生锈、失控，机器的故障状态往往导致事故的发生，这时安全系统就发生了由安全到事故的质的变化。对于环境子系统(指系统内部的环境)来说,它与系统的外部环境往往是没有明确的分界线的,因为它更容易随外界系统的变化而变化。系统内部环境的变化给人和机器子系统带来的影响更甚于外界环境带来的影响。

5. 安全表现形式多样性

表现形式多样性主要由外表形状的不同、表现形式的不同所造成,而系统构成的要素和子系统是相同的。安全系统的初始状态为系统中的安全因素处于熵、自由度、无序度最大的无组织、无结构状态,具体表现为人、机、环境三部分的混乱状态:即在安全系统中,人的安全意识薄弱、安全教育程度低下、安全管理薄弱甚至趋于零;人的不安全行为、物的不安全状态相互作用,潜在的危险都暴露无遗;缺乏安全防护措施;环境对人的不利影响和人对环境的破坏都非常严重。因为安全系统具有社会属性和自然属性,这决定了安全系统是不断远离原始状态的,所以安全系统处于不断改善的过程之中,即安全系统是动态的,因此不同时期、不同阶段的安全系统的表现形式是不同的。

6. 安全结构多样性

安全结构多样性主要是由系统内部的要素相同而结构不同所造成的。也就是说,即使两个安全系统的组成元素是完全一样的,但是因为元素之间的结构不同,两个安全系统表现出来的功能、表现形式也会完全不同,即表现为差异性或多样性。例如,两个同样的安全系统,因为其构成因素之间的关系与结构发生了改变,这两个安全系统的表现就可能是安全和事故这两个截然相反的状态。安全系统是多因素、多层次的复杂系统,其结构,即安全因素和层级的有机结合也具有复杂性。组成子系统的元素之间,由元素组成的子系统与子系统之间的关系与结构也都是多种多样的,这种结构上的多样性会导致安全系统的多样性。

7. 安全目标功能多样性

由于安全系统要实现不同的目标或功能,因而在系统结构和构成因素方面会体现出多样性。系统功能或目标的多样性决定了结构的多样性和构成因素的多样性。一方面,系统往往需要通过结构的变化实现不同的功能;另一方面,安全系统要实现多种多样的功能,仅仅通过结构的变换是不行的,系统功能上的不同性质有时来源于不同性质的构成成分。

8. 安全子系统多样性

安全系统是由多层次的下级子系统根据其安全功能有机结合而成的。不同的安全系统往往具有不尽相同的安全目标或安全功能,系统的功能来源于构成系统的子系统具有的功能或子系统之间组合而产生的新功能,因此功能或目标不同的安全系统往往具有不同的子系统。

9.安全视角多样性

安全系统多样性还体现在多维视角上。安全系统是一个复杂的巨系统,安全系统具有多级层次,我们考量或评价一个安全系统时考虑的往往只是系统中与被评价维度有关的子系统,因此从多维视角考察一个系统时,就可以观察到系统的多样性。

10.安全物质多样性

安全物质指的是与人的安全健康有关的物质。这些物质的状态可以是各种各样的形状、大小,可以是固体、液体、气体或是混合体。安全物质大都是肉眼可见的,但也包括人眼看不见的物质。安全物质包括生产过程中的物料、设备、作业环境、安全防护用品等。安全物质多样性主要体现在三个方面:不同安全系统间的物料、设备、作业环境存在差异性;同一个系统使用一种以上的物料、设备;在同一系统的同一生产流程中,物料的物理性质、化学性质会发生变化,这种变化会影响作业环境,使作业环境发生变化。

安全学科分支创建案例展示

近十年来课题组构建的安全科学新分支(2017-04-15)

安全是一个古老的问题,但安全作为一门科学却是崭新的。随着社会的不断发展,安全所涉及的领域和范畴越来越宽广。

不过,在过去相当长的时间里,安全科学基本是从各个领域遇到的安全问题出发而分散开展研究的,即使在生产和生活安全已经达到较高水准的发达国家,他们对安全科学的研究也基本上处于分散的状态和应用的层面,从创建新学科的高度开展安全学科建设的研究仍然很少。

同时,我们也发现了一个国外与我国不同的奇怪现象,国外许多知名的安全领域的学者经常在国际刊物上发表安全科学方面的论文,但他们所在的大学并没有专门的安全学科和专业,他们都依附于其他学科。例如,荷兰代尔夫特理工大学主办了国际知名刊物 *SAFETY SCIENCE*,而且该大学的教师在这个刊物上发表的论文数也是世界最多的,但该大学只有一个安全科学研究组,没有专门的安全科学专业。相反,有一些开办了安全类专科、本科或研究生专业教育的大学,其教授反而没有怎么发表安全科学研究论文,因为国外安全类专业的人才培养更多的是靠继续教育，专门开办安全类专科、本科专业教育的学校一般都是教学型高校。

我国的管理体制发挥着强势作用，学科建设要接受官方主导。一个学科没有官方的名分，就名不正言不顺，就不可能得到国家的投入和支持。如果一个科学领域没有被政府或官方圈定在规定的体系或目录里面，比如一个学校自己成立了一个新专业，但没有到教育部进行备案，那即使学生毕业了，其文凭也会被用人单位怀疑，因为教育部官方网站上查不到这个专业。

因此，多年以来和未来相当长的时间里，中国的学科专业发展都需要"名正言顺"，得到官方的批准和支持。这恰恰也是中国学科建设的优势，由此也造成了我国安全学科建设和安全类人才教育可以处于国际领先地位的有利条件。

为了填补安全学科的空白，构建新的安全学科，最好的思路是从学科建设的高度先把框架搭建起来，即盖房子先要打地基、建结构。

近十年来，我们课题组先后创建了安全信息学、安全混沌学、安全预测学、安全科普学、安全统计学、安全大数据学、安全物质学、物质安全评价学、物质安全管理学、物质致灾化学、安全教育学、安全文化学、安全文化符号学、安全民俗文化学、比较安全文化学、安全文化心理学、安全文化史学、心理创伤评估学、安全人性学、安全系统学、安全运筹学、安全协同学、安全规划学、物流安全运筹学、安全设计学、安全关联学、比较安全学、比较安全法学、比较安全管理学、比较安全教育学、比较安全伦理学、比较安全经济学、相似安全系统学、相似安全心理学、相似安全管理学等学科分支。

搭建上述学科分支，可以说是挖了一系列的大坑小坑。有些坑我们已经填了一些基料，如出版了一批新的安全科学理论专著：《安全科学方法学》（中国劳动社会保障出版社，2011）、《安全统计学》（机械工业出版社，2014）、《比较安全学》（中国劳动社会保障出版社，2014）、《现代安全教育学及其应用》（化学工业出版社，2016）、《安全科学方法论》（科学出版社，2016）、《安全文化学》（化学工业出版社，2017）、《安全标语鉴赏与集粹》（化学工业出版社，2016），正在等待更多的人进行下一步的补充和夯实。有些坑我们正在努力填充，也希望大家一起努力。

请大家回顾一下数理化、天地生、文史哲、理工农林医管法等大学科的发展演进，它们不都是从无到有逐渐形成并发展壮大起来的吗？一个学科能壮大和成熟起来的标志就是有一大批不重复的著作和教科书。

安全学科也是如此，只是安全学科是交叉综合学科，它的发展可以借力于相关学科，甚至所有学科。它可以骑在巨人的肩膀上，更快地发展壮大起来，特别是它还有我国官方的支持！

比如，我国安全科学与工程的人才培养在短短不到 20 年的时间里，其单位、人数、规模已经是世界第一了！这是大家有目共睹的。

安全科学学(2013-06-07)

安全科学学是一门以安全科学为主要研究对象，研究认识安全科学的内涵外延、属性特征、社会功能、结构体系、运动发展以及促进安全学科分支创建和应用等的一般原理、原则和方法的学科。安全科学学除了研究安全科学自身以外，还包括安全科学研究的研究、安全科学研究成果向现实安全生产力转化的研究、安全科学发展与经济、社会的关系研究等。因此，可以把安全科学学理解为一门以整个安全科学为对象，研究安全科学自身及其与经济、社会的关系的客观运动规律的科学，研究如何利用这种客观规律促进安全科学与经济、社会协调发展的科学。

从上述描述可知，安全科学学的主体研究内容为两大方面：一方面是安全科学的"认识内容"，一方面是如何利用这些"认识内容"的"应用内容"。前者包括安全科学的性质、特点、分类、体系结构、社会功能、发展规律、未来趋势等，它们是对安全科学客观对象认识上的概括和总结，具有系统理论的形态，构成了安全科学学的基础理论，这一部分也可以称为安全理论科学学。后者包括在安全科学学基础理论指导下，研究得出的安全科学发展战略、规划以及对安全科学进行应用的原理、原则和方法等，它们是对安全科学应用研究的研究，因而这一部分可以称为安全应用科学学。但安全理论科学学与安全应用科学学之间没有明确的界线，各分支学科之间常有不同程度的交叉或重叠。运用这两大方面所提供的安全科学学基础理论和应用原理，可以进一步发展创新安全学科，解决安全科学技术中的种种宏观层面上的科学问题。

由于安全理论科学学和安全应用科学学的内容各自包括许多不同的方面，因此，对这些不同方面分别进行的深入研究及研究成果就形成了许多相关的安全科学学分支学科。通过了解安全科学学的研究内容，可以理解研究安全科学学的重要意义。

安全科学学除了对安全学科自身的发展有重大作用之外，还可以帮助人们提高对安全科学技术作用的认识和重视程度；可以为国家制定发展安全科技的路线、战略、政策提供理论依据；可以促进安全科学技术的组织管理工作，促使其实现合理化，提高效率；可以帮助安全科技研究人员拓宽知识面、提高思维深度、提高创新能力。联系安全科学技术在现代社会中的关键地位，我们可以更加容易地理解安全科学学的意义。

安全科学学的研究对象、研究目的和研究内容共同决定了安全科学学的学科性质。安全科学学的研究对象虽然以安全科学为主体,但它不是研究具体的专门安全科学,而是把安全科学作为一种社会现象,从社会的角度上来进行研究的。所以安全科学学并不纯属自然科学,安全科学学与多种社会科学相交叉,更同工程技术相交叉。

安全学科具有特定的目的性、功能系统性、复杂非线性和整体综合性特征,具有浩瀚的时空范围。安全科学学是研究和发展安全学科极为重要的基础,也是安全学科的上层领域和方法论前沿学科。

安全史学(2013-05-25)

安全史学是一门研究安全的历史,即借助史料,研究历史上安全活动中人的活动、使用的工具以及人与所处环境之间的关系,分析人类认识、掌握和避免危险、灾难的过程,找出人类安全活动的发展规律的科学。安全史学研究的是安全史学家挖掘、整理的安全科学技术史料,它以语言形式在思想中重现安全科学发展的历史进程,进而发现安全科学发展规律的过程。在安全科学体系中,安全史学是一个重要的分支。

安全史学是集人文科学史和自然科学史于一体的人类发展史的研究,所以其选用的方法既包括人文科学的研究方法,也包括自然科学的研究方法。在一定程度上可以将研究安全史学看作研究各门安全学科的历史学,各门学科都有自己的发展史,所以安全史学的发展和安全科学技术分支下的各门学科的基础建设是不能分开的。安全史学的研究兼具历史学和安全科学的特性。安全史学具有历史学的研究特性,例如历时性、不可重复性等,也具有安全科学的研究特性,如普遍性、复杂性、模糊性等。

安全史学可分为安全哲学史、安全科学学史、灾害学史、安全学史、安全社会学史、安全法学史、安全经济学史、安全管理学史、安全教育学史、安全伦理学史、安全文化学史、安全人机学史、安全工程技术学史、部门安全科学史等分支。安全史学研究要遵循求实性原则、历史主义原则和整体性原则。

安全史学的主要研究方法有归纳方法、比较方法、综合方法等。安全史学是安全科学技术与历史学的结合。它结合历史学的分析方法和安全科学技术的研究方法,对历史上人们的安全思想、安全行为、安全文化做细致的调查分析,找到安全状态发展运行的规律。其研究既遵循史学研究的一般方法论原则,也有其自身的特点。

安全哲学(2013-05-29)

安全哲学是人类安全活动的认识论和方法论，是安全科学最顶层和最高级的原理，是安全科学理论的基础，是安全社会科学和自然科学的理论核心。安全哲学对安全学科的发展具有重要的意义。安全哲学的主要功能：反映和反思安全与人的关系；使安全观理论化和系统化；具有方法论上的意义，是人处理安全与人的关系时的准则；对人们的安全思想和安全行为起着激励、导向和规范的作用。

安全哲学不仅充实了哲学的内容，而且使哲学的研究更具有多样性和实用性。更为重要的是，它的理论对安全实践和学科的发展具有方法论和认识论上的指导意义。安全哲学作为一门具体学科，与哲学融合是一种必然，对安全学科的发展具有重要的意义。

安全哲学的特点：思维的高度抽象性和思辨性；思维的极致性和超越性。

安全哲学的主要功能：①反映、反思安全与人的关系；②理论化、系统化安全观；③安全哲学本身就具有方法论上的意义，是人处理安全与人的关系时的准则；④安全哲学作为最宏观的信念和理想，对人们的思想和行为起着激励、导向和规范的作用。

安全哲学研究方法既有与一般的科学研究相同的研究方式和研究方法，又有哲学研究所特有的方式和方法。①共同之处：考察对象、搜集材料、整理材料、发现问题、诠释对象、提出假设、形成观点、论证主题、表达思想、传播观念、评价成果等，并在其中综合运用观察与思考、分析与综合、归纳与演绎、抽象与具体、历史与逻辑等思维与逻辑方法等。②特殊之处：在研究中都以安全为着眼点，并渗透着哲学观念、哲学意识、哲学原则、哲学思路、哲学提问、哲学理解、哲学评价、哲学反省、哲学反思、哲学诠释、哲学透析等。安全哲学研究就其方法论特征而言，是一个从非哲学的对象世界中发现和提升安全哲学问题，并以哲学方式进行处理，最终回到非哲学中去的过程。而安全哲学的思维方式和方法贯穿其中。

安全哲学的主要研究方法：基于社会实践的实践逻辑研究方法，基于安全系统的安全系统研究方法，基于安全哲学历史延续性的历史研究方法，基于安全哲学理论系统性的整体研究方法，基于安全哲学思维特性的辩证研究方法，基于现实、指向未来的安全哲学发展研究方法，以及多种方法的综合运用。

安全哲学研究方法论的建构原则：①先导性原则。安全哲学观念是安全哲学研究的核心，也是安全哲学研究方法论的先导。在对安全哲学的性质、对象、特点和功能等问题的反复追问和回答过程中，安全哲学研究才得以开展和实现。②历史性原则。从方法论的角度研究安全哲学史，从对安全哲学史的深刻把握中体会其方法论的更迭，对于安全哲学研究方法论的建构至关重要。③具体性原则。安全哲学研究不能浮在纯粹抽象的概念层面上，也不能仅限于客观的总体性问题，还必须深入各门具体的安全哲学分支中，如安全伦理学的研究等。从方法的角度看安全哲学理论，在安全哲学中提炼方法，这才是安全哲学研究方法论的基本依据和建构原则。

安全人性学(2014-08-12)

安全人性学是人性学与安全学交叉产生的新分支。安全人性学是一门以哲学、人类学及社会学等理论为基础，以安全科学为主体，以利用和改造安全人性，实现劳动者的安全、健康为目标，从人性的角度对安全科学基础原理进行探索研究的交叉性学科。其主要研究内容是人的精神需求、物质需求、道德需求和智力需求在安全中的体现。

基于安全人性学的定义和研究内容，可以总结出安全人性学的特征：①安全人性学是一门综合性学科，其涵盖范围广；②安全人性学是安全活动及其基础理论的高度概括，因此兼具安全活动的实践性及基础理论的普遍性、指导性；③安全人性学具有特定目的，它主要是为了实现劳动者的生产安全及心理生理健康而建立的；④安全人性学具有交叉性，所以研究和发展安全人性学最重要的方法是安全科学方法学，最有效的途径是统计和比较研究方法。

安全人性是人类具有的本性之一，是一种人类的本能。安全人性与安全心理和安全行为有关联，但研究安全人性不等于研究人的安全心理和行为特征。研究安全人性更加侧重研究人类与生俱来的本能特征，其研究成果可以用于指导人类安全心理和安全行为的研究和实践。因此，安全人性比安全心理和安全行为高一层次，得出的研究结果更加能够体现人本特性。

安全人性学的主要任务是通过研究人性的基本规律对人的行为安全产生的影响，设计出符合人性规律的生活与生产环境、制度环境、社会环境等，保障人的安全，并基于上述目标和过程获得普适性的基本规律。它主要研究安全人性系统中各要素、环境、行为活动与安全之间的关系，着力探讨如何使安全人性各要素相互配合，实现劳动者的安全、健康。

对安全人性学的探究应注意以下两方面内容：一方面，安全人性学的研究对象应是跨时间、跨空间的人(通常指人群)，而不应局限于具体的时间和空间；另一方面，安全人性学研究不应只针对人类安全活动的一个剖面，而应针对所有安全活动的总和。

根据安全人性原理的初步研究，我们提炼出了"人类追求安全生存优越原理、安全人性平衡原理、安全人性层次原理、安全人性双轨原理、安全人性回避原理"等普适性的安全人性原理，并进一步深化得出了一些对研究人的安全心理、行为特征及预防人为事故有益的成果①。

安全教育学的研究范畴与内容(2013-12-05)

安全教育学是一门以安全科学与教育科学为主要理论基础，以保障人的身心安全健康、社会生活、生产安全，探索安全教育活动的本质、发展规律为目的，综合运用哲学、社会科学与自然科学的理论与方法，对安全科学领域中一切与教育培训活动有关的现象、理论与规律进行研究的应用性交叉学科。

根据安全教育学的定义，可知其属性与内涵如下：

安全教育学是关于方法论、教育学、安全观、现象与本质、量变与质变、辩证统一及科学运动变化规律等的科学论述。安全教育学的理论基础是安全科学与教育学中的安全教育原理、形式与规律等论断的相互渗透与交融，两者的基本规律与理论在一定条件下可以用来指导安全教育实践与研究，而其他相关学科的理论可为其发展与实践提供借鉴。

安全教育学研究的直接目的是探索关于安全教育活动的普遍发展规律与本质，形成安全教育学的理论、研究方法与学科体系，用以指导安全教育实践、管理与研究等活动的科学开展。其最终目的是通过对受教育者安全意识、知识与技能的教授，提高受教育者的安全水平，保障社会安定与企业安全生产，减少人员伤亡与财产损失，提高安全生产水平。

安全教育学的核心目的是对人的安全教育，其教育对象、教育者与受益者均为人。人的生理、心理、行为与认知等活动的规律与理论都是安全教育学学科发展、理论形成与应用实践的基础。"以人为本"与坚持"人的核心地位"是安全教育的基本属性之一。"人"的因素是安全教育的核心，是整个安全教育学理论研究与教育实践中必须坚持的原则。

安全教育学是一门应用型的交叉学科，实践性是其突出的学科属性与特征。安全教育起源于大量的社会教育实践，其研究的终点也是社会教育实践。因此，对安全教育的思考与研究都要遵循来自教育实践，回到教育实践的模式。

---

① 周欢，吴超.安全人性学的基础原理研究[J].中国安全科学学报，2014，24(5)：1-6.

安全教育学是涉及多门学科的应用性交叉学科，其理论基础与研究方法可广泛吸取众多相关学科知识，其研究手段与模式可广泛借鉴哲学、社会与自然科学，其研究方法体系应该具有综合、系统与多维视角的特征，以满足安全教育学不同对象、不同领域与不同层次研究的需要。

安全教育学的研究对象是关于安全教育活动及与其有关的一切现象，涉及安全教育培训实践、安全教育技术、安全教育学原理、安全教育管理、安全教育研究与创新、安全教育研究方法、安全教育手段与模式、安全教育资源开发、安全教育立法与执法等领域，研究领域与内容十分宽广。

安全教育学是安全科学重要与独立的分支学科，具有哲学、安全科学、教育学、生理学、管理学、认知学、心理学、传播学、行为科学、艺术学与信息科学等多学科的综合与交叉属性，其理论基础源于上述学科理论的综合、渗透与融合，而非教育学在安全科学中的简单应用，也不是安全教育实践活动的简单总结，它有着独特与系统的学科体系。

安全系统学（2016-07-23）

安全是一个系统工程，这已经是业界认同的一条公理。安全系统工程的实践研究和运用在国际上已经开展了约半个世纪，安全系统工程通常包括系统安全分析、系统安全评价与决策等。但迄今却仍然没有一门专门用于指导人们研究与运用安全系统工程的学问，即将安全系统工程作为研究对象的研究，在这里不妨将其称为安全系统学。

什么是安全系统学？通俗地说，安全系统学是一门指导人们进行系统安全思考、获得进行系统安全分析与评价的方法和原理、预测和控制系统安全的发展规律、研究和更好地实践安全系统工程等的科学。

从上述分析可以看出，安全系统学比安全系统工程高一个层次，但两者不能分开。安全系统学是安全系统工程的理论发展和上游，安全系统工程是安全系统学的实践基础，两者互为促进、互为依赖。

为了指导人们进行系统安全思考，系统性思想（整体性思想）是必须的。在没有全新的安全系统学基础理论形成之前，现有系统科学的基本概念、属性、功能、结构、形态、环境、模型、分类等是可以运用的。在此基础上研究建立安全系统（包括复杂安全系统）的原理、安全系统（包括复杂安全系统）的研究方法等理论，这些都是安全系统思维的基础。

安全系统整体性思维或思想虽然非常适合圆满地解释各种安全问题，但对解决具体的安全问题却很难具有可操作性，不利于在有限的时空条件下解决特定的安全问题，不利于抓住系统重点，找到问题的切入点。因此，安全系统学必须研究整体性思想前提下的灵活性问题，或者说必须研究基于系统思想又能解决实际安全问题的方法，这些方法归纳起来主要有系统分解思想、系统横断思想、系统由表及里思想、局部范围思想等。

安全系统学的内涵应该至少包括安全系统学概念群、安全系统特性、安全系统学原理、安全系统学研究方法、安全系统学研究内容、安全系统分析方法研究、安全系统发展规律研究、安全系统评价方法研究、安全系统控制研究、安全系统实践研究等。

还要说明一点，最早提出英文术语"system safety（系统安全）"和最早提出中文术语"安全系统"的学者，可能当时没有太在意"安全"和"系统"两个单词的顺序，只是遵循表达习惯而书写出来而已。而后来有些研究者在研究安全系统或系统安全问题时才慢慢地琢磨出了不同表达顺序的区别。个人认为，如果要讨论它们的区别，从"安全自系统"和"安全他系统"来思考是比较科学和有理论基础的，如果把"安全自系统"和"安全他系统"当作两个子系统，则"安全系统"等于"安全自系统+安全他系统"的优化系统。

安全系统学的学科创立和深入研究将有利于安全科学的发展和安全系统工程的广泛运用。

安全系统混沌学（2011-08-03）

安全系统混沌学是以现代数学理论为工具，以系统非线性动力学为基础，以安全系统"混沌-耗散-突变-协同-灰色-分形-拓扑"等理论为主体，以实现安全系统混沌控制、降低事故发生率和负效应为目标，对安全科学基本规律、安全学基本原理进行探索研究的学科。

安全系统混沌学是一门由各种角度不同却又彼此连通的现代非线性理论组合而成的独立学科。这些理论的横断性、综合性使得安全系统混沌学可以渗透至各种不同的安全学科中，甚至渗透至安全领域的各个方面之中。

安全系统混沌学在安全科学研究中主要具有五个方面的重要意义：

①运用安全系统混沌学思想，可以进一步深化对安全系统本质特征的认识。安全系统具有客观存在性、抽象性、结构性、开放性、动态性，属于远离平衡态的非线性自组织系统，并以耗散结构存在，具有混沌特性，认清安全系统的本质有利于把握安全系统的运行规律。

②安全系统混沌学的理论可以衍生出新的事故致因理论和新的系统安全分析法。例如，通过安全系统混沌学的研究，人们可以认识到事故是由微小的扰

动引起的涨落造成的安全系统失稳导致的结果；可以定量分析安全氛围的量化作用和机制；在系统安全分析中，可以测量系统的无序程度，还可以判定安全系统的稳定性。

③运用安全系统混沌学思想，可以重新塑造人们对安全管理的认识。在确定性的安全系统中，由于事故的发生具有内在随机性，唯有依靠连续不断的安全管理才能监控调节系统的控制参数，将系统的运行稳定在预期的轨道上，实现安全系统的混沌控制。

④运用安全系统混沌学思想，可以产生新的安全评价方法和事故预测手段。例如，尖点突变评价理论、模糊综合评价理论以及安全灰色预测理论，为安全系统的分级、综合评价、聚类分析和事故预测整理出较系统的解决办法。

⑤安全系统混沌学对于安全科学的研究还具有重要的哲学指导意义，使人们认识到安全系统确定性与事故发生随机性的统一，为安全科学理论研究中工具的选择与方法的运用指明方向。

安全系统混沌学还有一个重要作用，它可以处理系统与环境、系统与系统、系统与子系统、子系统与子系统等之间的边界混沌衔接问题。

从比较安全学到相似安全学(2016-03-17)

从"安全比较实践"到"比较安全学"是一个质的飞跃，它经历了一个从实践上升到理论的学科成长的漫长过程。安全比较可以从不同的视角、切入点和设定范围等方面进行。例如，安全与危险的比较，人、机、环境、管理的安全比较，安全科技、人文、社会文化的比较，人的安全心理、生理、行为比较，安全的点、线、面、立体、多维的比较，安全系统内外之间的比较等。

比较安全学突破了安全系统工程学的系统分解研究方法，转变为横断切入方法。如果把"安全系统"比作一个"地球"，那么"比较安全学"就是从任意经度或纬度把地球切出一个截面，然后对剖面上能看到的东西进行分析比较，从而找出差别、求得发现，进而开展各种活动。而且，比较安全学研究的比较对象更多的是非物质、非可视的事物和精神层面的东西。

然而，世界上的万事万物仅靠比较还是不够的。当经过大量比较之后，人们会发现"相同""小差异""大不同""不相干"等现象，那么如何来判断和表达上述现象呢？我们可用"相似"来判断，当完全相似时就说相同，当完全不相似时就是不相干。

从安全的视角分析，相似具有大作用和大学问，围绕系统内部和系统之间的相似特征，可以研究相似系统的结构、功能、演化、协同和控制等的一般规律，进而对系统安全开展相似分析、相似评价、相似设计、相似创造、相似管理等活动，寻求实现安全效果最优化。

从"相似安全现象"到"相似安全学"是一个质的飞跃，它经历了一个从实践上升到理论的学科成长的漫长过程。构建相似安全学学科有很多工作需要完成，例如学科的概念体系、层次结构、基本定律和原理、各种计量表达方法、学科的子分支建设等。

如何用通俗的语言解释相似安全学？如果把"安全系统"比作一堆橘子，那么"相似安全学"的研究主要是两个方面：一是把某一个橘子剥开、切开，对橘子内部的肉质、纹路、结构、层面等进行相似度分析，从而找出相似之处、求得发现，进而开展各种活动；二是对一组橘子的相似度进行分析，求得它们之间的相似特征和规律。相似安全学研究的更多的是非物质、非可视的事物和精神层面的东西。

当开展系统的安全相似性研究之后，肯定会有一些发现。对于这些发现一可以听其自然，二可以人为干预。后者有两种发展方向，一是往"完全不相干"方向进行干预，二是往"完全相同"方向进行干预，也就是相似的强化与弱化。就安全问题来说，研究系统趋于不相似状态的相关学科有事故学、对抗学、防范学、灾变学、扰动学、破坏学等；研究系统趋于完全相同的相关学科有协同学、和谐学、相融学、规范学等；研究系统处于相同和不同之间状态的相关学科有安全混沌学、安全模糊学等。

相似安全系统学（2016-04-29）

（1）相似安全系统学可以做什么？

在大千世界中，我们为何老是"重复昨天的事故"？相似安全系统学能够从本质上很好地证明，这是因为这些重复事故的发生条件都是相似的。

"前车之鉴"为什么可以成为借鉴？相似安全系统学能够从本质上很好地证明，有相似的事故发生条件，就会发生类似的事故，从而可以通过打破相似条件来抑制同类事故的重复发生。

学习先进的安全管理经验和安全管理模式的本质是什么？相似安全系统学能够很好地从本质上给予说明，学习先进实际上是学习先进的条件和做法，这需要做相似分析，进而做模仿和"山寨"。

学习安全先进经验为什么需要和可以"举一反三"？相似安全系统学能够从本质上很好地证明，这就是相似设计、相似创造等。

（2）相似安全系统学的意义是什么？

相似安全系统学将相似学、相似系统学先进的理念、思想及方法运用于安全系统中。作为安全科学中全新的学科分支,相似安全系统学具有以下方面的研究意义。

最直接的意义是为安全系统研究提供全新的分析问题的思路。运用相似学理论,从错综复杂的事故现象中探索本质特征,使关于安全系统的分析研究不局限于表象,以相似的思想抓住本质。

运用相似学的度量分析方法,可以产生多种安全系统分析、模拟、预测、评价的方法,提高安全系统的实践效果,进而对系统安全开展相似分析、相似评价、相似设计、相似创造、相似管理等活动。

相似安全系统学的创建及其理论体系、实践方法的逐步完善,丰富了安全科学的学科体系,重塑了人们在实践中对于安全系统的认识和解决问题的思路。通过不同的分析角度,会得到全然不同的结果,虽然众多安全系统看似复杂多样,但通过相似的思想探查其相似特征,进一步分析其系统层面,循序渐进,可以使一切疑难问题都有迹可循。

相似安全系统学对于安全科学的研究具有重要的哲学层次上的指导意义,有利于深入把握各种安全系统在元素、结构、功能、层次上的辩证统一,指导研究实践中方法思路的选择。

相似安全系统学为安全系统学研究找到了有效的突破口和切入点,丰富和发展了安全系统学的内容。

相似安全系统学强调相似是多层次、多种特性综合系统的相似,避免了个别特性相似研究的局限性;相似安全系统学不仅定性地分析系统是否相似,而且注重定量分析相似度的大小;相似安全系统学还能把握相似系统间的和谐有序,使多个相似特性协调配合。

(3)相似安全系统学的内涵是什么?

相似安全系统学以人的身心安全健康为着眼点,围绕系统内部和系统之间的相似特征,研究相似系统的结构、功能、演化、协同和控制等的一般规律,进而对系统安全开展相似分析、相似评价、相似设计、相似创造、相似管理等活动,寻求实践安全效果最优化。

①系统方法论是相似安全系统学的指导思想,安全科学、安全系统学、相似学及相似系统学的相关理论知识与实践技能是研究相似安全系统学的基础,而相似思想及相似度表达方法是研究相似安全系统学的基本途径。②安全系统间相似性的分析,可从安全系统的功能、结构、演化等角度,比较系统组成要素之间、组成要素与系统整体之间,以及系统与系统之间的相似特征、相似特征与系统功能关系和相似度大小等。③相似安全系统学既研究相似安全理论问

题，又开展相似安全实践问题，其研究对象不仅是构成系统的物质、能量、信息，更重要的是在安全系统中占主导地位的"人"，这是相似系统以及传统的系统学所忽略的。安全科学的研究目的是人的安全，这决定了相似安全系统学更注重"人因"的研究。④基于人在系统环境中的决定性作用，在相似安全系统学中，对于"人因"的研究应包括人的观念、意识、心理、伦理、道德、文化等方面的相似问题。⑤在对相似安全系统进行研究时，其关注点不仅仅在于系统内部的组成部分，应更注重系统与系统之间的关系，系统内部与其存在环境之间的关系，以及系统与其参与者之间的关系。⑥相似安全系统学的研究目的是运用相似学、相似系统、安全科学的理论与方法，研究一切与安全系统相似性有关的现象和问题，组建相似安全系统，在安全系统间实现相似特征，解决相似安全系统分析、评价、建模、预测、决策、管理等方面的问题，发展安全共性技术，寻求安全系统运行效果的最优化。

比较安全教育学(2013-11-03)

比较安全教育学以保护人的安全和身心健康为目的，运用比较学和安全科学的原理、方法，主要研究不同国家、不同地区、不同行业、不同宗教、不同民族及不同时期的安全教育思想与理论、安全教育管理、安全教育技术和安全教育实践的异同、联系与影响等，从而揭示安全教育活动规律，促进安全教育发展。

根据比较安全教育学的定义，它具有以下几点本质属性与内涵：

①比较安全教育学的指导思想是辩证唯物主义。

②比较方法是比较安全教育学最基本的研究方法，这是由比较方法的跨文化特性决定的，同时需辅以社会科学(社会学、经济学、人类学、历史学等)与自然科学方法。

③比较主体、比较客体及比较单元是构成比较安全教育学比较研究的基本要素，而比较单元之间的相似性、可联系性、差异性与可比性是比较研究的固有属性与基本准则。

④比较安全教育学既研究理论问题，又研究实际问题，其研究对象主要为不同国家、不同地区、不同行业、不同宗教、不同民族及不同时代的安全教育现象与问题，如安全教育理念、安全教育管理(教育模式、教育制度、经费、机构)、安全教育技术和安全教育实践等，具有极大的空间跨度、时间跨度。

⑤比较安全教育学的研究目的是通过增进对本国和别国安全教育的理解，从而进行借鉴，对研究对象的安全教育理念、安全教育管理(如教育模式、教育

制度、经费、机构)、安全教育技术和安全教育实践进行比较分析，以达到改造和发展安全教育的目的。

⑥比较安全教育学是安全科学、比较学与教育学等学科融合形成的一门交叉性学科，是安全教育学、比较安全学、比较教育学直接相互渗透、有机结合的产物。

比较安全伦理学(2014-07-03)

安全伦理，指将一般的平等、自由等伦理原则在安全活动中进行应用。它以人们在生存、生产和生活等安全活动领域中的安全道德现象为研究对象，并对生存、生产和生活中的安全保障制度进行伦理批判，由此得出从事安全活动的主体必须遵循的安全制度和道德规范。安全伦理学是一门介于伦理学与安全科学之间的新兴综合性科学，它是在人类生存发展活动和社会环境系统发生矛盾后，为协调人与人、人与社会之间的关系，求得人类和社会和谐发展而产生的学问。

比较安全伦理学从全新的角度出发，帮助人们摆脱安全伦理命题研究的尴尬困境。首先，比较安全伦理学通过对不同体制、文化、时期中的安全伦理现象进行描述、对比，直接明了地指出当前安全伦理命题的现状、问题与挑战，唤醒人们的忧患意识，强调安全伦理研究的重要性与必要性；其次，比较安全伦理学从独特的比较视角出发，通过挖掘政治、文化、经济、宗教等社会因素对安全伦理现象在萌芽、发展与成熟过程中的综合影响，揭示出不同安全伦理现象潜在的共同发展规律，分析与探究不同安全道德规范体系，以寻找与概括安全道德的基本理论，促进安全道德规范体系的建设；再次，比较安全伦理学探究安全伦理现象的成因、发展、区别与规律，深入总结安全道德意识的灌输、宣传机制，学习先进道德安全活动的管理经验，推动充满人文关怀的安全生产管理模式的建设与发展，促进安全道德意识、品质的形成、培养与普及。

比较安全伦理学把比较的方法(如类比、对称、分类等)作为研究的主要方法，以归纳、统计、描述、观察等方法为辅助方法，对不同国家、不同民族、不同地区、不同行业、不同文化背景、不同知识水平等的安全伦理观念、安全伦理行为、安全伦理道德水平等进行分析，以发现它们的异同、联系和特点，并由此揭示出安全伦理的普遍规律，得出安全伦理的一般规范，使人们在法律法规的范围之外有所遵循。

比较安全伦理学以比较为主要的研究方法，以安全道德现象为主要研究对象，通过对不同体制、文化、时期、行业的安全道德意识、安全道德行为、安全道德规范形式进行描述、比较、分析，以揭示其历史成因、寻找本质区别、挖掘潜在规律，发掘安全伦理基本理论，建立安全伦理规范体系，进而促进安全道德观的形成与培养。

比较安全伦理学是比较安全学的一个分支学科，是一门融伦理学、比较学、安全科学于一体的新兴交叉学科。比较安全伦理学是比较研究安全道德的科学。它以不同国家、不同民族、不同地区、不同行业、不同文化背景、不同知识水平的安全伦理观念、安全伦理行为、安全伦理道德水平等为研究对象，主要关注现有安全法律法规所不能涵盖的部分，适用于所有理性的个人。安全伦理规范的是那些影响到他人的行为，包括通常意义上的安全美德、安全理想及安全道德规则，它将减少安全的恶性伤害作为目标。

比较安全伦理学的研究内容不但包括安全道德认识、安全道德情感、安全道德意志、安全道德信念、安全道德习惯，还包括安全道德行为，体现道德原则的安全制度、守则，安全活动中道德格言与风俗等。安全伦理是人类共有的社会文化现象，无论是在人类发展的各个历史时期，还是在不同的国家、地区、民族、行业，都有所表现，有其相似处，亦有其明显的差异性。因此，比较安全伦理学比较研究的对象丰富多元。

心理创伤评估学——伤心的科学（2016-03-29）

是否拥有"物质财产在人类之下"的观念是判断一个人是否拥有现代安全观的核心标准，这是一个大是大非的关键问题。如果没有这个观念，就不可能在实践中充分体现生命至上、生命无价、安全第一、预防为主等现代安全价值观和工作方法，就会出现用钱抵命、买卖生命、草菅人命等丑恶现象，安全的最高境界就无从实现，安全人的基石就不牢靠。

为什么这么说？因为物质有没有价值是由人类来认定的。

物质财产损失，物质财产本身会伤心吗？不会！物质财产是无生命的。那么，物质财产损失谁受到伤害？人啊！人受到什么伤害？人会心疼、伤心。

试想自己家的房子被烧光了，房子本身不会伤心，是家人伤心。银行的钱被盗刷了，账号本身不会伤心，是户主伤心。国土被占、被毁，土地本身不会伤心，国民伤心。文化失传，也是人民伤心。一个人死亡，死人本身已经变成物质，绝不会伤心，是他的亲人伤心。

这么显而易见的道理，如果大家还不理解，我伤心啊！

可话又说回来，为什么多年来人们谈到安全时，总要把物质财产拉扯进来呢？因为物质财产损失相对于心理伤害更好度量。比如，天津港爆炸事故的物质损失有多大，一下子就能够估算出来。另外，从预防物质财产损失的思路中，人们可以找到很多途径来减少物质财产损失，从而降低心理受到伤害的可能性。如果用物质财产损失多少来判断不安全的程度，那还不如用钱来衡量，这样直接得多，所以就出现了用一次损失多少钱来定义其事故属于哪类事故的做法。这类标准经常需要改变，其主要缺陷是不能体现安全本质问题和安全科学问题，科学的安全标准是不会经常改变的。

用物质财产或金钱来衡量事故的损失绝不能把人心受到伤害的本质掩盖起来。如果我们能够从物质财产损失来研究问题，就会发现很多现在看起来合理，但实际上很不合理的问题。

例如：一个人工伤死亡了，死去的人是最亏的，自己死了而且还没有得到一分钱。赔偿只是给了他的某个法定直系亲人，但实际上为这个死人而伤心的人并不止一个，甚至最为伤心的人可能还不是那个法定的直系亲人。这就说明我们的工伤赔偿制度有很多不合理之处。发生工伤，看起来是身体受到伤害，可实际上很快就会转化为心理伤害，如身体残缺带来的忧伤、身体残缺带来的烦恼、身体残缺导致对未来生活失去信心等。所以身体受伤最终也会伤心。工伤赔偿实际上应该是补偿工伤者的心理伤害。

心理伤害的规律挺复杂，伤心的规律与现有工伤等级并不一定成正比，对具体的人也不一样。当一个人由于工伤变成残疾，最痛苦的可能不是他本人，而是其最亲密的人。

一个奇怪的现象是，工伤等级达到最高，即死亡时，死者的心理伤害突然变成零，但其亲人的心理伤害等级并不能突变为零。伤心是可以转移的，首先是转移到最亲密的人身上，并且随着亲密程度的降低而逐渐淡化。

由此看来，只有充分研究心理伤害的规律，才能比较合理地进行外因造成的心理损伤的赔偿、关爱、预防、干预、抑制、医疗、康复等工作。

另外还要提出一个安全科学问题。今天，很多安全定义都把物质财产因素概括到安全的定义之中。如果一个安全的定义仅涉及人的因素，没有包括物质财产因素，很多人就会质疑，觉得这个定义不正确、不全面。个人认为，体现本质属性的安全定义应该是不包括物质财产的，科学的安全定义应该仅包括人因，因为物质财产是在人之下的东西，物质财产的损失是使人的心理受到了伤害。科学的安全定义只要包含人的身心要素就够了。

安全物质学（2013-06-20）

安全物质学以人的安全健康为着眼点，研究各种可能危害人的健康的物质的状态、演化过程对人类安全健康的直接和间接危害的规律，以求用最少的投入获得预防、减低、控制乃至完全消除这些危害的方法、措施和设施，使关系到人类安全健康的物质总是处于安全的状态。

安全物质学的内涵：①安全物质学是从人的安全健康需要出发的，这里的人是所有的人，而不是某类人、某群人、某区域的人；②安全物质学指的物质是与人的安全健康有关的物质，这些物质大都是肉眼可见的，但也包括人眼不可见的物质；③物质的状态可以是各种各样的形状、大小，可以是固体、液体、气体或是混合体；④物质的演化包括形状、大小、相态的变化，包括物理、化学、生物等方面的变化，包括肉眼可见和不可见的变化。

安全物质学的研究可分为上、中、下游三个层次，各层次之间没有明显的界线。安全物质学的上游研究物质对人安全的普适性原理；安全物质学的中游研究物质对人安全的一般性原理；安全物质学的下游研究物质适应于人和为人所安全利用的应用原理。

在 2009 年 11 月 1 日实施的国家标准《学科分类与代码》(GB/T13745—2009)中，"安全物质学"作为"安全科学技术"一级学科中的一个二级学科被列了出来(代码 62023)。尽管人们今天很少使用安全物质学这一术语，也没有以安全物质学命名的著作，但人们针对物的安全问题、日常生活与生产中接触到的危险物质及其安全设计等方面进行的研究已经非常多了，如危险化学品、防火材料、材料强度力学、物的本质安全设计等。

根据海因里希的事故致因轨迹交叉理论可推知，"物"的安全是预防事故非常重要的方面，因为事故是在人的不安全行为和物的不安全状态动态交叉时产生的，这一理论已经成为大家认可的重要安全原理之一。因此，开展安全物质学的研究及学科建设具有重大的意义。

在实践中，毫无疑问，研究安全问题要考虑系统综合因素，不能把其中的某一要素分离出来。但是如果按照上述原则开展研究，则安全问题研究总是涉及复杂的多种因素。从安全学科发展和深入研究的角度看，这种系统研究方式不利于安全学科各分支的发展。因此，我们不妨先把与安全密切相关的"物因"提取出来，专门加以研究，加强"物因"研究的深度和广度，并获得更多的"物因"研究成果。之后，再将其应用于事故的预防和控制中，然后系统考虑其他因素，以便推动安全学科的发展。因此，安全物质学并不是有意把"物因"分离出来，其中存在着合理性。

理论安全模型及其研究的进展(2017-11-17)

　　模型有很多种类,如数学模型、物理模型、结构模型、仿真模型等,模型方法已是人们认识世界、改造世界,使研究方法形式化、定量化、科学化的一种主要思考工具和研究手段。真正有价值的科学模型可以揭示出一个学科的本质,展示出一个学科的核心,并可以演绎和拓展出一个学科体系,具有普适性和科学性。

　　科学模型可分为两类:一类是物质形式的,一类是理论形式的。前者即实物模型,它是人们观察、实验的直接对象,比较好懂。后者属于思维形式,它是客体的一种抽象化、理想化、理论化形态,具体表现为抽象概念、逻辑模型和数学模型等,是人们进行理论分析、推导和计算的对象。

　　同样,在安全科学领域,安全模型的种类也很多,安全模型可分为实体安全模型和理论安全模型,本文只关注理论安全模型。

　　理论安全模型通常可以表示涉及安全的机制、模式等,比如通过逻辑推导得到表示某一行为过程的模式或生产过程各因素之间的关系。这种从理论出发,运用逻辑或数学等方法来表达的安全因素之间的关系,称为理论安全模型。

　　从科学原理的层面来理解,理论安全模型属于安全科学原理的范畴。对于安全科学这类大交叉综合学科来说,如果按安全科学原理的原发领域分类,在研究安全原理的过程中,部分安全科学原理是以安全为目的,从系统中提炼和归纳出来的,这里称之为"自安全科学原理(self safety science principle)";部分安全科学原理是以安全为目的,从与安全交叉的学科中提炼和归纳出来的,这里称之为"他安全科学原理(other safety science principle)"。根据上述分类,理论安全模型属于前者,而且可以说是安全科学原理的核心内容,因为它源于安全科学自身的研究过程。

　　安全科学属于典型的大交叉综合学科和复杂性科学,无论从哪个角度划分的研究对象都具有复杂性的特点,并最终回归到系统问题。对于一个难于直接着手研究的复杂客体,怎样进行研究,能不能顺利地进行研究,其关键常常就在于能不能针对所要研究的科学问题构建出一个合适的科学模型。

　　虽然安全科学与工程在我国已经成为一级学科,但学界还是存在对安全科学科学性的质疑。缺乏富有安全科学特色的理论模型是质疑产生的重要原因之一。只有上升到理论模型建构层面,并且真正建立起属于自己的、富有安全科学特色的理论模型,安全科学才能真正上升到科学层次,才能立足于科学之林。因此,能否建模和有没有成熟的安全科学理论模型是衡量安全科学科学性的重要标志。综合上述分析可知，开展理论安全建模基础性问题研究具有重要理论价值。

迄今为止，通过检索得到的安全科学领域的理论安全模型有数百个之多，但安全系统具有复杂性和多样性，现有的理论安全模型远远不能满足实际的需要，而且由于社会技术系统的不断演变和发展，新的复杂系统和新问题不断涌现。因此，理论安全模型不仅需要不断更新，而且需要与时俱进，甚至要超前地不断开展研究，构建新的理论安全模型。正是洞察到了这一发展需求，中南大学安全理论创新与促进中心课题组近几年积极地投入理论安全模型的创建研究中，并取得了丰硕的研究成果。

首先，从科学学的高度对理论安全模型的建模思想进行了探索，构建了科学层面的安全概念、基于系统思维的理论安全建模范式、理论安全模型的建模方法论，预测了理论安全模型的建模发展趋势。在此基础上，在系统安全、安全信息认知、安全大数据、事故致因、行为安全管理、安全文化与传播、城市群安全资源共享等方面，构建了安全学科体系的关联模型、系统安全韧性的理论模型、复杂系统安全信息不对称模型、安全信息处理与事件链的系统安全行为模型、安全信息认知通用模型、安全信息与安全行为系统模型、安全教育信息传播模型、个体安全信息力模型、复杂安全系统降维理论模型、公共安全大数据资源共享模型、安全生产大数据共享模型、安全生产大数据模型、安全信息流事故致因模型、信息不对称事故致因模型、重大事故的复杂链式演化模型、能量流系统致灾与防灾模型、风险感知偏差机制概念模型、工伤保险赔偿与心理创伤关联模型、行为安全管理元模型、个人不安全行为分类及其责任认定模型、人的双重安全态度理论模型、风险感知行为安全模型、城市群公共安全共享物资体系模型、城市群公共安全共享信息体系模型、城市群公共安全检验检测能力共享体系模型、安全文化与传播系列新模型等数十个新的理论安全模型，同时在国内外发表了30多篇论文。

考虑到迄今国内还没有一部理论安全模型著作，我们觉得有必要将研究成果汇总成一部新的专著，使之及时得到推广应用并填补安全科学领域的空白。经过一段时间的努力，现在该专著已经定稿，由于此书没有纳入过去已有的理论安全模型，故起名为《新创理论安全模型》。

安全实践散记

追求零事故乃至零风险的提法靠谱吗？（2020-01-28）

零事故能够实现吗？这是安全工作者、企业领导干部乃至普通大众经常提出的问题。我在讲课时也经常遇到学生或学员提出此问题，自己虽然在课堂上曾做过多次回答，但专门以此为题写成文章还是有必要的。作为一名安全科学理论研究者，对此类问题我做过一些思考，下面把自己的认识阐述一下。

传统安全工作的主要目标是事故预防，因而零事故成了安全人和企业追求的美好目标。作为理念、信念或追求，毫无疑问，零事故是可以倡导的。如果预设一定的时空范围，并对事故的性质进行具体的界定，零事故也是完全可以实现的。但是如果没有时空范围的界定，从客观上讲，零事故是难以实现的，不限定时空范围提出零事故的目标也是违背客观规律的。

从本体论上讲，如果没有限定时空和性质等条件，风险是客观存在的，是不会按人的意志消失的。人类只能辨识风险、规避风险、管控风险等，使风险在一定的时空范围内降低到可以接受甚至接近零的情况，我觉得零风险的提法是值得商榷的。

下面从科学哲学的认识论和本体论层面来进一步阐述这一重要观点。

对认识论（epistemology）比较一致的解释是人类个体的知识观，即人类个体对知识和知识获得所持有的信念，主要包括有关知识结构和知识本质的信念，有关知识来源与知识判断的信念，以及这些信念在个体知识建构和知识获得过程中的调节和影响作用。认识论长久以来一直是哲学研究的核心问题。① 总的来说，认识论主要指人类对世界的主观认识。

对本体论（ontology）比较普遍的解释是探究世界的本原或基质的哲学理论，广义上指一切实在的最终本性。客观实在是不管人们喜欢不喜欢、知道不知道、承认不承认，它都不依赖人的意识而实实在在地存在着。

客观地讲，迄今为止，人类对客观世界的认识还是非常有限的。在自然界、生命系统、复杂系统中，人类还有太多的规律不清楚。即使是人类自己创造的人造系统和社会，人类也不能完全掌握其变化的规律和各种涌现结果。但

---

① 参见：百度百科"认识论"。

人类出于自身主观认识上的不足和美好的主观愿望，再加上总是抱有很高的期望，因而总会经常过分自信，夸大自己的认知能力，导致人类经常做出错误的认知和决策。用简单的表达方式来说，人类经常出现"认识论＞本体论"的问题，人类总是过于自信。

按照认识论和本体论的观点，以及复杂系统科学理论，涌现是自然规律，也是人类难以琢磨的现象。事故和灾难的发生其实也是一种涌现，如果不限定一定的时空条件，即不对讨论的范围进行界定，则事故和灾难总会出现，这是不可避免的客观规律。

事故是可以预防的，只是要在一定的时空条件下。如果泛泛地说事故是可以预防的，那只能是一种理念或信念。不做时空条件上的限定和性质界定，提出追求零风险是不切实际的夸张说法。风险广泛地被定义为不确定性，不确定是普遍存在的客观规律。因此，无风险和永远安全是不可能存在的，是违背科学规律的。

坚持预防为主的安全铁律（2019-03-02）

2018年3月13日，国务院组建应急管理部。时至今天，一年时间过去了，在全国的安全领域，这段时间里"应急"两字成了安全界内的高频热词，全国安全领域迎合应急的行为也是层出不穷。

应急管理是安全管理的重要组成部分，宏观的安全管理（含应急管理）由国家政府层面来完成，而微观的安全管理（含微观应急管理）是量大面广的日常事务，这个层面的工作需要每个企业和基层组织发挥主体责任，需要每个人的参与。

应急管理部是国家高层安全管理部门，以突发重大事件的"应急"为侧重点或切入点，并由此带动整个国家的安全管理工作。特别是面对地震、水灾、流行病、重大火灾、爆炸、特大交通事故、大规模恐怖袭击等事件时，没有高层强有力机构的指挥和系统处置，以及大量的应急资源支撑，是很难在极短时间内达到相对较佳的效果的。

谈具体一点，重特大灾难往往需要大量的各种资源的支持，不仅是应急储备资源，还需要大量人力、物力、财力和技术等的支持。这是需要集中整个国家，有时甚至是国际上的力量才能做好的工作。应急管理部在储备应急资源、调度各方力量时，将发挥其高层的应急指挥、协调、处置等方面的强大功能。应急管理部可防范、化解重特大安全风险，健全公共安全体系，整合优化应急力量和资源，推动形成统一指挥、专常兼备、反应灵敏、上下联动、平战结合的应急管理体制，提高防灾减灾救灾能力,对确保人民群众生命财产安全和社会稳定。

国家加强应急管理,依然要以安全预防为主。习近平主席也有很多关于安全预防的讲话,如:"树立安全发展理念,弘扬生命至上、安全第一的思想,健全公共安全体系,完善安全生产责任制,坚决遏制重特大安全事故,提升防灾减灾救灾能力。""加强自然灾害防治关系国计民生,要建立高效科学的自然灾害防治体系,提高全社会自然灾害防治能力,为保护人民群众生命财产安全和国家安全提供有力保障。""统一指挥,专常兼备,反应灵敏,上下联动,平战结合。"

安全和安全发展是有规律的,有些规律甚至是经过几千年的实践凝练而成的。比如:"居安思危"出自《左传》:"居安思危,思则有备,有备无患。""安不忘危,预防为主",这是安全行动的原则和方针。在古代,描述医术水平高低时是这样说的:"上医治未病,中医治欲病,下医治已病。"意思是说,最高明的医生治疗还没有发生的病,中等水平的医生治疗将要发生的病,而普通医生治疗已经发生的病。这也体现了"预防为主"的思想和道理。汉代司马相如的《谏猎书》,说明者远见于未萌,而智者避危于未形。意思是有见识的人在事情还没有发生之前就预想到将有可能发生的事情,在危险出现之前就已经安排好了规避危险的方法,而不是等到事情发生再去寻求对策。

几乎所有的行业安全都一致坚持预防为主的方针或原则。安全是一个系统工程、安全是每一个人的事、安全以预防为主、安全教育是终身教育等基本公理是不会改变的。未来无论安全法律法规如何调整,无论安全职责如何细化,预防为主仍将是我们必须遵守的工作方针。

值得庆幸和肯定的是,我们现在绝大多数的企业和职业安全工作者,都一直本着"安全第一,预防为主"的原则在一线认真地工作和奉献着,这是安全工作的基础。

安全科学思维的实践例子(2012-12-16)

科学思维方法在安全工作中的应用集中体现在事故预防方法、事故统计分析方法、危险源管理方法、事故调查方法、风险控制方法和安全管理方法等方面。通过下面的例子可以看出一些科学思维方法在安全工作中的具体应用。

研究安全思维就是要从理性的高度揭示安全管理的本质规律、基本问题及安全管理对象之间的相互关系,系统地提出安全管理所特有的世界观和思维方式。其具体目的有两个:一是保证安全管理行为准则的依据是理性、逻辑的,并符合安全运行的内在规律;二是安全管理措施和方法具有严谨的逻辑结构和明确的目的。从安全管理实践来看,一整套正确的思维方式和方法是安全管理者制定安全措施、实施安全管理的基本保证。安全思维的研究将促进企业安全管理者能动地指导安全活动，帮助企业正确认识安全管理实践中各种矛盾的辩证关系，把握安全管理工作的发展趋势，从而正确地总结经验，不断提高管理水平，推进安全工作的发展。

安全思维是对安全管理理论和安全管理方法的高度概括和哲学思考，是安全管理理论的升华。反过来，它又促进了安全理论的发展和安全方法的应用。

(1)安全思维涉及的问题

安全思维的表现形式分为两种：一种是安全管理的个性思维，另一种是安全管理的共性思维。个性思维是每个具体的安全管理者所具有的思维技能、方法和手段，安全管理者自身素质(观念、学识、才能、作风)与外部因素相互作用，使每个管理者的个性思维呈现出较大的差异性。共性思维是安全管理普遍适应的安全思维，是相对稳定、较为规范的概括性思维。共性安全思维涉及的问题应该考虑以下几个因素：①安全管理的基本理论和基本观念。安全管理是一项人为的事业，离不开管理者和管理主体，同时具有特定的管理目标、管理客体和管理方法，这些理论与观念的概括是安全共性思维产生的前提。②安全问题的哲学思考。安全管理者只有掌握科学的哲学思维和方法，才能提高安全管理的思维和理论素养。③其他学科理论。在实践过程中，有许多安全问题仅靠安全理论难以正确解释，需要借助于其他学科理论。

(2)事故与安全矛盾的思维

事故与安全这对基本矛盾贯穿于安全管理的全过程，是安全思维的出发点和归属。控制事故为"零"是企业安全管理的追求目标，而理想的安全思维标准是在一定的隐患状态下将事故控制在人们可接受的范围之内。因为隐患是动态的，不可能完全消除。若消除隐患需要的投入远远大于事故处理需要的投入，此时安全效益是负值，对企业而言是得不偿失的。

(3)安全管理的空间思维

安全管理的空间思维指安全管理活动发生、展开和完成所涉及的全部领域，安全空间思维是管理者对安全管理空间特征的主观反映。空间思维的重点是系统思想和观念，即从系统观念出发，综合考虑安全管理对象的整体与局部、局部与局部、结构与功能、整体与环境、控制与反馈之间的相互作用，以获得对安全管理对象最完整的认识。形成正确的空间思维要注意两点：①不能像传统安全管理那样只注重企业内部条件的研究，而忽视外部环境对安全管理的影响，即要重视安全社会环境研究。②不能像传统安全管理那样将管理对象孤立为人、机、物等几部分，分别采取措施，而要将安全管理对象看作一个具有内在因素、科学结构、合理层次的系统。

（4）安全管理中的常规思维与非常规思维

常规思维是按照规定的、一般的模式、程序、方法进行安全管理和控制，这种惯性思维习惯也称为思维定式。非常规思维是一种不受安全思维定式束缚、求异求新的思维形式。常规思维具有思维稳定、程序规范的特点，同时又有约束思维创造、缺乏灵活的缺点。非常规思维是管理者提高思维能力的重要形式，是安全思维的追求目标。选择这两类思维方式时，不能顾此失彼，应该坚持思维定式与非常规思维的统一。随着安全管理科学和实践的发展而形成的许多科学管理方法（如安全性评价方法、事故树等）可以普遍应用。但是，安全管理是一个动态发展过程，内、外部条件存在差异，各个行业与企业的具体情况也不尽相同，有些方法在某种特定情况下就可能是无效的。安全管理的非常规思维认为没有唯一的、最佳的、适用于所有情况的管理方法。企业需要突出自身的思维个性，确立本企业自己独特的安全管理策略和安全控制方法。

（5）安全管理中的确定性思维与随机性思维

确定性思维是一种单向思维，即认为事故的发生有着严格的因果关系，如安全性评价中根据设备种类和数量确定企业的危险性。随机性思维是一种多向思维，即认为事故的发生有着多因果关系。对安全管理而言，处理随机性安全问题的次数越多，经验就越丰富；处理随机性安全问题的成效越好，管理水平就越高。因此，概率统计的随机思维方式对安全管理者非常重要。一方面，可以使他们牢记安全系统中的因素是随机的、动态的，其未来值只能是一种猜测；另一方面，企业采取的安全控制措施难免发生失误，关键是尽量避免较大的失误。

（6）安全管理的反馈思维与超前思维

安全管理是一个发现问题和解决问题的过程，在思维上必须强调对安全活动的过去、现在和将来的认识。树立反馈思维意识，可以重新认识安全活动过去的历史演变过程，从而总结经验教训；提高超前思维能力，将历史、现实和将来相联系，可以把握安全的现实状况和走向，增强对事故发生态势的预见能力，从而适时调整安全策略。

（7）安全管理的抽象思维与辩证思维

抽象思维是把安全管理对象和环节分解为几个方面、不同阶段，分别进行深入研究，从而把握和揭示其本质的思维方式。辩证思维则从整体性、矛盾性、过程性来考察安全活动，辩证思维是安全管理思维发展过程的理性阶段，其核心要求是安全管理必须遵循对立统一的规律。事故与控制、长期与短期、主观与客观、定量与定性、一般与特殊、确定性与非确定性等都存在对立统一的关系。例如，在安全管理中过分强调消除设备隐患的重要性，强调主观服从客观的思维方式都是片面的。

在安全科研中应用科学思维方法才能更加客观、更加有效地获得创新性成果，把握安全科学规律。在日常安全工作中，充分应用科学思维方法，能提高安全工作的效率，减少不必要的消耗。安全工作具有复杂性，安全问题具有模糊性，所以安全从业人员更应该注重科学思维的培养，掌握必要的科学思维方法，不断结合实际，创新安全管理方法，这样安全工作才能得心应手、科学有效。

企业安全管理的几个重要问题①(2020-04-06)

(1)行为安全概念的内涵

行为具有非常广泛的内涵，行为通常可分为个体行为和组织行为，因此行为安全管理的研究重点不仅是人的不安全行为，而且还包括范围更宽广的组织行为。当然，组织行为也是由人来组织实施的行为，所以个体行为和组织行为是相互联系的。总的来说，所有的微观安全管理和宏观安全监管都是组织安全行为。行为安全是安全管理的重要切入点和核心内容。

就本人的理解，我更愿意把人的行为安全分为内隐安全行为和外显安全行为。人的内隐安全行为表征了人的复杂安全心理过程和人性特征，以及人的安全素养(包括安全观念、安全知识和安全技能等)。人的内隐安全行为左右着人的外显安全行为。这种分类方式更容易关联出安全管理涉及人的本质原因。外显安全行为又可分为个体外显安全行为和组织外显安全行为。这种分类方式也非常有利于我们进行行为安全管理时涉及的更深层次的人因问题，而不是简单地从人的行为动作去判断和进行安全管理。

(2)应用海因里希事故统计规律的注意事项

行为安全与安全管理是不能相提并论的。不安全行为是现象，而安全管理的目的之一是减少不安全行为。安全管理还有更多的内涵，如应急管理、事故灾难统计等。总的来说，海因里希的事故统计在规律上是正确的，到今天也不过时。但海因里希统计的事故是上百年前在生产作业场景中发生的，与现在的生产和作业方式已经大不相同了。在不同地区、不同行业、不同岗位、不同工种、不同生产力水平及不同层次的人群中，人因引发事故的比例肯定有所不同。

---

① 本文内容主要引自我接受《现代职业安全》杂志采访时的回答，见：刘亚民.关注"内隐行为"重视"文化建设"——访中南大学资源与安全工程学院吴超教授[J].现代职业安全，2018(5)：12-14.

博德的"事故因果连锁理论"也属于链式事故致因模型，算不上是什么现代安全管理理论，他只不过对在他之前的事故因果连锁模型做了些补充而已。现在世界上用于安全管理的理论模型有数百个之多。各种模型也谈不上有什么好坏之分，因为世界上的企业千差万别，一款安全管理模型只要适合某一企业的安全管理，就是相对最好的。我讲课时常说一句话，企业安全管理理论不用"贵"的，只用"对"的。

安全管理应更多地关注人因问题，因为人因安全问题一直是主要的，工程和技术都是在人之下的，并由人造和为人用的。人因思维是许多理工科人才的短板，这是应该补足的。

(3)内隐行为是安全管理工作的难点和重点

认为安全管理制度就能杜绝人的不安全行为，这是非常外行或不专业的表现。其实，一些安全管理工作者在谈人的不安全行为时，基本上指的是人的外显不安全行为。人的外显不安全行为是由内隐不安全行为支配的，而人的内隐不安全行为与人性及个体安全文化素养(安全观念、认同、意识、习惯、知识、技能等)等密切相关。而且，个体安全文化素养是人从出生时就开始塑造而形成的，是长期养成的。我们国家很多家庭的孩子从小就缺少系统的安全教育，对于这类人，企业是很难为他们补课的。因此，国际上有些企业在招聘员工时，会对员工的安全素质做出严格的考核，因为企业没有能力和义务来为缺少安全素质的人补上一二十年的安全课。

另一方面，人的不安全行为是很难避免的，它是由人性和人的生理等因素所决定的。如果企业的管理制度和作业条件本身就不人性化，不符合安全人性规律，则人的不安全行为及其导致的事故就是不可避免的。

以上两个方面是行为安全管理的难点和重点，也是做安全管理工作需要知道的基本问题。

(4)科学安全观念植入人心任重道远

科学安全观念内化于心非常重要，但这是一个非常复杂的问题。因为常态下的人同时有多种需求，而安全或不安全并不是0或1两种状态，而更多的是0~1之间的无穷多种状态，机械地强调"安全第一"实际上是不现实的，何况人的生理需求是排在安全需求之前的。当人们在多种需求之间做出选择时，对安全与否做出的判断和是否把安全放在优先的位置，就取决于他对安全认同程度的高低。

"红线意识"其实是一种形象的比喻。安全的问题都是模糊的，而且各种人造工程的设计都是有冗余系数的。一些安全意识淡薄或利欲熏心的人往往会钻安全边界模糊和冗余设计的空子，获取各种利益。这些人也是安全监管需要重点管控的对象。

信奉"富贵险中求""人为财死，鸟为食亡""重赏之下，必有勇夫"等俗语的还大有人在，这些话的影响远比"安全第一""生命至上"等安全观大得多。科学安全观念内化于心还需很长时间，这是显然的。

(5)安全文化对行为安全所起的作用很大

安全文化在解决行为安全问题时具有其他方式无可替代的功能。例如，安全文化原理中有一条是"安全文化的组织原理"，安全文化是组织的安全价值观与安全行为规范的集合，它通过组织体系对组织系统施加影响。组织是安全文化形成、存在和作用的基础，安全文化的组织原理显得极为关键。安全文化组织原理的具体内涵：①组织安全文化以组织安全至上为核心价值观，是一种组织安全管理的手段。②组织安全文化的主要内容包括安全价值观与安全行为规范，自然对安全管理也起着重要作用。③组织安全文化的传播载体是由个体和组织构成的组织体系，安全价值观与安全行为规范首先影响的是组织成员的个体观念或行为。各组织个体的观念或行为一旦汇集成组织的观念和自觉行为，就会升华、聚集成组织的观念或行为，成为组织的安全文化。④组织安全文化的影响作用可以体现在由成员、设备、环境和制度等四要素构成的组织系统中。⑤组织安全文化建设以组织体系作为核心，通过安全宣传教育、安全监督检查、安全规章制度等手段改善组织体系中的个体、组织这两个不同层次的主体的安全价值观与安全行为规范，最终目的是提升组织系统中四要素的安全状态。

(6)企业行为安全管理研究发展动向

①行为安全管理深度方面：需要从表层的安全行为管控研究，转向更加深层、本质的安全人性、安全心理过程与基于安全信息认知的安全行为干预等领域的研究。因此，在最近几年和未来，安全人性学、安全心理学、安全认知心理学、基于安全信息的安全行为干预等领域的研究和新学科分支将得到进一步的发展与重视。

②行为安全管理方式变革方面：需要从侧重普适性的安全管理，转向侧重个性化，使安全管理更加精准化和人性化。长期以来，针对同种安全问题时，人们习惯运用相同的安全管理方案来解决。但安全科学的发展使人们认识到，对不同个体或组织，安全管理方案或措施的效果存在着极大差异。显然，了解与研究此类差异的作用机制，对于安全管理实践和新安全管理方案或措施的研发均具有重要意义，未来这方面的研究将逐渐得到重视。此外，行为安全管控将更体现人性化和人文关怀精神，如基于安全人性的安全管理和情感安全文化建设等。

③行为安全管理研究对象方面：需要从侧重个体安全行为，转向侧重组织安全行为。个体行为所引发的人因事故的根本原因是组织安全管理体系（即组织安全行为）不完善。此外，组织安全行为会显著地影响个体安全行为。因此，行为安全管理研究对象将更加侧重企业组织的安全行为管控。

④安全管理工作重点及职责方面：在未来，职业安全人员需要把提升个人与集体的安全感作为所有领域的安全工程目标，提升安全感也将成为安全科学发展的新领域。

安全评价必将向人机工程评价方向发展（2009-01-27）

随着科技和经济的高速发展以及人民生活水平的不断提高，人们对于安全的需求也不仅仅局限在预防事故和减少职业病的发生上，而将提升到舒适、高效的高水平上。因此安全评价也将不能满足人类将来对于安全的需求，需要有更人性化的评价体系，即人机工程评价。

这就可以说明，现阶段的安全评价与人机工程评价不仅是"母女"关系，还是"姐妹"关系。说它们是"母女"关系，是因为人机工程评价不仅包含了安全评价消除事故和职业病的目的，还将进一步满足人们对于安全、舒适、高效的需求，而安全评价未来必定会发展成人机工程评价。说它们是"姐妹"关系，是因为在当今的科技和经济水平下，安全评价与人机工程评价是并存的，只有当科技和经济水平发展到一定程度，事故和职业病的发生率几乎为零时，人机工程评价才能彻底地取代安全评价。

虽然人机工程评价取代安全评价是必然，但人机工程评价要走向成熟，还需要先进的人机工程评价技术作为支撑。所以，计算机辅助人机评价是将来人机工程评价发展的主要趋势。同时，还需要国家制定人机工程评价的通则、导则及法律制度等，形成一整套完整的人机工程评价体系，这是未来人机工程评价发展的目标。

新形势下，700万安全人的工作会怎么变？（2018-03-17）

国家安全生产监督管理总局并入新组建的应急管理部之后，700万安全人的工作会不会发生很大的变化？我的预测是总体不会改变，局部微调。

在安全工作的微调或变化中，最不应该出现的问题是一些人曲解应急管理部的科学内涵和国家层面的功能，盲目跟风唯上，转向字面上的"应急"。试想一下：大坝不维护了，等洪水冲垮了再应急？森林火险不监测了，等大火燎原了再应急？地质灾害不监控了，等滑坡了再应急？汽车不再年检和保养了，等出了车祸再应急？建筑消防设施不配置了，等发生火灾了再应急？企业日常安全工作不做了，等出大事了再应急？安全教育不谈别的，只讲应急演练？安全学生不学别的，只读应急管理书？……如果这样，那安全就完蛋了！我想谁都不会愚蠢到这样的程度。安全一定是要以预防为主的。

在新形势下，700万安全人的工作总体上是不会改变的，也不应该改变，而局部微调是可能和需要的。

(1)在国务院机构改革方案的说明中，明确提出"将国家安全生产监督管理总局的职责"整合到应急管理部，并没有说要改变国家安监总局的职责。尽管其级别不再是正部级了，但职责不变，原来安全生产的方针政策也不会改变。

(2)安全科技工作者只要仔细回顾一下近一二十年来我国的生产安全情况，就可以感受到我国生产安全领域的确发生了巨大的变化，这是任何国家都不及的。这些年来，中国的安全生产形势发生了根本性的好转，是生产安全事故和伤亡人数降低最快的时期。近一二十年来安全生产绩效显著，说明已有的安全生产方针政策是正确的，安全人的工作是富有成效的，那么有什么理由要做大的变化呢？

(3)这些年来国家安监总局的业绩突出，为什么还要撤销合并呢？其实生产安全仅仅是所谓大安全的一个主要部分，如果从大安全和国家精简机构的视角看，就比较好理解了，涵盖生产安全、交通安全、煤矿安全、公安消防、地质灾害、水旱灾害、草原防火、森林防火、抗震救灾等职责的应急管理部是一个正部级单位，生产安全就不必占一个正部级的位置了。

(4)尽管国家安监总局的职能不变，但其级别降低了，而且其并入的应急管理部与安监总局的名称不一样，则其以后的工作职能肯定会发生一定的变化。可能的变化：①生产安全的行政监管力度可能有所弱化。因此，国家安全监管涉及微观安全管理的业务会越来越少，各行业企业的基层安全部门更需要发挥主体责任制。②那些靠政策吃饭的安全中介机构等的业务将会受到一定的影响，进而会在"应急"上造势，寻找更多业务。③与应急管理配套相关的企业的业务将会有所发展。

(5)安全人的工作更应该面向社会需求和市场。安全是每一个人的需要，安全工作应该对下而不是唯上。安全行业已经独立成为一个不可或缺的社会行业，安全人不应该因为国家一个机构的变化就不知所措、失去自我。安全人只有面向社会需求，才能立于不败之地。

(6)对于安全生产监管监察人才，社会仍然是非常需要的。安全生产监管监察人才主要指各级安全生产监管机构和执法机构的工作人员，他们的综合素质、业务能力、工作作风等需要有较大幅度的提升。

（7）安全生产科技人才仍然将一如既往地在安全生产科技、职业危害预防控制和安全生产应急救援等领域开展安全科技研发和推广工作，继续做出突出贡献。

（8）企业安全生产管理人才量大面广，他们仍然将战斗在企业安全生产第一线。他们的安全组织能力、安全管理水平、安全专业技术等需要提高，以适应企业安全生产管理岗位上的各种安全管理专职工作，他们将一如既往地在基层发挥重要的安全管理作用。

（9）安全生产高技能人才，如安全技师、安全技工等特种作业人员，以及在安全生产应急救援岗位上的专职安全管理、技术和作业人员，将一如既往地在安全一线发挥重要的作用。

（10）安全生产专业服务人才仍然将在安全生产及职业卫生评价、咨询、检测检验、培训、宣传教育等专业服务机构中发挥重要作用，而且将更加需要优良的职业素质、精湛的专业技术，还要取得相关的职业资格。

（11）在安全人才培养方面，以后的安全工程专业还是安全工程专业，消防工程专业还是消防工程专业，安全科学与工程学科的内涵、外延、研究对象、学科基础、专业领域等不会有什么变化。至于应急管理专业，可能将有所发展，但不会发展太快，应急管理人才的市场需求是不大的。

（12）随着国家组建应急管理部，应急方面的业务将会得到相应的加强，这是不言而喻的。

对于安全问题，从不同视角、不同层面、不同切入点，有不同的说法，我们要科学地理解"应急"在国家层面的科学内涵和功能，切忌从字面上进行解读。

安全文化建设与和谐社会构建密不可分（2009-05-24）

人与自然和谐相处、安全的价值观和行为准则是安全文化的核心。着力实现人类社会的可持续发展是安全文化的宗旨。在全社会积极倡导珍惜生命、保护生命、尊重生命、热爱生命、提高生命的质量是安全文化发展的源泉。从安全文化建设各要素出发，进行全方位、立体式的有效协调、管理和建设，是安全文化建设的主要任务。建设良好的安全文化氛围，保障生产中人的生命安全和身体健康，保障企业安全文化建设，保障社会经济安全发展，是安全文化建设的基本目的。

安全文化建设必须以人为本，体现人文思想，弘扬人本主义，彰显人性理念，以人的安全和职业健康为出发点和落脚点。要加强安全宣传教育，不断提高社会全员的安全文化素质，推动安全文化的健康发展。

安全文化建设要坚持群众性和大众化的原则，坚持灵活性和多样化的原则，坚持科学性和系统化的原则。在长期的生产、生活和改造客观世界的实践中，人民群众不但创造了灿烂的物质文明，而且创造了丰富多彩的精神文明。进一步调动人民群众参与安全文化建设的主动性和创造性，充分发挥他们的聪明才智，是安全文化建设的重要途径和有力保证。

和谐社会是民主法治、公平正义、诚信友爱、充满活力、安定有序、人与自然和谐相处的社会。构建社会主义和谐社会同建设社会主义物质文明、政治文明、精神文明是有机统一的。安全文化建设与和谐社会构建是紧密相连的。

①安全文化建设要以民主法制作为保障。民主法治就是社会主义民主得到充分发扬，依法治国基本方针得到切实落实，各方面积极因素得到广泛调动。为适应构建和谐社会的要求，安全文化建设必须遵循民主法制原则，必须使安全文化建设制度化、法律化。如果安全文化建设搞不好，存在不和谐的因素，就不能使人们有安全感。没有健全的民主法制，安全文化建设就失去了保障。

②安全文化建设要以公平正义为准则。公平正义是和谐社会的基本特征之一，是构建社会主义和谐社会的关键环节，也是安全文化建设的准则。在安全文化建设方面，公平就是劳动者的劳动为社会和企业贡献了效益，劳动者的劳动条件和安全也必须得到保障。正义就是用安全文化建设的法律法规来维护广大人民群众的最大利益。

③安全文化建设要以诚信友爱作为立身之本。诚信友爱是社会的共同守则，是安全文化建设的道德规范。因此，必须自觉坚持"以人为本"的理念，把安全文化建设纳入诚信友爱建设之中。

④安全文化建设要充满活力地完善各项工作。充满活力的本质是解放生产力、发展生产力，是完善安全文化建设的动力。安全文化建设与生产力的发展要适应，它的主要功能就是不断克服和扫除影响、阻碍先进生产力发展的各种事故隐患，最大限度地保护和发展生产力。

⑤安全文化建设要建立在安定有序的基础上。安定有序是做好安全文化建设的基础，同时，安全文化建设在社会分工中担负着建设安定有序的社会的重要任务，在保证社会安定有序地发展的过程中发挥着十分重要的作用。

⑥安全文化建设符合人与自然和谐相处的基本要求。只有认识到人与自然和谐相处的重要意义，才能更好地抓好安全文化建设。

《学生实习(实训)安全知识读本》编写经验(2014-10-08)

有家出版社与我约稿,请我编一本安全科普读物——《学生实习(实训)安全知识读本》,在写作任务的驱使之下,我不得不抛弃杂念,在业余时间和节假日静下心来完成这件事。

实习教学是全世界公认的重要教育环节。每年,我国普通高校、高职高专有数千万学生需要进行各种各样的实习。实习在给学生增长知识和提升能力的同时,也有着许多棘手的问题。突出的问题之一是实习生的安全。学生实习时一旦发生伤亡事故,除了对学生本人及其家长是致命的打击外,对实习单位和学生所在的学校都将带来很大的负面影响。实习中的安全问题也成为学生"实习难"和阻碍教学质量提高的核心问题。

安全教育是预防和控制事故发生的三大策略之一,国家、集体和个人对安全教育都要给予高度重视。其实,学生安全教育缺失的原因是多方面的,其中有家庭、社会方面的,也有学校、学生个人方面的原因。现阶段我国的家庭在对孩子的安全教育方面还存在很多不足;在学生的义务教育阶段,学校对学生的安全意识、安全知识和安全技能教育非常薄弱;在高等教育阶段,学校对学生的安全教育不够重视,即使开设了一些安全教育课,也仍然停留在简单的生活安全知识教育层面,职业安全与职业健康知识的普及率非常低。种种原因导致许多学生安全意识淡薄、安全知识欠缺、自护能力差、容易发生安全事故。

鉴于当前学生安全教育缺失的状况,为了减少、避免学生实习期间发生安全事故,学校在让学生进行实习之前要为其补上安全教育这一课,特别是要让学生学习和掌握一些实习安全的基本知识,一些基本的职业安全知识和职业卫生知识尤其重要,这些知识不仅对学生实习期间的安全至关重要,对他们以后的从业安全也有极大的帮助。

(1)安全观和安全意识方面

安全观和安全意识方面,学生要具备科学的安全观,培养敏锐的安全意识,了解一些基本的安全规律。

①树立生命安全至高无上的观念。在一切事物中,必须将生命安全置于最高的地位之上,要树立"安全为天,生命为本"的安全理念。

②安全是相对的。没有绝对的安全;安全没有最好,只有更好;安全没有终点,只有起点。安全的相对性是安全社会属性的具体表现,是安全基本而重要的特性。

③危险是客观存在的。在人们的生活和工作过程中,危险因素是客观存在

的。危险因素的客观性决定了安全科学技术需要的必然性、持久性和长远性。

④人人需要安全。安全是互惠的，人人需要安全，安全需要人人。每一个人都需要和期望自身生命安全，都需要安全生存、安全生产、安全发展，安全是人类社会普遍及基础的目标。安全是人类生产、生存、生活最根本的基础，也是生命存在和社会发展的前提和条件。

⑤必须坚持安全第一，预防为主；安全是每一个人的事；安全教育是终身教育；有安全知识和意识才能感知风险。

（2）职业安全方面的基础知识

实习生需要补充的职业安全基础知识主要有以下方面：

①事故致因方面，要知道事故的随机性、隐蔽性、小概率、突发性、动态性等特征，了解一些事故预防的原理，知道哪些行为属于不安全行为。

②危险辨识能力方面，要学会运用已有的基础知识分析和辨识周围的人–机–环境系统中潜在的危险源和风险，并采取正确的方式避开、减小或控制这些风险。

③消防安全方面，要知道火灾的特点、主要原因、火灾的发生条件、火灾发展的过程、灭火的基本途径、初期火灾扑救的基本原则、常见的灭火剂及其使用方法等。

④在电气安全方面，要了解电气致伤致死的主要原因、帮助触电者脱离电源和急救的基本原则、发生触电事故后怎样应对、怎样预防雷电灾害、什么是绝缘安全用具等。

⑤在机械安全方面，要了解机械伤害的常见类型、机械设备的安全标志和安全认证规定、机械的安全功能、生产设备的主要安全要求、特种设备及其安全方面的规定等。

⑥在交通安全方面，要了解交通安全管理的基本规定，能够辨识车辆、道路交通标志、标线、交通信号等。

⑦在公用设施安全方面，要能够辨识常见安全标志、压力管道和压力容器设施、消防设施、建筑物防雷设施等。

（3）职业卫生方面的基本知识

实习生需要补充的职业卫生基础知识主要有以下方面：

①了解职业病的法定规定、职业性有害因素及其来源、职业性病损和职业病的特点等。

②了解劳动生理与心理健康的知识，知道人体活动能量的来源、体力劳动时机体的调节和适应、脑力劳动的职业卫生、职业性心理紧张及其成因、疲劳和消除疲劳的常识、女性特有的劳动卫生保护知识等。

③知道粉尘与常见毒物的常识，了解粉尘的危害、常见的化学有毒有害物质、毒物进入人体的途径、职业中毒的表现等。

④了解一些物理因素职业病损知识，知道噪声对人体的不良影响、电离辐射对人体的不良影响、射频辐射对人体健康的影响及预防、不良照明条件对人体的影响、手机和电脑综合征及其预防、个体劳动防护常识等。

我们的家长对孩子开展了什么安全教育？（2013-09-14）

安全教育是最重要的启蒙教育内容之一，而现在绝大多数为人父母的大人还没有认识到这一点！从孩子出生时起，家长就是孩子的第一位安全导师。可惜现在大多数家长还不知晓要系统地对孩子开展安全教育，他们仅会凭着生活经验有意无意地充当孩子安全教育的老师。家长从无意识地对孩子进行安全教育到有意识、系统地对孩子进行安全教育，有很长的时间要走，安全教育水平的高低也体现了一个国家国民素质水平的高低。

我给大学生讲安全文化素质课时，对同学们做过多次调查：小时候你的父母亲对你做过什么安全教育？你印象最深刻的是哪些？几乎所有同学的回答都让我失望，家长们对孩子的安全教育仅仅局限在生活安全的某一两点上，下面是很多同学对上述问题的常见回答：

过马路时要左右看，确认没有车辆或绿灯亮时才能通行，必须从斑马线上通过。乘车时不要将头、手伸出窗外。在外面时尽量避免到人流多的地方，避免发生踩踏事件。一个人不要走夜路或冷清的小巷等。打雷时不要躲在大树下。不要吃陌生人给的零食，也不要和陌生人走。不要去池塘等地方玩水，更不要单独去游泳。如果不小心走失，一定要在人多处等待。一个人在家时，不要给不认识的陌生人开门。不要在家玩火，如果发生火灾，要及时拨打119。不要在窗户附近打闹玩耍，以免失足坠落。我妈怕我到家门口附近的池塘玩水出事，她经常对我说池塘里有水怪，千万不能去玩。不要触碰插座、电器，更不要用带水的手去开灯、接触电器等，以免触电。不要玩刀具、火柴，以免受伤。……

诚然，上述教育内容并不是不需要，但从系统安全教育的视角来看，这些东西显得过于简单、狭窄、片面和不科学，而且远远不够。很长时间以来，我国多数家庭对孩子的安全教育非常欠缺，还需要继续努力。

测试安全意识的 20 道题(2013-09-25)

在讲安全教育课时,我设计了一组测试题。如果下面的问题你都真正注意到了,或者能够采取正确的方法进行处理,那说明你的安全意识已经比较强了。

在家里听到有人敲门或按门铃时,你的第一反应做什么?有人敲门说要到家里检查水电和供气状态,你会怎么处理?有自称是食品销售员的人向你赠送饼干,你怎么处理?购买食品前,你一般会查看保质期吗?你一直吃一家店的东西吗?你定期修改你的密码吗?防病毒软件可以阻止所有的计算机病毒吗?你考虑过手机丢失时里面信息的安全性吗?在每年的交通事故中,你估计有多少是可以通过提高安全意识来避免的?你注意到自己的生理规律与工作之间的关系吗?你骑单车转弯时有没有看后面来车的习惯?平时看到事故的报道或自己在路上看到事故时,你会引以为鉴吗?总有人在路上不遵守交通规则,你遇到时会怎么办?你对过去的经验教训有温旧知新的习惯吗?家人和朋友常嘱咐你注意安全,你会从心底里同意吗?你会有意无意地学习一些新的安全知识吗?你对自己的听觉、视觉、反应速度和执行效果有自知之明吗?你有经常开窗通风的习惯吗?一年四季的常见病有哪些?出门旅行时你会准备一些药品吗?

但通过分析实际调查结果得知,很多人的安全意识是远不能符合社会安全的要求的。

安全学科专业建设管见

　　我多年作为所在单位的安全学科带头人，主持和参与了本单位和全国的多项安全学科专业建设的研究工作，因而也积累了较多的经验与体会。特别是在长达一二十年的安全科学新学科创建研究之中，我深深地体会到：安全科学新分支创建需要选择空白地带，需要运用安全学科的大交叉综合属性，需要在安全自然科学、安全技术科学、安全社会科学、安全人文科学等领域开展跨学科和大视域研究，需要以安全科学学的高度和视野开展研究，需要在多元空间中研究安全科学的一般共性问题，需要侧重安全系统思维，需要让科学与科普完美结合。同时，在长时间的安全科学基础理论研究过程中，我也形成了自己对科研和学术环境的诸多见解、认识及体会。

安全学科专业建议

我国安全工程专业人才的培养模式(2010-12-15)

本文主要在职业安全或生产安全的范畴内说安全工程专业人才的培养模式，而不涉及大安全的范畴。

"安全"两字，几乎所有的人都很熟悉，并具有一定的实践经验。因此，谈起安全问题，许多外行的人好像也能侃侃而谈，甚至有种安全工作什么人都能够从事的假象。其实，安全工程也有很高深的理论、很尖端复杂的技术，从事安全管理也要有深厚的基础理论、专业知识和丰富的实践经验等。

安全专业人员的许多能力是其他人员不具备的，如专门的系统分析事故的能力、安全监督管理能力、安全法律法规知识、开展安全教育的能力、热爱生命和关注健康的职业素质、比较系统地掌握安全管理和安全技术的综合知识等。

安全工程本科专业教育的知识结构：其横向为文理学科基础(文理结合)、安全基础理论(基本原理)、安全工程理论(基本知识)、安全工程技术(基本技能)四个知识平台；其纵向以安全工作的专业技术类别为依据，通常安全工程专业设置有安全设备工程、安全卫生工程、安全社会工程、安全系统工程、安全检测检验技术五个学科专业的分支方向。

安全工程专业培养的是适应社会主义市场经济发展的需要，掌握安全科学、安全技术和安全管理的基础理论、基本知识、基本技能，具备一定的从事安全工程方面的设计、研究、检测、评价、监察和管理等工作的基本能力和素质，德、智、体全面发展的高级专业人才。安全工程专业的毕业生能够从事安全工程方面的设计、研究、评估与咨询、监察、管理等方面的工作，可服务于建筑、机械、化工、矿业、能源、交通运输、金融投资、保险、信息等行业。

安全工程是一种专门职业，安全工程师是我国38种工程师之一，安全评价师是2007年国家承认的新职业，注册安全工程师也成了一种安全执业要求。安全工程师与教师、医生等职业一样，要有很高的修养，安全专业人员要为人"安"表，是"安全人"的表率，其言谈举止都要体现出较高的安全素养，而且要富有爱心，热爱生命。

安全工程专业的毕业生应德智体全面发展，基础扎实、知识面宽、能力强、素质高、富有创新精神和人文关怀素养。除了学习与工科有关的各种基础课外，毕业生还要拥有以下知识：掌握本专业必需的自然科学、工程技术科学方面的基础知识，并具有一定的人文科学、社会科学知识；掌握安全科学、安全技术和安全管理三个层次的基础理论、基本知识、基本技能；具备一定的从事本专业工作的基本素质和能力，如安全工程方面的设计、研究、检测、评价、监察和管理等；具有工程制图、计算机辅助设计和利用计算机进行数据处理及分析的能力；英语方面具有听、说、写的能力和阅读本专业外文资料的能力；掌握文献检索、信息查询的基本方法；了解安全工程学科发展的理论前沿和发展动态。

根据安全工程专业的培养目标，其知识结构主要由基础理论知识、专门技术知识、工具性知识和人文知识构成。

①基础理论知识。包括高等数学、线性代数、计算方法、复变函数、概率论；普通物理、电子学、电工学及安全检测与监测仪表与技术；普通化学、物理化学；工程力学、流体力学等。

②专门技术知识。包括安全系统工程、安全人机工程、灾害学、安全管理学、安全经济学、安全法学；安全评价、安全检测技术、安全规划与设计、安全设备工程、安全信息技术、公共安全应急、火灾与爆炸、建筑安全技术、矿山安全技术、交通安全技术、危险化学品安全技术、核与辐射安全技术等。

安全工程专业毕业生的能力结构：

①获取知识的能力。能够通过课堂、自学和交流等方式收集信息、不断获取知识，主要表现为课堂学习、自学、社交和文献查阅等能力。

②应用知识的能力。具有系统的建模、分析、预测、综合、优化、设计、仿真和实现等能力，同时具备计算、科技写作、交流表达、组织协调等能力。

③工程实践的能力。能基本解决工程实际问题，特别是对系统或构成系统的部件、设备、环节等进行设计与运行、分析与集成、研究与开发、管理与决策的能力。

④组织协调的能力。能够在所在的科研团队或工程建设组织中有效地与他人沟通、协作，能够协调利用各方面的资源。

安全工程是综合学科，各行各业的安全技术各不相同，各学校的人才培养课程体系(特别是专业课程)也有所不同。各高校安全工程专业的培养模式不必强求一致，学校只要招得到好学生，学生进校以后的安全素质、知识、能力等能得到最大幅度的提高，毕业后又能够找到好工作，能为社会安全做出积极贡献，这个学校的培养模式和教学水平就一定会被认可。

大学本科按大类招生还是按专业招生好？（2020-06-10）

长期以来，大学本科一直是按专业招生的。但近十多年来，一些高校试行按大类招生，并把这当作吸引生源的一种方式，广告语是"让学生有第二次自由选择专业的机会"。

所谓按大类招生，就是把几个学缘相近的专业合并起来，起一个更加宽泛的名称来招生，也有把一个学院下的几个专业当作一个大类一起招生的，还有更多的组合形式，这里就不一一枚举了。

按大类招生到底好不好？答案肯定不是 Yes/No 这么简单。

对于学生来说，按大类入学以后，他们的具体专业是未确定的，需要一年或两年以后再次挑选专业，此时有的同学觉得是一种机会，可以有一次新的选择。有的同学觉得未来还面临着新的不确定性，说不定会被分流到一个自己不太愿意去的专业。因为入学一年或两年以后，在实行专业分流时，各专业的定员指标其实不太可能完全按照学生的志愿来分配，否则有些专业可能学生过多，有些专业学生可能太少，学校和学院还是会制定一些政策进行调控的。所以，对于学生来说，按大类招生其实并不都是好事。由于学生入学一年或两年之后还没有确定的专业，他们肯定在这段时间内很少有机会接触专业和联系专业老师，这样不易于学生很快地进入大学专业学习的状态，在学习方式上与高中阶段相比仍然没有多少变化，大部分时间都在学习通识课和基础课。个人认为，这对于大学生的成长和专业化培养是不太有利的。

对于学校层面的招生工作来说，大类招生方式使招生工作变得简单和方便了。大类数肯定比专业数少，招生录取的工作量自然也少些。大类招生增加了专业的模糊性，学校开办的某些相对冷门的专业此时也可以夹杂在其中，部分考生和家长比较容易被大类所迷惑而选择了某学校的冷门专业。按大类招生尽管前期的招生工作可能相对简单一些，可一年或两年后又会有一些专业分流的工作量，尽管分流工作主要由二级学院承担，但这同样需要有人承担。

对于二级学院来说，大类招生显然会增加许多管理上的工作，因为一个学院的专业需要持续稳定的生源，而进来的学生一年或两年后分流到某个专业的具体数量不能确定，这自然不利于专业的稳定和有计划的发展。为了使学生能够按各专业的需求数量分流，还需要制定很多调控措施，给学生做很多思想工作。如果大类招生是跨学院的招生，则学生分类不仅是专业之间的调控，还有学院之间的竞争。从这个角度来看，本来大类招生对学生来说就是一件不见得是好事的事情，后面的分流又增加了很多管理方面的工作，这又何必呢？

大类招生除了上面两方面的问题之外，还有一些专业本身就不太适合实施大类招生。下面以自己所在的专业为例来说事。

　　安全工程专业，其专业代码082901，它是安全科学与工程类专业下属的最主要专业（其实前些年安全科学与工程类下属仅有安全工程一个专业，即安全工程等于安全科学与工程类）。从安全工程专业的属性看，该专业需要单独招生。因为安全工程是一个横断的专业，其他任何专业都不能涵盖它，只能是与之交叉。安全工程专业与任何一个具体专业合并招生，都违背了安全工程的专业属性。如果把安全工程专业与某一具体专业合并招生，会使学生误以为该专业是附属于某一具体专业的安全领域，从而使安全工程专业的优势得不到彰显，曲解了安全工程专业的内涵。其实，安全工程专业的主要就业领域是各行各业的安全管理、安全评价、风险管控、安全技术、职业卫生、安全咨询、安全服务等工作，这些是所有行业都存在和需要的工作。国际上的职业安全工作通常与健康、环境相互关联，生产企业经常把它们放在一起，作为一个部门，而这个部门专门从事的SHE（安全健康与环境的英文缩写）工作就是国际上统称的SHE职业。今天的安全专业已经发展成为一个覆盖各个实体行业并为之做出安全服务的独立行业，安全专业不应该是依附某一实体行业的从属专业。

　　还有，安全工程专业从业者需要有较宽的知识面，而大学的学时是有限的，因此安全工程专业的学生更需要尽早与专业老师接触，进入专业层面的学习。安全工程专业独立招生，才能让安全工程专业学生尽早了解专业的工作性质，培养对专业的热爱。安全工程专业的人才培养目标：培养适应国家重大需求和社会经济发展的需要，掌握必需的自然科学、工程技术的基础知识，具有较强的人文科学和管理学知识，掌握安全科学、安全技术、安全系统工程、安全管理和职业卫生的基础理论、专业知识、基本技能及学科发展动态，具备从事安全工程方面的设计、研究、检测、评价、监察与管理等工作能力和素质，德、智、体全面发展的高级专业人才。其毕业生能够从事安全工程方面的设计、研究、评估与咨询、监察、管理、培训等方面的工作，可服务于建筑、机电、化工、矿业、能源、交通运输、消防、公共安全、金融投资、保险、信息等行业。

　　安全工程是一个朝阳专业，也是一个永远被需要的专业，是一个就业面非常宽广的专业。目前，全国有一两百所高校开办了安全工程专业，大多数都是最近一二十年新开办的，安全工程专业的毕业生近十多年来一直很好就业。2018年，国家成立应急管理部以后，全国的安全类专业更加得到了重视和发展。

高校安全类专业应能获得多种类型的学位(2016-10-01)

在国务院学位委员会、教育部2011年印发的《学位授予和人才培养学科目录(2011年)》中,安全科学与工程(0837)新增为一级学科,授予学位的类型为工学。在教育部2012年印发的《普通高等学校本科专业目录(2012年)》中,安全科学与工程类(0829)和安全工程(082901)专业同样只能授予工学学位。

虽然安全科学与工程类专业在中国高校能够从无到有地独立成为一个一级学科已经十分不易了,但从目前仅能授予工学学位类型来说,这一限制阻碍了安全类专业人才的培养、就业、毕业生发展等,同时也不利于安全科学与工程学科专业按照学科的属性正常发展。

在国际上,安全类专业是业界公认的综合交叉学科,涉及理、工、文、管、法、医、政治、经济、教育等,安全问题存在于生产生活的各个领域,安全无处不在。安全要以人为本,安全的服务对象主要是人。根据大量统计,80%以上(国家安监总局近年的统计为95%以上)的事故都是人因所致,而解决人因问题主要要靠社会科学。从预防控制事故的三大对策(工程、教育、管理)来看,安全问题的解决也是主要靠社会科学。而我们现在人为地将其归属为工科,这显然违背了学科本身的属性和发展规律,同时也说明有关主管部门和有些有决策权的专家对安全学科的认识存在片面性。

中国所有的学科专业基本上都要按教育部(教学指导委员会)规定的精神和大纲进行建设。如此一来,就会产生以下一系列问题:

首先,安全科学与工程类专业授予工学学位,招生工作就要按工科要求来进行,人才培养方案就要按工科专业来规划,课程设置、工程训练环节、实习实验实训、毕业设计等就要按工科要求来制订、实施及考核。由此,我们高校培养的大量安全专业人才就会一味地以工科思维方式思考,而不能全面地看待、很好地解决实际工作中的安全问题,毕业后也很难一下子适应在基层从事安全管理方面的工作。

其次,安全科学与工程类专业授予工学学位,对于该学科的教学科研人员的考核也要按照工科的要求进行,安全法律、安全管理、安全教育、安全评价、安全文化、安全经济、安全卫生等方向的教学科研人员就没有适宜的学术环境和评价机制了,就可能满足不了各种考核指标和晋升要求,各种矛盾也油然而生。

再次,安全科学与工程类专业授予工学学位,社会上的职称评聘也会将安全类人才归类为工程技术人员。安全专业的大多数毕业生在基层大都从事安全管理、安全教育、安全咨询等工作，他们的职称评聘经常会遇到障碍，因为他们的工作很难适应工科专业的工程师职称制度(尽管1997年由原劳动部和人事部颁布了《安全工程专业中、高级技术资格评审条件(试行)》文件，确立了安全工程师职称制度)。这在很大程度上给安全专业毕业生的发展造成了阻力。

实际上，安全科学与工程是一门综合交叉学科，从学科的属性和毕业生的就业情况分析，安全科学与工程类专业应该可授予管理学、经济学、法学、教育学、工学、理学或医学学位，这才是科学和合理的，其中最需要打通的学位类型是管理学。多年来对安全工程本科专业毕业生就业情况的统计表明，大部分毕业生在企业和各级组织从事安全管理工作，因此，授予管理学学位是很正常和适宜的。

安全工作经常需要做各种统计分析、经济分析、方案比较、投入预算、工程决策等工作，授予高校安全专业毕业生经济学学位也是很适宜的。

安全工作离不开法律法规和各种行业标准规章等，宏观安全监管和微观安全管理工作都需要懂得大量安全法律法规和标准，安全律师将是未来的一种新职业，授予高校安全专业毕业生法学学位也是很适宜的。

安全工作需要经常开展安全教育，对各层次各岗位的人员开展安全培训，开展安全教育是安全专业人员必需的能力，授予高校安全专业毕业生教育学学位也是很适宜的。

职业安全与卫生密切相关，国际上把环境、安全、健康都连成一体，安全生产与职业病防治一样重要，国际上对职业健康越来越重视。安全专业人才需要有职业病防控知识和能力，授予侧重职业健康的高校安全专业毕业生医学学位也是很适宜的，因为这与预防医学专业很相似。

至于授予工科和理学学位就不必多说了，目前安全专业就是授予工学学位。安全技术和工程也有很多科学问题，比如中国科技大学火灾重点实验室的安全专业毕业生，获得理学学位也是合适的。

其实，上述论证不是我在瞎说，而是有根有据的。

在美国，属于安全科学与工程类的研究生教育学科名称很多(因为是各个高校自己起的名称，而不像我们，有教育部统一所有高校的专业目录)，如：Emergency and Disaster Management, Security Management, Fire Science, Justice and Public Safety, Information Systems Security, Loss Prevention and Safety, Environmental and Occupational Health Sciences, Business and Organizational Security Management, Occupational Safety and Health, Environmental, Health, and Safety Management, Safety and Security Management, Occupational Safety and Ergonomics, Occupational Therapy 等，授予的学位可以是 Master of Arts, Master of Science, Master of Science in Management, Master of Public Health 等。在美国，属于安全科学与工程类的本科或专科专业的名称更多，有数十个，授予的学位类型更是五花八门，包含理、工、文、管、法、医、经济、艺术等。

其实，教育部的学位教育专业目录中已经有许多专业允许获得不同类型的学位了。

教育部 2012 年印发的《普通高等学校本科专业目录（2012 年）》分设哲学、经济学、法学、教育学、文学、历史学、理学、工学、农学、医学、管理学、艺术学等 12 个学科门类，新增了艺术学学科门类，未设军事学学科门类，其代码 11 预留。其中有数十个专业允许选择性地获得不同类型的学位。

上述那么多学科都可以获得两个或以上的学位，而安全科学与工程类涉及面那么宽广，难道就不能也被纳入能够获得多个学位的行列之中?![1]

其实，这个问题说容易也容易，说难也难：从上往下地推动是容易的，从下往上地推动是难的。

如何制订安全类专业研究生的培养方案？（2017-12-02）

全国开办安全工程本科专业的高校迄今已经有 170 多所，其本科培养方案现在已经基本固定，这里不再讨论。本文想说的是安全科学与工程类研究生教育的培养方案，涉及的高校估计有 80 多所，如果加上安全工程领域工程硕士培养单位，则有近百所之多。

培养方案是涉及整个学科体系的问题，其指导思想非科学学莫属，即安全科学与工程类专业的培养方案需要从安全科学学的高度来进行构思和设计。安全学科有巨大的时空范围，是一门典型的大交叉综合学科，如果从不同的视角和层面来制订研究生培养方案，可以说有无穷多种。

根据粗略调查可知，现在大多数高校的安全类专业研究生培养方案大都是这样得出的：设计者凭着对安全知识体系和本单位基本情况的理解，进而拍脑袋构想出一组课程，然后由所在院系组织老师们集体讨论并通过，谈不出依据的是什么学科理论。

通过对制订安全类专业研究生培养方案的思维范式进行梳理，我觉得大多数应该属于"问题出发型"的思维范式。

在这些问题出发型的思维范式中，最多的是从行业问题出发进行思考的，如化工安全、建筑安全、交通安全、矿山安全、冶金安全、机电安全等，根据技

---

① 2022 年，安全科学与工程学科终于可以授予工学和管理学学位了。

术安全的需要来设置安全人才的培养方案。从行业问题出发的思维范式比较侧重技术层面，没有完全理解开办安全类专业的侧重点是对人和组织行为安全的管理。如果按照行业分类，当今世界上的主要行业有上百种之多，其结果肯定是五花八门，各有各的道理。实际上，现在行业都是相互交叉的，其中的安全问题更是交叉的，而且安全也有很多共性的问题，比如各行各业都需要消防安全、能量失控伤害预防、安全管理、职业健康、个体防护等，因此根据行业技术问题来设置安全人才培养方案往往容易忽视系统安全和全生命周期安全的内容。

制订安全类专业研究生培养方案的第二类思维范式是从比较共性的安全问题出发，如从事故、风险、系统安全、防灾减灾等出发，构建基于上述问题的理论安全模型，依据模型涉及的有关因素，进而获得具体的培养方案内容。这类培养方案应该说具有一定的科学理论依据，能够有理有据地说出其中的道理。但安全的共性问题也有许多，理论安全模型的构建结果也是多种多样的，因而根据这类思维范式制订的培养方案同样很难统一。

国外的安全类专业研究生培养方案的也大都是问题出发型的。由于欧美等国家的大学的专业名称和培养方案不像我们有比较统一的规定，他们的情况更是五花八门。从这一点来说，我们安全学科体系的建设是处于国际领先水平的，也是相对比较有序统一的。

基于上述的分析，个人觉得还是以模块式结合安全学科知识体系来制订安全类研究生培养方案的做法可能会得到大多数单位的认同。

所有学科必需的自然科学和社会科学知识这里不用说了，安全学科的知识体系可能分为上游、中游、下游三个层次：

第一层次(上游)是安全的通用理论、方法和原理，这也是一门独立学科所必须具备的。在博士层次，可以设立的课程：安全系统学、安全科学方法学、安全科学原理、安全文化学等；在硕士层次，可以设立的课程：安全系统工程、安全原理、安全统计学、安全管理学、人机工程学等。

第二层次(中游)是共性的安全科学技术及工程知识，即各行业都需要的知识。在博士层次，可以设立的课程有安全科技前沿论坛等，博士阶段的课程学分一般比较少，不宜多设课程。在硕士层次，可以设立的课程：安全教育学、消防工程、安全评价、安全检测技术、职业卫生工程、环境工程、安全科技发展动态等。

第三层次(下游)是体现各行各业差异和特色的课程，这一层次的课程是与各个学科专业交叉最大最多的，如土木、交通、运输、机电、冶金、矿业、航空、能源、金融、保险、信息等行业，其专业课程不具相通性。在博士层次，可以设立的课程有数门某行业里的核心安全课程，学生根据研究方向选修一两门即可，因为在硕士阶段已经打下了很好的专业基础。在硕士层次，可以设立的行业专门安全知识课程有 10 门左右，学生根据从事的研究方向可以选修数门特色专业课。

安全类本科生所学习的数十门课程也涉及上述三个层次的相关知识。鉴于知识的连贯性和专业的一致性，本科、硕士、博士三个阶段不可能开出内容完全不同的课程来，有些课程的名称可能基本相同，但教师选用的参考用书的深度和广度肯定有所不同，而且在讲授方法和内容上也要有所不同。本科阶段主要以讲授知识为主，研究生阶段要用研究型的讲课方式。顾名思义，"研究型教学"就是结合所讲的专业课程，从做研究的视角、层面和需求向研究生开展教学、进行启迪，在完成本课程内容讲述的同时，使选课的研究生不仅了解这门课程（这里仅指理工科领域）的核心理论、方法、原理、工艺技术等，还要知道这门课程的过去、现在和将来的发展动态，同时对本课程的某些内容具有一定的研究能力，并能举一反三地将本课程的精髓运用于自己以后的学位论文研究写作过程中。

至于实践环节、毕业论文等，本文就不多说了。个人觉得以上述的方式制订安全类专业研究生培养方案是比较容易得到大多数高校相关学科的认同的，也是比较可行的。

目前，已经基本具备了本科生层次的安全类教材，但研究生层次的参考用书还非常匮乏，甚至是空白的，这也是安全学科基础研究比较薄弱的体现。因此，未来研究生层次的安全类专业参考用书的撰写和出版仍是一项十分迫切和重要的任务。

对安全科学与工程类研究生培养课程体系和教材编写规划的再思考(2018-11-18)

(1)往事重提

从 2004 年 7 月开始，我就被机械工业出版社戴上了两顶帽子（安全工程专业教材编审委员会副主任委员和安全工程学科组组长），从那时起我就与安全界的老前辈王新泉教授等多位老师一起，为 30 种安全工程（2011 年改名为"安全科学与工程类"）系列教材的筹划与审稿等义务做了很多咨询工作。在此期间，我发现了安全类教材存在的许多问题和不足，特别是在安全科学与工程研究生培养层面，可使用的参考用书奇缺。

因此，2007 年 9 月，安全工程编审委员会与出版社一起，曾尝试在安全工程系列本科教材的基础上出版安全科学与工程系列研究生参考用书。2007 年 10 月，我起草了"安全科学与工程学科专业研究生系列参考用书编撰出版选题调查和作者邀请信"，发给了国内许多高校当时的安全学科带头人和相关老师，之后也陆续收到了一些老师提交的选题和教材编写提纲。但由于 2007 年安全科学与工程还没有独立成为研究生教育一级学科，当时的安全科学研究成果远没有现在这么丰硕，开办安全工程本科专业的高校约为现在的一半，而且大家提交的安全研究生教材提纲存在着许多问题，比如：选题的个性太强，没有通用性，完全是个人的学术专著，或者是某个问题的个人研究成果；没有基于整套系列教材进行考虑，而是根据某个学校的特色拟题和撰写提纲；拟编写的内容与本科阶段大量重复，缺乏系统的思考、科研储备及知识积累等。我认为更主要的问题是安全科学理论没有多少现成的东西可编，这是短时间内不可能解决的核心难题。还有，出版经费的来源和教材的销售更是出版社考虑的关键要素。因此，当时的计划最后落空了。不过，这也算是自己对安全科学与工程研究生教材规划的一次系统思考和尝试。

（2）新的机遇

时间飞逝，2007 年到现在（2018 年）已经过去了 11 年。在此期间，安全学科发生了巨大的变化：首先是安全科学与工程在 2011 年独立成为研究生教育的一级学科，现在拥有该一级学科的高校达 70 多所；其次是开办安全工程本科专业的高校增加了一倍，达 170 多所，安全专业的本科生和研究生的人数急剧增加；与此同时，世界安全科学技术的研究成果也不断丰富；国家层面对安全学科给予了高度重视，设立了许多项目，并投入了大量经费。总的来说，在客观需求和基础条件等方面，已经可以真正启动安全科学与工程研究生教材的编撰工作了。

今年（2018 年），国务院学位委员会办公室下发了《关于委托国务院学位委员会学科评议组和全国专业学位研究生教育指导委员会编写〈研究生核心课程指南〉的通知》（学位办〔2018〕16 号）。在该通知的要求下，2018 年 10 月，安全科学与工程研究生教育学科组在第 30 届全国高校安全科学与工程学术年会上，提出了安全科学与工程专业研究生教材的编写出版方案和问卷调查表，这是我国安全学科建设历史上的一件具有重要意义的大事。为此，我也做了一些新的思考，而且，经过 10 余年的学习、研究及实践，我对安全学科专业研究生的课程体系和教材也有了更多的认识。

（3）个人思考

研究生人才培养课程体系及教材编写是一个很需要研究的系统工程，各个学科专业的模式应该根据学科的属性和发展规律专门开展整体性的设计研究。

安全科学与工程是一个大交叉综合学科，高级人才的培养与该学科的属性密切相关。

既然研究生人才培养是一个系统工程，其课程体系就需要具有系统的特征，即目的性、系统性、层次性、关联性、动态性、超前性等。下面仅针对目的性和系统性进行说明。

在目的性方面，专家们认为的安全学科高级人才培养的目标是不一致的，有的从安全科学发展出发，有的从适应通用安全问题出发，有的从行业需要出发，有的从解决当下问题出发，有的从综合因素出发，等等。

个人认为：①根据安全学科的大交叉综合属性，安全学科研究生培养的课程体系应该面向世界未来的安全科学发展、有利于掌握安全科学通用理论、能够培养系统的综合分析解决安全问题的能力；②课程体系应该联系本科、硕士、博士等多个培养阶段的课程体系综合考虑；③课程体系不能与具体某些导师的研究方向和研究生做的学位论文挂钩，与学位论文内容直接相关的科学技术更多地需要在研究中学习，以及依靠导师的具体指导。

但解决现实问题往往是很多人考虑人才培养方案时的出发点，这种观点没有系统地考虑各层次人才培养的定位和结构，把研究生教育等同于职业教育了（不过在现实中还挺受欢迎）。许多人觉得应该从行业的特色和需求出发来设计安全学科研究生的课程体系，如设置矿业安全、石油安全、化工安全、交通安全、建筑安全、航空安全等课程，看起来好像各行业都有自己的安全一样，但看一下已有的教材内容就会发现许多内容都是一样的。讲安全原理，都是现有的安全科学理论那点东西；讲人的行为安全因素，各行业都是一样的；讲安全管理因素，各行业也是一样的；讲安全教育因素，各行业也是一样的；讲触电、物体打击、坠落、燃烧、机械伤害、粉尘、毒物、辐射等的危害机制，各行业基本上是一样的。不同的是讲专业技术时，各行业的技术肯定是不一样的，而这些专业技术是各行业所不可或缺的。因此，如果按照行业、专业来编写安全专业教材，一是难以写完所有的行业，二是内容上会出现大量的重复。

当然，让安全研究生熟悉一些专业知识也是有益的，但这是不是研究生教育的重点却是值得商榷的。而对专业技术知识的了解在本科阶段就已经开始了。有人说，既然这样，那研究生就在本科的基础上更加深化吧，加上"高等""高级"等定语就行了。如果照此思路，最高级的就是学习另一个现有的其他专业了，但这脱离了安全学科的范畴。

个人认为：越是高层次的人才所学的学位课程就应该越具有通用性，安全专业的硕士生学习的学位课程要比本科生具有通用性，安全专业的博士生学习的学位课程要比硕士生具有通用性和指导性。往某一具体领域深度发展的内容是不能作为学位课程的，那是研究生做论文时需要不断学习的内容，是导师的指导业务。

有关事故、风险、应急、检测、评价、管理、法规、教育、燃烧、机电伤害、中毒、职业卫生、个体防护等方面的比较通用的知识在安全专业的本科阶段已经学习了。

在安全专业的硕士研究生阶段，研究生通常需要完成 32 个学分的学位课程学习，包括一部分选修课，课程体系一般需要设置 20~25 门课程。学位课程肯定不是本科生课程的深化（更糟糕的是本科课程内容的重复），而应该是学习更具通用性的知识。

①对于安全科学来说，什么是更具通用性的知识？除了思政和高等专业基础理论以外，还有安全科学方法（如安全统计学）、安全科学原理（事故灾难预防和风险管理等原理）、安全系统学、安全信息学、安全教育学、安全文化学、安全人学（安全心理和行为管控等）、安全科学发展动态等。

②在安全工程方面，可设立的通用性学位课程有安全经济工程、安全文化工程、安全社会工程、安全信息工程、安全（风险）治理工程、安全设施工程、安全物质学、应急工程、保险工程、安全系统工程、安全工程发展动态等。

③当然，为了使研究生毕业时能尽快熟悉行业的情况，适当开设一些介绍典型区域、领域和行业内的生产与安全课程也是需要的，如城市与安全导论、公共安全导论、化工过程与安全、建筑工程与安全、石油开采与安全、交通运营与安全、矿山开采与安全等。

而在安全专业的博士生阶段，学位课程很少，除了思政和一两门高等专业基础理论以外，可以设立安全科学方法论、安全科学与工程发展趋势，以及由硕士阶段核心课程深化而来的相关课程。

（4）结语

在一些非常成熟的学科，研究生课程体系已经基本固化了。但对于安全科学与工程这一新兴大交叉学科来说，从不同视角不同维度进行思考，完全可以构建出不同的学科体系和课程体系。

另外，一个高校的任何专业的培养方案和课程体系都有巨大的惯性，其改变涉及教育管理制度、学科专业原有的研究方向、任课教师的观念和知识领域，甚至涉及个人的工作量等具体的细节等。课程体系甚至十多年都很难得到大的改变（新学科新专业稍微容易点），但改革和更新总是必需的。

我希望借助国务院安全科学与工程学科组等组织的推动，更多人能够投入安全科学的研究和研究生教材的撰写工作之中，使我国的安全科学与工程学科专业的研究生课程体系逐步走向成熟。

对增设应用层面安全学科专业的点滴见解(2019-08-25)

开会时有一些同行问我：现在有些高校在积极推动设立"应急管理科学与工程""国家安全学"等新的一级学科，你是怎样看待的？言外之意是安全科学与工程这个一级学科是否会被挤占，或是萎缩变小，或是被搞乱？

个人的看法是安全是人类的基本需要，如果马斯洛理论是正确的，在人类的五类需求中，安全是生理需求之上的第二层次需要。从人类需求层次的比例和重要程度来看，设立10个、20个，甚至更多的安全应用层面的相关学科都不为过。在2011年版的中国现有研究生教育体系里设立有110个一级学科，与安全相关的一级学科有安全科学与工程、公安技术等，之后又增加了网络空间安全等一级学科。如果现在再增加几个安全应用层面的相关一级学科，也不超过10个。因此，从安全的地位和安全学科的数量看，增加一些新的安全应用层面的相关学科是可以的。其实，安全学科设一个门类也是合理的。

安全应用层面的相关学科增加，表明社会发展了，安全更加受到重视了，安全学科发展了。新增安全应用层面的相关学科的前提应该是与原有安全学科共同繁荣、互促互补，不应该挤占原有安全学科的地位和作用，否则就是重复设置，挂个新名称而内容还是老一套就没有意义了，而且也难以维持下去。

在中国大学里，新增设一个学科并使该学科发展起来，是需要很多条件的：首先是国家主管部门的批准；其次是单位具备开设该学科的各种条件(包括师资、实验室、研究平台、基地等)；最后是有市场需要，能招得到学生，毕业生能找到合适的工作，这一条是最重要的。比如，我国高校开设应急管理专业已经有10多年的历史了，为什么开设该专业的高校还是只有那么几所，主要原因是没有广泛的市场需求。2018年成立了应急管理部，对应急管理专业和应急人才发展有一定的推动作用。但应急管理部是不管全国人才培养和人才就业分配的，这方面的需求还是要依靠市场的调节，不能盲目认为国家设有应急管理部就能把应急管理学生招进来和分配出去。

再谈点学理上的问题，一门学科的科学性是最根本的，技术和工程及其应用都是在科学之下的，技术和工程及其应用领域再大，可以设立的学科专业再多，其学理上也超越不了科学。比如：可以设立很多安全应用学科，如××安全学、××安全工程、××安全技术等，但都不可能比不加××通用；应急管理科学、国家安全学等都是安全科学应用层面的专业，都需要安全科学通用理论作为支撑。安全科学只有一个名字，但安全科学应用学科可以是无限多的。当然，从提升安全水平的视角来看，多增设几个应用层面的安全学科利大于弊。

再拓展陈述一下有关安全应用层面的学科问题。十多年前(2007 年),我在《安全科学学的初步研究》①一文中写道,在安全学科研究中,首先要认识安全学科的属性。安全学科具有综合属性,它所涉及的时空范围比任何学科都大;安全学科具有综合特性,它的应用涉及其他各种学科,因此其他各学科的知识都可以交叉、渗透到安全学科的研究中;安全是人类的基本需求,因此,在所有一级或二级学科的名称前面或中间加上"安全"两字,都可以说得通。

实际上,如果以人类的安全健康为着眼点来重新组合现有的各个学科,我们甚至可以得到一个全新的学科分类体系。因为人类的一切知识都要为人类服务,以人为中心对学科进行分类也不无道理,以安全为中心对学科进行分类也不无道理。当然,这些都是应用层面的安全学科。由此可以得出,所有学科都需要关注安全,也只有使所有学科都关注安全、重视安全和考虑安全,我们的社会才真正地安全。

研究生的专业名称是泛化好,还是具体化好?(2020-05-30)

国内外大学都有指导性的学科专业目录,但专业目录的细化程度各有不同,对专业目录的执行力度也各有不同。例如:美国国家教育统计中心 2000 年的 Classifications of Instructional Programs(学科专业目录)②就非常详细,相当于中国的《学科分类与代码》(GB/T 13745—2009)。但美国大学的自主权比较大,专业设置的名称也比较随意,可以不按引导性目录执行。中国大学的研究生和本科生专业目录不同于《学科分类与代码》,不分三级学科,学科目录数量相对有限;大学设置专业和招生时需要根据官方目录,需要获得批准,自由度相对较小。

2012 年中国开始第三轮学科评估,都是以一级学科为单位接受评估的。因此,在 2012 年以后,全国高校的研究生毕业学位逐渐以一级学科学位进行授予,把原来的二级学科专业当作研究方向,或是不写二级学科专业。因而他们的学位论文、毕业证书、学位证书等就都填写一级学科的名称。在专业硕士领域,2019 年,全国工程硕士的 40 个领域调整为电子信息、机械、材料与化工、资源与环境、能源动力、土木水利、生物与医药、交通运输等 8 种专业学位类别(我所在的专业"安全工程"被纳入"资源与环境",其实我觉得安全工程远超

---

① 吴超. 安全科学学的初步研究[J]. 中国安全科学学报, 2007, 17(11): 5-15.

② U. S. Department of education. Classification of instructional programs: 2000 edition [R/OL]. (2002-05-16) [2020-05-30] https://nces. ed. gov/pubsearch/pubsinfo. asp? pubid=2002165.

出资源与环境，且更能体现专业的特点），这样工程硕士的专业就更加泛化了，比如一个学生的专业是"资源与环境"或"生物与医药"，显然无法根据它们判断其专业特长。

因此就有了本文的题目：研究生的专业名称是泛化好，还是具体化好？下面从几个方面加以讨论，也欢迎大家一起讨论。

从管理机构来说，专业名称泛化，如都用一级学科名称，不用二级学科名称，其数量自然就相对减少了很多，这样是比较方便管理和统计分析的，具体的业务内容也简单多了。比如招生考试时，专业试题以一级学科出题目，其工作量就相对于以二级学科出题目要少多了，也省事多了。

从用人单位来说，他们对专业名称泛化大都不太赞成，因为企业招聘人才和用人时都更加注重实用性和人才的特长，如果专业名称太泛，单凭专业名称无法判断某人是否符合招聘的岗位需求，这样就需要更加深入地了解其具体学习的课程和所做的毕业论文等，但一些人力资源管理人员往往做不到这一点。在激烈的人才竞争情况下，专业过于泛化自然不太方便企业选择人才。

从学生本人来说，他们对专业名称泛化持有多种看法。专业名称泛化，在做学位论文期间在自己的兴趣范围和指导老师的课题领域内有更加宽广的选择性；在找工作时选择面也更宽，可以有更多的机会接触更多的岗位。但是在激烈的岗位竞争中，却容易被用人单位认为不够专业而处于劣势。

从学科发展的角度来说，专业泛化，涵盖的领域更加宽广，在交叉学科未形成自己的学科目录体系之前，比较有利于交叉学科的生存和发展。

我是从事交叉学科的研究和教学工作的，我比较赞成专业泛化。许多有识之士都认为交叉学科有利于科技创新和发展，而目前交叉学科在学科专业目录里面又很难占有显著位置，专业的泛化在某种程度上允许学科小交叉发展。因此，我在评审学位论文和各种项目申报材料时，不太考虑学生的论文内容或是申请人的标书内容是否属于所在的学科领域，注重的是其水平和质量。比如，以前评审过许多安全科学与工程领域的学位论文，有的是环境领域的，有的是机械领域的，有的是化工领域的，我觉得都没问题，只要学术水平和工作量够了就可以。可惜有不少人不赞同我的观点，他们把学位论文内容或申报项目的内容符合官方规定的目录范畴作为前提条件，当然这也有一定道理，因为内容需要与专业相符。

对研究生教育设立"应急管理"二级学科专业培养方案的建议(2020-04-04)

看了教育部学位办的《关于"应急管理"二级学科指导性培养方案征求意见稿》之后,出于职业责任感,我用心写了几条建议发到了指定邮箱。为了使我的建议得到更多人的参考,现发表出来,全文如下:

详细研读《关于"应急管理"二级学科指导性培养方案征求意见稿》之后,特提出以下几点建议:

①应急管理高级人才应该主要支撑和服务突发事件的应急管理工作。我国的突发事件应对法指出:"突发事件系造成或者可能造成严重社会危害,需要采取应急处置措施予以应对的自然灾害、事故灾难、公共卫生事件和社会安全事件。""应急管理"专业培养目标的描述应该与上面四个方面的理论、知识、能力和素养相结合。

②学科专业培养方向设置既要有适用性,又要与上述的四大应急领域紧密结合,还不能太多,建议在知识层次上划分研究方向,设立"应急管理基础"和"应急管理应用"两个学科方向,具体可以根据各单位自身的特色在两个方向前面添加界定词,如公共卫生应急管理基础研究、公共卫生应急管理应用研究、公共卫生应急管理政策研究等,以此类推。

③在学理上,突发事件也属于大安全的范畴,安全科学是所有涉及安全问题的理论核心,也是应急管理学科专业的理论核心和通识课程。因此,除了征求意见稿中所列的课程之外,建议应急管理专业设置安全科学方法论(博)和安全科学原理(硕)两门必修基础课程;设置安全情报学(博)、安全信息学(硕)、安全文化学(硕)和安全教育学(硕)三门专业课程(硕士)。理由是高层的应急人才需要掌握方法论和普适性安全科学理论;安全情报是应急决策的依据,安全信息是风险评价的支撑,安全文化是应急预防的法宝,安全教育是提升全民安全应急素养的唯一途径。上述课程都是文理兼容的知识,管理类和社科类专业的学生都能够学会。

④应急管理学科专业要与现有安全管理学科专业有别并互补。在学理上,应急管理是安全管理的重要组成部分,而安全管理是安全学科的一个方向。2011年,"安全科学与工程"(0837)正式独立成为我国研究生教育一级学科,"安全与应急管理"被设置为"安全科学与工程"之下的一个二级学科或学科方向。迄今,全国已经有近30所高校具有该一级学科的博士学位授予权,有40

多所高校有该一级学科的硕士学位授予权，有 170 多所高校（含三本独立学院）开办了安全工程本科专业，每年培养出大批的安全类人才，相当一部分毕业生所从事的工作其实就是常态应急管理预防和非常态的应急管理工作。新开设的应急管理专业毕业生需要有自身的就业领域、优势和特色以及竞争能力，才能确保专业的可持续发展。

国家安全学一级学科建设及研究生教育刍议（2018-10-31）

2018 年 4 月 9 日，教育部颁发了《教育部关于加强大中小学国家安全教育的实施意见》（教思政〔2018〕1 号），文件的目的正如其"内容概述"中所说，是深入贯彻党的十九大精神和习近平总书记总体国家安全观，落实党中央关于加强大中小学国家安全教育有关文件精神和"将国家安全教育纳入国民教育体系"的法定要求。

之后，许多高校及相关部门最关心的是文件提出的八项"重点工作"中的一项："推动国家安全学学科建设。设立国家安全学一级学科。"显然，这一条比较符合高校学科建设的"偏好"，很快全国有关设立"国家安全学一级学科"的研讨会就陆续召开，并有了很多建设性结论和成果。但我觉得这一条并不是文件最核心和最为重要的内容，其核心应该是开展全民安全教育，提升全民安全素养，将国家安全教育纳入国民教育体系。而这也正是"安全是每一个人的事，安全需要每一个人""安全教育从出生就开始""安全是一个系统工程"等安全科学原理的具体体现。

教育部提出要设立国家安全学一级学科，要依托普通高校和职业院校现有相关学科专业开展国家安全学专业人才培养，要遴选出一批有条件的高校建立国家安全教育研究专门机构，设立相关研究项目。许多高校便开始考虑设置国家安全学专业，并制订和开设相关的研究生教育课程，这是非常需要的。

但遗憾的是，国家安全学专业的开设及其课程设置尚处于探索阶段，目前尚不成熟。在我看来，不管在安全学之前加多大的帽子，不管是"国家安全学"还是"世界安全学"，他们都是安全科学（safety & security science）的一个大分支，而且是安全学应用层面的学科。在科学层面，不是帽子越大，学科就越大的。

在网上搜到的有关国家安全学一级学科下设的二级学科讨论中，不少人提到要设置的二级学科包括国际安全、国土安全、政治安全、社会安全、经济安全、生态安全、信息安全或网络安全、科技安全、文化安全等。我觉得有几个问题需要讨论一下：

①上述这些学科分支在已有的很多学科中都已经存在了,这样简单的重复设立有必要吗?

②以领域安全和区域安全为标准设立二级学科,这些学科分支有 N 多个,能设立得完吗?

③设立和建设安全新学科时,为何不思考一下各个学科分支的共性安全科学问题?如果没有共性的安全科学问题,那还有什么科学研究的意义?

④从实践的可行性上来看,设立那么多应用层面的二级学科,每个二级学科都搞一套招生和人才培养方案能行吗?一个有国家安全学学位授权点的单位一年能招多少名该学科的研究生?即使研究生的招生指标足够多,毕业生到哪里就业?

既然一些高校已经将国家安全学一级学科的研究生教育付诸实践,我作为安全界学科建设的参与者,也愿意结合在安全学科建设方面的经验,谈一点学科建设和研究生教育的课程设置问题。

下面就国家安全学专业研究生人才的研究方向和培养方案的课程设置提出一些意见:

①国家安全学专业要以一级学科为基础开展研究生招生和培养方案的制订工作,如果一定要设置二级学科,可以设立"国家安全学基础理论"和"国家安全学应用"两个二级学科。

②国家安全学专业的研究方向和内容要立足于宏观、整体及"国家"层面,才能体现国家宏观安全治理的战略,否则会与现有相关学科重复。

③国家安全学专业的目标必须聚焦于高级人才(主要是研究生)的培养,因为能够胜任国家治理工作的人才一定是高层次的人才。

④国家安全学的基础研究应侧重各领域各行业的共性安全科学问题和系统安全科学问题。

⑤国家安全学专业必须结合中国国情,以维护和服务中国国家安全为核心宗旨和任务。

⑥国家安全学专业授予的学位为管理学、法学、政治学、社会学、教育学比较合适。

根据以上意见,可进一步提出国家安全学一级学科硕士研究生教育课程体系的初步方案(不包括政治、外语类等课程):

①通用理论课程(第一层次)

包括安全科学原理、安全科学方法学、安全系统学、安全管理学、国家安全战略学等。

②专业基础课程(第二层次)

包括国家安全法学、安全社会学、安全文化学、安全情报学、安全科普学、现代安全教育学、安全统计学、比较安全学等。

③具体领域(行业)的专业课程(第三层次)

包括政治安全学、国土安全学、军事安全学、产业安全学、经济安全学、文化安全学、社会安全学、科技安全学、信息安全学、生态安全学、资源安全学、核安全学等。

至于国家安全学专业的博士研究生课程体系,可以根据上述课程进一步归纳和提炼,因为博士研究生的学位课程很少,所以只能设置几门课程。

安全学科建设杂谈

建设一流交叉学科难在何处——以安全学科为例(2017-07-06)

在过去的一个月里,相信不少高校都在忙乎一件大事——制订"双一流"建设方案。尽管这事与个人没有多大关系,但思考一下也无妨,而且对自己所在研究领域的规划也有些帮助,因此最近对于交叉学科的建设认真思考了一番。

为什么需要一个安全类专业(具体地说是安全管理专业)和一门安全学科?因为它是从实际需要中产生的,因为安全问题涉及人、机、环境、管理等诸多要素。在国际上,安全类专业是业界公认的交叉综合学科,安全学科涉及理、工、文、管、法、医、政治、经济、教育等,安全问题存在于生产生活的各个领域,安全无处不在,安全是一个真正意义上的跨学科系统工程问题。而传统的专业中没有一个能够解决安全问题的专业存在,因而在国外就较早地有了安全管理类专业,其专业定位不在于安全应用技术层面,而在于解决系统安全问题。

如果有些人觉得上述说法不够有依据,下面以几个事实为例科普一下:

①安全主要指人类本身的安全,安全以人为本。据统计,人因造成的事故占80%以上(国家安监总局近年的统计为95%以上),而解决人因造成的问题主要靠的是社会科学,这是实践所证明的事实。

②从预防控制事故的三大对策(工程、教育、管理,现在业界还公认需要加上安全文化)来看,安全教育、安全管理和安全文化基本上属于社会科学问题,因此预防事故也主要靠社会科学。而国内人为地将安全学科专业归属为工科,

这显然违背了学科本身的属性和发展规律，同时也说明有关主管部门和专家对安全学科的认识存在片面性。

③在国外，安全类专业可获得管理学、经济学、法学、教育学、工学、理学、医学等学位，而我国目前只能获得工学学位，这与国际明显没有接轨，也不符合学科属性。从目前仅能获得工学学位来讲，这一限制阻碍了安全类专业人才的培养、就业、毕业生的发展，同时也不利于安全学科专业按照学科的属性正常发展。

④多年来安全工程专业本科毕业生的就业情况表明，大部分毕业生都在企业和各级组织从事安全管理工作，安全类专业毕业的学生获得管理学学位更加适宜。

⑤从现在国内安全工程专业的培养方案看，专业课程中有50%左右属于社会科学类，如安全法学、安全管理学、安全心理学、安全行为学、安全教育学、安全经济学等，还有安全人机工程、安全系统工程、职业卫生等课程属于交叉领域。在2017年6月发布的JCR期刊中，既被SCI收录又被SSCI收录的安全学科期刊有 *RISK ANALYSIS*, *INJURY PREVENTION* 等10多个刊物。这也说明国际上都认可安全学科是社会科学和自然科学的大交叉学科。

既然安全类专业是一门大交叉综合学科，是针对安全系统工程问题和系统管理层面的需求而设立的，那么一流学科建设的重点自然就是系统安全工程领域。

可令人遗憾的是，现在国内的许多专家学者仍然把安全类专业当作工科和工程技术专业来对待。如果基于技术层面来建设安全学科，那就没有必要设立独立的安全学科了。因为安全技术与各专业技术是不可分割的，强行分割是违反客观规律的。

基于技术层面来建设安全类专业也不是单独设立安全类专业的初衷。如果在技术和工程层面独立出一个××行业或××领域的安全专业，某种程度上是在抢××技术或××工程专业的饭碗，是一种人为的分裂行为。在国外，没有一所高校会在采煤专业中分离出来一个煤矿安全专业，没有一所高校会在化工专业中分离出来一个化工安全技术专业，没有一所高校会在交通工程专业中分离出来一个交通安全技术专业，没有一所高校会在土木工程专业中分离出来一个土木安全技术专业，等等。如果从技术层面把安全独立出来，真的没有必要，对安全也起不到加强作用。

但在国内确实这么做了。××行业安全技术和××行业技术其实基本上是在做同一个内容，这就存在着很多人为干预的怪现象。比如在学科评估时，安全学科就会被行政决定其大小和强弱，一个单位要把安全学科做大，那就可以把各学科的相关技术都放一些到安全学科中。反之，安全学科就会变小。这种依靠挪位堆积、行政干预的学科建设方法对安全学科的发展没有一点帮助，可惜现实就是这样。

尽管安全科学与工程在2011年已经独立成为研究生教育一级学科，但在很多名录上还没有安全学科的地位，有关目录和数据库里还没有为安全学科正名，安全学科建设还任重而道远。

因为我国的许多专家学者对安全类专业的认识还没有与国际接轨，目前安全类专业仍落户在工学领域等原因，未来数年内建设一流安全学科的结果必将是：

①该重点建设的交叉领域没有得到应有的投入，而仍然将建设重点放在行业安全工程技术领域上。

②由于目前我国没有专门评价交叉学科的标准或独立的交叉学科评价系统，"三大奖""杰出人才"等适应专门学科的评价制度又一直存在，把安全当作工程技术的现状将继续维持，而且上述现象会被当作"安全就是工程技术"这一错误认识的理由，成为压制安全交叉领域发展的理由。

③安全学科的主流研究领域被视为另类研究领域，相关的研究人员也同样会被继续误解。

④一个单位安全学科建设的成果好坏可以取决于行政因素，一个单位要把安全成果放大就可以放大，只要把各专业的相关技术成果挪到安全学科就可以。

⑤如果长期把安全当作工程技术，则安全科学与工程类专业又会走回头路。安全科学与工程的中国高校研究生教育一级学科的地位在某一天可能会被撤销。

其实，中国的安全学科是有可能建成世界一流学科的，因为已经有170多所高校开办了安全工程本科专业，安全专业的人才济济，而且法律、制度及企业都已经认可和设立了安全管理岗位，上述层面的发展已经比较国际化了。而相反，比企业更加国际化和有更多人想要国际化的高校，为什么反而不理会安全学科建设的国际化呢？

我对"交叉学科"的感悟（2017-06-28）

最近，王秉写了一篇博文（《从事交叉学科研究真是"痛并快乐着"！——以安全科学为例》），论述做交叉学科研究的苦与乐，我除了点赞外，再写篇博文作为补充。

当代所有学科在某种程度上都是交叉学科,只是交叉的程度不同而已。对小交叉和自身学科分支的交叉现象,大家都习以为常、视而不见,但对大交叉学科却又非常不理解、不认可。不过,随着时间的推移,一门大交叉学科在将来也可能被人们认为是专门学科。

在今天,交叉学科不被认可的深层原因是很多人看待交叉学科时并不仅仅是看其知识体系的交叉程度,而是更在乎其应用范围是否跨领域、其服务对象是否跨行业等。应用跨领域、服务对象跨行业是会触动涉及领域和行业内的实际利益的,因此,大交叉学科除了知识交叉要被认可之外,还要在跨领域应用和跨行业服务中得到认可。知识交叉、应用领域交叉和服务对象交叉的大交叉学科,其得到大众承认所要经历的时间更长、过程更难。而应用领域和服务对象比较专一的交叉学科,其得到认可和转变为"假性专门学科"的周期相对更短一些。还有,交叉学科是否能得到认可与很多人为因素有密切关系,比如学科分类目录、人力资源分类的设定等。

我对研究层面的"交叉"的理解是:"交叉"是一种大智慧,是一种思想,是一种精神,是一种方法论,是一种创新,是一种碰撞,是一种竞争,是一种融合,是一种涌现,是一种窍门,是一种捷径,是一个利器,是一种需要,是一种规律……人类的发展历史一直伴随着交叉而前进。要形成上述理解,是需要经历一段时间的交叉研究实践才能做到的。其实,如何交叉本身就是一门学问,即交叉科学学(the science of interdisciplinary science),这里又命名了一门新学科分支。

我对做安全科学研究的评价是:做安全科学研究并不是做简单的"搬运工"。在浩瀚的知识海洋里寻找适用的知识需要付出艰苦的劳动(其实从其他已知领域筛选知识,组合成新的知识体系是很了不起的事),做安全科学研究也不是做简单的排列组合,它需要巧妙的设计思想和方法,才能组合成有目的性、整体性、相关性、重复性、实践性等特征的新的知识体系。这种新的知识体系不像实验科学,有一堆数据当作挡箭牌,可以架起一道厚厚的墙,使人不能直接知道其对错,因此,这种新的知识体系更具有真实性和实用性。

更重要的是,交叉学科的研究不仅是组合,而且会出现"涌现性",即出现1+1>2的情况,安全科学本身也有自己的专属知识和创新领域。

一说起很多安全理论来,好像谁都懂。但在没有说之前,问一下他们是否知道这些理论,他们却可能一脸茫然。如果过去没有人归纳过这些安全理论,那么就可以体现出理论创新上的价值了。有很多对的和有用的新知识,但很多人不知道,也不容易懂,这不就是体现出研究工作的价值了吗?安全科学研究可以让很多人省去很多时间去琢磨这些道理,而且可以表述得一听就懂。

我之所以有上述观点、认识、理解和评价，还得从自己的研究经历说起。先拿我过去的老本行采矿工程专业来说事。

现在谁都会认为采矿工程是一门典型的专门性工艺技术学科。但实际上它也是一门交叉学科。我在20多年前参加过一次中国科协举办的"青年科学家论坛"，报告的题目是"浅论采矿业的发展动力及发展我国采矿业的基本策略"[①]，在某种程度上论述了采矿工程是一门交叉学科。

例如："矿山地质"是矿山（矿床）区域的地质学，"岩体力学"是将力学用于岩体对象，"矿业经济学"是将经济学理论用于矿业，"矿井通风与空气调节"是将流体力学、空气动力学及热力学用于矿井通风，"矿山环境工程"是矿山中的环境工程问题，"矿业运筹学"是将运筹学用于矿业，"溶浸采矿"是将化学和生物方法用于采矿，"矿山工程项目管理"是将管理原理方法用于矿山工程，"矿山机械"是供矿山用的机械设备，"压供排"讲的空压机、水泵等设备都不是采矿专业造的，"数字化矿山技术"是将计算机用于矿山，"智能采矿"更是将人工智能技术用于采矿。搞化学化工的发明了新的炸药，采矿工艺就跟着改革；机械制造行业发明了更大的铲装运设备，采矿效率就突飞猛进；未来潜海或航天技术设备更加成熟和经济之后，深海采矿、月球采矿等就有了可能。

但采矿学科有那么多的交叉，为什么就没有人把它当作交叉学科呢？这主要是因为采矿这个专业的产出很单一，就是矿石；采矿专业培养的人才就是在矿业领域工作，跨出这个领域就是别的专业；采矿的作业地点就是矿山；还有采矿是一门古老的技术，有几千年的历史；采矿在学科分类、专业布局等方面已经根深蒂固，有了稳固确定的位置。

除了采矿工程的例子之外，还可以举出别的学科的例子。

下面再拿我现在做的安全科学来说事。

"安全科学"四个字的出现到现在不到半个世纪的历史。安全学科不仅在体系上是大交叉，而且其服务对象、领域和功能等都横向跨越了多个行业（甚至是所有行业）。现有的学科分类体系（具体地说，是数据库或各种目录）里以前就没有安全这一栏目。社会上还有很多人不知道 SHE 这个职业。因此，安全学科的研究出现上述诸多问题，不被人理解就是很正常的事了。

在这种情况下，做安全学科的研究虽然暂时很难得到别人的认可，但这也是开展奠基性研究的好时机。试想，现在新编写一本《岩体力学》，写得再好也不是什么大不了的创新，但在八九十年前第一位写出《岩体力学》的学者却是非

---

① 吴超.浅论采矿业的发展动力及发展我国采矿业的基本策略[M]//跨世纪的矿业学科与高新技术——中国科协第14次"青年科学家论坛"报告文集.北京：煤炭工业出版社，1996：149-154.

常了不起的!

其实,久而久之,有朝一日,安全学科也可能会被人认为是专门学科。比如,现在在安全界内,人们对安全管理学、安全系统工程、安全人机工程、安全法学、安全经济学、安全教育学等,也不会去追究它们是否是从别的学科引进来的,尽管它们之中带有很多明显的外来成分。

我自己的前后两段研究经历使我有了研究上的比较和选择。我前二十年做的是矿山安全技术,后十多年才做安全上游理论。我觉得做安全科学理论研究的难度比安全技术基础研究的难度更大,但其意义更大,最大的贡献是可以编撰出以前没有的教科书流传下去。

其实,一个学科专业的核心知识不过是由几十部教材和几十门课程组成的。如果自己的研究成果能够形成首部教材,并能够开创出数门甚至十几门新课程流传下去,这将是一件非常伟大的事情。在老的学科内不可能有这种机会,但安全学科有!而且做起来相对容易和快捷。这也是近十多年来我努力为之奋斗的目标。因此,我放弃了许多做安全技术的赚钱机会,而把时间投入不赚钱的安全科学理论研究之中,而且做出来的东西在现有单位的考核标准中基本上是不计工分的,也没有什么希望冲击所谓的大奖。哈哈,我真的是越老越傻了。

当安全学术遇上"工科脑袋"(2017-06-20)

日常生活中的安全大家都有实践经验。正因为如此,说起日常生活中的安全,好像谁都是专家。但复杂系统的安全并不是谁都清楚的,特别是在科学层面对安全进行的诠释,实际上极少数人能说清楚。

安全学科是一个典型的大交叉综合学科,理工文管法医等都涉及,自然科学和社会科学互相交融,工程与管理并重。该学科有其特殊属性和巨大的时空范围,这使得安全学科的研究内容和层次不同于专门学科,其组织机构和科研团队也不同于专门学科。

安全学科的研究内容可分为三个层次:第一层次是学科科学的研究,即安全科学学、安全系统学、安全科学方法论、安全新学科创建等方面的研究,这个层次的研究是不分专业或行业的。第二层次是安全专业科学的研究,如职业安全管理与监管、职业卫生与健康,以及相应的安全人才培养等,其基本理论、原理和方法很大程度上是通用的。第三层次是安全应用研究,如各行各业的安全技术、安全工程等,这一层次的应用理论、原理和方法是具有针对性的,各行各业不尽相同。

第一次层次是少数人做的研究，第二层次的从业人数相对较多，第三层次的从业队伍最为庞大，而且与其他各学科专业互相关联、相互交融、不可分割。

安全学科研究的三个层次没有决然分割，安全学科应用层次的研究与其他学科都有交叉，而且没有明显界线。特别是在安全技术领域，属于安全学科，还是属于其他学科，有着很大的主观性。

我经常遇到一些行业外的技术专家(包括安全技术专家)谈安全科研，他们一开口都会这么教训人："安全那么大，你能什么都做？什么都懂？安全科研要有特色……"乍听起来好像很正确。其实，这也暴露出这些人对安全问题和安全研究的内容一知半解，他们对安全学科的大交叉综合属性和安全学科的上中下游的了解是片面的。对于下游安全工程技术的研究，他们所说的完全正确，但上游安全学科的研究就不是这么回事了。

在工程技术的安全问题方面，我也经常遇到一些行业外的技术专家(包括安全技术专家)谈安全。他们把大量属于技术专业的问题当作安全问题的全部，经常仅用技术的尺度和眼光衡量安全问题。其实，在当今社会，一个工程除了技术层面的安全之外，社会政治、经济风险、人因问题等显得越来越突出和重要。一个工程仅仅在有限时期内在技术上是安全的，远远不能说明该工程是安全的。

同样，对于一个工程的安全问题，我也经常遇到一些行业外的技术专家(包括安全技术专家)谈安全。他们经常以当下为安，依据自己一段时期内的安全判断来下结论，对全生命周期的安全知之甚少，对系统安全和全生命周期安全欠考量。

出现上述问题的根本原因是这些人有着典型的"工科脑袋"。"工科脑袋"往往把安全问题当作技术问题，他们在想安全问题时从没有想到过人因。事实上人在安全中起着决定性的作用，物质的安全是在人之下的。一个人没有安全的观念，他怎么能设计出安全的东西呢？

"工科脑袋"一般缺乏安全管理的概念，轻视管理的重要性，好像管理是自然而然就有的事，根本不把安全管理当作学问来思考。实际上，安全管理是预防、控制事故的三大策略之一，管理也有很多规律可循，也有很大的学问。

"工科脑袋"遇到安全工程时经常就事论事，一开口一动手就是技术可行、经济合理，就是应用。

"工科脑袋"往往思想狭隘，看安全问题十分片面，随意否定做安全管理工作的人的作用，看不到安全管理的价值，把安全学科当工科，甚至还不知道世界上有 SHE 这么一个职业。

为了与这些"工科脑袋"沟通安全科研问题，往往需要花很大的劲向他们科普安全属性等基础知识，然后才能有一定的沟通基础。

上述问题还不是全部，"工科脑袋"一旦当了领导，特别是当了管安全的领导，问题就更大了。他们所提出的安全政策肯定有很大的片面性，在某种程度上可以说"工科脑袋"管安全也是一个安全隐患。

上述现象也暴露了长期以来文理分科所造成的不良后果。这种不良后果严重地影响了大交叉综合学科的发展，不利于系统思想的推广应用。

对不起，这篇文章要得罪很多人了，在此致歉。

学科建设中能增加一栏"时间投入的经费预算"吗？（2018-09-06）

近期，A 单位又在搞学科建设的花钱计划，有熟悉的老师发来材料，让我提提意见。项目分类有"拔尖创新人才培养投入、师资队伍建设投入、提升自主创新和社会服务能力投入、文化传承创新投入、国际合作交流投入"五大块。乍看一下，好像还挺新颖的，但思考一下如何实施，要多长时间才能奏效呢？以自己多年的经验和见闻来看，总感觉少了点什么，而且是很关键的一点。

多年来，领导们尽管尽心尽责地想搞好学科建设，调动大家的积极性，但表现出来的总让我们觉得领导们认为有钱投入就是学科建设，学科建设有钱就有了一切，似乎把这些花大钱的行为当作买彩票或是到餐馆点菜那么简单。学科建设如何花好钱本身就是一项非常复杂的科研项目，而且需要科研人员花大量的时间作为保障，可建设预算中就是没有"时间投入"这一栏。

也许领导们和外人会说，时间投入完全是和承担单位和人员的正常需要配套的，难道给钱还不够，还要给时间不成？但学科建设不是个人自己的事，现在高校教师有哪些人是闲着的？特别是那些能人，天天都忙得不可开交。他们能挤时间思考点学科上的花钱问题就很好了。既然上面逼着要花钱建设学科，花错了也不需要负多少责任，那就随意花吧。个别不负责的人更是觉得钱先花了再说，买了东西总比没买好，否则钱花不完还要回收和挨批评呢。

恕我不能提供具体的数据，从多年来高校的花钱效果看，许多钱是浪费了的。有些地方花大钱买来一些昂贵的设备，仅仅当作摆设之用，不仅没有什么产出，也没有发挥多少作用，而且单位还得安排专人看管和维护，过了几年就折旧甚至报废，实在令人痛心。

因此，对于学科建设来说，其经费预算中应该有一项"时间投入的经费预算"。如果没有，也至少要有时间投入上的承诺。这正如申请国家自然科学基金等项目时一样，要求申请者每年有足够的时间投入。否则，就会出现拍脑袋花钱、虚拟项目花钱、花钱花不到点子上的问题，更难说把钱花到刀刃上了。

学科建设有了"时间投入的经费预算"，建设者才能腾出时间投入"如何花钱"的研究之中。学科建设者有了"时间经费"，就可以去等效交换(减免)教书育人的工作量、开展科研(做实验和写论文等)的工作量和完成各种日常事务的工作量，才能够安排专人脱产研究如何花钱办事。

其实，进行学科建设时，分一小部分经费在时间上，才有可能做到精准投入、高效投入，才有利于鼓励学科建设者自主研发一些有特色、有知识产权的实验装备，才不至于为了省事省心而选购现成的仪器设备。特别是在一些高校的学科建设开始转入软条件建设的趋势下，提升自主创新、文化传承创新和社会服务能力等持久的公益学科建设内容如果没有较长时间的培育是不可能有效果的。总之，保证有足够的时间投入，才能达到希望的学科建设效果，实现花钱最优化。

近年我主要做安全科学理论研究，缺的主要是时间，因此写了这篇文章。

安全研究的回顾与展望(2017-02-07)

回顾与展望的话本来是我最不想说的，因为这往往是刻意而为的人才做的事。年轻人一般是不需要回顾的，他们需要做的是展望。今年(2017年)是本命年，是我跨入60岁的特别一年，还是写上几句吧。

我要回顾的不是过去的一年，而是过去的一轮，整整12年。12年来的正事不外是12个字：教学科研、教书育人、完成工分。但我想说的是业余之事，这12年是我将安全科学理论研究从业余兴趣慢慢转变为专业研究的12年。

尽管安全是一个老问题，但从学科层面审视，安全科学却是一门新学科。安全学科的上游领域存在着很多无人涉及的旷野，可以让大家任意去挖坑和造物。正是看到了这一点，我和我的研究生们一起在近10多年间投入了许多时间，构建出许多安全学科新分支，同时也填平了几个小坑，造出了几栋小楼。

要挖坑和造物，靠蛮干可不行，干什么事都要方法先行，而有效的方法绝对是没有现成的，需要在干中总结出来。因此，这些年我也在方法上花了很大的力气，并做出了一些成效。

挖了坑、造了物、有了方法还不够，还得梳理清楚造物的结构和活动的经络才行。因此，我这些年又在安全科学理论、原理、模型等方面花了很大的力气，发表了一系列文章。

本来我一直认为，中国是世界人口最多的国家，中国是各种事故高发的大国。在某种意义上讲，中国每天都在用巨大的生命和经济代价做安全现场试验，而且更多的是在做重复试验和低层次试验。在所有的专业中，几乎只有安全工程专业设有一门专门的课程——事故调查(公安刑侦除外),我们要充分珍惜每次事故(试验)给予的教训,对其充分研究。中国是最缺少安全科学理论的大国,中国是安全理论实践的最大基地。有了上面的几个"最",安全科学的文章和著作写成中文是最合适的。但可惜现在国内的高层学界喜欢认老百姓看不懂的洋文,觉得让人看懂的中文文章和著作都不稀罕。

为此,在2017年我们也准备写一组英文文章,以证明本课题组也还认识点英文,能在国际行业内的顶级刊物发文章。不过,比较难受的是写成英文之后还得折腾着翻译成中文,因为我的目标是将成果编入中文教科书中进行推广。

2017年及以后,我基本不想再挖更多的坑了。2017年及以后的工作重点是寻根、溯源、捕因、举纲,具体的内容还在脑海中酝酿。现在我国的科技精英一般过了50岁就当领军人物,动口不动手了,而我这小人物却庆幸自己到了60岁还能有兴趣且能自己动手写文章。这几天就写出了一篇自己还比较满意的文章来,也体会到自己动手才能获得深刻的思考经历、把握细节。

展望到此为止。本文还真算不上是一篇回顾与展望的文章,请见谅。

中国高校"学科建设"的问题(2010-06-24)

"学科"和"学科建设"是近十多年来高等学校内喊得最凶、叫得最响、让人耳熟能详的词汇。现在高校学科建设基本上是对官方所确定的某些学科(专业)的夯实、建设(当然也不排除一些高校对已有学科专业进行拓宽,甚至创新等)。在评选各种学科和给予经费投入时,国家教育主管部门细化出了一些学科建设的具体内容,如学术队伍、科学研究、人才培养、实验基地等,进而以学术队伍看院士、"百千万"、教授、博士的人数,科学研究看科研经费、获奖多少,人才培养看出了多少博士、高官、大款,实验基地看买了多少最好的设备仪器等为标准,评定出什么国家重点学科、省级重点学科、博士点、硕士点等人造学科层次和平台来。为了符合国家教育主管部门细化的学科建设内容,许多高校内出现了引进(购买)院士、抢项目课题、报奖专业户、博士化工程、重复购买昂贵设备等怪现象,还产生了一大批不懂"科学学"、说不清"学科"两字、只会跟风、以上述学科建设内容为专职工作的学科建设领导和教授。全国高校都在一个模式下追求"高校GDP""做大做强""排名""数字"等,像一个巨大的车间不停地生产和运行着。

《现代汉语词典》对"学科"一词的解释是:"1)按照学问的性质而划分的门类。如自然科学中的物理学、化学。2)学校的教学科目。如语文、数学。"2009年11月1日实施的新版中华人民共和国国家标准《学科分类与代码》(GB/

T13745—2009)中指出："学科是相对独立的知识体系。""由于应用目的的不同，会产生不同的学科分类体系。""学科应具备其理论体系和专门方法的形成；有关科学家群体的出现；有关研究机构和教学单位以及学术团体的建立并开展有效的活动；有关专著和出版物的问世等条件。"

根据上述的学科定义，就可以看出"学科建设"四字的硬伤，因为学科必须是已有的，学科建设就是在已有学科的基础上进行建设。这四个字首先忽略了新兴学科的创建，淡化了老学科的创新，看不到多学科的交叉与综合！

经过十多年的学科建设，国家已经将纳税人的数百亿元投入了高等学校的学科建设之中，可能相当部分的经费仅能支持为中国高校的某些学科专业加个国家重点学科、博士点等"帽子"而已，充其量只达到了自娱自乐的目的。难怪到今天还有人感叹："我们的高校为什么培养不出杰出人才？""中国的本土科学家为什么拿不到诺奖？""世界一流大学离我们还是那么遥远。"

学科真的能够建设吗？（2018-07-21）

这两天刚完成一篇有关安全学科体系的约稿，不禁想写篇学科建设方面的博文。

"学科建设"一词已经是中国高校内多年的流行语和口头禅。但多年来，人们很少问这样一个问题：学科是建出来的吗？学科真的能靠建吗？

在讨论上述问题前，先科普一下"学科"两字的内涵。百度一下："学科一般是指在整个科学体系中学术相对独立，理论相对完整的科学分支，它既是学术分类的名称，又是教学科目设置的基础。它包含三个要素：一是构成科学学术体系的各个分支；二是在一定研究领域生成的专门知识；三是具有从事科学研究工作的专门的人员队伍和设施。"

先不讨论上述定义的对错，我们可以这么理解，"学科"应该是已经存在的东西。对于存在的学科进行建设，最直接、最快捷、最容易的办法是大把大把地投钱，花大钱引进现有学科的人才，花大钱买世界上最贵最先进的设备，花大钱建造大楼大平台，花大钱宣传买名声（如花钱进行国际交流等），花大钱支持申请专利、发表论文、申请奖励等。回顾这些年中国高校的学科建设，几乎都是这一个模式。

学科可以建吗？如果一个高校有足够的经费，想建一个与世界上其他高校类似的新学科，或是把自己已有的学科做大做强、提升排名，则学科完全是可以建的，建设的方法也很简单，就是上面说的那个样子。

在学科可以建出来的指导思想下，许多科技领导必然会将通过各种渠道获得的经费投在已经存在的学科上，但这本身就意味着缺乏创新，这种学科建设只能起到扩大、提升、更新、改善等作用，至多是使现有学科更上一层楼，达到人多势众、帽子多且冠冕堂皇、平台大且设备值钱、场地宽敞且楼房高耸的效果，使外人感到震撼甚至望而生畏。可这些都不是革命性的、原创性的、从无到有的东西。

特别是一些财大气粗的高校，看到世界上有一个看好的新领域诞生，就马上花大钱搭建平台、引进人才，可这已经失去"首创"的机会了，已经不是最新的了。当然，之后大大小小的创新也会有很多，但大都是跟风，就算是能够超越，但基因还是别人的。

由此可以看出，能建的学科必定不是原创的，全新学科是不可能建出来的。其实，很多科技领导也不是不渴望首创，可是首创的东西是事先看不到的，而现在的评价制度和支持体系很难支持"看不到的东西"。

为了支持革命性、原创性的新学科诞生，学科是不可以建的。从这一点上来说，"学科建设"至少是用词不妥，应该是"新学科创建"，可还不存在的学科让人去建设也是不妥。

由此推论，学科评估和排名、学科专业目录和分类标准体系等都不利于新学科的创新。因为评估和排名只能针对已有的学科，在评估和排名的压力下，单位就会把人力物力财力放在已有学科的发展上，而忽视了新学科的培育。从这一点上来说，学科专业目录和分类标准实际上也是阻碍学科革命性创新的枷锁。但为什么学界又非常热衷于研究学科专业分类目录呢？因为有了学科专业目录才能名正言顺，才能得到国家的经费支持，学科专业才能生存下去。

通过上述的分析，我们可以得出一个奇怪的结论：现有的学科建设方式不利于新学科的诞生，不利于原创性学科的发展。这也可以解释一个问题：我们多年来的学科建设的确把学科做起来了，有些学科也做大做强了，但做出来的学科大都不是原创的学科。而在国外的一流大学中，校长、院长、系主任和教授们很少天天高喊学科建设。

过去十几年，我们课题组在开展安全科学新分支的创建过程中，基本没有得到应有的支持。由于创建的学科是大交叉新分支，没有对口的途径或学科目录可套用，而申请项目时更是被放在那些不可比较的学科之中，被送给那些没有共同鉴赏基础的专家进行评议，自然就处于很尴尬的处境之中。因为学校、政府机构的钱是支持已有学科的，是给已有学科做建设的。同样，已有学科专业外的研究成果的认同也会遇到同样的问题。

在没有得到支持和鼓励的情况下，只能靠创新者自己的力量去苦苦探索，只能靠创新者敏锐的预见力和坚定的信心不断奋斗。大家可以想象一下，成功的概率有多大？这种科研环境是否公平？回答显然是否定的。这种人只有撞大运才能取得成功。

因为资源是有限的，从某种意义上讲，对已有的学科投入越多，就对新学科的创新越不利。就像有些奖励制度一样，不设奖励的效果可能还好得多。

当然，如何支持革命性新学科的创新的确是一个难题，不做深入调查研究是不可能做得到的，靠现有的专家评议制度也不是可行的。过去已有一些有识之士明说了："创新是被专家投票投没的。"

在近年高校的"双一流"建设热潮中，我本来期望着有一些改进，但就目前的情况来说，还没有看到新的希望。

许多人在比较国内外一流大学的情况时，都会谈到大学科研文化的问题，甚至社会文化背景的问题。尽管我也有一些体会，但不想多说，以免大家误以为我是"梅西粉"，因为我不是球迷，我也不"媚西"。但谈点梦想和期盼还是可以的。

我希望研究型的大学最好不要引进那些以谋生就业为目的的人，这样的人也要主动不在高校中求职。高校的教师一定得是能自觉劳动的人。

在大学中，大家都各有所长、身怀绝技。有的是教学名嘴，有的是教育名师，有的是某一领域的理论专家，有的是某一专业技术的高手。大家都有自己说出来就眼睛发亮和自我陶醉的东西。

在大学中，没有什么大棒指挥，没有"三大奖"、CNS和重大需求等导向。

在大学中，每个人都有自己的自信和自豪，每个人都有一点世界首创的小天地。

在大学中，每个人都有自己的用武之地，人们之间既有竞争，又不争斗，既有激励，又互相学习，每个人都有自己的追求。

高校百花齐放的氛围才是孕育新学科的土壤，才是"双一流"大学的诱人景象。而探求革命性新学科的建设途径，也许就能够营造这种氛围，这就是我心目中的学科建设。

中南大学安全理论创新与促进研究中心及其 LOGO 的内涵诠释（2019-02-02）

为了彰显和促进中南大学安全科学理论研究及安全新学科分支建设的特色和优势，并使中南大学安全学科在"双一流"建设中发挥积极的作用，经资源与安全工程学院教授委员会推荐及中南大学学术委员会专家组论证，同意并决定成立"中南大学安全理论创新与促进研究中心"，中心挂靠于资源与安全工程学院(见:中大科字〔2017〕59号文件)。

安全科学理论创新是发展安全学科的关键和基础,成立"安全理论创新与促进研究中心"对安全学科的可持续发展具有重要意义。中南大学资源与安全工程学院的安全科学理论研究课题组近十多年来在安全学科建设和安全科学理论创新上做了大量的工作并取得了丰硕成果,为成立该中心奠定了基础。

安全学科是典型的大交叉综合学科,理、工、文、管、法、医等学科相互交叉、渗透、融合。以学科理论的通用性来分类,安全研究分为上游、中游、下游三大层次:上游侧重安全学科科学层面,研究重点为通用安全科学理论,研究的核心内容为安全新思想、新原理与新方法等,这个层次的研究不需要很大的团队;中游主要是安全专业科学技术,重点研究安全领域应用层面的专门安全工程科学技术等,相对于上游,其研究人数较多、规模较大,中南大学的相关专业有安全工程、消防工程及预防医学等专业;下游主要是各行各业的安全应用科学技术及工程,有大量的人员一直在从事该层次的研究和应用,这个层次的研究机构和队伍更多的是分布在各个学科专业里。

一门学科之所以能够建立并得到发展,离不开该学科自己的理论(特别是上游的通用性理论)体系的有力支撑。同理,安全科学作为一门独立科学,必须有其自身的基础理论体系。但安全科学作为一门新兴学科,目前其基础理论还很不完善,存在很多空白。因而,亟须开展上游的安全科学通用理论方面的创新与研究。

该中心的目标:立足安全科学,聚焦安全理论,关注交叉综合,把握安全前沿,创新安全思维,促进安全智库,引领安全发展。

该中心拟定的研究方向:安全科学原理与安全模型、安全促进与发展理论、安全文化学与安全教育学理论、系统安全学与城市安全理论、安全信息学与安全大数据理论、风险管理与职业健康理论、未来安全学与新学科分支创建等。

在此基础上,我们觉得有必要设计一个中心的LOGO。经过我和杨冕等人的构思,并请设计师进行了制作,形成了中心的LOGO(右图)。作为中南大学安全理论创新与促进研究中心的创建人,我有义务对中心做一个简介,对LOGO的内涵进行诠释。

该LOGO的内涵如下:安全学科为大交叉综合学科,学科具有系统属性。LOGO中,用圆形表示系统,用多层圆环表示多层系统

防护，也表示着安全的原理。多层圆环也像一个车轮滚滚向前，比喻我们不懈奋斗、积极进取。不断发展。LOGO 中的中英文大家都懂，这是最直白的表达。圆形体表示全球，体现了安全的范畴。圆形内有中南大学英文缩写 CSU 三个字母的两个圈，象征着安全组织结构体系和人造安全物体，而且该结构的中间是 C，整体构成 S，且隐含有 3 个 S，表示 safety，security，science。圆形最中间的中南大学四个字用方形印章呈现，又象征着车轴。外圆内方象征着安全理论的辩证思维模式，也使 LOGO 更贴近印章样式。整体圆球上插了一面旗帜，象征着引领和开拓等意境。旗帜上有字母 W，表示 world-widely，web，works 等内涵。W 上有小圆点，也像一个皇冠，象征追求和美好。旗帜上的不规则点状物代表安全理论是基于统计、数据等得出的。STIPC 是安全理论创新与促进研究中心英文的缩写，写在旗上也表现了中心的追求和作用。最底下的蓝色波浪是海洋和陆地的抽象化，也代表着研究道路的不平坦和研究人员的不畏艰辛。整体的圆形轮廓既像轮子又像地球，表示我们接地气、脚踏实地。旗帜也代表着仰望星空，这是研究中心成立的初衷，也是安全理论创新与促进研究工作的总体指导方针。旗帜由东方指向西方，象征着一种发展方向和东西方的兼容。圆形中的许多空白表达学术无止境，永远有发展空间，也表示我们能容纳万象。LOGO 整体以蓝色调为主，代表着纯洁、安全、健康、美好。

科研感悟杂说

　　不管做什么领域的科研，做久了都会有一些体会和感悟。科研需要有目标和追求，其实有很多途径可走，走多了也许就会找到适合自己的捷径。科研需要撰写和发表论著，这一过程会遇到很多事情，也会给我们留下许多体会和记忆。科研更离不开经费支持，通过申请项目获得研究经费也是一件很不容易的事情，往往也会留下很多故事和经验。安全科学是一门大交叉综合科学，其研究需要跨学科的视野，因此需要经常思考交叉学科的问题。总之，如果有心去记住科研的方方面面并把它们写出来，其内容是非常丰富的。当科学研究达到一定的境界时，不同学科能获得共通的东西，甚至自然科学、技术科学与人文社会科学之间都有一些相通之处。本章罗列了我的一些科研心得以及对交叉学科的认识，希望能够与大家形成共鸣。

科研心得点滴

开发自己专属的大脑思维科研平台(2022-08-23)

对于许多理工类(数学除外)的科研人员来说,一提到科研平台,可能就会联想到实验室、高精尖的仪器设备、高性能计算机与大型软件等,他们往往忽视了同样重要的另一个科研平台,那就是大脑思维科研平台。

为什么许多理工类科研人员大都不提大脑思维科研平台呢?因为他们一般认为大脑思维是每个人都有的,大家都有的东西就不必再提了。其实这也反映出了一般理工类科研人员没有开发大脑思维科研平台的意识,没有把大脑思维科研平台当作与高级实体研究平台一样重要的现状。当这种偏见成为习惯和理所当然时,研究者就会懒于思考,慢慢变成高级实体、实验研究平台的高级操作工。一旦脱离这些实体,他们就不会做科研和写论文了。

一味依靠实体科研平台的研究人员,其科研结论往往只以数据、图像、现象等说事,科研过程中缺乏事前、事中、事后的分析、推理、类比、演绎、预设、憧憬等,其研究往往是研究周期的一个阶段,而不是科研的全周期。

个人认为,人的大脑并不能都被称为思维科研平台,大多数人的大脑与成为思维科研平台的大脑是有本质区别的。简单一点比喻,可以说是一台只装有普通操作系统的计算机与一台装有专业高性能功能软件的计算机的区别,有了高性能的专业功能软件,计算机才能进行专业的科研计算分析并显示结果。

话说回来,理工类科研人员也有一部分高手,他们既能很好地利用高级实体科研平台,也能很好地运用思维科研平台,而且能使两个平台循环作用、相互促进、螺旋上升。他们的科研水平自然高人一等,成果也令人刮目相看。

但总的说来,与科研实体平台比较起来,理工类科研人员对大脑思维科研平台的开发和运用,还是很不够的。特别是在我国,我们的理工类专业很少开设思维科学方法论和逻辑之类的课程,也很少借鉴人文社科类的研究思想和方法,即使是偏重理工科类的系统科学和系统思维,理工类科研人员也很少关注和运用。说句不太好听的话,大多数理工科学生的大脑还不能称为思维科研平台。

其实,对于人文社科研究来说,他们不是不需要实体科研平台,而是很难构建出理想的实体科研平台。久而久之,他们运用大脑思维平台便相对更多一些，甚至完全依靠思维平台。比如小说家，他们的作品完全是依靠思维平台完成的。人文社科研究人员由于缺乏实体科研平台来获取直接的数据，他们更多的是通过社会实践这个更大的实体科研平台来获取数据，例如运用历史研究法、社会调查法等，高水平的人文社会学者都非常善于从社会实践中获取有价值的信息。随着科技的不断进步，有些人文社会学者也开始尝试使用实体科研平台了。

个人觉得，实体科研平台和大脑科研平台对于科学研究同样重要。不能有条件构建实体科研平台，就忽视了大脑思维科研平台的开发。如果很难有自己的实体平台，就只能靠大脑思维平台进行研究了。开发自己的大脑思维专属平台，就可以随时随地地开展研究了，如进行思辨研究，这类似于实体场景和虚拟现实的研究。

对于我所从事的安全专业来说，安全是一门大交叉综合学科，是文理并重的学科，更应该同时重视实体科研平台和大脑思维科研平台的作用。

追求自己的代表作(2015-03-16)

一方土地出了一位历史名人，该名人可谓是该地区的代表作。一个家庭养育出一个优秀儿女，该儿女可谓是其父母的代表作。作家、画家、舞蹈家、音乐家等向社会展示其专业成就时，往往都需要拿出他们的代表作。

在学术界，代表作的应用更是普遍。诺贝尔奖的评定依据的是科技发明或发现的代表作，参评科技奖需要拿出成果代表作，评职称需要拿出论文代表作。上面说的这些代表作是他人或组织机构要求的代表作。

我这里想说的代表作是个人追求的自己的代表作。当我们有了自己追求的代表作目标以后，它带来的力量、乐趣远比获大奖、当院士、成名人等来得更加实际。"三百六十行，行行出状元"在某种程度上也是各行各业的人在追求自己的代表作。

追求一篇论文代表作，可以使自己做研究时精益求精，写论文时一篇比一篇水平高、质量好，进而使自己进入所在领域的前沿。

追求一个专利代表作，可以使自己做产品时不断创新，不断做下去说不定就会形成一个领先产业。

追求一部专著代表作，可以使自己专注做一个方向的研究，形成系列的研究成果，进而创立一个独特的研究领域。

追求一本教材代表作，可以使自己养成严谨的思维方式，学习和积累同类教材的优点，使得教材一版再版下去。

追求一本科普代表作，可以使自己持续关注科普读物，关注大众读者，坚持下去就可能成为一名成功的大众读物作家。

追求一门课程代表作，可以使自己不断积累该课程的素材，不断提高自身的讲课技巧，成为一位真正的教学名师。

追求一个学生代表作，可以使自己逐渐成为伯乐、成为教育家、成为大师。

总之，自己追求自己的代表作，是实实在在的理想，对个人、他人和社会来说都是正能量，都有积极的作用。追求自己的代表作不一定需要他人来评定，一般不会有造假骗人和自欺欺人的恶念。追求自己的代表作不会像追求金钱、权力、名利、地位时那样，让人变得不择手段、毫无是非观、没有底线。

说说内心的代表作评价标准（2021-04-29）

在大多数人的学术生涯中，能够作为代表作的文章并不太多。而且文章越多，自己越难选出代表作来。其实，选择代表作的标准可以有评价体系的标准、同行专家的标准、自己的标准等，而且三者可同也可不同，对于有个性的学者来说，三者往往是不同的。

按照评价体系的标准，代表作往往是在牛刊和顶刊发表的文章、高被引文章、获奖文章、有效益文章，甚至是外文文章等。同行专家评价代表作的标准往往也是评价体系的标准，除此之外还有评价专家自己的理解、偏好、感情和关系等因素。很多人会根据需要迎合不同的标准，选出自己的代表作，以求得到一个好的评价。

如果由我来选择自己的代表作，说实在的，如果是为了让制度或他人评价，那也只能是根据上面的标准进行选择。但如果是按自己内心的标准，那就不一样了，我的代表作是发表多年之后自己还能够记得住内容的那些文章。

那什么文章经过多年自己还能够记得住呢？具体说来是多年来自己还一直在自引的文章，尽管文章自引一般不被视为评价指标。说起自引，许多人也许会笑着说自引文章不就是自己宣传自己吗？如果是自吹自擂的自引的确没有什么意思，也不是我想说的，我要说的是真心诚实和出自需要的自引。

理由如下：能不断引用同一篇发表多年的老文章，必然是因为后面所做的研究与该文章具有相同的出发点，后续所有的研究是成体系的研究。在某种意义上，该文章是具有开创性的文章，是里程碑式的文章。另外，在心里思考一下自己的代表作，也有利于自己进一步确定未来的研究方向和重点。

为了具体地进行说明，这里不嫌自吹自擂一下。近十多年来，我独立或与研究生一起发表了很多文章，自己一直在引用的文章主要有三篇，它们不是英文文章，也不是什么牛刊文章，按照现行评价体系的标准，都是记不上工分的普通中文文章，这三篇文章是：

①吴超.安全科学学的初步研究[J].中国安全科学学报，2007，17(11)：5-15.

②吴超，杨冕.安全科学原理及其结构体系研究[J].中国安全科学学报，2012，22(11)：3-10.

③吴超.安全信息认知通用模型及其启示[J].中国安全生产科学技术，2017，13(3)：59-65.

第一篇文章发表以后，标志着我的科研方向从以前的矿山通风安全与环保转入了安全科学研究的上游领域，该文章是一篇关于"宏问题"的文章。该文章的基本思想成了我后面指导一二十名研究生的选题源泉，基于该文章创立了许多安全科学新分支，发表了100多篇相关的论文，出版了《安全科学方法学》《安全科学新分支》《比较安全学》《安全统计学》《安全文化学》《安全科学方法论》《安全系统科学学导论》《安全相似系统学》等著作，开设了几门研究生新课程。在研究过程中，还引出了上面所列的第二篇文章，并至今还在继续着系列研究。

第二篇文章是关于"核问题"的文章，在第一篇文章的宏思维指导下，我开始寻找所在学科的核心科学问题，认为安全科学的核心理论是安全科学原理，从而与当时的研究生杨冕合作，写成了第二篇文章。之后，在近10年的时间里，我以大安全为视角、以获得普适性安全科学原理及其体系为目标，指导20多名研究生从事该领域的研究，从事安全自身领域和安全交叉领域两个范畴内的安全科学原理研究，并于2015年申请获批国家自然科学基金重点项目"安全科学原理研究"；在安全哲学原理、事故致因原理、安全模型原理，在通用层面的安全人因科学原理、安全自然科学原理、安全技术科学原理、安全社会科学原理和安全系统科学原理等方面发表了100多篇系列研究论文；出版了《安全科学原理》《新创理论安全模型》等著作；建成了"安全科学原理"和"安全科学微专业"两门在线慕课，载于智慧树平台。

第三篇文章是关于"元问题"的文章。经过10年左右的思索和研究，我觉得需要从"宏问题""核问题"向"元问题"进行转变，因为安全元问题类似于一颗安全理论的新种子，可以在安全科学领域生根发芽、开花结果、推广传播。因而，我在2017年发表了第三篇文章。该文章为了揭示复杂系统内安全信息传播的机制与故障模式，发展新的安全模型，以安全信息认知过程为主线，以安全信息失真、缺失及不对称为主要问题，构建了一个系统中的安全信息认知通用元模型，根据不同的场景条件和类型可以重构出多种具体的应用模型。该模型可用于事故致因分析、行为安全管理、系统安全设计和事故防控等；该模型表达了由安全信息失真或不对称引发的事故致因机制，同时提供了事故的诊断、干预、预防、控制途径及系统安全设计的策略等方法论层面的信息；根据该模型还可推论获得一组安全科学新概念和新方向。在之后数年里，我指导几位研究生从事该领域的研究，发表了数十篇文章，并将出版《安全信息学》《安全情报学》等著作(王秉为第一作者)，同时开出了相关的研究生新课程。该研究方向也将不断地继续下去。

由于上述原因，上述三篇文章一直在不断地被我自己和课题组自引。如果学术生涯中有几篇自己觉得可以不断引用的文章，即多年后自己还能够记得住的文章，这也是一件挺有意义的事情，尽管很多人对自引还是抱有贬义的评价。

顺便提一下，对于文章引用方面的知识我没有做什么了解，如果设计一个单篇文章连续自引指数，涉及时间、自引次数、自引周期等参数，也许也是需要和有意义的。

对"著"一部本科核心教科书的理解(2014-11-05)

"著"一部专著相对容易。因为只要找准一个方向坚持做深、做细、做精、做专，若干年后必将可以形成专著，作者也可以理所当然地写上"××著"。但专著绝非教科书，特别是本科核心教科书，因为专著不需要满足普适性和系统性，不需要考虑在该学科专业的知识份额，许多专著的读者可能寥寥无几。在一部本科核心教材上写上"××著"(那些大胆地以"编"代"著"的狂人除外)，那要比专著上的"著"难上百倍。可惜我们现在对本科教科书的重要性和难度的认识还不足，大多数人都以"编书"的视角来衡量写作教科书的工作量和难度，因此他们更看重专著而轻视教科书。

为什么本科专业的教科书一般都是"编"或"编著"的呢？因为一本书能作为教科书一般都需要具有普适性、成熟性、系统性，除此以外还要在层次、结构、知识体系等方面有独特之处，使学生易学、老师易教，学习和教学的效果俱佳。

教科书的"普适性"是指书中介绍的知识具有通用性，是一个专业的所有学生需要掌握的基本知识，适合各个高校该专业的学生学习。所谓"成熟性"是指教科书中的知识是经得起检验的，是值得学习和具有应用价值的。所谓"系统性"是指一部教科书的内容足够开出一门课，因为一个专业通常是由几十门课组成的，内容很少的教科书是不足以设置一门课程的。

因此，一部教科书需要集合所在领域众多科学家长期研究的相关成果，还要经过不断升华才能形成，故教科书以"编"居多。靠一个人的力量"著"一部教科书绝非易事，但也并非不可能，这需要天时、地利、人和。

所谓"天时"是指你所在的时间段存在这种实现的机会，比如正好赶上社会需要建设和发展一个新兴专业。这时只要有超前的意识和提前多年的研究积累，新著一部教科书就比较有可能。所谓"地利"是指正好你所在的学科专业有这种新兴专业，有这种条件推广你新著的教科书。所谓"人和"是指有团队或研究生来共同与你做这件事。

对于诸多老学科专业来说，所有教科书已经基本齐全了，专业的课程设置和几门核心课程也基本成了定式，即使有新的基础研究成果也只能编入原有的教科书，起到增补充实的作用，形成再版或新编的教科书。能够找到一个全新的学科方向，并多年从事该方向的研究，产生一大批成果，而且这些成果足以构成一部新的教科书，那是极少学科和极少人能够做到的，可谓难上加难。

为何我认为"著"一部本科核心教科书那么重要呢？这是因为一个学科专业不外是由几十门课程组成的。如果能为某一学科专业开创一个新的研究方向，撰著第一部奠基性教科书，并使之在高校中被广泛推广使用，那将是一件非常值得纪念和引以为豪的事！这也是个人近十年来不懈努力和坚持追求的目标，也是自己设定的学术评价标准和不计报酬地工作的精神动力。

安全是一个古老的问题，但它作为学科专业却是崭新的，目前具有上述天时、地利、人和的条件和优势。我希望未来可以实现这个追求——"著"一部本科核心教科书。

提高文章鉴赏能力，从读懂作者的"预设"开始（2020-03-17）

在大学高级人才培养目标中，有些类似的要求，如高级人才在学术上需要有独立思考能力、鉴别能力、欣赏能力、批判能力等。高校的教师或各类评审专家更应该具有上述能力。这些能力如何培养？这是个重要的问题。

最近我有空阅读一些平时不能静心阅读的书和文章，也有空思考一些平时不太关注的问题，并有了许多新的感悟，其中一个感悟是感觉"预设""界定""条件"这些词越来越重要了。这一感悟也为上述问题提供了答案，即本文的标题："提高文章鉴赏能力，从读懂作者的'预设'开始。"通过文章的"预设"可以看出文章的格局、品位、通用性、创新性、目的性等，它也隐含着文章的不足与局限性等。

尽管本文主要讲文章的鉴赏，但其实在审视别人的行为、欣赏一部电影、解读一段历史时，也都要从读懂"预设"开始。"预设"对于自然科学和社会科学的研究一样重要。

我们这个世界出现的问题都是复杂问题，人们在解决问题时，大都需要切入点，即需要有预设。如果凡事都从整体上进行研究，那是哲学层面的研究，是很难接地气的。

读文章，首先要读懂作者的预设，看文章是一般的泛泛而谈，还是具体到某个视域，即是基于某一时空的持存性而言的。有的作者主动在文章开头就进行了说明，比如科技研究的假设或条件等；有的作者不知道需要说明，他们不知道自己写的文章是有局限性的；有的作者是有意不说明，特别是一些有意蛊惑人心的煽动性文章；有的作者还设置障碍，不让读者明白，以夸大文章的作用或是愚弄读者。这就更需要读者进行分析判断了。

读者想要有读懂作者"预设"的能力，也是需要有基础的。比如，要有多视域、多视角、多层面地看待问题和分析问题的能力，有唯物辩证的思辨能力，有一定的知识基础等，还不能受主观的支配和感情用事，还要懂人性，了解一些写作心理学等。

如果有了读懂作者预设的能力，人们就不会盲目崇拜专家、院士、领导等的学说了，因为他们所取得的成就很多都是有条件的，在引用别人的东西时，也不会盲目相信了。

有了能够读懂作者"预设"的能力，就不会轻信谣言，因为谣言中通常也是有预设的。读懂了一段信息的预设，就可以很容易地识别其是否为谣言。

从某种意义上讲，本文讲的也是一种方法论。

科研：从"方法"开始到"方法"结束（2015-08-24）

多年来，不管是我看的、学的、审的，还是经手的科研报告、学术论文、学位论文，总感觉其中最缺少的是"方法"，特别是在工学领域，理学的相对好一些。

我们很多的科技工作者或研究生习惯于一开始着手做科研，就马上切入正题干起来。当然这些人也不是一点都不讲究方法，他们的方法还是有的，比如立即想到的是"文献检索—现状分析—现场调查—实验测试—模拟仿真—方案比选—优化结果"等常用套路。其实，不同的科研项目采用的研究方法可以是各式各样的，远远不止是这几个基本套路，在研究之前，具备有针对性的完整方法非常重要。方法是科学研究的灵魂。方法得当，事半功倍，科研从方法开始。

至于对研究成果、研究结论的描述，很多科技工作者或研究生更多的是就事论事，把获得的结果陈述一番就完了，稍微引申分析的都很少，能够从整个研究过程中提炼出适合本类项目的研究方法或新的方法让别人去学习的少之又少。就算不能提高到提炼新方法的高度，谈点研究经验也是很重要和很需要的。特别是发表论文时，读者要学习的主要是你做研究的方法或经验，而不是想知道你做了什么事和得出了什么结果。这就是我想说的，科研以方法结束。

上述两种方法是完全不同的。前者指做某一科研项目所采用的方法，是大家都在使用的方法；后者则是指由做项目取得的成果而总结出来的具有高度针对性的方法，是自己发明的，也是成果的一部分，是后人开展类似研究可以借鉴的操作指南。

科研重视从方法开始到方法结束的模式，其实不仅可以使研究成果更加有分量、更有推广价值、让别人更受益，而且可以不断提升自己的科研水平和科研效率。

科研从方法开始到方法结束，可以是一个不断循环和持续改进的过程。如果多年做多个同一领域的课题，每次开展新课题的研究时，如果能认真琢磨将要采用的方法、借鉴老方法、设计新方法，一定会大获成功，也会在无意中成为方法论专家。

很多人谈起方法时好像都懂，甚至还能指导别人如何使用方法。但方法的内涵是非常丰富的。从科学的角度来说，方法是人们认识世界、改造世界所采用的方式、手段或遵循的途径。"方法"一词源于希腊文，意思是遵循某一道路，亦指为了实现一定的目的必须按一定程序所采取的相应步骤。人们在实践活动的基础上，分析研究客观世界的实际过程，掌握发展变化的科学真理，为人类谋福利，这就是人们认识世界、改造世界的目的，要实现这个目的，必然要进行一系列思维和实践活动，这些活动所采用的各种方式、手段、途径，统称为方法。

方法是有结构的。一般说来，方法由五种要素构成，即目的、知识、程序、格式和规则。这五种要素在方法中各占有不同的地位，具有不同的功能，起着不同的作用。这五要素的功能为：①目的是方法的灵魂，它决定着程序、格式和规则，其他要素都是为目的服务的，并随着目的的改变而改变。②知识是方法的基础和依据，它为目的、程序、格式、规则提供经验和理论，并可以直接转化为方法。③程序是实施方法的过程的规定，它标志着方法所经过的途径。④格式是目的由一程序过渡到另一程序的中介和桥梁。⑤规则是方法中诸要素的法约，它规定着方法的适用范围，在总体上全面规范着主体行为。

我在早年也是一个做科研时不懂方法的工科男，过去的专业教师也没有教过我们这方面的知识，学习马列哲学时都把它当作政治课看待。我非常欠缺理性思维训练，也认识不到哲学的意义。近十多年来，我慢慢转入安全科学理论研究领域，才慢慢懂得了方法论的道理和价值。因此，我在2011年出版的《安全科学方法学》一书的扉页上专门写了"作者心语"，以表达自己的感悟。下面是其中的几句：

亲爱的读者，不知您在做科研、设计、管理、工程等之前是否系统阅读过一本科学方法类的著作？如果没有，本书作者诚挚建议您尽快做这个尝试。因为作者在编著完此书时，深深地后悔自己晚读了此类著作20年！要不然自己过去的很多工作都可以事半功倍。

学习科学学，让人志存高远；学习方法学，让人一通百通。

知识给人力量，方法使人聪明。安全科学方法学是安全科学的灵魂。

从安全科学方法学的高度开展研究，才能获得更加重要、更具原创性和更加系统的安全科学理论成果。

安全学科的综合特性赋予了它浩瀚的时空范围，安全科学方法学是研究和发展安全学科最重要和最基本的方法。

安全科学方法可以是单一的方法，也可以是多种方法的组合，还可以是方法套方法。只要能够解决新问题，方法组合其实也是一种创新。

安全学科知识十分浩瀚，涉及各个专业。一个大学生在学校学习的时间非常有限，因此，教会学生掌握自学和发现知识的方法尤为重要。这样的老师才是一流教师，安全学科专业更需要这样的教师，因为与安全相关的知识和技能在学校是不可能学完的。

学科和成果 VS 树木①(2014-11-30)

①学科 VS 树木

将学科比作树木不知是否恰当。体育、舞蹈等科目如"赏形类"树木，音乐、文学等科目如"赏叶类"树木，电影、绘画等科目如"赏花类"树木，建筑、制造等科目如"赏果类"树木，地学、地质等科目如"赏根类"树木。

有的学科如"独赏树"，有的学科如"遮阴树"，有的学科如"行道树"，有的学科如"防护树"，有的学科如"地被树"，有的学科如室内绿化"装饰树"。

有的学科如乔木，根深枝大叶茂；有的学科如灌木，根浅枝细叶小；有的学科如藤木，只能缠绕或攀附其他树木；有的学科如匍匐植物，只能匍地生长；

---

① 本文系为研究生做学术报告时所做的比喻。

有的学科如有果的树，有学科如无果的树；有的学科如到处都有的树木，有的学科如局地才有的稀少树木。

　　有的树能活千年万年，有的树只活不足百岁，学科也如此。有的树耐寒耐旱耐温，拼命挣扎顽强生存，有的树长在沃土中沐浴着阳光茁壮成长，学科更是如此。

　　在地球的生态系统里，所有的树木都很重要，都对保持生态平衡发挥着各自作用。但从人类的某一时段、某一目的、某一视角看，不同树木的重要程度却大不相同。我们的学科何尝不是一样，从整体上看和从局部上看，从长期看和从短期看，它们的功能是完全不一样的。

　　树木生长有自然规律，树种不能随意改变。学人选择什么学科，可以参考自己对树的价值的认识，看自己愿意成为什么类型的树、在哪里生长、起什么作用……

　　鸟择木而栖，学人可择学科而研究之。树因其果而为人知，人也可以因其成果而名扬天下。

　　②成果 VS 树木

　　每个学人的研究成果都有如一棵树的某一部分。

　　有的成果如树的种子，能再生根、长枝、生叶、结果、繁衍。

　　有的成果如树的主根，能够为树干、树枝、树叶、树果提供养分，却不为人所见。

　　有的成果如树的旁根，只有依附主根才能成活，但又为主根提供力所能及的养分。

　　有的成果如树的主干，挺拔粗壮，支撑起大大小小的树杈，同时不停地传输营养给大小不一的树枝。

　　有的成果如无数的树丫，能够长出和支撑起无穷多茂密的树叶，能结出花果，经受着无时无刻的风吹雨打。

　　有的成果如微不足道的树叶，它们能够为树枝增添绿色，发挥光合作用，吸收二氧化碳和放出氧气，还具有吸尘、减噪等环保作用，但随着秋冬的到来会无声无息地凋零。

　　有的成果如果实，在树根、树干、树枝、树叶的支持下长成，为人所食用。

　　从整体上看，一棵树的所有部分都很重要，而且它们是相互依存、相互发展的。但从局部上看，树各部分的重要程度上的差异就突显出来了。无疑，树的种子是最重要的，可惜当今能够成为新树种的研究成果少之又少。更多的成果是通过杂交、嫁接、转基因等方法形成的新品种。

　　树的主根、主干是不可或缺的，如果没有了它们，这棵树必然死亡。少了辅根、树枝、树叶、树皮等，树仍然可以短暂存活。学人开展研究时想成为树的哪个部分？这是自己可以选择的。

当前，许多科研管理部门和人才培养机构渴望立竿见影的大成果和杰出人才，想多快好省地培育出新树、大树、摇钱树、富贵树。他们连杂交、嫁接、转基因等方法都不愿意采用，而是采用移栽、猛施肥料、添加激素、拔苗助长、加模塑造等方式，甚至不惜制造人工假树，可想而知，长出来的树不可能是新树，而是畸形的树。

外因需通过内因起作用。科研部门是不是应该把重点放在新种子的培育上呢？如果培育不出全新的树种，至少可试试杂交、嫁接、转基因等方法，也许会获得好得多的效果。

闲谈做学术的时间（2020-06-21）

这学期非常特殊，2020 年 1—4 月，国内的疫情很紧张，因此我遵守规定自觉待在家里。另外，这学期只有一门本科生的网络课，另一门研究生课选课学生不够不用开了，其他教学工作就是远程指导几位本科生和研究生做论文，总的教学工作不多。

因此，1 月到 4 月我有大块连续的时间可以专心做自己的事，写成了 6 篇在期刊上投稿的中文理论文章，完成了一部书稿的编撰工作。我感觉那时的写作效率特别高，能够静心干成自己想做的事。

可到了五六月份这段时间，国内疫情形势缓和了，单位的事务和外面的事务增多了，再加上本科生和研究生的毕业论文指导与答辩工作，尽管在家里待的时间总和也还算比较长，但能够连续做事的大块时间没了。相比之下，此时感觉与前几个月的状态大不相同了，心里惦念着有两篇理论文章要写，但总静不下心来。究其原因，是我年纪大了，毅力和给自己的压力不够，更主要的是要完成一篇理论文章的撰写，的确需要安静的心境和大块连续的时间。

其实，这种体会多年来一直都有，也写过相关的博文，只是这学期的体会更加深刻了。

除了教学、指导学生及日常事务等会中断科技工作者的大块连续科研时间之外，开会、申请项目、谈合同、人际交往等都会造成影响。特别是搞项目弄经费更是会影响科技工作者做研究和写作的连续性。

我这几年为了争取有比较多的时间亲自做研究和写作，放弃了不少拿项目搞经费的机会。尽管五年前申请获批了一项国家自然科学基金重点项目，但两三百万元分成五年给付，还有合作单位要分，每年的科研进账在一个工科类学科里显然是不及格的水平。怎么办？我还是选择了放弃项目换时间，我兑现了申请重点基金项目时的承诺——一定要将十足的时间投入该项目的研究之中。

说到这，我非常佩服现在的一些能人，他们既当领导，每年又能不断拿下大项目，还带领着一大批人马，出一大批成果，还有兼职在身上。不过，我也完全科研想象得到，他们放在具体做研究和写文章上的时间恐怕就不能保证了。

如今科研团队的一些分工方式也无可厚非：有的负责拿项目搞经费、有的负责写标书和文章、有的负责做具体事务、有的负责公关、有的负责报奖等。这种分工方式显然比较接近于建设工程或企业的生产方式，其出产品的效率是比较高的。但从上述的分工也可以看出，团队成果的创新、实现到底由谁决定？是领军人物，还是做具体事务的，还是写标书的，还是写文章的，还是写成果申报书的？……另一方面，团队获得的成果一般都是团队共享，只是每个人在排名顺序上有不同而已。一般的成果用这种共享方式还是挺不错的。但当某人做出有价值的成果时，拿来让团队共享，就可能影响发明人的积极性。反过来说，上述这种团队分工方式在某种程度上会影响个人的创新积极性，也会埋没或浪费某些人的创新能力。

个人体会，要做出自己认可的学术还是需要亲力亲为的，因为很多创新的和有用的结果是在研究过程中萌发的。只有亲力亲为，才能获得灵感。如果是实验研究，数据是否可靠、结论是否可靠、推论是否正确，只有具体做事的人才最清楚。负责人对此如果一概不清楚，说起话来就会底气不足。

在"学而优则仕"的传统影响下，许多刚刚崭露头角的优秀人才马上就被当上了各级领导，他们做的行政工作占用了大部分时间。越是优秀的人，拿的项目越多，账上经费的数字越大，可他们投入研究的时间却越来越少。为了完成任务和出成果，往往需要拉人组大团队，或是将项目分解和转包给下面的人，实际上这些负责许多大项目的人充当的是"领导"的角色。

科研管理部门不是不知道项目负责人和主研人员时间投入的重要性。因此，在申请国家项目时有一个选项，即承诺一年投入多少的时间。因为没有时间上的投入是做不出成果的，包括看似无所事事的思考时间。

科研人员有大块连续时间做科研是出好成果的重要基础，写出好论文更需要大块连续的时间。不论是理论研究，还是实验研究，很多好的新点子是在科研过程中产生的，团队的灵魂人物亲力亲为做科研才能很好地把握住难得的机会。

那年的高校"青椒"是啥样？（2017-05-01）

记得1984年深秋的一天，我早上五点多就出发，坐上了第一班公交车赶往长沙火车站售票厅排队，为专程从东北工学院赶来参加我的硕士论文答辩会的一位副教授买一张回去的卧铺票，站了半天队终于如愿以偿。那时候买卧铺票除了售票处与单位人事处协议好的关系票之外，普通人除了去排队就没有他法了，坐飞机可是要开证明或处级以上干部才有资格的。

隔天的硕士论文答辩会我顺利通过，也意味着我在中南矿冶学院步入了"青椒（青年教师）"生涯。因为那时候工作是组织安排的，毕业前基本上就确定了。

那时留校当老师首先要过教学关。在青年教师培训的几天中，印象最深刻的事是在观看示范课时，看到一位电工课老教师啥讲稿都不用看，一节课拿着一把粉笔在长长的黑板上又写又讲，标题、文字、公式、插图井井有条，板书和擦除的时间顺序及逻辑关系十分清晰。我真被镇住了，这种功夫实在太难练就啦！

那时"青椒"想上课可不那么容易，一门课两个教师讲，配一个实验员和我当助教，我自然只有改作业和答疑的份。好在我助教的主课矿井通风与安全有不少公式，还有较新的网络分析技术等，老教师由于数学忘得差不多了，讲到这些内容时经常犯错，因此干脆将这一两节推给我试讲。但两三年下来，我还是没有机会主讲一门课程。不过由于当了几次助教，我把几本习题集都解了个遍，甚至学生一问起哪一页哪一题我都能把答案说出来。特别是到了期末考试时，能够为学生答疑解惑的助教是很受学生爱戴的。

没有主讲课程的机会，那就只能提议新开设选修课。那时专业的培养方案很不完善，社会和企业也不断地需要高校开设一些新课，因此我把矿井通风拓展到了防尘、防火、环境、空调、地下建筑等领域，给自己带来了一些机会，如编新教材和主讲选修课等。

"青椒"的教学工作不多，但带学生实践和实习是少不了的。那时候出去带学生实习要与学生同行同住同吃。有些矿山没有实习基地，要临时打地铺。遇到寒暑假，有时可以住在矿山企业的附属学校里，学生的课桌就是很好的床位，但铺盖肯定得自带。

学校对教师的科研倒是没有做硬性要求。如果留校时能进入有科研项目做的课题组，就算只能参与，也还是比较幸运的。因为那时候的高校科研也像现在一样，科研业绩是硬道理。而如果进入了没有科研的课题组，就只能凭自己的悟性了。那时，不管在什么刊物，一年能够发表一篇文章就很出色了。

由于信息闭塞、条件有限，做科研更多的是凭感觉（至多看几本外文刊物），实际遇到什么便做什么，对于国际前沿一无所知。我也是在 1986 年出国到瑞典之后才有了些新的体会。那时，如果能够比较超前，自己钻研点学术，多写些文章，出人头地比现在容易得多，因为绝大多数人都在默默地过日子。

至于工资更是不堪回首，刚开始每月工资只有 50 多元，之后慢慢提高了，到 1991 年 12 月提了教授以后，每月工资好像也才 100 多元，甚至到了 1998 年的时候每月工资才 300 多元（具体数目记不清了）。2000 年以后，高校的工作量才迅猛增加，这段时期大家都比较清楚，就不用说了。

那时，生活方面是非常无趣的。硕士毕业之后尽管留校工作了，但一下子没有房子住，研究生时住的三人寝室，仍然是我们的家。结了婚的同学的妻子从外地来探亲时，其他两位同学只能临时到其他寝室去搭铺。那时教师的住房都是由学校分的出租房，"青椒"们要等上一间房子得排好些日子。毕业两年后，我终于分到了一间小房子，但厕所、厨房都没有，更没有空调那回事。自行车也是工作了一段时间后才买得起的。

那时候周六还得工作，周六下午一般是政治学习时间。教研室几个人围起来学报纸、文件什么的，报纸、文件只有一份，"青椒"自然就成了读报纸念文件的首选。

遇到节假日，偶尔也能发点橘子、大米什么的。这时候"青椒"们就像现在的快递小哥，需要每家每户地给老教师们送东西，包括退休的教师，当然责无旁贷的是自己念研究生时的导师。

那时候老师们家里都烧煤，买块煤甚至做块蜂窝煤也是"青椒"们偶尔需要帮忙的业余活动。

还有很多小事趣事，这里就不讲了。

我们这代人由于从小到大都吃过很多苦，干过类似的杂活，所以对上述这些小事也不太在乎，也不觉得累，因为自己完全能够胜任。

上述情况其实也不是很久远的事。从 1984 年到 1998 年，尽管形势有些变化，但一直没有很大的变化。真正发生大变革是在 2000 年以来的一二十年里。中国真正进入互联网时代后，一下子拉近了与世界的距离。发达国家高校的一切马上进入了大家的视野，我们在信息方面很快接近了国际水平，出国也成了许多人眼中的平常之事。

与现在高校的"青椒"比较起来，那时候"青椒"的压力的确不大，没有多少考核指标，不需要基金、SCI 文章，不需要攀比，绝没有住大房子和开汽车的念头，视野也非常狭隘，信息非常不灵通。回想起来，那时过得真的没有多大价值。

近些年在评审项目时，看了许多高校"青椒"们的资料，他们过得有意义多了。他们毕业时就有了博士头衔，视野也很开阔，科研和外语等方面的能力都很强，工作平台的档次也前所未有的高，毕业几年内就在许多国际刊物上发表了论文，取得了多项专利和奖励，拿了各种基金和人才项目，有的人30岁出头就成了教授和特殊人才。我非常佩服他们，觉得他们比我们这一代水平高多了。而且，现在高校"青椒"的生活也好多了，许多人刚毕业工作就买了大房子和好车。当然，他们面对的竞争和生存压力也比过去大多了。

祭奠逝去的科研（2017-04-03）

清明祭故人太伤感了，还是祭奠那逝去的小事吧，还可以当作笑料流传下去。

那年我"被"从事了一个最接地气的专业——采矿工程。

我的科研生涯可以说是从1981年做本科毕业论文时开始的，做的是采场作业面粉尘的分布规律和测试技术标准，今天看起来可能还是不俗的内容，因为现在还有人在重复做这类研究。那时我们要自己加工模型、组装实验装置、设计和开展实验，并写成报告。在几个月的时间里，我们不论白天、晚上还是周末，都自觉认真用心地去做这件事。我们的研究结果还被指导老师写成了职称论文发表。虽然上面没有我的名字，但现在还是可以提一下的。

比较系统地接收科研训练是在1983年开始做硕士论文的时候，那时我一个人跑了三个省的六座矿山做现场调查。那时很多企业还不知道研究生为何物，所以我所到之处都很受礼待，有时连矿长都亲自陪我下井调研，让我觉得当硕士生还是蛮自豪的。

我的硕士论文选的题目是高温采场排热风量的计算方法，其关键是确定采场矿石爆堆的热能与风量的热湿交换系数。我采用的方法是实体模型试验研究的方法，我到学校材料科领了木板、水泥、石料、电热元件等，然后在实验室花了几个月时间构筑出了一个长十多米的模拟高温采场热交换模型，这是当时国内第一个这种类型的模型。那时做的实验和获得的结果，以后被编入了相关的设计手册。要是在现在，肯定可以申请专利、报个成果什么的。该模型在实验室留了很多年，成了本科生的实验项目。

留校的年轻人经常被老教师派出去做现场实验，这也是惯例。

那时出差可没有现在这么便捷和风光。当时出差都是坐硬座慢车。我们的科研项目大都在安徽铜陵，晚上从长沙出发，坐9个小时的慢车，早上到了武汉,在武汉"流浪"半天多,再转坐汉口开往铜陵的轮船,通常要第二下午才能到达。现在坐高铁不用 5 小时的路以前要走三天。那时,年轻老师没有资格坐卧铺,而且许多有资格坐卧铺的老教师也经常愿意坐硬座,他们更愿意一个晚上在车上吸一包劣质香烟不睡觉来多省下几块钱的出差补助。

路上那么长时间是比较难熬的,我的几个老师经常在出发之前准备一盒熟饭和一包榨菜,上了火车就用开水泡饭吃,北方的老师经常自带冷馒头充饥。

我们出差时不可能住宾馆,只能住很便宜的招待所,有时遇到招待所床位紧张,两个人睡一张床也是时常发生的事。

到了科研所在地的矿山之后,住的更是简单。矿里的招待所一般都只有一张光板床,需要自己先搞好卫生,再找工作人员借被窝铺上,吃饭是与工人一起到食堂吃。这样做是因为制度不允许多开支经费,还可以每天获得十多块的床位补贴。

老师们坚持在外出差个把月,就能得到比一个月工资还高的补贴。就是这点小钱也能让理科和文科的老师们羡慕不已,觉得搞工程的人有机会出差,比他们有钱。而对于青年教师来说,在那孤独的矿山待上一个月,简直像坐牢一般,想与家人通个话还得到邮局排上一个小时的队,不过可以静心写写书信。

那时我们在现场做试验也不是为了写论文和搞成果,就是一心一意为了解决实际问题。我们每天认真跟班下井测试数据,与工人和技术人员打成一片的润滑剂就是一根香烟。我的老师们都抽烟,需要矿工和技术员帮助解决什么问题,都要先递上一根烟。当需要工人出大力气时,一包烟也就解决问题了。我们这些年轻人便也学会了递烟。有几位老师身上经常放着两包烟,一包是劣质烟,自己抽的,一包是稍微贵一点的,做润滑剂用的。

老教师都是这么做的,我们年轻教师也只能学着这么做了。

那个时候没有互联网,没有智能手机,没有上千万元的电镜,没有上千万元的科研费。但我们所做的科研现在看起来其实也不算太差,只是没有去进行过度分析和美化包装而已。我 1988 年做的一些硫化矿现场爆堆自热实验数据,现在还有研究生引用并写成 SCI 文章,甚至是国际刊物的文章。

到了 1991 年,矿业处于最低谷的时候,科研更是艰难。记得当时流行一个段子:远看是逃难的,近看是要饭的,走到面前才知道是搞勘探的。

采矿与勘探是联系在一起,也好不到哪里去。

矿业突然转好要等到 2000 年以后,在不到十年间,矿业诞生了一大批亿万富翁。

我上面所说的事,也不过是 30 多年前的事。

今天的世界变化真的大,科研项目大的几千万,引进一个人才要几百万到上千万，真是不可同日而语。有了钱，出差坐飞机住宾馆是很正常的事。为了发表一篇论文，可以花上数万经费。

回忆一下过去，比较一下现在，我们应该感到幸福了，不能有太多的抱怨了，应该出点有价值的东西了。

过去的已经过去了，但过去的有些精神还是有价值的。现在高校里60岁左右的人都有深刻的体会，只是大多数人没有把它写出来而已。

近十多年来，我从最接地气的专业采矿工程，转到了一个最接人气的专业——安全科学与工程专业，这也使得自己多了一点人文关怀精神和社会科学层面上的思考。

这辈子难忘的一次现场试验（2016-06-25）

引子：近日，我被邀请写一个安全人自己的故事，由此也促使自己思考了一下多年来的科研轨迹。尽管我近十年主要从事安全理论方面的研究，但当年做科研还主要是安全技术研究的活，所以还是先写个技术研究方面的故事吧。

那是二三十年前的一个令人难忘的夜晚。由于项目研究的需要，我和一位比我小的实验室老师穿着矿工特有的套装，一整夜窝在一个矿石有自燃倾向的300多米深的矿井采场硐室中。采场附近没有其他人，周围鸦雀无声，几个白炽灯闪烁着昏暗的亮光，附近也没有什么通信设施。四周是冷酷的黑灰色矿石，顶板矿石的裂隙中不断有水渗出，空气中不时会吹来一股炮烟和粉尘的味道。更危险的是，我们周围有十几排装满了炸药的炮孔，每个炮孔的直径为90毫米，深10多米，所有炸药的重量之和达数百公斤。这些炸药足以把该采场的上千吨矿石炸得粉碎，我们的肉体就更不用说了。要是平常作业一点问题没有，可这次的性质完全不同，我们要在现场近距离地做观测炸药有无自爆迹象的试验！

为了使研究结果更能说明问题，我们和矿里的技术部门商定后专门选择了矿石经过预氧化、条件比较恶劣的矿段。我们需要将半导体温度计的探头和检知管插到预留的小孔中，去观测炮孔中炸药的温度变化和气体产生情况。炮孔中的温度和气体有大的变化就意味着炸药与矿石、炮泥发生了化学反应，有自爆（不需要雷管起爆就能爆炸）的危险，那就得马上撤离，否则就是粉身碎骨！那年，我国某金属矿的井下装药工作面就曾发生过一次恶性事故，装药工人和技术员还没有撤离，作业面的炸药就发生了自爆，导致7人当场死亡。

半夜三更，我们大约每隔半小时观察一次炮孔的温度和气体情况。刚开始几次都很正常，炮孔中的温度和气体都很稳定。但到了第五次测定时，半导体温度计的指示温度突然大幅度上升了！此时我不禁愣了一下，首先想到的是撤。可这一撤许多工作就前功尽弃了。冷静了一会，心想是否是仪器出了问题。于是，我们赶快换了另一台半导体温度计重新开始观测，结果很正常。啊……终于松了一大口气。后来我们猜想，可能是温度计的探头遇水发生了短路故障，幸好我们事先准备了两套仪器。

试验观测进行到下半夜，瞌睡也跟着来了。突然几声雷鸣般的炮响和震动又把我们猛吓一场。原来是两三百米外的其他中段采场在放炮作业，尽管隔着两三百米的岩层，但数百公斤炸药爆炸产生的震动、冲击波、响度，的确让人感到山摇地动，叫人害怕，这是我们多次下井经历中最刺激的一次。（顺便说一下，在澳大利亚，安全规程要求，井下放炮时，所有员工必须全部撤到地面。但中国目前还是允许有人员在井下。）经历了上面几次意外的惊吓，我们反而淡定了下来，在疲倦中一直坚持观测到天亮，并将情况告知接班工人，让他们按正常作业程序装上雷管放炮。之后，我们轻松地乘坐罐笼升井到地面，长长地舒了一口气。

顺便科普一下，金属矿山硫化矿石的氧化产物（硫酸亚铁和硫酸等）能够与硝铵类炸药发生放热反应并生成有关气体。一方面，上述反应过程降低了炸药的爆燃点；另一方面，反应热又加剧了上述反应的速度，在受限空间的条件下，反应热及其生成的气体就可能促使炸药发生自燃乃至自爆。采场炸药发生自爆的概率虽然很小，但对作业人员的威胁很大。

本来我们在实验室已经做了大量的小实验，获得了很多数据。每次的实验过程是将几克硝酸类炸药与预氧化的含水硫化矿粉混合，然后在坩埚电炉和烘箱里加热，直至发生爆燃为止。这种实验可以研究很多参数的影响，可以记录大量的关键数据，实验条件可以控制，得到的实验结果更全面。但矿山企业对室内实验仍然不放心，希望我们做现场试验以增加说服力，但现场试验的观测时间要比一个班的装药时间更长。

我们选择在夜里做试验，主要是为了不影响井下采矿的正常作业，有足够长（超过八小时）的时间进行观测，而且夜里井下的作业人员相对较少，万一有什么意外撤离比较容易。

也许有人会问我怎么敢做这种试验，胆量从何而来。因为我们已经在室内做了多次炸药自爆物理模拟实验，心里已经认定以当时试验现场的条件不可能发生炸药自爆事故。该矿段未曾发生过自燃火灾，矿石的温度达不到引发炸药自爆的程度。还有，我当年才30岁出头，做什么事都有一股猛劲和认真劲，即使不是自己负责的项目，既然有要求，那就做吧。当年我参加项目时，都是当作自己的事，不计名利地去积极完成。我还想到那么多矿工成年累月地在井下，我自己下几次井就害怕，那可不是男人的性格。

但现在想起来，又得把话说回来，要是以现在的情况，不论是因公还是因私，作为矿方或课题组的负责人，我是不会让一个青年教师或研究生去做这种现场试验的。因为其中毕竟存在着风险。当时的一些行为现在看起来也是违章的，现在已经进行了改进，比如：现在非本矿人员下井，一定要有矿方人员陪同；爆炸危险品的使用或测定等都要有严格的操作程序；现在落实了应急逃生预案设计；我们当时在实验室里存放了少量工业炸药做实验，现在绝对是不允许的；等等。这也可以看出安全管理工作的进步和不断规范。

这件事情已经过去二三十年了，要不是最近重温了一下，记录了下来，这事也就无人知晓了。过去我也不想与家人讲这些，免得他们不放心。尽管十多年来我已经主要地转到了安全科学理论研究领域，不需要再经常下矿井了，但可以说过去很多"接地气"的技术研究可以为理论研究提供很好的实践基础。

其实，当年该项目也没有多少经费，我仅仅是项目的参加者，但从实验方案设计到室内实验及现场试验等都是以我都为主完成的。有条件做比较详细的文献检索时，据我所查的结果，好像在那以前和以后，国际上也是没有其他人做过那么详细的矿山炸药自爆实验研究的。如果以现在的情况来看，不仅这个实验方法可以申请专利，而且实验内容也可以发数篇文章。但那时没有太多这方面的需要，我们的研究是为了给现场作业提供安全指导。1989 年该项目完成，到 1991 年我才执笔写了一篇中文文章，并主动作为第二作者。到了 1995 年，我才想到用英文将该实验内容写成一篇文章，投到国际刊物。当时也没有什么 SCI 的要求，因此就选了一个本行业最古老的刊物——由 1889 年成立的英国采矿工程师学会（The Institution of Mining Engineers）于 1918 年创刊的 Mining Technology（采矿工艺）杂志。该刊物每期只登几篇研究文章，我的文章有幸被录用，并于 1996 年发表。个人认为，有用的论文大致有两类：一类论文是让别人写论文时引用的，一类论文是让别人应用的。我相信这篇论文是可以让别人应用的，因为需要用这篇论文的结果的人一般都不是会写论文的人。直到现在，还有一些矿山技术人员来电索取我当年的实验数据。这篇文章的主要内容后来被编入采矿设计手册，但作为论文被引用的极少。

20 世纪 80—90 年代，我们做项目经费都很少，大家都拿不到什么钱，但研究工作还都做得非常扎实。比如上述的矿用炸药自爆安全评价研究项目，我们在实验室内实验了 2 号岩石炸药、铵油炸药、铵松蜡炸药、乳化炸药等多种炸药，将它们与 10 多种不同矿样放在不同的含水率、环境温度、水溶性铁离子、酸碱度、添加剂等单因素和多因素的条件下进行复合实验，还进行了现场试验，时间周期也比较长，现在很难想象还能做到这种程度。

还有一个体会，现在能够专注做事而不急于发表论文获取功名的年轻人太少了。这更多的是因为社会和单位的压力，说实在的，就算是在我现在这个年龄，有时也很难保持淡定。

什么事让我一辈子都战战兢兢？（2017-08-24）

晚上在外散步时，爱人忽然问我一句："这辈子让你感觉压力最大的事是什么？"我想了一下，弱弱地说："上课。"这是我从30多年教师经历中得出的答案，说来话长。

我是1977年恢复高考后的第一届毕业生，尽管有许多文章对我们赞誉有加，但我自己觉得我们这一届是有很多缺陷的。我们在"文革"时期长大，绝大多数人没有真的读过多少书，而且想找书读也很难。考大学尽管录取比例极低，但毕竟题目很容易。上了大学，尽管大家学习的积极性空前高涨，但毕竟当时大学里的条件非常有限，即使把发的几本讲义全都背熟了、吃透了，也只有那么一点点信息量。因此，我毕业留校马上当老师真的是勉为其难。

1983年，我开始当矿井通风与安全课程的助教，主讲老师留下一节他不大愿意讲的"复杂矿井通风网络解算"让我来试讲。矿井通风网络解算的实质是非线性方程组的解算，我在大学课程中没有学过。为了讲好两小时的课，我花了好几天时间去自学非线性方程组的迭代解算法，然后是备课写讲稿。我是第一次上课，其紧张程度可想而知。

第二次讲新课是在1987年底，在瑞典律勒欧工业大学做访问学者时，被导师请去为一个采矿工程师班做一个关于"计算机解算矿井通风网络和污染模拟"的专题培训，时间是一天。尽管自己是做这个课题研究的，但第一次用蹩脚的英文为外国采矿工程师讲课，那个压力和紧张程度也是不用说的，快到开课那天，我都感觉有些牙疼了，好在当时还是完成了任务。那次培训任务也使我编写了人生中的第一本英文讲义。

第三次讲新课是在1988年春季。我所在的专业没有空余的课可讲，系里就安排了一门采矿专业英语给我上。采矿涉及的别扭专业词汇太多了，特别是有很多矿物名词，真的很难记。而且，我的英语是上了大学才从26个字母开始学习的，到北欧的一小段时间里，只能是凑合着应付一下工作和生活中的使用。我讲授专业英语的水平太低了，但赶鸭子上架，没有办法。这门课虽然讲完了，但我每次去上课都胆战心惊，生怕学生背后说凉话。

第四次讲新课是在1989秋季。当时安全系统工程开始在我国流行起来，我被当时的长沙劳动保护研究所请去做一个"系统安全分析"的培训讲座，备课时自学了一些事故分析方法。之后我没有什么重要课程要讲，那时系里要求教师开设新的专业选修课，因此斗胆报了一门"矿山安全系统工程"。当时资料很少，自己编辑的讲义内容也很少，一门课 30 多节，刚过了一半时间就基本讲完了。幸好那时学校对选修课看得不是那么紧，但那种课时没完内容已讲完的尴尬老师们都是明白的。不过，这本教材在 1992 年获得了出版的机会，成了我正式出版的第一本书。

第五次讲新课是在 1990 年的秋季。那时我的导师编写了一本《矿山火灾及防治》讲义，为了使该讲义得到利用，他也申请开设了该课程，可把我推成了授课老师。由于火灾涉及很多物理、化学、燃烧学等方面的知识，我过去都没有学过，而且讲义的内容也非常有限，结果同样出现了上一次的尴尬。

第六次讲新课是在 1993 年，当时讲的是矿山环境工程。矿山环境工程涉及的知识有空气净化、污水处理、噪声防治、复垦等，这些内容都是我过去的采矿工程专业中所没有学习过的。我过去连什么是 BOD、COD（生物需氧量、化学需氧量）都不知道，接受该课的讲授任务自然需要自学很多东西，而即使学懂了，离上台讲课还是有很大的距离。

第七次讲新课是在 1995 年。当时系里新开办一个了时髦专业"城市规划"，其中有一门城市环境保护没有老师讲。该专业的负责人听说我讲过矿山环境工程，既然两门课都有"环境"两字，就把该课的任务安排给了我。其实当时我基本不懂城市环境保护，比如我就认不得几种树，怎么讲城市绿化问题？为了把课讲下来，我花了大量时间备课，剩下的还是战战兢兢。

第八次讲新课好像是在 1996 年。在那以前，系里新开办了一个地下建筑工程专业，其中的一门课程地下工程通风与空调既没有教材也没有老师。当时我们有矿井通风的基础，就自编了该教材，我也就成了这门课的老师。

到了 2003 年，学院开办了安全工程本科专业，这时候自然也有了许多新课程需要有老师讲授。我作为专业负责人，也义不容辞地需要承担一些新课（包括研究生课）的教学任务。我的课有安全系统工程、职业安全与健康、安全人机工程、安全学科发展动态等。这些课以前都没有专门学过，其中安全学科发展动态更是很难讲好的课，因为年年需要更新和添加内容。

2005 年，为了做安全科普，再加上为了响应学校提出的每个专业为全校学生开出几门素质类课程的要求，我编写出版了《大学生安全文化》教材，同时将这一课程作为全校素质类课程，并向全国推广。这门课虽然是科普课，但涉及面特别宽，文史哲理工文管法医等都有一点，要讲好它也极不容易。

2007 年，我开始研究安全科学方法学，也将其作为一门新课向研究生进行讲授，并于 2011 年正式出版了《安全科学方法学》一书。

2012 年，学校要求每个专业为新生开出一门"新生课"，这一新任务又落到我的头上。同时，原来讲授安全教育学的老师由于有别的工作，这门课也被我接了过来，也是一门新课。

更多的故事就不细述了。我本科学习的是采矿工程，毕业 30 多年来，我为采矿工程、安全工程、地下建筑工程、城市规划等专业讲授的不同专业课程有一二十门，但这么多课程并没有一直持续讲下去。在此期间，有的新进老师没课讲，我就将手中的课让给了他们。现在想起来，我这么多年为什么这么傻？对那么多新课新任务，我为什么没说"不"？要是一辈子只讲几门课，既省力又有效果。不过通过这么多年不断上新课，我的知识面宽了很多，正好可以适应现在从事的这个万金油式的安全科学与工程学科。

记得 1997 年以前，上课采用的都是传统的粉笔板书加口头讲解的方式，也没有互联网可以下载资料，备新课需要买书、查纸质资料、手写笔记，而学懂了和能够为别人讲课之间还有着很大的距离。那时上课也不能像现在一样，不懂或不记得了，可以对着 PPT 念，或者播放图片、视频什么的。为了使学生看不出我是"不懂装懂"，每次上课前我不是先用毛笔在几页甚至十几页大纸上写好提纲、公式、插图作为挂图，就是提前半个小时到教室先把黑板写满一版，这样一来一堂课里至少有一刻钟时间是显得熟练和流畅的，不至于老看着手里的讲稿念。

我感觉讲课难还有自己的独特原因。广东人说普通话的难度是家喻户晓的，我上大学之前几乎不会说普通话，再加之前面所说的"文革"原因，从小的普通话基础就没有打好。还有，我的性格比较内向，不太会说话。幸好那时的学生也大多像我一样，有着同样的不足。他们不像现在的学生一样见多识广，对老师的要求也没有现在这么高，因此我也能勉强坚持下去。

十多年前全国开始评名师什么的，我对名师除了感到很崇高之外，还有一个感觉是"恐惧"。因为我一直对上课这事感到很困难，觉得当老师的压力很大。要是当了"国家名师"，我可能就没法活了，我真的扛不起这顶帽子，没有这个自信，所以也一直不敢去追求。尽管我也负责创建了两门国家级精品课，负责过一个国家级特色专业的建设，有过几项省级教学成果奖，出版过十多本教材，也获得了一些教学质量奖。

当然，当老师历练了这么多年，我也成熟了不少，而且现在也不需要顾及面子了，因此写这篇博文也算是一篇教学心得和一段实话实说吧。

新学期又要来临了，还是要好好备课！

科研与摄影(2018-05-23)

很久没有写博文了，认真写一篇吧，也请大家批评补充。

谈科研，自己也许还能说上个一二，因为毕竟我涉足科研有数十个年头了；但谈摄影，我却完全是门外汉。不过，摄影是全民都能参与的活动，我有空闲和想让头脑歇息时，也偶尔用手机拍拍照，这是近一两年刚养成的习惯，目的主要是转移一下头脑的注意力，也算是一种另类的休息。同时，在用手机随拍的实践中，我也感觉到摄影与科研有几分相似之处。

科研讲究创新，有创新才有生命力，才有研究的价值，才能开拓新领域，这也是对科研工作者的要求和评价研究价值的依据之一。摄影很讲究创意，有了一个不错的创意，很平凡的东西都可以拍出令人惊奇的效果，这也是很多摄影工作者作品得奖的理由。

科研讲究设计实验方案、规划技术路线，实验方案设计周到详细，技术路线正确合理，实验结果就不会疏漏、留下遗憾，也不需要反复做无用功，当然最重要的是使实验结果符合研究的目的。摄影则很讲究构图，构图可以使画面有表现的重点，使一幅照片有明确的主题，也可以切除不需要的杂乱部位，使照片更加简洁和美丽。

科研讲究把握时机，从小的方面来说，做现场科研考察或测定等很需要把握时机；从大的方面说，科研热点问题和最新的动态也是很需要科研工作者及时把握的，时机一过，就很难再找到新的机会。摄影同样很需要把握时机，比如在拍摄动物的动作、运动员的动作、特殊景色等时。有些摄影工作者为了抓住某一特殊的瞬间，坚持等待的时间和花费的精力是拍摄时间的数万倍。

科研讲究形成特色、系列或优势，每个科技工作者都有自己的专业和研究方向，久而久之，就可能成为业界认同的专家、资深学者，或是某一研究领域的主要贡献者。摄影也讲究形成风格、特点和专业，如有些摄影师专门拍人物、动物、风景、植物等，一件事做多了，理解的深度和表现的形式自然就能高人一筹，成为以某种风格著称的摄影师。

科研讲究研究成果成体系或系统，发表了一系列相关的论文以后，就可以汇集成专著；开辟了一个新领域并得到广泛的推广应用之后，就可以编成教材、开出新课。摄影也讲究汇成专辑，如在同一个地点拍下春夏秋冬的不同画面，在同一个景点拍出早中晚、阴晴雨雪天气下的不同特征，给同一个人或同一组人在同一个场景拍出不同年岁的照片。这些照片汇总起来，格外有收藏价值。

科研讲究探索问题或解决问题的切入点,具有独到的切入点或抓手,研究工作就可以很快地进入实质,比较容易地发现突破口及重点。而摄影讲究视角,通过不同的视角拍出来的照片是不一样的,空中鸟瞰、水平平视、底下仰望、趴着、蹲着、仰着拍出来的照片是不一样的,这也是以平常人的视角看不出来的。

科研讲究完美,设计的对象、实验的结果、推导的公式、开发的产品等能够完美无缺,那是科研工作者所渴望追求的,也是科研工作者的最高境界。摄影更讲究美,评价一张照片的好坏,美是一个极其重要的指标,美是艺术的一大追求。当然,审美的主体不同,审美的角度不同,照片展现出的美是不一样的,但一张能被人欣赏的照片总是有美可言的。

科研项目有大有小,大的项目如深空深海深地工程等世界前沿难题,小的项目如日常生活中的油盐酱醋、吃喝玩乐、衣食住行等方面的具体问题的改善等。摄影也有大小之分,有的摄影师专门拍摄浩瀚的宇宙、沙漠、海洋等大景观,有的摄影师拍摄的是人们日常生活中的柴米油盐等。

科研所用的仪器设备有昂贵无比的高精尖设备,也有简易便宜、玲珑小巧的低端仪器,根据不同的研究目的、研究对象和研究投入,所能解决的问题是不相同的。现今摄影设备也有极其昂贵的,也有极其便宜的,根据不同的使用者和摄影的目的,有很专业的摄影装备,也有几乎人人都有的拍照手机。

有些重大的发明和发现也有偶然性及运气,科研有时也讲究天时地利人和,如果各方面的因素都趋于和谐,研究工作便可以达到多快好省和事半功倍的效果。摄影也很讲究这一点,比如时机、场景、视角等因素正好全部合适,就可以拍出一张千年难得的照片出来。

有关科研和摄影的相通性还可以列举很多,大家可以做更多的梳理。其实,科研不仅与摄影有相通之处,与绘画、音乐等艺术形式也有诸多相通之处,而且可以相得益彰。这也许是一些有卓越成就的科学家喜欢艺术的缘故,也是人们所说的艺术、文学与科学可以交融互惠的道理。

喜欢并擅长艺术、文学的科学大牛有很多,如爱因斯坦、普朗克、哈恩、伽利略、开普勒、巴斯德、诺贝尔、罗蒙诺索夫、莫尔斯、里谢等,当代国内外著名的科学家也有不少是艺术、文学的跨界高手。关于这些,过去很多人都写文章提到了。

如果现在想要沾点艺术的门道,又不想做什么投入,最为快捷的方式是什么?我的回答是手机随拍。不管走到哪里,用随身所带的手机举手一拍,作品就出来了。从这一点上看,科研与拍照也有很大的不同,因为科研可没有这么简单。

大家都学着用手机拍照吧，既不用花钱，又可以提高审美能力，愉悦心情，何乐而不为呢？

科研观点评论

哪种参考文献标注方式更好？（2020-03-12）

近期我个人在编撰一本新书时，经常思考参考文献到底采用什么标注方式为好？经过思考之后，我决定采用国际上的引文标注方式：即在正文中标注参考文献时用"作者+时间"的方式，尽管国内不太通行，出版社的编辑也可能反对。采用"作者+时间"的标注方式的优点如下：

①在书稿正文中不用编号，全书后面的参考文献也不用编号，这样标注不易出现张冠李戴的错误。处理一大堆书稿素材和参考文献时，开始编撰时都是分章新建文件的，参考文献按照编号来标注很容易出错，如果将某段含有参考文献编号的内容删除，后面的参考文献顺序就全乱了。当然，也有人说Microsoft Office Word有尾注、脚注的强大功能，但还是用不习惯，也许我还不是Word的高手。

②采用"作者+时间"的标注方式，可以使读者很容易判断作者的引文是否合适，如是否为原始一次文献，还是间接引用。比如，引用一位早已过世的科学家的观点时，如果参考文献标注的作者和时间是位新人和新近的时间，专业一点的读者一眼就知道这里引用的并非一次文献，而是不太合理的间接引用，没有多少价值。又如，如果引用的内容是国外的信息、成果或观点，而标注的引用文献作者是国内人士，一眼就可以看出是间接引用。如果用编号方式引用，上述情况是看不出来的，非要查阅参考文献才知道。

③采用"作者+时间"的标注方式，是对引用文献作者的尊重。如果引用的是某一作者原创的重要图表，或是重要概念、定义等，仅仅给个文献编号显然是不太尊重人家的。好比一本论文集，在每篇论文中不让作者署名，仅在总目录中一起署名，这样做谁都不愿意。如果在正文中连参考文献的编号都不标注，仅在书籍的最后列上参考文献，那就更不尊重引文的作者了。

④采用"作者+时间"的标注方式，参考文献就可以按照拼音顺序或笔画顺序来排序，读者想查阅参考文献时非常方便，容易对应起来，即使有再多的参考文献也可以做到井然有序。特别是可以避免后面的参考文献重叠，因为按拼

音顺序或笔画顺序来排序,有无重叠一目了然。

⑤采用"作者+时间"的标注方式,当教材或专著再版时,如果需要增加或删减书的内容及参考文献,修改也很方便,不会影响全书参考文献的编号,也不至于出现标注错误。

⑥采用"作者+时间"的标注方式,如果作者对参考文献不熟悉甚至不懂,一般不敢贸然引用,这也可以避免胡乱引用参考文献的不良倾向。

采用"作者+时间"的标注方式,其缺点是使正文增加了文字。一本书一般多则几百条参考文献,用"作者+时间"的标注方式,至多也就增加几页的版面,何况许多书没有那么多的参考文献。

既然有上述那么多的优点,为什么国内不习惯使用"作者+时间"的标注方式呢?这倒是个问题。这也许是个历史问题,国内一段时间内曾规定论文不能署名、不标注参考文献和省略参考文献。有的作者对引用文献不太清楚,自己没有把握是否引用正确,用编号即使错了也不太明显。特别是一些学生在写学位论文时,很多参考文献都没有读过,甚至连标题都没搞清楚,有时一小段文字中就标注十几个编号,这种情况肯定是不妥当的。

近年,冯长根教授在推广运用"学术传承效应""学术链"的论文成果评价方法①,其优点在文章中有详细的叙述。如果论文的作者们都能按冯老师的倡议去做,那么"学术链"评价方式将很有利于学术成果的严格引用和传承。但其推广的主要难点是如何判断一个新观点、新见解、新概念、新发明、新成果等是谁首创的,在许多情况下这是一件难事,是一个需要做很多研究的课题。如果某些特别胆大又不细究的作者,胡乱地将道听途说的非原创作者当作原创作者写在论文中,而且其论文正式发表,将给后人留下学术成果张冠李戴的隐患。

随着计算机软硬件、互联网等的继续创新,再加上大数据、区块链等技术的真正应用,相信以后通过网页等也能自动筛分出原创作者并自动赋予原创识别号。比如微信里的原创声明,百度词条的区块链信息,科学网上发的博文在48小时后就不能修改了,这些都在某种意义上都有首创功能和版权作用。因此,大家如果有好的创意,可以先写出博文发到科学网上,相信以后会被认定为原创的。

不管怎么样,现在国内学术成果的引文标注方式还是需要改革的。在没有大家都认可的很好的方式提出之前,我认为"作者+时间"的标注方式是比较好的。

---

① 冯长根.论文评价,唯有"影响因子"? [N].科技日报,2016-11-28(001).

国内教材中的参考文献引用方式亟待规范(2019-12-12)

我们查阅欧美出版的许多教科书时发现,很多是以"著"的形式出版的。

而国内绝大多数教材的署名是以"编"为主,少数署名"编著",极少署名"著"。

在国内,当一部教科书的作者要求署名"著"时,绝大多数出版社会表示不同意,原因是以"著"的方式出版,读者或是编审等可能不认为这是教材,而是专著,而专著的发行量要少得多。我也有类似的经历。

而且,国内大都认为,专著是不能作为教材的,因为大家心里是这么想的,一位作者或数位作者的成果是不能当成一部教科书的内容的。其实,在新学科、新领域、新专业,如果能够做出系列研究成果,完全可以以"著"的方式写教材。

为什么国内外教材的署名方式会有这样巨大的差别呢?还得从教材的内容和发展过程开始分析。

欧美以个人署名的教材不管是著还是编,大都有详细的参考文献和具体位置的标注。一些多次再版的经典教科书的作者都是该领域的权威研究者,都有原创的科研成果可以纳入其中。而且,他们引用参考文献时一般比较注重一次文献,不管多老都可以引入。这样看来,如果教材参考文献标注得足够细致,引用时经过了作者的重新组织,是符合国际上非抄袭的规范的。如果达到上述要求,用"著"来署名是很正常的,也是应该的。

而国内的教材编写就不同了。说到这,还得回忆一下国内教材的发展历史,1949年以前的教科书不方便考证。1949年以后,很多教材都是翻译自苏联教材。为了节省版面和成本,许多教材把原文的参考文献都省略了。之后,为了反对个人主义,突出集体主义精神,发表论文时都不让个人署名了,不标注参考文献更是不在话下。发表论文尚且如此,那编写教材就更不用说了,即使想标注参考文献也没有办法。有时作者做了少量的标注,出版社为了统一版式,也干脆给删了。这种习惯从"文革"前开始,延续了一二十年,形成了教材不标注参考文献的不良习惯。

近三十多年来,国内的版权意识逐渐加强,论文标注慢慢规范起来了,但教科书始终是缺少引文标注的重灾区。一些编者大量照抄已有的中外文教科书,只在最后把参考文献列上,哪些文献参考得多、哪些文献参考得少根本就是一笔糊涂账。而且,参考的文献大都是二次三次文献或教材,使编书变成综合抄书。

另外,如果标注的引文是二次三次文献或是上面所述的非"著"教材,这不仅毫无意义，而且会出现张冠李戴的情况，还不如不标注。

直到现在，教科书还是没有查重的习惯，原因是多方面的，包括缺少比对的电子书库、缺少电子教材文件防盗措施等。

另外，过去几十年来，一些人编书不是因为自己是这方面的专家和有客观需求，而是由于评职称和本单位的需要而编书，这种情况下编的教科书里自然不可能标注参考文献，也不能以"著"的方式署名。

除了上述情况，有些教材的作者花的功夫的确比较多，以"编"来署名不甘心，就写"编著"。但也有胆子大的作者，编书也署名著书。现在教材的编、编著或著没有衡量标准，基本上只能凭作者的严谨性由主观来确定。

上述情况也导致少数花费了大量心血撰写出来的教材与一些复制粘贴而成的教材混在一起。买书的学生和读者一般很难有原创性方面的鉴别能力，甚至他们会觉得原创的教材还差一些，因为原创教材打磨的时间相对更少一些。而且，多年来国内评价教材方面的业绩时都是论数(本数和字数)、论帽子(不同层级的出版社和不同层级的规划教材)，从而在某种程度上形成了劣币淘汰良币的趋势。

以上情况的转变需要国家出版相关的法规，还需要出版社、作者、读者等多方面的协同配合，需要较长时间的改变和适应，才能慢慢形成严谨的教材编撰学术氛围。

提几条具体的建议(主要针对非文科类教材)：

①国家出版管理机构要出台一些关于教材引文标注的指南或规定，作为非强制性标准暂时试行也是可以的。

②出版社要鼓励作者按照引文标注规范编写教材，没有比较翔实的引文标注的教材一般不能署名"编著"，更不能署名"著"。

③除了已成为常识的知识不需要注明之外，引用别人原创的重要观点、概念、公式、图表、数据等时，一定要引用原创作者的文献。

④读者也要提高对教材的鉴赏能力，挑选原创性强或编写质量高的教材，拒绝拼凑式的教材。

通过多方面的努力，可以使国内的教材引文标注走入正轨，使高质量的教材能够被不断地修订再版。但这个过程可能需要几十年才能完成。

论文引用之奇谈怪论(2016-07-25)

今天，统计论文引用主要是依据"论文引论文"，而且仅仅是以引用数量来量化，无视具体引用的情况。其优点是简单可操作，弊端很多，不便列举。下面根据具体问题谈一些有关论文引用的观点。

"引用"是包括"引"与"用"两个方面的,显然"引"比"用"要弱得多。而奇怪的是,更重要的"用"却被大众忽略了,"引"大行其道。

以我外行的观点来看,论文被引用的类型可分为三大类:第一类,直接被采纳为教科书核心知识内容的;第二类,直接被应用为技术规范、标准,启发某项研究的;第三类:被其他论文引用的。

第一类是最高层次的引用,因为教科书是能够流传下去,它能够被广大学子学习和传承下去。但现在能够达到这个层次的论文极少。可能有些人觉得这种情况到了21世纪已经不太可能有了,只有过去几个世纪才有,如牛顿、爱因斯坦等人的研究成果。但对于新兴学科、交叉学科、综合学科来说,研究成果直接编入教科书在现在和未来都是可能的。我近十年来一直把这种层次作为追求目标,却屡遭不公,因此才想写下这篇文章。

第二类的论文现在也很少,一是因为论文很难成熟到被作为标准,二是因为真正有技术含量的东西一般是不作为论文发表的,甚至也不会申请专利,当然个别没有经济头脑的科学家除外。因此,目前这类引用也常常被人无视。

第三类是数据库公司、文献计量研究者和广大论文作者最关注的,而且也经常被拿来说事的。其实,如果细致一点分析,第三类也可以分成多种多样的引用层次,下面就这个问题进行详细描述。

论文引论文可以分为很多子类,如:①"正面引用""中性引用""负面引用";②"上游引用""中游引用""下游引用";③"直接引用""间接引用";④"有意引用""无意引用""恶意引用";⑤"内容引用""充数引用";⑥"一次引用""二次引用""多次引用";⑦"引而不用""用而不引""用引兼具";等等。

上面的大多数引用类型大家都懂,有的需要稍加说明。"上游引用""中游引用""下游引用"是指科学领域的上中下游。比如哲学方面,"科学技术哲学在线"微信公众号里有许多很好的文章,一篇文章一两天的点击数不到一百;而"安全生产技术"微信公众号里面的科普文章一两天的点击数就上万。即使是在同一个学科之中,上中下游的研究论文及其引用次数也是不能做比较的。上游一定是极少数人做的,有共鸣的人也是少数。近十年来,我做安全学科的上游研究,就需要面对这种现实。为什么综述文章通常被引用得较多?因为现在有很多懒人做科研,特别是研究生,参考几篇综述文章来写自己的学位论文综述多容易,而且综述的质量很高。要是去引用一次文献,花上20倍的时间也难写好。

上述对论文引论文的分类,还没有以时间维度进行分析。按时间维度,引用可分为很多类,比如"由高引到零引—下降引—下划线引""由低引到高引—

上升引—上行线引""稳态引—平行线引""由低引到高引到低引—抛物线引"等，如果能够运用一个含有时间参数的数学函数来表达引用数，便更加科学，可以有无穷多种形式。各种引用规律都有话说，就目前来说，五年内引用率高、应用总数高是最吃香的。

现在大数据厉害得很，论文引用还可以关联出很多意想不到的东西，例如，通过论文的引用情况可以间接地看出一些德性、财富、智商、年龄等方面的信息。

论文引用让很多人发了财，论文引用创造了很多就业机会，论文引用让很多人欢喜，论文引用让很多机构有了说事理由和评价依据，论文引用让很多机构和人有了权利。但论文引用也伤了很多人的心，论文引用也让很多垃圾掩盖了稀缺的真金白银，论文引用也让一部分人的心灵扭曲，论文引用也浪费了很多的宝贵资源。

尽管不少文献计量学者和科技工作者认为论文引用对大多数人来说，其总体规律是正常的、合理的，但人类的进步和社会的发展往往不是靠大多数人，而是少之又少的极个别人。

一谈起论文引用，伤心啊！论文引用的规则必须加强研究和改进！

通用基础理论为何被引用得反而更少？（2019-10-22）

通用基础理论研究比较枯燥、难度很大，而且发表较难，还有一个问题是论文成果的被引用率低。其原因主要有两个方面。

①从纵深方向分析

尽管科学学和方法论等通用理论是通用的，应该惠及更多的读者，被更多的论文所引用，但实际情况却相反。为什么呢？我思考了一下，原因是正由于上游基础理论具有通用性，它的价值更在于思想导向、意识影响及方法指导等层面上，很多学了这些上游理论的应用研究者即使想引用，在其论文中也找不到具体的需要标注的地方，而更多的应用研究者可能也认为不需要引用并习以为常。

举个例子，假设"居安思危，思则有备，有备无患""授人以鱼，不如授之以渔""物以类聚，人以群分"等哲言是某一现代人提出的，对于这样的哲理，应用研究者在写论文时能主动标注吗？显然是不太会标注。

②从横向领域分析

理论研究从来就是少数人甚至极少数人做的事，同行少，发表的论文也少，相互引用的也自然很少。这一点就不必多说了。

通过上面两个方面的分析可以看出，用被引用率作为论文成果的评价指标的确有不妥之处，不能一概而论，要分别而论。理论研究成果客观上是很难被高引的。当然也有例外，不过我在这里不讨论科学研究之外的其他因素的影响。

我近十几年进行的是安全基础理论研究，发表的论文的被引用情况的确也是这样的。2007年，我在《中国安全科学学报》发表的一篇题为《安全科学学的初步研究》的理论文章，算是被引用较多的，迄今也只有近90次，其中还包括自引。安全理论教科书的被引用率同样也不高。

少数人研究的通用理论起到的作用并不是具体的指导作用，而只是对思想方法的影响，或者是间接的指导作用，因而不能被高引。这也许就是标题中问题的答案吧！这也是普通人不太愿意做哲学或方法论等方面的研究的又一原因。哲学、方法论等的研究者们真的比普通人更耐得住寂寞！

以疫情防控为例谈系统学素养（2020-02-10）

长期以来，在对待各种热点问题或突发公共事件时，在网络或电视媒体上，大众总是希望专家或权威媒体给出不限条件的精确答案，即1就是1，2就是2，没有之间，没有多一点或少一点，没有时间、空间等方面的限制，没有预设。即使有这些前提条件的说明，大众也会经常把它们省略，无意间造成断章取义，因为老百姓不想要复杂答案，也不希望谈复杂问题。

其实，不只是老百姓，几乎所有人都希望有"是"或"非"这样明确的答案。但很遗憾，我们这个世界客观上很少有如此简单的问题。

我们面对的小事也都是复杂问题，我们所处的环境也不是简单环境，我们遇到的问题都是复杂问题或系统问题。我们的认知、知识、科技、装备、工具等，都是有缺陷的。

下面结合近期的疫情防控来进行说明，比如下面的问题有"是"或"非"的明确答案吗？

口罩能否隔离病毒？佩戴口罩就不会被感染吗？病毒在体外能存活多久？用电吹风能杀死病毒吗？什么东西能消毒？擦拭酒精消毒有效吗？病毒能通过空气传播吗？人与人之间保持多大距离就不会人传人？唾液飞沫的传播距离多大？病毒在人体内潜伏几天？人体测温能发现新冠病毒吗？房间的通风时间和次数多少为好？乘电梯容易被感染吗？电梯按钮是传染源吗？穿防护服就安全吗？……

如果从严格意义上讲，上述问题都没有"是"或"非"的答案，它们都是复杂

问题,在确定的条件下才能有概率统计的答案。为什么呢?下面用两个问题为例进行说明:

(1)戴口罩能隔离病毒吗?这看似一个简单的问题,但其实也是复杂问题,涉及的因素至少有:①口罩本身的因素,如口罩的安全等级、口罩的质量、佩戴方式、口罩的使用时间(使用时间长短影响性能)等;②佩戴者活动的强度、单位时间的呼吸次数和呼吸量、自身的免疫力(免疫力本身就是非常复杂的问题,是因人而异的)等;③佩戴人所处环境的温度、湿度、风速、病毒量、病毒活性等;④上述多个因素的耦合效应(相克还是相生等)。

因此,从严格意义上讲,这个问题只能有相对定性的答案。总体来说,在具体的时间、地点、人物等条件下,从某种意义上讲,佩戴口罩比不佩戴相对安全一些。但佩戴口罩也会有副作用,如产生不舒适感、呼吸阻力增大等。

(2)人乘电梯时易被感染吗?这也是一个看似简单,但实际上很复杂的问题。这个问题涉及的因素有:①电梯本身的因素,如电梯轿厢有没有装通风机、电梯轿厢的容积、电梯的保洁质量等;②人的因素,如楼栋的实际居住人数、人员进出频率、乘电梯的高峰时段等;③开停电梯的操作方式,如直接接触按钮、间接接触按钮(如用钥匙、用纸巾点按等);④环境因素,如电梯所处的环境、自然通风效果等;⑤危险源(病人)因素,如有没有感染者进出,进出的时间、人数、停留时间等;⑥可能被感染的健康人的免疫力;等等。

所以,这个问题的答案也没有那么简单,只能说是人多的电梯相对来说比较危险,还有更多的具体条件可以列举。

更多的问题就不一一分析了。

概率问题也非常重要,不能一概而论。比如,全国发生一例,全省发生一例,全市发生一例,全校发生一例等,其概率的大小是相差十万八千里的。

事件性质更是重要,比如能够通过空气、水、食品等人传人的恶性病毒,就比孤立的一个危险源要严重无数倍。

从复杂科学的角度来解释,还有涌现、蝴蝶效应等难以琢磨的事情发生,这更是难以判断的问题。

因此,从严格意义上讲,上述问题是没有无条件的精确答案的,只有一些基本原则意义上的定性说法。在电视媒体上,许多专家就算想详细解释也没有时间,记者也催着要简单明确的答案,因而也就出现了一些"精确答案"。而这是不科学的答案,在实践中经常出现与专家的精确答案不符的案例,接着就会出现对专家的骂声一片,使专家遭遇信任危机。

如果没有用概率思想、风险意识及综合决策去判断发生的不安全事件,并以此决定自己的行为,听说了一个概率上完全可忽略的事件就将其当作可能发生的事件,这必将造成恐慌心理和恐慌行为。另一方面,如果忽视了可以引发大事件的小的"破坏性元事件",便将可能导致灭顶之灾。

那如何解决上述的问题呢?客观上讲这是当下无解的问题,也可以说是一种客观规律。

从长远上来讲,上述问题是大众系统学素养方面的问题,因为从系统思维上讲,我们所遇到的问题都是系统问题。

迄今为止,所有的科学技术都是有缺陷的,这种缺陷需要靠风险意识来弥补。任何系统中都存在不同风险,降低风险要靠系统学素养。科学技术的局限性靠系统性来弥补,复杂问题的答案靠综合判断来获得。

不仅是普通百姓需要提高系统学素养,官员、老板、知识分子,甚至很多高层专家也需要提升。但目前国内外对国民系统学素养的研究非常之少。系统学素养是一种科普素养,但是一种更难形成的素养。除了系统学的一般知识之外,系统学素养中的动态、关联、环境、模糊、混沌、突变、涌现等思想在安全方面特别重要。

系统学素养比较难形成,需要有宽广的知识面和开阔的视野,还要有一定的科研经验和功底。它比一般的科普知识更加复杂,但适用的范围非常宽广,不仅适用于衣、食、住、行等生活问题,还适用于工程、教育、管理等社会问题,以及科技发展创新等问题。不论是正面的反面的问题,大的小的问题,长期的短期的问题,都需要系统学思维来解决。

我学识有限,知道的较早提出开展系统学素质教育的学者是苗东升先生。他著了《系统科学大学讲稿》(中国人民大学出版社,2007)一书,并在中国人民大学为本科生开设了系统学素质课程。苗先生在该书中提出,在现代和未来社会中,人人都应懂得系统科学,并提倡大学生需要读点系统科学。这是一件很值得敬佩的事情,我读了很多遍苗先生这本书,最近由于在编写安全系统学的相关书稿,还在认真重读。

另外,近几年我也指导研究生写过几篇有关安全科普素养问题的文章,之后还将对系统学素养做一些深入研究。

对于疫情防控等问题,每个人要如何判断各种行为的风险?比较高层次的回答是要依靠安全系统学素养进行判断,风险意识+系统学素养+快速决策=安全之道。

科普最重要的是安全科普,科普的综合体现是系统学素养的提升。

为什么安全工作需要超越安全本身?(2022-01-09)

很多人把马斯洛的需求层次理论机械地理解为逐级满足逐级上升,其实人类的需求是复杂多样的,安全是人类的各种需求之一,安全需求与生理需求、社交需求、尊重需求、自我实现需求等是相互联系相互支撑的。对于某一具体的人,上述这些需求也是可以同时存在的,或是随着不同时间段此消彼长,各种不同需求有升有降或可有可无。生理需求也是为了安全,安全需要满足生理需求;社交需求需要安全,安全需要有社交活动;尊重需求需要社交,在追求生理需求时也需要考虑安全、得到尊重。这说明安全需求不是独立存在的,安全需求关联着其他需求。

从科学学上讲,一般科学一定是在具体科学之上的,具体科学一定不能脱离一般科学,也离不开一般科学的支撑。安全虽然是一个非常普遍的问题,安全科学非常具有普适性,但与一般科学相比,安全科学毕竟是一般的具体科学。因此,安全科学离不开一般科学,安全科学需要超出安全本身。

从系统科学上讲,安全可以是系统的一个目标或功能,安全依附于系统,安全系统必须依附于整个系统,安全系统需要得到系统各组分和要素的协同和促进,才能实现安全的目标。安全的依存性决定安全系统不可能成为一个独立的系统,独立的安全系统是不存在的。因此,安全系统工程的实质是以安全为目标的系统工程,安全系统工程是习惯的简称,为了实现安全必须超出独立的安全系统,依赖于整个系统。安全系统工程的英文名称应为 systems engineering to safety(小安全系统工程), systems engineering to safety & security & sustainability(大安全系统工程)。

从具体学科上讲,安全××学或安全××工程,如安全管理工程、安全人机工程、安全检测技术、安全评价等,其实质都是以安全为目的的××学或××工程,安全××学或安全××工程都离不开××学或××工程,都需要以××学或××工程为基础,都不可能是独立存在的安全××学或安全××工程。这种关系不是简单的交叉关系,而是学科层级关系,是母女、母子、父子、父女的关系。

从上述几点分析可以得出:

①安全××学或安全××工程是以安全为目标的××学或××工程的习惯称呼或简称,但我们不能把习惯当成自然,把安全××学或安全××工程理解为独立存在的学科。

②安全必须与其他要素(含人)、组分、工作、工程、系统等协同互促,实现以安全为目标的系统整体最优化。

③如果把安全××学或安全××工程孤立起来，则安全专业是很难学好的，安全工作也是不可能做好的，在实践中也是不可行的。

④安全专业的师生和安全职业人士需要时刻想着安全，要尽可能协同运用与安全有关的所有要素，共同实现安全的目的。基于此，安全专业师生、安全职业人士需要有横跨多学科的知识。

因此，安全工作要超出安全本身的范畴。

没有数据为何能发高质量 SCI 论文？（2017-08-16）

近十多年来，我转向了安全科学理论研究，在做研究和指导研究生写论文时，经常思考一个对自己的研究工作进行自我评价的问题，这也是一个在把研究生引到我的研究领域之中之前需要解释的问题：在这个科技高度发达、进入微观世界的信息时代，仅靠观察和大脑的思维活动，没有高精尖仪器设备测试数据，还能够发高质量的论文、取得高水平的成果吗？

我的回答是肯定的，但这要看研究的是什么学科领域和研究者的水平。

比如，许多诺贝尔经济学奖获得者、许多纯数学研究者，他们发表的许多论文和成果就不是由高精尖仪器设备实验测试获得的，而是由大量观察和深度的思维活动获得的普适性规律和新发现。至于发表高质量的 SCI 文章更是不在话下，而且我说的论文不是综述、评论和 Meta 分析（指全面收集所有相关研究成果，并逐个进行严格评价和分析，再用定量合成的方法对资料进行统计学处理，得出综合结论的整个过程）等类型的文章。

联系到自己的安全科学理论研究领域，不做实验就能发 SCI 文章我觉得是完全正常的。因为安全科学属于自然科学和社会科学的交叉综合学科，应用层面中的很多内容属于管理领域，社会科学和管理科学的大多数研究就不需要理工科的仪器设备和专门实验，当然也就没有大量的狭义上的测试数据可言。社会科学、管理科学、交叉科学、综合科学等也有不少期刊被 SCI 收录，因此，有没有实验数据绝对不是发 SCI 文章的标准。

拿理论安全模型来说，理论安全模型是模型的一类，类似数学模型。理论安全模型的创建类似于数学研究，建模过程中通常是没有数据的，更多的是深度逻辑思维。

由于一般人都会开展逻辑思维活动，大多数人觉得逻辑并不深奥。其实钻研逻辑之后，才知道逻辑法海无边，逻辑博大精深。

比如，理论安全模型中的各要素都是相互关联的。如果运用数理逻辑，有力学、集合论、模型论、证明论、递归论等。如果运用顺序逻辑，有由一般到特殊、由特殊到一般，由抽象到具体、由具体到抽象，由主要到次要、由次要到主要、由现象到本质、由本质到现象，由原因到结果、由结果到原因，由概念到应用、由应用到概念，由理论到实践、由实践到理论，由直接到间接、由间接到直接，由大到小、由小到大（空间逻辑），由里到外、由外到里（层次逻辑），由低梯度到高梯度、由高梯度到低梯度（梯度逻辑），由正向到逆向、由逆向到正向等。如果运用推理逻辑，有演绎、归纳、类比、相似等。

上述逻辑思维是非常复杂精细的，而且灵活多变，有高度思维能力的人才能驾驭。

开展理论安全模型的创新研究，除了需要逻辑思辨等能力之外，更需要具备各种学科已有的大量知识，有丰富的社会实践经验，知晓各种安全现象。其实，借鉴或引用各种事故、工程案例、组织机构等经验，在广义程度上也是实验结果和实验数据，而且是更加真实的实验和数据，是真实的整体性实验和系统实验，是实验室的实验所不能获得的。

深度思维活动本身也是一种实验，是脑海中的实验，比计算机数值实验更有创新性，因为大脑的复杂思维活动能够产生创新和系统的涌现性。

做理论研究需要经常反复，比如理论安全模型经常需要推倒重来和不断的修改完善，这个过程本身也类似于反复做实验。

有些只有工科脑袋的审稿人看到一篇文章没有数据、没有曲线，心里就起了扼杀之念，这是不应该的。其实，文章有数据和曲线又能说明多少问题呢？数据毕竟是有限的、有条件得出的，数据本身的科学性、系统性、真实性等是很难直接看得出的，这也让学术造假者有机可乘，使得随意编造数据的学术造假现象不断出现。

而理论研究的论文完全靠文章的内容本身来证实其创新性、先进性和实用性等，能写出这类文章才是高质量、高水平、高脑力劳动的体现。

当然，这里在说明没有数据也可以发表高水平 SCI 文章时，绝对没有反对有实验数据的文章，希望大家不要误解。

有关不做实验能否发表 SCI 论文的问题，科学网上在多年前也热烈讨论过。本文主要是围绕安全科学理论的研究领域来论述的。

过去数年里，考虑到中国的安全科学理论研究比较稀缺和落后，而且中国是事故灾害高发的大国，是安全的主战场，绝大多数的安全科技人员习惯看中文文章和中文著作，而且课题组里的理工科研究生写涉及社会科学的英文文章，的确在语言表达上也有一定难度。因此，课题组的安全理论文章基本上都是在国内刊物上发表的。但近年来越来越觉得 SCI 文章还是中国学者学术水平的评价标准，也看到了没有 SCI 文章的安全博士生在高校找工作到处碰壁的事实，这使我改变了指导思想，鼓励研究生写写 SCI 文章。经过一年来的投稿实践，表明我们做安全科学理论研究没有实验数据也是能够在 SCI 一、二区发表文章的(其实国际上一直是这样的)，同时也证明了我从事的安全科学理论研究是可以得到国际认可的。不过，我一直认为，中国人写出英文 SCI 文章，还要把它翻译成中文，实在是让人啼笑皆非，何苦呢。

另外，做安全科学理论研究工作的物质成本低，随时随地都可以开展。这种特点非常适合无硬件平台、经费短缺的安全科技人员，但研究人员必须能进入做安全科学理论研究的境界。

鉴赏科学模型之美(2016-01-09)

通俗的美是很容易感知和理解的，如风景美、环境美、形象美、行为美等，许多美让人动心。但对科学之美，大多数人就很难感受得到了，科学的美需要有一定的知识积累和研究境界，才能感悟得到。

谈科学的美也需要具体化，最典型的是科学模型之美。科学模型可分两类：一类是物质形式的，一类是理论形式的。前者即实物模型，它是人们观察、实验的直接对象，比较好懂；后者属于思维形式，它是客体的一种抽象化、理想化、理论化形态，具体表现为抽象概念、数学模型或理论模型等，是人们进行理论分析、推导和计算的对象。

理论科学模型既是科学认识阶段性的成果，又是进一步研究原型的起点。有价值的模型可以揭示客观事物最本质、最基础的普适性联系，如牛顿定律、爱因斯坦理论、麦克斯韦方程组、摩根定律等，它们是科学中的皇冠、科学中的最美。还有不少诺贝尔经济学奖获得者的贡献就是建立了一个非常有价值的经济模型、假说、理论。

因此，现在大学里经常有各种建模比赛。在理工科的研究论文里，经常有涉及建模研究的内容。建模的层次和意义有很大的差别，做个实验得出几个数据回归一个经验公式是建模，开展一些统计分析得出一些数据回归一个公式是建模，为别人的现有公式添加一个系数或加一个常数是建模，但这些建模都没有太大的意义。

真正有价值的科学建模是所建立的模型可以揭示出一个学科的本质，展示一个学科的核心，并由它可以演绎和拓展成一个学科体系，具有普适性和科学性。这类模型可能就很难获得了，特别是对于传统的成熟学科来说，已经没有多少机会取得重要高层次的建模成果了。

但不管科研中有没有可能取得重要的理论模型成果，关注科学模型和培养建模意识，学习着鉴别和欣赏科学模型，对提高科研能力和获得更有价值的成果很有帮助。能够鉴赏别人的模型，才能学习别人的建模思想、知道别人建模的优劣之处，才能将其用于自己科研过程中的建模选择、建模能力、建模质量等环节。

由此联系到自己所在的安全科学的建模情况。安全学科中下游的应用中建模非常之多，这些模型处于实践应用的档次，不便列举。上游领域的科学理论模型好像极少，甚至很难梳理出一二来。比如"轨迹交叉模型"算是安全模型之一，但它还没有揭示出安全的本质特征，不具科学性；"安全人机模型"不错，但其原型来自人机学，不是安全科学原创的；安全定义也可以算是安全模型之一，但安全的定义五花八门，很难列出一个具有科学性，能够表达安全科学本质特征和核心的定义来；各种各样的事故统计规律，如海恩里希法则、墨菲定律等也都代表不了安全科学的核心内容。由此可以看出，安全科学上游的科学理论模型还有待大家探索和归纳研究，我们的课题组也正在这个领域里努力。

最近与几位研究生一起撰写了一组安全科学理论模型方面的论文，我真的感觉到其中的美感了。我建议一位研究生继续修改他的文章时，他还不谦虚地对我说："我的文章越读越感觉它很美！"如果真的是这样，那就对了！

发展新时期周期学，憧憬安全周期学研究（2021-12-25）

周期学是一门古老的学问，它的很多领域一直都有人在研究。在近代的经济领域，周期学的研究可能是最多的。有些周期研究非常接地气，普通老百姓都非常熟悉，如股市的周期规律研究等。不过，周期学多年来一直没有火起来。个人认为，近一二十年大数据科技的发展、庞大科学技术文献数据库的形成、大型计算软件和高速计算机的诞生等条件使人们跨学科、跨领域地研究周期学，发现新的周期规律成为可能。

个人认为，在复杂巨系统和自然界海量的子系统中，隐含着大量的周期现象，周期研究具有未知性、探索性、前瞻性，具有大规律、大学问可做，理应成为前沿学科。

其实，周期就是规律，很多规律都是以周期来表达的，研究周期是发现科学规律的重要有效途径之一。例如，对周期分维度，可以制作维度周期表，类似元素周期表，可以预测未来周期和新周期，创立维度周期学。

创新周期学，需要找到周期学研究的优先切入点。个人多年从事安全科学理论的研究，感觉从安全周期研究开始是发展周期学很好的研究方向。

例如，传统的宏观安全周期研究有灾害周期、地震周期、洪涝周期、朝代兴衰周期等；现代的微观安全周期研究有建筑安全寿命周期、网络信息生命周期、法律法规更新周期、安全评价周期、事故重复周期、大修周期、安全设备生命周期、材料疲劳安全周期等。

从安全周期学学科建设切入，同样有很多有意思的分支可以构建，如：安全周期学，包括安全周期理论、安全周期预测、安全周期统计、安全周期模型、安全周期比较、安全周期分类、安全周期应用等；安全信息周期学，包括安全信息周期理论、安全信息周期预测、安全信息周期统计、安全信息周期模型、安全信息周期比较、安全信息周期分类、安全信息周期应用等；安全行为周期学，包括安全行为周期理论、安全行为周期预测、安全行为周期统计、安全行为周期模型、安全行为周期比较、安全行为周期分类、安全行为周期应用等；人造物生命周期统计学，包括人养植物生命周期统计、人养动物生命周期统计、工具生命周期统计、家具生命周期统计、居住房屋生命周期统计、穿戴衣物生命周期统计等。

更具体的一些安全周期学分支，如安全监管信息资源的生命周期管理、企业（组织）的安全信息生命周期管理、社会安全的信息生命周期管理、安全资料档案领域的信息生命周期管理、安全应急预案的信息生命周期管理、安全信息素质教育的生命周期管理、人的行为安全周期管理、人的心理安全周期管理、人的生理安全周期管理、安全装备的生命周期管理、环境安全的生命周期管理等。

周期学研究离不开系统分类、统计、比较、类比、相似等方法，如基于类比性安全描述信息管理、基于局部和属性的安全信息管理、基于统计概率的安全信息管理、基于物理定义的安全信息管理、基于信源和信宿的安全信息管理、基于混合型定义的安全信息管理等。

如果细说一些周期学研究的切入点，更是有很多事可做，有无量纲周期、延长周期、缩短周期、周期化、打破周期、周期律、周期轨迹等，有地区经济周期、行业发展周期等，有医疗周期、疾病周期等，有周期规律、周期相似、周期评价、周期分析、周期原理、周期波动、周期长度、周期参数、周期鉴别、周期判定、周期回归等。

研究自然和生命领域的周期规律，其科学意义不必言表，但研究当今人类生产生活中的各种周期同样具有很大的意义，如知识的生命周期、网络知识价值生命周期、经济周期实证分析、企业生命周期、产品生命周期、人才生命周期、睡眠周期、情绪周期、周末周期、报告材料周期、领导更换周期等。

开展跨领域跨学科的周期比较、多领域多学科的周期相似性及其规律等方面的研究，如在生命、自然、技术、社会、经济、文化等方面开展横断的周期比较、相似比较等，更是有无穷多的新课题和新切入点可以展开。

交叉学科问题认识

交叉学科研究工作者的七种心态及其启示(2020-05-31)

①开放心态。顾名思义,交叉学科研究就是需要跨学科和了解多学科的知识和发展动态,并从中获得知识、启发、创意。因此,交叉学科研究工作者自然要用欣赏和开放的心态去看待其他学科的东西。如果思想是封闭的,对别的学科不闻不问、毫无兴趣,自然不可能达到交叉的效果,也不适宜从事交叉学科的研究工作。

②学习心态。交叉学科研究需要不断学习别的学科的知识和新东西,因为一个人的知识面是非常有限的。俗话说,隔行如隔山,要了解别的学科的知识,就需要有不断学习的心态,并随时随地地不断学习各学科的知识,哪怕是别的学科的科普知识。但在学习别的学科的知识时,通常是要有目的地重点学习,而不是系统地学习,因为一个人的精力是非常有限的。

③类比心态。交叉学科研究工作者在学习和运用别的学科的知识时,通常不可能随便搬运过来就使用,如果这样就太容易了。交叉学科研究更多的是从别的学科知识中得到启发,通常在运用别的学科的知识或方法时,都需要经过类比,举一反三,开展相似学习、相似创造、相似设计等。

④结合心态。从事交叉学科研究的科技工作者通常都有自己的主业或比较熟悉的专业。在学习别的学科的知识和新东西的同时,要时时刻刻地记得将别的学科的知识与自己的专业结合的目的,这样才不会失去可能的交叉机会或结合点,才能大大提高交叉研究的效率。

⑤互渗心态。在开展交叉学科的研究时,从别的学科学习和搬运一些合适的东西固然非常重要,这是交叉学科研究的主要目的。但也不要忘记,自己所熟悉的学科也可以被运用到别的学科之中,有时一个外行人也可以在外行中做出外行中的专家所意想不到的成就。因为交叉研究是可以互相渗透和互惠的。

⑥合作心态。现在在开展交叉学科研究时,能将别的学科的知识直接运用到自己的学科的机会已经很少了。通常我们只能从别的学科得到某种启迪,而且实践起来单靠自己和自己学科的人是很难的。因此,需要善于利用别的学科的专业人员,与其他学科的人员开展实质合作,才能实现交叉的目标。

⑦前瞻心态。今天,交叉学科研究在很多情况下已经不是把别的学科的成

熟知识与自己的学科结合了，因为这个一般人都想得到，这种机会已经不多了。比较有可能的机会是把别的学科的新东西或是未成熟的东西与自己所在学科的新东西相结合，这样有可能做出新的成就。因此，交叉学科研究也需要有前瞻性，把握多学科的前沿动态。

有了上述几种心态，交叉学科研究工作者在参加不同领域的学术交流会议、查阅不同领域的文献资料、接触不同领域的科技人员、参与不同领域的工作时，将不会产生抵触情绪。他们会觉得在哪里都有学习的机会，都可以得到意想不到的启发。他们的知识面也会更加宽广，思维方式和创新机会也会更加丰富，因而也可能取得更多的成果。

上述这几种心态对于非交叉学科的研究者同样具有启发作用。

学科交叉行为的新分类（2022-03-19）

学科交叉是当今世界科技的发展趋势，也是科学发展的规律。交叉科学，更多的是指研究对象或研究客体及其研究成果属于交叉领域。任何交叉科学的研究目标都是研究者凭借研究条件实现的，因而从管理的视角来看，管理者更关注通过研究者、研究条件的交叉来促进交叉学科的发展和成果的涌现，对于具体的交叉科学内容，管理者是管不着的。然而，正是这层管不着的东西才是交叉科学发展的关键所在。

通过上面的分析，个人认为，学科交叉可分为"形交叉"和"神交叉"，当然也有介于两者之间或包括两者的交叉。所谓"形交叉"，指人们看得见的学科交叉，即表面的学科交叉，如不同专业人员的组合、不同平台条件的重构、不同组织机构的合并、不同研究资源的交叉等，这些交叉大都是管理人员经常思考和运作的学科交叉。而"神交叉"，指人们看不见的深度学科交叉，是能够使多学科知识产生质变并涌现出不属于传统领域的新知识的交叉，如不同学科知识的交融、不同成熟度知识的碰撞、不同专业文化氛围的影响、不同科研思维方式和实施行为的互促、不同学术思想和创意的交汇等。

由此可知，"神交叉"不仅是知识的交叉，更重要的是观念交叉、智力交叉、心灵交叉等超逻辑的交叉，是灵魂的交叉。只有"神交叉"才能达到心有灵犀一点通的效果，才能实现知识交叉的质变和涌现效果，"神交叉"也可以简单地称为"知识+灵魂"的交叉。"形交叉"只是"神交叉"的外部生成条件，"神交叉"才是颠覆性创新的基因。用系统学的涌现效应来表达"神交叉"的效果可能接近一点，但还不够达意和深刻，"神交叉"有时能产生无穷大的效应。

很显然，"神交叉"才是更有意义和更需要追求的交叉。那如何实现学科的

"神交叉"呢？我们不妨先从现实中的几类具体交叉情况来进行分析。

第一种情况是一个人的知识交叉。一个人通过学习掌握了多个专业的知识，不断拓宽自己的知识面，这些学科知识在一个人的头脑里，调用起来自然得心应手，多种知识融合得非常自如，随时随地可以交叉涌现。如果个别极具天赋者善于"神交叉"，一旦遇到机会，就可能使新知识突然涌现。这种情况比较接近"神交叉"的境界。但在大多数情况下，由于一个人的知识、能力、天赋及拥有的条件等毕竟比较有限，知识面宽了，深度就有所欠缺。

第二种情况是课题组内多人的知识交叉。这里说的课题组是指一起做项目的小团队。大家基于有一定差异的知识、能力背景，共同思考一个事情并做出行动，比较接近于心往一处想、力往一处使的状态，做得好时，可以发生类似于个人知识的"神交叉"现象。但由于不是一个人，课题组的多个头脑毕竟不可能像一个头脑一样使用，不能时时刻刻使知识产生"神交叉"。如果课题组中有个别极具天赋者善于"神交叉"，再加上多人的智慧和"形交叉"的作用，往往可以提高"神交叉"的成功概率。

第三种情况是学科专业交叉，即一个学院或一个系的人才组合起来的交叉，一起做一个大项目。由于人多，大家很难齐心协力，搞不好还可能产生内讧。即使有个别极具天赋者和善于"神交叉"的领军者存在，他们往往需要将主要精力放在"形交叉"上，其"神交叉"的天赋和能力自然就被削弱了，团队间的"神交叉"作用也远不如个人知识的"神交叉"。但此时人多势众，"神交叉"虽不足，但"形交叉"方面还是很不错的。可惜"神交叉"不能像用多台计算机一起做平行运算或采用云计算来提高运算能力一样运作，因为"神交叉"是超规则运算的。

第四种情况是多个单位多学科专业的交叉，通过学科之间的"形交叉"，以扩大规模、扩大网络关系，达到拿下大单和做出大事的目的。虽然也可能有一些极具天赋者和善于"神交叉"的领军者存在，但与第三种情况相似，领军者的主要精力要放在"形交叉"上。一旦"神交叉"的天赋和能力被削弱，再大的团队也难取得"神交叉"的成果。而且此时团体人员间的"神交叉"力度最弱，不过"形交叉"的显示度高，在社会的某一发展阶段很容易博得管理者的喜好和支持。

交叉可以融汇涌现出真正意义上的创新性成果，学科的"神交叉"是值得鼓励和支持的，但"神交叉"在现实中不容易被看见，因而容易被忽视。而学科"形交叉"的成果是可以看得见摸得着的事物，在某一社会发展阶段，显得非常重要，可以比较容易地得到管理者的支持。

当然，为了既可以比多、比大、比高，还可以比创新、比真实、比先进，同时提升学科"形交叉"和"神交叉"的程度自然是更好的事，这种双赢的效果需要管理者多加考虑和引导。

学科的"形交叉"与"神交叉"在某种意义上也是可以相互转化的，如何引导和促进其转化，这也是管理者应该思考的事。

如果从建模的视角来看，根据上述分析，也许可以建立一个包含学科"形交叉"和"神交叉"各影响因素的动态模型，以便确定不同时期的该体系的最优管理模式及具体参数。

至于如何促进学科的"神交叉"，我曾提出以"学块"替代"学科"，实现真正意义上的知识无限交叉，进而加速"神交叉"成果的涌现。

实证学科"形交叉"和"神交叉"的真正效果是一个很大的研究课题。我和课题组通过这些年的研究实践，已经体会到学科"神交叉"的意义所在，因而才写出了这篇博文。

交叉学科理论研究的一点经验——以安全科学上游理论研究为例(2019-02-14)

近几年，我们课题组发表的论文和出版的专著及新教材的数量明显比以前增多，在与同行交流或做学术报告时，个别老师或同学也会偶尔提及此类问题，希望我能分享一点经验。其实，这也是自己在做研究的过程中明白的问题，如果清楚地知道做科研的过程中出文章和成果的基本规律和周期，我们才能用一颗平常心去坚持所做的事情，才能在低潮期不灰心丧志，在高潮期不自满。

1. 为什么我们课题组近年能撰写发表较多的文章？我想以下原因是主要的：

(1)安全理论研究工作需要有较长时间的预备期来积累，包括广泛的文献阅读、系统深入的思考，以此形成安全科学学思想和系统综合思想。这个阶段在过去数年中已经基本完成了。

(2)安全理论研究工作需要面向社会的发展需求，找到研究领域的空白区、新分支切入点和制高点，使研究可以从概念开始，进而做系列的系统研究，并取得成系列和成系统的成果。

(3)安全理论创新和新学科分支创建研究要着眼于交叉，从交叉学科中挖掘可用于安全的知识，要善于开展组合创新研究。

(4)安全理论研究不需要像传统理工科研究一样，在实验室里做大量的实验以获得数据来写文章。安全理论研究的素材主要来自社会实验或社会实践的经验，一般不需要自己去做实验，因此出论文的周期比理工科相对要短一些。但理论研究并不比实验研究容易，在某种程度上可以说理论研究更加伤神，需要时时刻刻不停地深度思考。

（5）最重要的一点还在于研究者本身，做安全理论研究的工作者需要有较宽广的知识面、很强的逻辑思辨能力、较强的文献资料查阅能力、较好的写作功底、敏锐的科学价值鉴赏眼光、孜孜不倦的钻研精神，以及对所从事的研究的强烈兴趣等。

一个新领域的科学研究一般要经历几个时期：①萌芽期—②预备期—③成长期（积累期）—④收割期（成熟期、高潮期）—⑤持续期（稳定期、传播期）—⑥衰减期（下坡期）—⑦低潮期（淘汰期）—⑧消失期。

不同领域的周期长度是不一样的，就安全科学研究领域来说，一般需要经历几十年的时间。如果研究阶段正好处于收割期和持续期，而且遇上了一批合适的人，则论文和成果自然会喷涌而出，即所谓的厚积薄发。

2. 为什么我们课题组近年能够出版较多的专著和新教材？我想以下原因是主要的：

（1）首先需要满足上述所说的，研究阶段处于收割期和持续期，积累发表了系列论文，而且遇上了几个志同道合的、有上述能力的人。

（2）做研究和写论文不跟着指挥棒走，不以 SCI 和 ESI 为导向，所写的论文必须是成系列的论文。

（3）能够坚持自己的研究价值评价标准，比如我个人一直认为，能够编入教科书的理论是最好的成果，编入教科书也是理论成果最好的推广应用。

（4）在研究和撰写论文阶段就要着眼于出新专著或新教材，同时要掌握专著和经典教材的特征及撰写要点。

（5）还有一条不必细说，那就是抓紧时间及时动手撰写。

有了足够的可以纳入专著或教材的基本素材以后，新专著和新教材的编写也是一项巨大的工作。近几年，我深深地体会到，不说内容的细致研究，每一部书的出版，仅框架构思到校稿这个过程都要经历几十遍，使人劳累一场。但当心爱的书印出来以后，书又会像一服良药，神奇地治愈创作时留下的劳累和病痛。

上述的经验我想也适合其他大交叉综合学科，故写下此文用作交流。

如果从数量上来看，2018 年是我们课题组出书的高潮期。2019 年就准备断崖式下坡了，研究生也不招了。之后一段时间，我会把在读的学生带到毕业，将余下的项目做完，然后就退休自由活动了。

交叉综合学科理论成果或论文容易被误判的典型原因
——以安全科学为例（2019-06-06）

　　三四年前，我曾写过一篇交叉学科何其难的博文，最近又遇到了一些新问题，感觉需要从更具体的原因方面再写篇文章深入剖析一下，以使安全科学理论研究有一个良好的学术氛围，少被误判。

　　误判原因①：审视者或评审专家对安全学科的大交叉综合属性不理解。安全学科关注的更多的是社会科学的问题，是一个社会科学和自然科学的大交叉综合学科，这种显而易见的结论总有些人还不甚至理解或不接受。安全最终是为了人，人的问题涉及社会科学和自然科学，当研究内容接近或侧重社会科学时，其研究结论是不能要求所有人都认同的，要允许有不同意见和反对的声音。因为社会科学是没有唯一标准答案的，通过不同视角、不同层面会有不同的理解。基于此，对于一项研究成果或一篇论文，作为第三方的科技管理者不能听到有反对者或不同意见，就将其当作坏成果或差论文。

　　误判原因②：审视者或评审专家错位审视不同层次的被评材料。安全学科具有巨大的时空范围，安全科学分上、中、下三个层次的内容，也有宏观、中观、微观层面的问题。下游层次的专家审视上游的东西时，由于研究内容和理解能力上的错位，会出现不同的评议结果，甚至是相反的评价。做下游应用层面的专家评审方法学、方法论等上游研究成果时常会出现这类问题。例如，不同层次的应用是不同的，上游理论成果只要对中下游起指导作用就是应用，能编入教材就是很大的应用了，它不需要产生什么直接经济效益。但下游专家对应用不这么认为，他们觉得没有直接解决实际问题就是没有用，就可能把这类成果给枪毙了。

　　误判原因③：审视者或评审专家专业上的错位。安全科学是大交叉综合学科，审视者或评审专家从某一方向或某一专业的角度来理解评价交叉学科的东西，会有不一样的结果。例如：对安全信息学和信息安全学这两门学科的理解，前者主要是研究如何利用信息、设计信息来保证生产、生活的安全，而后者则主要是关于信息本身的安全的学问。两者虽然有交叉，但彼此有很大的不同，如果评审专家专业错位，就可能会出现误判。

　　误判原因④：审视者或评审专家对创新的不同理解。交叉综合学科更多的是组合创新，组合创新早已被肯定，但还是有些专家不认可。其实，很多专门的工程学科也是组合创新的产物。例如，很多用久了的组合，大家习以为常，但对于一些新的组合，评审专家就会产生怀疑、反感，进而否定它。比如安全大数据，其实它讲的是大数据用于安全，是刚出现的复合新名词，但很多人不管其内涵如何就提出异议。但安全心理学、安全教育学、机械安全学、土木安全学等，大家接触多了，叫习惯了，就不觉得它们有错或别扭。其实安全心理是指人们对安全或危险的心理，没有什么专门的安全心理；土木安全是土木工程中的安全问题，也没有什么土木行业独有的安全原理。

误判原因⑤：审视者或评审专家对创新理论要求一步到位。一些新的安全理论、方法、模型等是不太可能一步到位、尽善尽美的，它们需要经历多次修改、补充和完善，需要发展多个版本，而且很多安全理论是不可能完全适应所有场合的，相对优化就是较好的结果了。但有些定量的专家不这么认为，一当发现有漏洞或不足，就会完全否定。这是不符合事物发展规律的。

误判原因⑥：审视者或评审专家以工科思维看待研究成果。有些人把安全当工科对待，一看到论文中没有数据曲线，就觉得没有依据。其实，没有数据才是理论，只要逻辑上推理得通，就是有可重复性的有用成果。数据是个黑箱，评审专家如果没有丰富的经验，是无法判断数据的可靠性的，有数据也不见得结论是正确的。从过去的情况上看，做实验、有数据的论文或成果比较容易通过评审，但大多数专家对数据的可重复性和使用价值却缺少判断。

误判原因⑦：科技管理部门或刊物等第三方机构找不到同行评审。全新的研究领域，特别是上游领域，往往是极少数人做的，同行评审几乎不可能，结果就可能出现被评材料靠运气才能通过的情况，即评审专家以自己是否感兴趣为标准让其通过或不通过。

还有更多的主观原因或特殊原因就不多列举了。

基于上述情况，提出几条建议：

①对于交叉综合学科中的上游理论研究成果或论文，作为第三方的科技管理者或刊物不能听到不同意见就将其当作坏成果或差论文，要站在中立的立场上全面系统地看问题。

②评审专家在评阅交叉综合学科的成果或论文时，要超出固有的思维模式和范畴，不要轻易枪毙似懂非懂的材料。

③被评成果或论文的撰写者，有必要在适当的地方对其材料加以必要的说明，以降低被误判的概率。

④有关科技管理者或刊物等第三方机构，要建立有交叉综合学科力量的专家库和评审平台，在派送盲审材料时，尽量找到合适的评审专家。

⑤要建立完善的申诉制度，让被评者有解释或申诉的机会，甚至有当面讨论的机会，使被评者有权利捍卫自己的成果和论文。

⑥要允许论文或成果的持有人有权利回避一些不合适的评审专家的要求或建议。

做学术研究本来是一件非常纯粹的事情，但当与发表、评估、业绩、项目申请等联系起来时，做学术也变成了一件有很大风险的事情。做学术也存在着斗争，也需要在逆境中奋斗和成长，也可能在生长过程中被无意有意地扼杀。从事交叉综合学科的理论研究者们，你们准备好了吗？

为何安全领域的论文标题以"基于"开头的如此之多？（2016-09-26）

2014 年 2 月 16 日，我写了一篇博文，题为《你"基于"了吗？》。前几天收到某学报赠送的最新一期，翻开目录一看，又是"基于"成排。这促使我思考了一下这是为什么。

其实原因也很容易得出，因为安全学科是一门综合交叉学科，很多理论、方法、原理都是从别的学科借鉴过来的，即安全学科所应用的理论、方法、原理大都是别的学科首创的。我在《综合交叉学科知识的新分类与新命名》一文中将这些知识命名为"他安全科学"。从应用层面去做研究，即将这些"他理论""他方法""他原理"用于分析解决某一具体问题，当写文章发表时，标题用"基于"自然是很恰当的。但从科学层面来讲，就谈不上什么原创性了。而且有的论文是"做作业式"的论文，其解决的对象或应用的对象是非常普通的日常问题，或者是假设的小问题，没有多少学术价值，但好像审稿人和刊物的编辑对这类文章还很青睐，很容易发表。

另一方面，近年来我指导的研究生写的一些安全科学方法论的创新文章却经常被拒稿。一些审稿人和编辑认为方法论研究没有联系实际，没有解决实际问题，于是就简单地将稿子给毙了。我为此感到有些憋屈。本来安全学科自己原创性的东西就极少，安全学科原创性的方法论应该被推崇和优先发表才正常，但却得到相反的结果。

"基于"类文章不是都不好，但如果刊物的文章题目大都是以"基于"开头，刊物的层次和文章的水平就可能要打折扣了。

更重要的问题是，我们的研究能否多关注些理论、方法和原理上的创新？我们能否少用些老掉牙的外国人发明的理论、方法和原理？我们在做应用性研究和撰写论文时，能否在结尾或结论中有点方法、经验的提炼、总结？

为什么 safety 要提 differently，而不提 top 或 best？（2022-06-13）

恕我孤陋寡闻且英文理解能力有限，我看到"safety differently"这个词组作为专著和论文的标题已经是很晚的事情了，那还是在三年多前。2019年元月，国际知名期刊 Safety Science 挂出了一则关于"safety differently"的专刊征稿信息，我这时才知道它。如果不去深入了解一下，对于这个由一个名词和一个副词组合而成的词组，的确很难理解其内涵和深奥之处，也很难找到适当的中文词汇与之对应。如果直译为"不一样的安全"好像表达不出其深度。既然 Safety Science 将其列为专刊标题进行征文，它自然有其不俗之处。因此，我就花了点功夫稍微深挖一下。

其实"safety differently"是澳大利亚格里菲斯大学安全科学研究组的 Sidney Dekker 教授研究多年后提出的概念，Sidney Dekker 教授在 2015 年在 CRC 出版社出版了 Safety Differently—Human Factors for a New Era 的第二版，在该书中的前言中，他对其内涵做了较充分的诠释。我将其意译如下：

在新时代，对人因安全需要有一种不同的思维，需要把人当作具有安全多样性、安全洞察力、安全创造力和安全智慧的源泉，而不是把人当作削弱系统安全性的风险源。因此，我们需要马上信任人的正面作用，消除不信任人的官僚思维，也就是说要更致力于实际的防止伤害，而不是表面上看起来好。在新时代，人的关键转变有如下几方面：

①我们需要从过去的把人视为安全问题的原因而控制人，转变为将人视为解决伤害问题的方法。

②我们需要从过去的把安全效果视为一种官方责任，转变为将安全效果视为一种道德责任。

③我们需要从过去的把安全视为没有负面的因素，转变为把安全视为一种积极的能力，即把事情做得更好，而不是不出问题就行。把对安全和风险的关注转变为对韧性的关注。

④我们需要舍弃过去描述安全问题时使用的笛卡尔-牛顿式的线性因果关系，转变为安全深度防御和其他静态隐喻方式。我们需要拥有安全复杂性描述方法，即接受复杂系统的安全演化和系统整体性表达关系，而不是讨论系统的单独组分。

⑤我们需要改变过去经常使用的"控制""约束"和"人的缺陷"等词汇，转而使用"安全赋权""安全多样性"和"人因机遇"等新词汇。

有了上面的诠释，我们就可以明白"safety differently"的含义了。但找到一个与之对应又有相同内涵的中文表达方式仍然是个问题。其实，上面的这些观点与 10 年前南丹麦大学的 Hollnagel Erick 教授发表的从"安全Ⅰ"到"安全Ⅱ"的研究报告中的意思是如出一辙的。而"安全Ⅱ"引入国内的时间比较早，且有中文译本，因而我对"安全Ⅱ"比对"safety differently"了解得更早。很显然，"safety differently"提出的五个转变是新时代的先进安全思想或观念。但作者为什么不直接用安全新思想新观念而用"safety differently"呢？对于这个问题，我开始也没有怎么在意，因而也没有去深究。

可最近，我在思考安全的属性时，在思考近年来我们课题组提出的安全科学理论有哪些做得比较好（属于 top 或 best）时，得出的总体感觉是更多的研究成果与现有的成果不同，即 different，但说不上 top 或 best。我才联想起数年前 Sidney Dekker 教授主编的专刊 Safety Differently 中"differently"的含义，才更觉得用"safety differently"很好，很科学，很符合实际。为什么呢？我是这样理解的。

安全涉及的大都是复杂问题，从安全的维度上就可以得到证明①。安全的多维性主要体现为安全主体的多维性、安全客体（内容）的多维性和安全影响因素的多维性。如果需要基于某一取向解决一个复杂系统中的问题，其答案可能不是唯一的，可以有多个不同的解决方法。只有在预先确定的评价标准之下，才有相对最优的方法可言，否则很难说哪一个方法是最好的。安全复杂问题也是一样，适用的就是最好的。这也是我多年来讲安全课时常说的一句话：安全理论不用"贵"的，只用"对"的。

可话又说回来，虽说 safety 要提 differently，而不提 top 或 best，但是评价 safety 时还是有先进和落后之分，也有新旧之分。因而，提 new and advanced safety 还是可以的，也是需要的，否则安全科学技术就不可能进步了。我建立"安全新论"微信公众号自然也是可以的。

面对复杂问题时，社科和自科各采用什么套路？（2020-03-04）

首先申明一下，这个问题巨大，这里仅针对一种现象进行讨论，也许是外行人不知天高地厚的胡说。

（1）社会科学面对复杂问题时的研究套路

总的来说，社会科学研究的问题（对象）比自然科学（特别是技术科学）要大得多，但社会科学多研究人理、事理和人-事理，而自然科学多研究"物"理。

---

① 吴超，王秉，谢优贤.安全降维理论的深度研究[J].安全，2019，40（11）：40-46.

我经常见到，有些社科类课题只有几万元的项目研究经费，就敢研究类似全球治理这样天大的问题。不过，有深度的社科类课题的研究者们也希望缩小包围圈，使研究更有深度、更具特色、更具有针对性，那他们采用的是什么套路呢？

社会问题涉及的因素太多太杂、变化无穷，社科研究者的套路通常是通过不同的视角、不同的视域、不同的切入点、不同的层面、不同的关键问题、不同的要素、不同的时间段等去研究和讨论问题（对象），这相对于不界定范畴自然更好研究一些，可以达到有效性的目的。但这么多的界定，会使一个对象或事物众说纷纭，各有各的理。显然，这类研究是没完没了的，也没有标准和唯一的答案。

知道了这些特征，我就不太愿意把生命耗在各说各事的纠缠之中，在思考研究问题时还是希望更有普适性一些，因而对哲学层面的东西逐渐发生了兴趣。

（2）自然科学面对复杂问题时的研究套路

自然科学（包括工程技术科学等）中，也有研究问题或研究对象比天还大的，如研究宇宙太空的、研究大地构造的。但总的来说，大多数自然科学类学科研究的对象还是比较具体和偏小的。特别是在工程技术领域，其研究对象基本上是比地球小得多的"物"的问题。相对社会科学来说，物的因素的不确定性小一些，复杂因素也少一点，但理工科领域同样有很多复杂问题。而且，今天简单的问题基本都研究过了，留下的更多的是复杂问题。

面对复杂问题时，理工科类科研人员采用的一般套路是什么呢？我总结了一下，最基本的套路有三种：一是使研究对象越做越细，细到电子显微镜都无法看到；二是在研究对象前面加一连串形容词作为定语。物是多种多样的，形容词也是多种多样的，如果排列组合起来，会有无穷多种。比如研究一堆泥土的强度这一个看似简单的问题，至少也有各种土质成分，各种物理化学性质的结合和作用，各种作用力及其作用方向、作用时间和动态特性，土质的颗粒尺度，含水率等。如果排列起来，将有无穷多种组合方式，可以翻来覆去做个不完。第三种情况，在应用领域，经常使用的套路是"基于××的××的××研究"，其实这是与给研究对象加形容词类似的。

我在看到关于这类问题的项目或论文时，慢慢变得不感兴趣了。我的观点是，如果所做的实验具有工程应用背景，那是有意义的。如果没有具体应用对象，这种研究就是为了得出数据画曲线然，后写成文章，这类似于做作业，做得再漂亮也没有很大的参考价值。

（3）社科和自科交叉问题的研究套路

如果研究的问题既涉及社科又涉及自科，即所谓的大交叉学科问题，这就更麻烦更复杂了，而且这也是社会发展需要解决的和非常现实的问题。随着全球化进程的加快,大交叉科学问题在未来会更加突出。安全科学问题就是这类问题,新型冠状病毒肺炎疫情也是这类问题,它们都是涉及自然科学和社会科学的巨复杂问题。这时就需要方法学的指导、需要做各种预设、需要新的思路和方法、需要复杂科学的发展等。

(4)由上面的分析得出的一些推论

①经过以上的比较分析,我们可以看出社科与自科的研究思路也有相似性,是可以互相借鉴的。社科的切入点或视域类似工程研究中的各种条件,越具体越细致就越没有通用性,但也越有针对性。

②社会科学和自然科学本身也是两个最大的切入点。如果能把社会科学和自然科学当作一个切入点开展研究并得到成果,那就是顶级的研究,最具普适性,如复杂系统科学的创立、爱因斯坦的理论成果等。

③适用时间的长短也是一种视域,适用的时间越长,越有普适性,有时间函数的动态模型意味着视域更宽、更有普适性。

④这些思考其实也为大交叉科学研究提供了一些借鉴,对以后的类似研究有所帮助。

顺手检索一下中国知网,标题中含"基于"的,可以找到 2679493 条结果;标题中含"视域"的,可以找到 75349 条结果;标题中含"视野"的,可以找到 96577 条结果。还真不少!

基金申请杂文

标书撰写之"两文意识"(2015-11-12)

许多专家针对标书(特别是自科基金申请书)的撰写已经写过许多很好的指导性文章,本文将从另一个视角来谈一下这个问题。其实,并不是写得好标书就一定能中的,国内外均如此。标书能否得到评审专家的高度认可,还与评审专家的专业对口度、鉴赏力、知识面、胸襟、正义感、责任心等有关系。一名只能以标书影响评审专家的项目申请人如果能够从写标书的过程中得到满足、实现价值,那么就算没有被评上,也不枉自己的一番苦心。那什么样的标书能够达到这种境界呢?如果能够把标书写成两篇可以发表的论文,那么在某种意义上就能达到这种境界。

第一篇文章是综述性文章。写标书时都需要对项目的研究意义、国内外研究现状及发展动态做深入的调查分析，还要结合科学研究的发展趋势论述其科学意义并附上主要的参考文献，这本身就是对研究领域所做的综述。综述到位不到位，可以用能否写成综述性论文发表来评判。有些申请人对所在领域的相关研究成果没有多少了解，只能用三言两语概括一下。这很难展示出其有能力承担该研究项目，也不可能达到写成综述性文章发表的水平。有些人觉得自己的项目是全新的，没有进行文献综述的可能。其实这种情况下也需要做文献综述，只是综述的内容不是与课题完全相关的内容，而是用来支撑和证明自己项目的创新性的内容。能否写好一篇综述性文章也是科学研究功力的一种体现。

第二篇文章是可研性文章。如果项目申请到了，可以不发表可研性文章。但如果没有申请成功，那就要尽量把标书的实质内容以可研形式的文章发表出来。可研性文章包括研究内容、研究目标、拟采取的研究方法、技术路线、实验手段、关键技术等。把这些内容写透、写实、写新，是很不容易的事，是申请人对申请项目胸有成竹的体现。当然也需要有很多科学假设在可研性文章之中。有些申请人觉得把这些内容公开出去是做无偿贡献，但这总比被埋没了的好。而且，在互联网时代，当一项真正有价值的成果诞生时，人们总会追索其起源的。你的研究思想或科学假设发表了，别人受到启发做出了成果，你的贡献就是不可磨灭的，因为有互联网可查。很遗憾的是，目前许多刊物不发表可研性文章。编辑们和审稿人总认为你的研究还没有进入实质研究阶段，如何能证明你的研究思想呢？如果从读者的兴趣方面考虑，刊物发表可研性文章对读者可能有更大的吸引力。历史上很多著名的科学假设以及后来的伟大发现都说明了发表可研性文章的重大意义。当然，毫无学术价值和胡乱猜想的除外。因此，希望刊物能够转变观念，设立可研性文章专栏。有些人宁可玉碎不愿瓦全，申请不到项目便宁可埋葬掉，这也不便强求。但实际上，标书投出去了未中，是否真的就会被"埋葬掉"也未可知。

写了标书如果不能中标拿到研究经费开展工作虽然遗憾，但能够发表两篇文章也是收获不菲的。如果这两篇文章对后人没有多少参考价值，那就说明标书中的可研设想无用。如果这两篇文章让后人获得了启发，做出了重要的成果，那至少也有你的一份功劳，互联网会记住你的，你也可以为此感到自豪。

反过来，如果以写出上述两篇可以发表的文章为标准来撰写项目标书，那么写出来的标书的质量一定是比较高的，中标率也是比较高的。

以上就是标书中与不中的辩证分析，也不失为一种不让标书埋没的好办法。我自己也是项目申请的多次失败者，但有了这样的思维，就不怕失败了，当然这也可能是一种阿Q精神。

写份任性的基金申请书(2015-02-28)

文章标题中添加了"任性"两字，绝对不是标榜自己很牛气，而是为了强调"做心仪的研究""做感兴趣的研究"。我从来就不是什么"养基"专业户，偶尔申请到一项也是费了九牛二虎之力的。

我到了现在这把年纪，以后能申请到的基金数量是寥寥无几了。正是因为这样，我觉得想申请的题目必须是自己特别想做、有特长做、能做好的，即使是申请不到项目也会坚持做，即使是退休以后也能做和愿意继续做的题目。如果以申请通过为目标，写基金申请也是有很多技巧的，如选题和内容迎合潮流、迎合函审人、迎合会评人等。

基于上述"任性"的要求，我选的题目是自己所从事学科的真正的理论基础研究。即使申请不到经费支持，我也愿意不惜代价自筹经费开展研究。

项目的立项依据中除了要按基本要求，结合科学研究发展趋势来论述其科学意义、国内外研究现状、发展动态及存在的问题之外，我建议还要更加深入细致地查找、阅读相关文献。在加深对该研究领域内的同行工作情况的了解的同时，可以把该领域内的部分内容写成一篇可以投稿的综述性研究论文。这样，即使项目申请不到，至少还写了一篇文章，不至于白忙活，项目申请书中的一些自己的思想也不至于成为无主的"公众 ideas"。

写项目的研究内容，除了让自己可以按规定的年限制订研究计划之外，还可以为自己未来的研究设计出一个更大的蓝图，为自己树立一生都可以努力追求的研究目标。

拟解决的关键科学问题绝对不能单纯地迎合现实标准，更需要达到自己认可的标准，只有自己认可才能增强自信心。为满足考核而研究、为充数而写文章、为虚荣自己骗自己等蠢事绝对不能做！

拟采取的研究方法、技术路线、实验手段本身就是研究课题，如果能写出自己的东西来，是可以获得知识产权的。许多人有这样的顾虑：写少写浅了，怕评审人看不出水平；写深写细了，怕泄露"天机"。对于我来说，我更愿意往细处写，而且要根据申请的课题系统地深挖，写成一篇关于研究题目的方法论性质的文章。实际上，常规的研究方法和技术路线谁都能够想到，想出非常规的方法和路线要寄希望于灵魂深处的思考和想象力。思考也是"实验"，是"心灵实验"，是比使用高精尖仪器做实验更有用的实验。

对于理论基础研究，个人认为项目的特色与创新性体现为研究成果能否填补空白、能否编入教科书、能否长时间地流传下去。

总之，我愿意把申请书写成一辈子的兴趣和余生想做的事；项目申请到了要做，申请不到也要做；别人可以不认可，但自己非要认可不可；题目有钱要做，没有钱也要做，自筹经费也要做。

写到这，申请书基本算写成了，同时也积累了两篇理论文章的素材，呕心沥血的工作也算没有白做。

基金申请没有必要按年龄和资历来选择项目(2022-03-03)

近一二十年来，许多基金管理部门为了扶植年轻人成长，常以年龄作为限定条件为年轻人开设一些专门的基金申请模块，如自科基金的青年基金、优秀青年基金等。这种管理方式在一定时间内的效果是不错的。但久而久之，在学界中就形成了一种习惯，没有拿到基金项目的青年人首先应该申请到青年基金，接着才是面上项目，有了一定的资历后才申请重点项目。其实，这种习惯约束了一些优秀青年人的想象力和发展空间。试想，申请一个国家青年基金项目需要做三年，大多需要承诺每年投入六个月的工作时间，再申请一个面上项目又需要做四年，又要承诺每年投入六个月的工作时间。如果保证诚信，同时做两个项目，别的事就不能干了。其实，年纪轻并非智能低，一般情况下，年轻人的科研创新能力更有优势。只要有创新思想和能力，青年人也可以申请面上项目、重点项目等。显然，青年人在数量积累上一般不如年长的人，但科研创新不能用积累的多少来评价。

近十多年来，不少青年人在硕士、博士和博士后阶段做出了很大的成绩，而且已经形成了迅猛发展的态势，其工作效率和国际化水平远比许多中老年人高。比如，现在很多申请青年基金的项目的质量就比面上的高。近十年来，全国研究生数量持续增加，各高校和科研院所引进青年人才的数量不断增加。在各单位对基金数量不断要求的压力下，青年学者申请基金的动力也不断高涨。按常规程式，青年人一开始都会挤着去申请青年基金，使得青年人申请基金的竞争反而更加激烈，获批难度更大，这样就会挫伤部分申请未果的青年学者的积极性，打击他们的自信心，挫伤他们的科研活力，造成不必要的负面效应，还可能逼迫青年人去学着拉关系、搞圈子，沾上不良学风。

基于此种现象，我建议管理部门不要过于强调申请人的年龄限制及其是否有主持基金项目的经验，不要有意地引导从青年基金开始申请的模式，取消是否曾主持过基金项目的说明栏目，增加取得过什么突出创新成果的具体说明（不是得到了什么奖项），适当地动态调控青年项目和面上项目的中标率，让青年人根据自己的能力和项目的质量来确定投什么类型的项目。

还有很重要的一点，需要加强对工作时间投入承诺的管理，因为工作时间投入上的不诚信是一个普遍存在的问题。各级基金申请和各类重大项目申请中都有对申请人和参加人员每年实际投入工作时间的要求，都有同时承担项目数量上的规定。以现在的情况来看，对同一类型基金项目数量的限制做得比较好。但是不同级别不同类型的基金项目大都不在同一个数据库里面，所以管理部门一般很难管得到工作时间上的投入。因此，很多牛人便可以利用其积累的基础优势和天时地利人和等条件，成为拿项目和挂名号的专业户，而工作就靠组建大团队由别人来完成。

另一方面，评审专家看本子、评项目或参加面试答辩会时，需要尽量排除论资排辈的潜意识，也不要太看重基础积累的多少，在同等条件下更应该优先考虑青年人，更应该考虑申请人拿到项目后是否由自己为主来完成，是否能够兑现承诺的工作时间，而不是把工作分解和转包出去。

写基金申请书的点滴趣事(2019-08-05)

如今，国家自科基金申请在中国高校已经家喻户晓了，但30多年前的情况却少有人知。现在很多"青椒"都难以想象国家自科基金刚开始申请时的情况。一个挺有意思的事就是手写基金申请书，因为那时我国计算机的文字处理能力和印刷技术还没有普及，没有达到普通人都能应用的程度。所以基金申请书都是靠手写的，一个单位的所有申请项目的基本信息才由计算机汇总并录入软盘。

申请书是手写的，自然不可能也不需要查重。因为不认识的人看不到彼此申请书的内容，不容易传播和相互借鉴。那时复印机极少，大家保留的申请书底稿基本上都是草稿。

由于基金申请书是手写的，如果有一手漂亮的钢笔字，并能绘制出几个工整漂亮的插图来，那申请书就会令人刮目相看，中标率就可以提高很多。因为工整漂亮的钢笔字会让评审专家觉得你在很认真地做这件事，接着会联想到你做科研时一定也很严谨和细致，而很多科学发现都是靠细致观察得出的，进而认为你未来能够完成项目，取得预期成果。

记得一个挺有意思的故事，当年我的老师有一次要我草拟一份基金申请书，我听说兄弟系有一位黄先生每次申请都必中，我就虚心去请教那位先生。见面后，他先从抽屉里抽出了一份申请书的草稿，一下子就把我镇住了。他那手钢笔字简直就像铅印的仿宋体，行距和字体大小也恰到好处，让人有欣赏硬笔书法之感。

我不禁询问起黄先生怎么能写出这么漂亮整齐的申请书。黄先生告诉我，他写字时需要用粗细适中的钢笔头，书写前需要用小方格作文纸垫在申请书稿纸的下面，然后放在玻璃板上，下面再用电灯照着，使方格投射到申请书稿纸上，这样对着方格一笔一画地写，自然就很整齐了。至于作图，有些年纪的理工科人都知道，需要用到一套绘图笔。黄先生说，图的大小、线条的粗细都要参照正式出版物上的样子来描绘。而且，抄写正式稿时不允许有书写错误，需要在每天精神头最好的时候抄写。按照这种要求，不说钢笔书法功夫和制图功底的练习时间了，就是抄完上万字的图文并茂的申请书也要花上好几天的时间。

　　说到这，我已经领略到了撰写申请书的第一条要领，那就是认真。黄先生的认真劲我已经不用再多说了。

　　至于硬笔书法，可不是一两天就能速成的。黄先生说他是在"文革"期间闲着无事时练成的。这一点可把我难住了，因为我的钢笔字实在是不敢恭维，再怎么认真也做达不到书法的水平。

　　可以想象，如果手写的字体大小不一、字形难辨、东倒西歪、行距不一，绘制的图歪歪扭扭、模糊不清、丑陋难看，不仅评审人看不下去，就是自己也觉得难为情。特别是工科的申请书，很多原理、技术的实验工艺复杂，没有精细的图，真的不容易说清。

　　有句老话叫作见字如见人，申请书上的字迹与图表的美丑在某种程度上可以反映出申请人做事的认真程度。

　　那天与黄先生除了谈书法之外，自然还请教了点更有内涵的东西。他告诉我，如果申请书的标题和关键句中能用上"机制""行为""演化""动力学""模型"等词，并在这些方面思考问题和撰写研究内容，就可以显得更加接近基础研究一些，这样是有优势的，因为工科领域过去都很少做这个层次的研究。尽管对这些词汇大家现在都习以为常，甚至觉得很老套，但在那时还是很新鲜的。

　　拜访黄先生使我有了一些意外的收获。但当时申请基金是可有可无的事，如果科研领域不是做基础研究的，也不会刻意去申请基金。我当时觉得自己是做工艺技术的，没有必要去申请基金，这导致我到了全国高校申请基金进入高潮阶段时，才跟着写申请书。可在那时，基金就不太容易申请得到了，硬笔书法再也不起什么作用了。

申请自科基金项目时的感触(2012-01-08)

寒假中有 20 多天时间可以自己安排做几件事,如汇编一本著作的素材、制作一门新课的课件、撰写一份基金申请书、外出旅游观光等。写书是最苦的活,制作课件和备课可有可无,旅游需要心情、时间、天气、金钱,分析一下利弊,还是写份基金申请书来得实际。写书和写申请书同样费神,但后者中标之后还有几十万的经费可用,也算点业绩,更何况带研究生没有经费可万万不能啊!

为了了解自己近年来熟悉的领域内已获批的课题,我通过自科基金项目库进行了检索。印象最深的是理工学科的绝大多数题目都是"雕虫小技",没有什么"自然""基础"的味道,与自己想做的安全方法论一类的课题相距甚远。如果以安全方法论课题来申请,中标率肯定为零。因为项目库中的课题负责人也都是评审基金的专家,你申请的项目与绝大多数评审专家的性质不一样,被枪毙的风险可就高了。看来以自由探索为精神的自科基金也不可能很自由,要是写基金申请书与写博文一样自由就好了。哦不,发博文也不是完全自由的。

基于这种情况,我的学术思想又不得不迁回到随大流的"雕虫小技"的工程技术基础上来。雕虫小技很现实,至少可以解决一些实际问题,发一堆 EI、SCI、CSCD 文章,眼前对公对私都有好处,皆大欢喜。可放眼几十年甚至只要几年以后,许多科研业绩、成果就将归为零,就将被浩瀚的工程和文山文海所淹没。如果科研是为了谋生,这样做再正常不过;如果是为了推动人类文明进步,那这做法和目的可是相差了十万八千里!

我们的自然科学基金已经基本沦为了"人为工程的科学基金",远离了"natural"的含义。

人有时想多做点理想主义的事,可现实总让你回到现实中来。所以,理想主义者绝非正常人也。

高校科研中的五个典型误解(2018-11-24)

①把技术服务当科学研究

现在许多高校都设有科研处或科研部,教师把项目经费拉到学校,就被认定为是在做科研工作。久而久之,大家都觉得能进钱的项目就是科研项目。其实,在许多工科高校,很多人做的科研实际上是技术服务。技术服务是不可能有多少创新的,也没有多少论文可写。而高校管理部门认为有经费就是科研,有科研就可以发表论文,这是很大的误解。

实际上,现在在不少企业(特别是国有企业)中,一些生产技术问题本来是可以由企业的工程师自己解决的。可企业的制度并不鼓励他们自己去解决,而是基于大环境的要求投入一定比例的研发经费,因而企业就将一些问题设立为科研项目,请高校等科研院所来完成。实际上,这种"科研"就是技术服务。当然,技术服务也很重要,但技术服务不能等同于科学研究。

②把工程问题当科学问题

工程问题往往需要具体问题具体分析,它涉及的因素十分繁杂,往往需要根据具体的工程条件做专门的实验和设计,而其实验结果由于工程的特殊性很难用于其他工程。例如,由于地质条件的多变性,建筑工程的地基岩土特性、采矿工程的岩石力学特征测定等,往往需要根据具体的工程项目来采样做实验,其实验结果不太可能具有普适性。

而高校内的许多研究生和教师在没有具体工程应用对象的情况下,经常在实验室内假设各种工程条件,做了大量与具体工程不一致的实验研究,并将其标榜为应用基础研究,目的就是发表论文。另外,由于影响因素过多,把条件排列组合起来,可以没完没了地做实验,造成大量的重复实验研究,却得不到可重复的结果。当工程真的需要时,仍然要根据工程的实际情况采样做实验。而脱离实际情况的大量实验研究结果却很少能派上用场。

③把科研经费投入等同于购买仪器设备及耗材

长期以来,科研人员在做科研经费的预算时,常把经费的主要用途放在购买试验研究的耗材、测试费和购买仪器设备上,目的是以此去探索一些研究对象系统中的未知规律、未知性能等。很少有人将主要研究目标和经费投入放到"研发出××让别人去用"上。久而久之,科研管理人员和研究人员都习以为常地将大量经费用于购买东西,而购买东西也是比较容易的花钱方式,当有钱又必须在规定时间内花完时,就会出现乱花经费和浪费经费的现象。

其实,如果我们的科研管理制度能够更多地鼓励科研人员"研发出××让别人去用",科研人员也将"研发出××让别人去用"作为研究的方向,则科研的产出与投入之比将可能有很大的提升,科研的效益将更加显著。

近些年来,国家自然科学基金和国家重点科研专项等也开始设立一些重大仪器设备研究专项,这是非常重要的,但这还远远不能满足多层次开展研发的需求。

④把跨界研究当交叉科学

交叉是当今科研找到新领域或新突破的普遍思维。但现有的科研管理体制和管理人员对交叉科学的重视大都只在口头上。许多人对交叉科学的研究仅仅是学科的简单叠加或跨界研究，比如将 A 和 B 两个学科的现有研究内容、方法、原理或技术相互混合、互相借用，之后把 A 领域的成果放到 B 领域去发表，或是把 B 领域的成果放到 A 领域去发表。这种简单换位的交叉研究结果往往不会被专业人士认可，甚至会被认为是业余和外行，进而使交叉学科边缘化和虚无化。

此外，还可经常看到这种情况：一些研究者"身在曹营心在汉"，自己声称身在交叉综合学科领域，但想的和做的还是某一纵深领域的研究，结果做着做着就做到别的专门学科里去了。例如，把材料科学的研制方法用于测试煤炭等消耗品，对煤炭的性能测定是细化了一些，但其测试技术并没有创新；把矿山里面的采矿安全技术当作安全科学，但这类课题更应该属于采矿工程专业；把建筑结构的安全技术当作安全科学，但这类课题更应该属于土木建筑工程专业；把信息安全技术的当作安全科学，但这类课题更应该属于信息技术专业；等等。

⑤把地区先进首创当发明创新

多年来，科研成果评价经常运用国际领先、国际先进、国内领先、国内先进等标准，各省市地区乃至县乡也会套用这一××领先和××先进的评价标准。由于国家或地区的垄断，这类××领先和××先进有一定的实际意义。但久而久之，会使得科技界出现自娱自乐的评价方式，经常出现什么成果鉴定会，凭借几个人的学识和理解，就随便地为一个科研项目甚至一项技术服务安上一个国际领先、国际先进、国内领先、国内先进的帽子。从原创意义上讲，只有世界范围内的首创才是真正意义上的创新，而且要有广泛的应用前景和使用价值。

正确认识上述问题，对科学技术的研究和进步都是有益的。

第六章

学术观点与争鸣

　　学术争鸣是科学研究与创新的重要驱动力，没有学术争鸣，科学界就会像一潭死水。高校教师和科技工作者必须有自己的学术观点，需要参与学术讨论，养成学术争鸣的习惯，可以使自己学会自省、学会思考、学会分析、学会评价、学会鉴赏、学会交流等，否则就等于没有自己的思想，就会随波逐流、人云亦云，很难做出有创新性的成果。本章记录了我在多年的教学、科研和社会工作中对于一些人、事、物和环境有感而发的个人认识、感悟和观点。

杂谈高校的某些现象

高校教师的人生六态(2022-02-12)

这辈子我到过最多的地方就是高校，接触的最多的人是高校里的人，说说高校的事情还算有点生活基础。偶尔有"青椒"来访谈，问起高校事业的发展之道时，我会仅仅以一句话概括之：请看看周边的同事，判断一下哪一类人与自己接近，什么样的人是自己认可的，就知道未来的路了。其实，高校教师的发展之路并不多，大致有以下几种：

①跟棒型。所谓跟棒，就是跟着单位的指挥棒走。这类人做事不需要有方向性的思考，不需要运筹帷幄，说起来也比较简单，就是学校重视什么就搞什么，什么可搞就搞什么，哪里业绩好就往哪里走，一切以获得业绩分为目标。这类人所占比例较高，往往比较能够受到单位的欢迎，至少是领导觉得他们比较听话、好管理，其行动与学校的发展目标能保持一致。这类人的总体效益还不错，但他们通常非常忙碌，工作内容比较分散，在学术生涯中难以取得重大突破，在单位范围内虽然还算做得不错，但在国际上就很少能排得上号了。

②学仕型。学仕，即学而优则仕，这类人所占比例很小。尽管高校教师总体都很优秀，但这类人是全优者。他们凭借自己的天赋和努力，在专业上取得了突出成绩，然后抓住时机辗转到领导管理岗位，同时成为专业内的领军人才。这类人是目前国内单位非常看重的人才，也是单位推崇的领军人才。他们的智商和情商都比较高，看起来可谓春风得意，但其实他们非常辛苦。

③创业型。这类人通常有一点超出专业的先知先觉，具有成就事业的志向，并且舍得冒险，能够利用天时地利人和的条件，抓住了有利于事业发展的契机。比如，在大家都专注技术问题时，有人能想到技术经济和产业问题；在房地产经济进入高潮期的若干年之前，有人就能预见到高潮期；在股市低点时，有人能预计到高点。他们利用社会变革的大潮，成就了自己的一番事业。

④学究型。这类人也是非常少的。他们通常热爱学术、专心学问，有的人由于性格内向而对专业以外的事情不太关注，一心想在科研上做出点东西来，他们大都以出成果或出名为原动力。但这条道路极为难走，这类人能成功的极少，许多人天赋不足、没有运气，常常以名利双失而告终，或是落得个一般般的结果。

⑤实惠型。所谓实惠型，即一切以经济效益为做事的评价指标的人。他们不太理会虚名，哪里挣钱多就往哪里走，不管是教学还是科研，不管是单位的本职工作，还是自找的社会兼职，都以经济收入的多少为选择标准。

⑥躺平型。由于性格和客观条件的限制，这类人不太愿意融入大流，也未遇上好机会，运气欠佳，做什么事都不太顺利，也比较畏惧困难，结果事业上比较一般，甚至连高级职称也没有评上，经济上也比较窘迫。因而，他们就干脆"躺平"过日子，平常只是应付一下日常工作而已。

不同的人的人生观是不一样的，对人生道路及成功的理解也是不一样的。因此，上述几类人在有些人看来无所谓好坏。人生成功与否只有在社会人群宏观统计的基础上才有比较统一的认识。本文虽然格调不高，但不论是对高校的管理者，还是对正在高校工作的"青椒"来说，都还是有一点参考意义的。高校教师也不要对号入座，更重要的是做出适合自己的积极选择，走好自己的人生道路。尚未在高校就职的博士们如果觉得这六类中没有适合自己的类型，那就不要轻易跨入高校。现在社会上的职业多的是，入职高校绝对不是博士的唯一选择。

为什么总争论教学与科研之间的关系？（2019-07-23）

教学与科研之间的关系怎样？科研能否促进教学？关于这个问题，多年来一直争论不休。我觉得教学与科研的关系是非常复杂的。教学与科研的主体和客体是多种多样的，不同的教师个体对教学与科研的评价标准的认同度也是不相同的，因而不可能得到统一的结论。为了得到比较认同的结论，讨论时必须联系实际情况，界定所讨论问题的边际。

关于教学与科研的关系，有管理层面的分歧，有个人层面的分歧，还有个人与管理层面的分歧等。教师在平衡教学与科研的关系时，会遇到一些问题，下面列举几种典型的情况加以说明。

①讨论教学与科研的关系时，要看两者是否脱节。

如果教师的科研方向与所讲的课程内容接近，就算教师花再多的时间在科研上，对教学工作也是同样有益的。教师具有丰富的科研和实践经验，上课时，他们的科研思维和经验自然会渗透到课堂教学之中，这对于高层次的本科教育是非常重要的。即使他们的讲课技巧不够成熟也没有大问题，因为在这种情况下，科研对教学肯定是起到促进作用的。

但有部分做科研的老师，特别是做技术服务的，会因为为了完成一定的教学工作量，而被安排讲与他们所从事的科研基本不相关的课程。甚至有的人对所讲的内容都不了解，只会对着课件念，而且还经常因为科研需要而调课，对学生和教学应付了事。在这种情况下，科研对教学肯定有负面影响。

②讨论教学与科研的关系时，要看教师综合能力的高低。

不得不承认，高校教师综合水平上的差异还是很大的。教学与科研能力都比较有限，而且口才欠佳、知识面不宽的老师可能要付出很大的努力才能讲好课。如果在这种情况下还要花精力去搞一些与教学不沾边的科研，那对教学一定是有负面影响的。

高校里也有少数教师，其综合能力特别强，科研做得很杰出，教学也同样做得很出色。这类人才是最受高校欢迎的。对于这类优秀人才来说，科研与教学已经融为一体，根本没有必要去讨论科研与教学的关系了。

③讨论教学与科研的关系时，要看教师内心的选择。

现在，一名高校教师的各种工作压力是巨大的。凡事都是有得有失，科研的事做多了，教学的事可能就会减少。为了教学，有时还需要放弃一些争取科研项目的机会。如果对教学工作不认同或是不喜欢教学，教师肯定不太愿意投入太多的时间和精力搞教学。相对来说，做科研更有利于自己的成功。因此，如何看待教学与科研的关系，显然与教师自己的师德密切相关。

④讨论教学与科研的关系时，要看教育对象处于什么层次。

在研究生教育阶段，毫无疑问，一定要有科研做支持。在高等职业教育阶段，科研的支持相对不那么重要，教师更需要的是实践经验。在本科教育阶段，对不同的学生要因材施教。总的来说，我觉得教学还是需要有与之相近的科研做支持，在越高层次的教育阶段中，科研的支持显得越重要。

⑤讨论教学与科研的关系时，要看教师的年龄和经历。

青年教师和老教师是不一样的。青年教师没有多少教学经验和技巧，刚出道时，对讲授的课程也不熟悉。青年教师为了搞好教学，需要花费大量时间备课，否则教学效果肯定好不了。当然也有一些口才很棒、综合能力很强的青年教师，他们一入高校就能像老教师一样胜任教学工作。

同一门课讲过多次的老教师，特别是科研方向与讲授课程相近的老教师，即使用很少的时间备课，其教学质量也不会差。

⑥讨论教学与科研的关系时，不能忽视教学中也包含科研。

人才培养或教学同样有很多未知的规律、方法、原理需要探索，有很多过程和场景需要优化，这同样是科研。但这些科研往往不被高校的科研系统承认，这是不公正的。但我反对搞"教学科研化"，教学科研与自然科学的探索是不一样的。特别是对于普通高等教育和大众教育来说，教学本来就是类似日常三餐的事，人为地弄出一大堆教改项目，导致教学模式折腾不止，这是不利于提升教学质量的。

⑦有教学成果的教师的教学效果不一定好。

业界之外的人一般认为，有教学成果的教师的教学水平都比较高。其实不然，现今有很多取得多项教学成果的教师没有把精力和时间用在教学上，其中有不少是戴着教师帽子的管理干部，真正让他们到课堂上讲课，其效果不敢恭维。因为现在不少的教学成果与实际的教学工作毫不相关，甚至有些教学成果是靠折腾教学而得出的。

⑧教学质量的高低，要看总体学生的水平，而不是个别优秀学生的水平。

对教师的教学质量进行评价时，要看学生的整体水平，而不是个别优秀学生的水平。有些做科研的教师会物色一些优秀学生参与其科研工作，进行专门培养，有的学生的确做得很出色。但如果教师拿这些学生来证明其科研促进了教学质量的提高，其实这是不合理的。因为对于本科教育来说，能够使学生整体水平有提升才是真正的高水平。

⑨靠教改是难以实现定位过高的人才培养目标的。

近十多年来，很多高校过高地制订了人才培养目标。许多高校本来做的是普通的大众教育，但总觉得自己是在做精英教育，或是想转变为精英教育，许多教改项目和成果就是基于这种目的而折腾出来的。恕我直言，高校中哪有多少精英？绝大多数高校学生和教师还是普普通通的人。如果用培养精英的方法来培养普通学生，那么其效果可想而知，仅仅是拔苗助长而已。

教学与科研的关系，其实是高校领导与管理部门更为操心的事。普通教师如果没有太高的觉悟，看重哪些考核指标就顺势而为吧，跟着指挥棒走就是了，而且也能得到单位的支持，毕竟教师也是普通的理性人。

在高校中，会做大科研、搞大项目、拿大奖的人远少于会做一般教学工作的人，物以稀为贵，人才也是这样。管理部门的评估指标也是倾向于科研的，这些科研人才自然会受到高校的重视。即使他们的教学质量差一点，领导也觉得不碍事。从管理的视角来分析，这也是客观规律。

普通的高校教师如果太在乎周围同事做出了自己不能做出的业绩，那将永远没有自信和开心的时候。一个人的能力有大小，优势也不一样，做不了大科研、大项目、大人才，能做最好的自己就可以了。

普通的高校教师，如果能找到自己真正喜爱的研究方向，有自己理想的学术家园，有自己喜欢讲授的课程，有自己认可的业绩，那就有了支撑自己不停奋斗、努力追求的目标。

推动高校科技创新的无形之手(2015-06-29)

众所周知，社会主义市场经济中有两只手，一只是"看得见的手"，一只是"看不见的手"。"看得见的手"指国家对经济的宏观调控，"看不见的手"指市场的调节作用。

有没有类似于社会主义市场经济中的"两只手"在推动着高校的科学技术(包含社会科学)创新？我觉得是有的。

高校中看得见的手大家都知道，那就是学校的科研政策体系，包括对教师科研的要求、奖励、评价等内容。比如，要求教师拿多少项目、进多少经费、发多少论文、授权多少专利、取得多少成果等，并以此为标准给教师评职称、工资和奖励等。如果什么都没有，那么教师的职称得不到晋升、工资得不到晋级，甚至还有被解雇的风险。

高校中还有没有另一只手推动科技创新？有的话，它是什么？我的回答是肯定的，而且它是一只看不见的手。这只手就是埋在教师心底的"自我实现驱动力"。马斯洛在很早的时候就认为，人类的最高需求是自我实现(self-actualization)。高校教师一般不会缺乏食物、安全、爱和尊重，他们相对有条件并且更能受"自我实现驱动"的影响，以实现更高的人生目标。

第一只手目前在中国的高校中起着决定性的作用。在这只手的推动下，教师们需要拼命拿项目、进经费、发文章、出成果，获得的一切结果都可以以数字和等级的乘积来计量。但数字计量方式带来的结果必然是内容单一、千篇一律、只顾数量不顾质量……教师会跟着各级指挥棒和市场的导向去行动，整个大学会类似于企业，教师将变成流水线上的工人。此时，领导和管理体制的地位与作用十分明显。

在第二只手的驱使下，教师会发自内心地去做科研，会依据自己的特长或兴趣做科研，会根据自己的灵感做科研……研究成果就会出现百花齐放、百家齐鸣的场面，意想不到的奇迹就可能发生，高校的科研就可能出现自组织状态。充分发挥了这只手的作用，才能真正找到科研的真谛。此时，领导和管理体制的地位与作用明显弱化，甚至会处于服务者的地位上。

实际上，两只手的作用并不是彼此无关的。第一只手的功能太强，必将遏制第二指手的作用，甚至使教师丧失科研创新的灵感，使教师成为流水线上的员工。第二只手能否有效发挥作用，有待于第一只手的鼓励和培育。

可惜，现在高校领导和管理人员更看重的是第一手的直接作用，而且还在不断地强化它，而不是利用第一只手来扶持第二只手。

世界著名大学的教授大都有自我实现的追求，并受自我实现这只手的驱动。许多教授的脑海中可能没有白天黑夜，没有休息制度，没有节假日，只要有灵感就会投入科研工作之中。他们的科研选题不像我们以"技术可行""经济合理""市场需要"等为判断标准，他们科研的动力绝对不是应付考核。

第二只手是否发挥作用、发挥多大作用，是判断一所大学科研水平高低的重要标准。第二只手发挥的作用越大，学校的科研水平越高。主要靠第一指手发挥作用的高校是三流四流水平的高校，最大只能算是二流水平的高校。

本文探讨的问题更应该是高校的管理干部思考的问题，我越俎代庖了。不过，我还是想问问大家：推动高校科技创新更重要的是靠第二只手——自我实现，对吗？

闲谈科技界的游戏规则（2017-04-16）

多年来，所有人都悟出了一个道理：不要输在起跑线上。因此，孩子从出生时就开始超前学习，从小就要超前一步。超前一步，步步领先。超前一步，积累在先。

多年来我国学术界的有些管理制度也在有意无意地鼓励这种潜规则。比如，我评过他人的人才申报、项目申报、成果申报等无数材料，感觉其中的许多材料实际上是不需要由专家来做的，由计算机来完成还多快好省些。

举个具体例子，一个创新项目申请表的基本信息中有"过去承担的课题情况""已获得的科技奖励""已获得的荣誉称号""已取得的研究成果：论文、著作、专利"等项目。我觉得这些与新申请的项目有关系，但是关系不大，因为创新项目与工程项目不同，不需要成熟的经验和获奖经历。把它们加进来，对评审者来说反而是一种干扰，会造成误判，也会造成上面说的一步领先步步领先的局面。

申请表上出现上述信息，还有"申报项目的基本信息""申报项目的研究内容""申报项目的研究方法""资助金的使用计划"等项目。专家要从这一大堆沙子里寻找一粒金子，早已眼花缭乱了。

还有，系统给了一定的评分规则："①基础条件，占 20%；②科研创新能力，占 35%；③前瞻性和实用性，占%25；④可行性，占 20%。"如果一个项目的创意是出类拔萃的，即使创新性方面得了满分，但别的方面一般，结果总分还是上不去，还是要被淘汰。

上述这种规则比较适合工程和设计项目的招标。对于创新性项目来说，从基础条件、科研能力、实用性、可行性等方面进行判断，不仅不起作用，反而会把创新性埋没了。根据上面的规则打分，结果肯定是原始积累多、资源占得多、参与团队大的项目得高分。

真正的创新思想是极少的，而且这种稀缺的小苗混杂在茂密的大森林中，能被发现，能够得到支持吗？积分规则已经注定了它会被淘汰。

工程思维和创新思维不能混为一谈，制订规则时更不能使用一个标准。选拔创新项目应该有风险投资的意识，应该把原始积累推倒抹平。不能根据过去评未来。"先走一步，步步领先"的机制不利于创新。

经验、积累、平台、实力、可行性、实用性等对做工程、做设计非常重要。但如果以搞工程、做设计的套路来选拔创新思想，那就会产生很大的问题。工程的结果是可以知道的，而创新的结果却是未知的。试问，已经知道的东西会有多少革命性的创新呢？

用搞工程、做设计的规则来选拔创新思想，不仅会埋没极为稀缺的创新思想，而且会形成许多负面效应。一些人把重点放在提前起步之上，用歪门邪道捞得第一桶金，用违规方法先走一步，然后就能步步领先了。

高校教育"缩水"而学生为之"高兴"的十种异常现象（2009-01-27）

如今，考上好大学要拼，考上硕士不难，考上博士也容易；学士不学，硕士不硕，博士不博；助教不助，讲师专讲，教授辅教。这些具有讽刺味道的顺口溜好像是默认的事实。更怪异的是，一些高校"偷工减料"而学生却为之"高兴"，下面列举十种典型的现象。

①延长寒暑假，教学时间缩水。过去，大学的寒假一般是3~4周，暑假5~6周。而现在有些学校寒假要放5周以上，暑假更是长达两个月。殊不知，一般高校多放一个月假就可省出数以百万计的运行费用。可一些学生却为之高兴——可以在家多过一些幸福日子了！

②毕业总学分缩水。十多年前，一些高校的本科学满4年的总学分一般是200多个学分，而如今175个学分就足够了，缩水了约十分之一。可一些学生却为之高兴——可以快点毕业了！

③单位学分课时缩水。十多年前，一些学校18~20个课时算一个学分，如今16个课时算一个学分非常正常，这又缩水了约十分之一。可一些学生却为之高兴——可以少上课拿同样的学分了！

④实践环节少派教师。十多年前，一些高校在上学生实习、课程设计等实践课程时，通常一个班有两位教师指导。如今一个班只有一个教师指导，有的甚至几个班由一个教师指导。这可省了许多教师了，难怪一些高校特别能扩

招。而且少一位教师出差带实习，也可以为学校省下许多差旅费。可一些学生却为之高兴——他们本来就不希望有教师指导，实习不过是玩玩而已，教师多了反而碍事。

⑤外出实习时间缩水。许多年以前，学生外出实习，企业一般都无条件接收。如今，学生到企业实习不太受欢迎，而且相当一部分的实习经费要由学生自己掏腰包，因此实习时间不到计划时间的三分之二就经常打道回府了。这样一来教师省事，学校和学生都省钱。而且实习一般都安排在期末，一些学生又为能提前回家而高兴了！

⑥大班课缩水。学校扩招，同一专业同一年级的学生有好几个班，为了省事和提高效率，就把一个年级合成一个大班上课。这也为学校省了许多教师。可我们的一些学生却为之高兴——上大班课可以坐在教室的后排聊天、玩手机，甚至睡觉。

⑦课程讲授缩水。有些教师讲课时挑容易的内容讲，不讲难点，有时海阔天空，杂谈搞笑。一堂课下来教师轻松，学生也愉快，师生有说有笑，感情融洽。可课程结束了，一本书大半没讲，有的章节学生自己看书看不懂，还有的学生为了省钱不买教材，这样课程结束后与没学过好像差不太多。

⑧学习要求缩水。一些教师上课时不布置作业、不改作业、不答疑、不辅导，甚至不考试，最后给学生一大批优良成绩，一些学生却为学习轻松、能得高分而高兴不已！

⑨毕业设计（论文）缩水。各种毕业设计和毕业论文现在网上都能下载，如果学生不自觉，教师也不提高要求，一个学期的毕业设计（论文）三下两下就能完成。指导教师也不需要为指导学生而忙碌、伤脑筋，又能腾出许多时间搞项目了。一些学生又高兴了，因为有更多时间上网打游戏或聊天谈朋友了。

⑩资源缩水。学校很大一部分经费支出是购置图书、期刊、电子读物、数据库、计算机、网络、实验室设备、体育设施等资源。按在校学生的总数算，现在很多学校的资源配置还差得远，可实际运行起来却绰绰有余。因为一些学生懒得利用这些资源，也不知道如何利用这些资源，甚至有的住到校外去了。

在本科要修的约180个学分中，还包含了数十个政治思想课、外语课学分。教育部提倡厚基础、宽专业的培养模式，这样下来我们的学生能学好专业课吗？学生培养质量能与先进国家相比吗？如果我们的学生没有自主自觉努力学习的精神，其培养质量可想而知。

一般人都有懒惰性。学知识难，学好知识更难，学好深奥知识难上加难。而越难学习的知识才是越有用的，才越能体现出一个人的专长和本领。学习重在过程，过程有效，才能学到真本事。没有过程，学分和考试分数仅仅是一个符号。但愿我们的学子知道上述道理，知道家长交的学费和生活费来之不易，知道国家为办大学投入了很多纳税人的钱，知道以后要靠真本事吃饭！也但愿我们的学校少偷工减料，不要"多快好省"地培养人才。

我们对于"文凭少不了，年龄是个宝，关系最重要，学问算个鸟"等顺口溜不能太当回事，我们的学生更不能把它当真。高校的教师们每年为了挣各式各样的工分，如教学课时数、培养研究生数、科研进款数、发表论文数、SCI\EI\CSCD收录数、获奖成果数、教材专著数等，肯定是很忙的。请同学们积极主动地从教师那里多"抢"时间吧，那才是明智的做法。

大学里只崇尚"五子"，不崇尚学术和育人是危险的(2019-02-28)

现在在很多大学里，最热门的话题是"五子"：帽子(院士、"千人"、"长江"、"四青"等)；牌子(诺奖、三大奖、最高奖等)；影子(CNS、ESI、高引学者、高引论文等)；位子(学科排名、级别、个人升迁等)；票子(大单项目、经费总数、换大钱的成果、富豪校友等)。

"五子"登科，大学就功德圆满，世界一流，打遍天下无敌手，就可以走上利滚利的可持续发展道路了。

"五子"作为业界外的人评价大学的指标还是可以的，但作为业内的管理者或是大学里的管理者的指挥棒来引领千军万马，那可是很危险的，因为这是本末倒置的做法。

大学里最基本最核心的问题是学术和育人，学术氛围浓厚了，育人做好了，久而久之就可以实现"五子"登科。

如果普通大学中的所有人都去谈"五子"、奔"五子"，则学术上的"坑蒙拐骗""大跃进""放卫星"就不可避免了。

金字塔定点上的那几块石头是由庞大的基石支撑起来的，失去了大量的基石，也没有了金字塔。

学术犹如生态圈，没有良好的学术生态系统，就没有百花齐放的景象，学术生态圈就会消失，再显眼的生物最终也会消亡。

大学里要"五子"登科，须先从崇尚学术和育人开始。

如果还没说明白，那就提几个问题吧：

大学里虽然都是高学历高职称的人，但绝大多数还是普通人。难道普通人就不能在大学里待了？

大学里有各层次各类型的工作，但绝大多数人干的还是日常工作，没有这些人做事，大学就得关门了。

"五子"都是以科研为主进行评估的,大家都追求"五子"、做顶级科研去了,谁来教书育人?没人把心思和时间放在育人上,将会出现什么局面?

CNS的学科非常有限,所有的人都去投身于CNS的研究领域,那社会需要的大多数学科不就没人研究了吗?

所有的人都去追求热点,日常需要的学科就不要了吗?就不需要人才了吗?

跟棒走,最实惠(2015-12-03)

跟棒走,最实惠。这里的"棒"在前面已经说过了。

什么是跟棒走?就是上面指东就赶快往东走,指西就急忙往西行。在20世纪80年代,评职称和定工资时开始讲究发表论文和出成果,跟棒者就马上写论文和做成果鉴定,悟性好的人马上想到要让论文被国内外的数据库收录。20世纪90年代,学历、论文、大奖、著作等一并都要,跟棒者马上全力冲刺,超前者已经进到"院"里。21世纪头十年,讲究EI和SCI、发明专利、国字号奖、"××者"、"××岗"、"××工程"、"××计划"、"××师",跟棒者有了前面的基础,马上蜂拥而上。21世纪第二个十年,开始进入追求IF、ESI的时代,跟棒者更是奋力而为……

跟棒走有自觉型和被动型两种,但自觉型远比被动型更有绩效、更得实惠。自觉型跟棒者具有敏锐的眼光和嗅觉,只要上面扬起手势,就能够感知方向,这样才能起步在先,超人在前。

跟棒者也是很累很不容易的,他们需要忙里忙外、四处奔波,还要全能,而且身体素质更是要过硬,才能勇往直前。虽然苦了累了,但收获也盆满钵满,总的来说很实惠。

为什么说实惠呢?一个单位的跟棒者越多,单位就越有风光,填表满满的,排名棒棒的。跟棒者自然成了单位的功臣和顶梁柱,单位也对这些跟棒者施以各种优厚政策和待遇。跟棒走与单位的行为和目标一致,跟棒走是顺应历史潮流,可以借风使力,达到事半功倍的效果。

跟棒是大势所趋,因为我们大都是跟棒者。偶尔也有个别存在逆反心理的人想逆棒而行,来点我行我素,这些人中的99.99%最后一定是啥都不是啥都没有的下场,仅有0.01%也许能独树一帜地取得成功。相比之下,大多数常人还是选择不冒险,毕竟大多数人还是生活在现实之中,他们遵循着马斯洛需要理论。

跟棒走的正面理解是瞄准国家需要、追踪前沿、弄大潮、识时务者为俊杰;负面理解是机会主义、随波逐流、见风使舵。

有人问我是否跟棒走，说实话，我也是普通人，但我属于被动型的跟棒走。有时，我的心里总还想留点自留地，跟棒的过程中也不时会犯一点"纠结"的毛病，业绩自然也就平平了，而自留地中却不知何时能够开花结果。

中国一些高校内的关系网及其问题（2013-01-27）

这几天在思考自己专业的安全社会结构问题，突然联想起自己身处其中多年的中国高校关系网。中国高校关系网好像比社会上的其他关系网都复杂。

除了众所周知的党、政、工、团、后勤、医疗、服务等社会上普遍存在的关系网，各层次的人才培养教育、实践训练、创新创业、心理健康咨询、就业指导等关系网，职称评定、业务考核、科学研究、技术开发、成果孵化等管理层面的关系网，各层次、各年级的学生社团组织关系网，以及校友关系网等，在高校中还有很多无形和无处不在的关系网。

师生网：高校人才香火延续最主要和最方便的办法就是学生毕业留校，因此，师生同系、同校比比皆是。特别是近20年来鼓励学科交叉、一导多专、兼职教授等，许多人慕名而来，形成了师生三代、四代、五代同堂治校、同堂共事的现象。

科研团队网：高校的大团队可以拿大项目、出大成果、建大平台，为了大可以组合各种机构、各种专业、各种人才。这样一来也就有了高校特有的科研团队关系网。

教学团队网：本来一门课程的主讲不需要什么团队，但为了与科研团队相称，这些年教学管理部门也搞起团队来了。一门课小了，就搞一组专业课；一组专业课还小了，就搞一类专业课。这样一来也就有了高校特有的教学团队关系网。

学科团队网：在申报各层次的重点学科和开展专业建设时，也是人多力量大。我们不喜欢人均计算方法，更愿意算西格玛（求和）。因此，学科团队关系网也形成。

上述网络维数高、非线性、无形无影，用一般的图论已经很难表达这一复杂的体系，其复杂关系是时间、规模、潜规则等的多元函数，形成了一道新的社会科学与自然科学交叉的难题。

网络越复杂，节点和边就越多。有些人在如此复杂的网络中如鱼得水，尽情遨游；有些人在如此复杂的网络中迷失了方向，走不出迷宫；有些人在如此复杂的网络中设置关卡，造成严重堵车……不熟悉此网络的人，如果没有"导航"，千万不要随便闯入！

有关高校人文的点滴杂说

感悟学科专业文化（2012-10-22）

谈起大学文化，很多专家学者往往喜欢朝着深层次去定义、挖掘和追寻。有人说，大学文化是大学思想、制度和精神层面的一种过程和氛围，是大学里思想启蒙、人格唤醒和心灵震撼的因素的结合体；大学文化是知识、能力、人格的升华和结晶；大学文化凝聚在有良知、有睿智卓识、有独立思想、甘于寂寞、勇于献身的教师的心灵深处；大学文化包括物质文化、制度文化、行为文化、精神文化；等等。我国的大学校训可以说是千校一面，校长书记们总喜欢提炼出几个大字来进行表达。常用的汉字就那么几千个，结果80%以上的学校的校训都是"求实""创新""奋斗"这几个字。

个人认为，上述关于大学文化的论述似乎深奥了一些，仅为少数人所知所讲。大学文化还是要让大学里的绝大多数人都能感知得到，才不失文化的普遍性。过去一段时间叫惯了的"校园文化"这个说法也不错，它显得通俗多了。校园文化延伸到大学的每一个角落：各个院系、图书馆、教室、学生宿舍、食堂、广场、花园，甚至是学校周边等。有时一种实物、一种现象、一种习惯、一种传承……就可以生动直观地展示某种大学文化。

我业余研究了一点安全文化，自然也会不时地思考一下所在学科专业里的文化问题。我觉得讨论一下大学里的学科专业文化及其建设很有意义。

学科专业文化是什么？要给出一个科学的、被大家认可的定义并不容易。但以列举的方式来讲，却可以喋喋不休地说很多。

学科专业文化，是一种学术氛围，是一种科学精神，是一种创新理念，是一种习惯，是一种动力，是一种师生气质，是一种学术品德，是一种活的灵魂，是一种优良传统，是一种无形规范，是一种学习和工作方式，是一种物质符号，是一种学科专业品牌，是一种特色，是一种无形资产，是一种号召力，是一种集体凝聚力，是一种系统自组织体系，是一种区别于其他学校同类专业的象征……

学科专业文化是校园文化的组成部分，但又有别于校园文化。对于具体的师生来说，学科专业文化比校园文化更加重要、更加具体。

学科专业文化不华而不实，不是课程体系和培养模式，不是家族传统，不是"质量工程"中特色专业建设的要求，更不是学霸的作风，不是拉帮结派的德行，不是抢占资源的贪婪，不是造假剽窃的欺诈品格，不是互相嫉妒的小人之心，不是相互踩踏的窝里斗，不是使人心力交瘁的精神枷锁……

我觉得世界一流的学科专业应该都有一些优良的文化可以提炼、传承、弘扬、发展。如果一个学科专业里提炼不出有品位的文化，那么这个学科专业就只是一栋楼房而已，非常普通。如果一个学科专业沿袭着下三烂的劣质文化，那这个学科专业就是一个滋生细菌的大染缸！

学科专业文化有时也可以很具体。就我熟悉的采矿工程学科专业来说，该学科专业是具有悠久历史的传统学科专业，现在美国只有十多所学校有这个学科专业，而且一所学校每年的招生数量仅有几名到十几名，但这么小的学科专业也有文化可说。

1999年上半年，我在内华达里诺大学麦凯矿业学校做访问学者时，知道他们学校有一个传统活动：每年采矿专业的学生总要举行一次人工用铁锹铲矿石到矿车里的比赛。还有一次，教授开车带我和一些学生到一个矿山参观。该矿的老板是教授的学生，晚上我们便住到了老板的家里。那个老板自豪地告诉我们，他的房子是自己盖的。我仔细看了一下，他的豪宅到处都体现了矿洞的样式和风格，不是学采矿的绝对设计不出那样的房子来。这两个例子都是一种学科专业文化的传承。

1999年下半年，我转到了南伊利诺伊斯大学（卡本代尔，Carbondale）的采矿系做访问学者。离开该校回国时，教授送了我一件T恤，T恤的背面上印着从采矿工程学生那里征集来的带有调侃味道的"成为采矿工程师的十大理由"：①More money. ②We get to blowing things up. ③The only job that sounds cooler than working 1000′ beneath the earth is working on the moon. ……这也是一种学科专业文化的体现。因此，我一直保留着这件T恤。

但愿我们的高校领导、学科专业带头人和师生都能关注一下自身的学科专业文化建设。

趣谈基金压力指数与百态（2017-07-27）

在40摄氏度的高温里，谈国科基金这个问题，可能会使大家的体感温度更高。为什么每年国科基金的申请就那么难呢？请看一下我胡编的国科基金压力指数吧，可能就可以窥见一斑。

（1）基金申请人的压力指数

①压力指数五颗星

近十多年来，高校的人才引进如火如荼，许多高校的学科专业引进了大批的年轻博士。为了使引进的人才尽早成为所在单位的生力军,各种"诱惑加逼迫"的政策不断出台。例如,有些高校将申请到一项国科基金作为青年教师正式入职的投名状之一,新入职的博士五年内拿不到一项国科基金即要走人。这个政策涉及的是新入职博士的饭碗问题,他们申请基金的压力指数应该归为五颗星。

按照五年申请五次中一次来计算,中标率为20%,这与国科青年基金的平均中标率差不太多。对于能够留校的优秀青年教师来说,这个要求也不算很高。但能否拿到国科基金毕竟还不是自己说了算的,而且有些学科方向本来就不适合申请基金,如果申请几次还是不中,往后的压力之大可想而知。

②压力指数四颗星

如果拿不到国科基金,就与晋升职称或升级无缘,这也是现在高校中常见的政策。属于这种情况的老师,其压力指数为四颗星。他们拿不到国科基金虽然不会被勒令走人,但多年当讲师或副教授也不是个滋味。看到后起之秀甚至是自己的学生都进步了,而自己作为老师还在原岗位稳如泰山,那种心情可想而知。

③压力指数三颗星

在高校中当硕导或博导的老师没有在研国科基金项目,也没有什么国字号的课题,账上经费接近红线,学生发表论文的版面费都要计较,系里院里开会时,领导讲话明里暗里都有些弦外之音……很在乎这些事的人,心里是不会舒畅的,在研究生面前甚至还会感到底气不足。这种状态下的老师,其压力指数为三颗星。

④压力指数二颗星

有些院级、处级双肩挑的干部,甚至是校级领导,他们将大部分精力都放在了管理和公务上,没有多少时间和机会做横向课题,可研究生导师和课题负责人的身份还在。他们也很需要申请到国科基金,也有一定的压力。有了国科基金项目,可以让研究生去做,负责人只要起指导和负责作用就可以了,而且基金项目做起来也比较自由。这些人的压力指数为二颗星。

⑤压力指数一颗星

横向项目和国字号支撑计划类项目有些教授都有了,账上经费也花不完,职称也不用提了,就是想拿几个国科基金项目与工程技术研究配套,做做实验、发发SCI文章。这类人拿国科基金是锦上添花的事。这些人的压力指数为一颗星。

⑥压力指数零颗星

高校中也有些世外桃源中人,他们基本不在乎什么,当然也不在乎有无国科基金，饭碗也很稳定，日子过得舒坦。这类人的压力指数为零颗星。

（2）基金承担单位的压力指数

基金承担单位现在也有基金压力。比如：压力指数五颗星的单位，此类单位的科研经费、SCI文章数、人才队伍头衔、招生质量等的排名，基本都要靠基金数量来支持，没了基金，马上日落西山。基金是这些单位坐稳江山的基础，可以想象这些单位同样面临着巨大的压力。

压力指数四颗星、三颗星、二颗星、一颗星的单位都有哪些？请大家想一下吧。而压力指数零颗星的单位，我想应该是那些还没有在基金委注册的单位吧。

（3）基金评审专家的压力指数

不仅申请人和承担单位都有国科基金的压力，国科基金评审专家同样有压力。如果真正怀着一颗公平公正的心和伯乐之心去参加国科基金会评，那这几天的压力指数也是很大的，不小于四颗星。

（4）基金杂议

为什么会出现上述的局面呢？我想更多的是体制的原因。让高校所有学科专业的教师都去申请基金和做基金研究，这本身就不符合科学规律。真希望我们的制度不要让教师申请基金的目的更多的是出于无奈。

近些年我对科学学研究产生了兴趣，就我所在的传统学科领域来说，我认为个别拿到国科基金的人可能比没拿到的也好不到哪里去，从发展的视角看，还可能糟糕些。因为许多研究题目和内容根本就不是科学问题，也不具探索性，更不是出于兴趣。之所以这么说，是因为有些问题是非常无趣的传统的具体技术问题，而且上不着天下不着地。

随着研究的增多，很多传统行业现在已经没有多少新鲜事可做。申请者只好把研究的范围和条件设定得越来越狭窄，使项目具有一定的新颖性，不至于完全重复过去的工作。这类研究的结果没有什么可重复性，可以预计，即使花了大力气去做了细致的研究，也不太可能得到有科学价值的东西。而且，有些研究结果也没有可用或适用的工程实践。几乎可以肯定，忙乎三四年时间（申请人、研究生、下属的时间），最后得到的是一些垃圾论文（包括SCI论文）或垃圾专利。当然这些"成果"也可能对自己通过单位的业绩考核有作用，也可以得到一点经济效益。但作为父母经历千辛万苦抚养出来并寄予厚望和读了一二十年书的高级人才，难道还要靠花费数年的青春来完成这么个小目标吗？如果仅仅是为了谋生，不如本科毕业就去找工作。如果能将三四年的宝贵时间用于做一件自己喜欢的事，也许更值。

顺便再说几句不着边际和无关紧要的话：

基金变为"饥金"是国家和个人都不希望的。

基金不是为"养基"专业户设立的，不可多多益善。

申请基金的真实目的在很大程度上决定了研究成果的质量。

缺乏科学问题，完全依赖仪器设备来做实验、获数据、画曲线、写文章的研究，是不会有多少好成果出来的。

即使是没有申请到基金资助，仍然会坚持开展研究，才是真执着、真兴趣。

一个有颠覆性的科研创意一般都是有动人故事的，专家们要多多留意和支持有动人故事的申请项目。

最后申明一下，我完全承认基金申请书中可能有颠覆性的创意存在，也有很多申请者十分纯粹，毫无杂念、一心一意地做着科研。至于杰青基金，顾名思义，前重后轻，"杰"字在前，"金"字在后，其重要性已经非常明确了。

给有困难的中青年老师一些不成熟的建议（2022-09-01）

本来这是一个适合私下聊的话题，但敞开说了也没什么。

说实在的，现在高校内有困难的中青年老师还不少。有的感叹拿不到国家项目缺少经费，有的感叹没有平台缺少支撑，有的感叹没有帽子缺少敲门砖，有的感叹日常事务太多没有时间做学问，有的感叹没有贵人提携缺少人脉……每家都有一部难念的经，各种感叹列举不完。

不少中青年老师到了需要照顾老小，需要做大量日常家务的时间段，特别是近年有了二胎三胎的中青年老师，在这个时间段的确很难静下心来，也很难有大块的时间做学问写文章了。如何解决这个问题是值得大家思索和讨论的。依据个人的工作经验，我谈两点不成熟的建议。

①育人方面

对高校老师来说，教学任务既是一项必须承担的工作，又是一个可以利用学生智力和时间的好机会。虽然一个单位中所有的老师都有接触学生的机会，但项目很多很顺的老师很难用主动接触本科生，如果有心与学生接触，更多的可能是为了招收优秀的研究生。因此，有困难的中青年老师如果愿意接触学生，可以更多地接触本科生。显然，请本科生来协助老师做科研，比研究生困难得多，但如果能够用心挑选有兴趣有特长的学生并把他们当成朋友，用心细致地指导他们做一些力所能及的初级研究，也还是能够取得一些成绩的。特别是可以让学生参加各种作品大赛，偶尔也可以做出发明专利或写出建模文章等，这些东西积少成多，也可以成为教师的不错成果和比较优势。教师与学生的联系多了，学生在保研或考研时也更愿意追随熟悉的老师，这样有困难的老师也能招到优秀学生了。在这个过程中，老师也可以熟悉指导学生的方法，对教育自己的孩子也大有帮助。

现在高校老师多少还是有点条件的，至少不缺电脑和文献资料。上本科生课时可以物色一些有积极性的学生参与科研，如果有带研究生的资格自然更好，要把学生引导好。暂时没有大平台，没有高端仪器设备可使用，可以选择硬件平台要求不太高的方向；在查阅资料掌握新动态的同时，可以写点综述性研究文章；暂时没有资格申请大的项目或申请不到像样的项目，可以争取单位自设的小项目或教改项目。

为了长远的发展，即使自己掏几千元来做成一件有意义的事，也要在所不惜。在高校里工作，许多老师觉得所做的一切都是为公家做的，所有的费用就都得由公家来出。不能完全这样想，有些公家的事做好了，对自己也有好处。既然对自己有好处，有时候也得先垫一点费用，以便做成有意义的事情。

我是过来人，记得二三十年前在现场搞科研时，研究院和设计院的科研同行都说，高校的教师做科研的成本低，一不要用科研费为自己发工资，二有学生帮着做事。因此，与企业洽谈同样的项目时，研究院和设计院的项目费用要比高校高得多。这种说法虽有一定依据，但也体现出研究院和设计院的人对高校教师的工作缺乏理解。在高校，老师有学生帮助搞科研，但需要老师在指导学生方面付出很多劳动，许多时候由学生做还不如老师自己做更省事，有学生有教学任务搞不好会拉科研的后腿。

②科研方面

没有大块时间静心做科研，但即便再忙，思考问题还是有时间的。做家务活时可以思考问题，只要不把菜烧煳就行了；抱孩子时可以思考问题，只要不摔跤了；睡觉前和刚睡醒时，也是可以思考问题的，只要不耽误休息时间、起床时间。参加会议或坐公共交通工具时，更是独立思考问题的时间。当然，讲课时就不能走神了，但备课时还是可以往科研上去思考的。

我觉得处于困难阶段的中青年老师应该主要思考的问题是寻求好的研究方向，把握准确方向，才能持续发展，才能有创新的学术思想和方法来指导学生，做好本科或研究生的毕业论文研究。

许多老师都带了不少学生，但就是出版不了一部新书，其主要问题是没有做创新的系列研究。如果每个学生的学位论文都能作为系列的学术素材，那么十多个学生的学位论文合起来就能写一本书了。以此为基础，可以申报一个小奖项，可以作为申请各类基金项目的前期积累，可以作为自己在学术圈的小资本等。

但很遗憾，好多年来我审评了许多学生的学位论文，大多数论文都类似于做作业，这与导师选题和指导工作上的不足很有关系。其实，类似做作业的论文也不是不可以，如果这些作业能够作为项目的支持材料也很好。因为现在很多项目，不管是横向的还是纵向的，拿作业式的研究论文也是可以通过的。但学生做作业式的论文，对学生是不利的，至少没有充分挖掘他们的学术潜能。

只要勤思考、有思想、肯努力，暂时苦一段时间，以后是会有收获的。有了一些积累以后，容易拿到项目了；拿了项目之后就能出更多的成果了。

"社会知识"，还是"潜规则"？（2012-02-10）

每年寒暑假期间会有一些闲聊的时间，会有一些过去的学生登门拜年看望老师。寒暄时自然会谈到一些工作体会，有些内容平时也听了不少。

经常有一些研究院、设计院、企业的头面人物对我说："吴老师，你们学校不能只教学生学问，不教社会知识呀。""吴老师，你的学生都像你一样，不喝酒、不抽烟、不打牌、不去娱乐场所，这在我们单位可不行啊。"表面上听，这些话是中性的，可实际上是批评。这算什么"社会知识"，就是"潜规则"嘛。不抽烟、不喝酒、不打牌就是不会搞关系吗？有时遇到个别毕业多年且干得非常出色的学生，他们还真会掏心窝地说一两句心底话："吴老师，在社会上光会做学问真的不行啊……"言下之意是"老师你不能光指导学生做学问。""幸亏我学会了很多社会知识，才能够走到今天这一步"。

如果说我不懂这些"道理"，不明白这些"社会知识"及其"重要性"，我岂不是不白活了大半辈子？我怎么敢以"After 50"作为昵称呢？这是人生观的问题，是性格的问题，江山易改，本性难移！我有时也很矛盾，"潜规则"是老师该教，甚至该做的事情吗？

说句实话，回顾一下有了解的二三十年来的毕业生，许多有头有脸的学生，被母校经常作为榜样激励学子的学生，大都对"社会知识"的悟性较好，能够活学活用，而且先人一步。

其实，那些"社会知识"在高校里已经发展很多年了，有时还美其名曰"素质教育""创业讲座"。许多人已经习以为常了，"潜规则"已经变为公理了。对于"潜规则"，有些先生身体力行，自己实践和发扬光大，而且以身作则教导学生，这些人往往是牛人；有些先生只做不说，让学生去感悟，这些人往往是高人；有些先生只说不做，这些人往往是闲人；还有不说不做的，但极少，他们偶尔也发几句牢骚，比如写博文发微博什么的。

故事①：有时候出差，在现场遇到个别三本院校毕业的领导，他们经常直说，成绩好的学生往往能力差，会读书的不见得会做事。你看，我就是某某专科的，现在博士有什么用。面对这种情况，我往往哑口无言。可不，很多年来，学习成绩好的学生大多数考了研究生，研究生毕业后为了发挥知识的作用就选择在高校、研究院工作，干得出色也就是成为教授和高工而已，可其工作性质属于"乙方"。成绩不太好的学生毕业后大都到了基层，其中不乏有许多肯干、能干和对"社会知识"悟性较高的，若干年后就可能成为企业家或领导，其工作性质属于"甲方"。在我们这个以"甲方"为主导的市场里，乙方往往得巴结甲方，请求甲方给个课题、弄个项目，甲方趾高气扬，乙方灰溜溜的。这种事例多了，也就推导出一个公理："成绩好的学生不如成绩差的"。为了重塑会读书成绩好的学生的自信，我经常给学生解释，会读书成绩好比较适合做研究，这是社会的分工，当领导与做研究各有所长，没有什么等级之分，乙方讨好甲方，纯属研究工作的需要，与人格无关。

故事②：许多在企业工作的毕业生同样是做业务的，但有时比在高校科研单位还更加苦恼。早年就有一位要好的同学对我说："你知道我为什么离开原单位，出来开自己的公司吗？我当年来单位工作时，自以为重点大学毕业，业务强，在单位里多年坚持钻研技术，成了业务尖子。可××当年是一般院校毕业的，到单位后一心钻关系，成了我的领导。之后，我干活他管我，我连报销几块钱的材料都要请他签字。申报成果和接受奖励时所有领导都排在我的前面……这些造就了现在的我，我现在为自己干活，挣自己的钱，爽！"

故事③：某一年参加一个较高级的项目评审会，参会的领导有财政、科技和环保等部门的处级领导。按理说，处级领导应该都是平等的。可饭局上，H处要对K处说奉承话(因为H要到K那里拿项目)，K处要对C处说顺耳话(因为K要到C那里批经费)。哈哈，真的不容易。一想起这个场景，心里就平和了。这不就是工作需要吗？甲方也有当乙方的时候。

还可以讲很多故事。中国有句老话："挣钱不费力，费力不挣钱。"古时人们以为劳心者很轻松，不用干什么体力活，还能比干苦力活的人更有地位。现在一般人都是劳心者，但"劳歪心"比"劳正心"获得的回报要大得多。因此，有的人坚信走正道没有歪道来得轻松便捷，凡事一着手就先动起歪主意。

学位论文作为参考文献时的标准格式是否需要修改？(2019-08-30)

这两天在查阅文献时，看到一条有意思的学位论文引文，出于兴趣希望了解一下作者的导师是谁，但需要查阅作者的学位论文原文。这引发了我写下这篇文章。

学位论文是一类非常重要的原始文献，是一次文献。其作为参考文献时的格式这事说小也小，说大也可以大。为什么？请看下面分解。

学位论文作为参考文献的国内标准格式如下：

责任者.题名[文献类型D].学位授予地：学位授予单位，年份.

有时还要加上页码范围，而学位层次没有识别号。

学位论文作为参考文献的国际标准格式如下：

Author. Title of Thesis. Level of Thesis, Degree-Granting University, Location of University, Date of Completion.

这种格式已经沿用多年，好像没有人提出过异议。

可我觉得上面的标准格式有几个问题值得商榷。

①在国内高校，对学生学位论文的质量，导师需要承担很大的责任。不少高校都有规定，学位论文质量不合格者，导师需要停止招生一段时间，工资奖励等也会受到影响，甚至所在学院也会受到连带的惩罚。但学位论文在作为参考文献时，导师的名字都没有出现，这与导师要承担的责任是不相符的。

②对于很多学位论文，导师是做出了很大贡献的，包括学术思想、学术创意、具体指导意见、具体修改意见、研究平台支持、研究经费投入、出版费、研究生科研补贴等。有些学位论文还传承了所在研究团队的工作和成果，甚至有些学位论文的少许内容是导师执笔撰写的(如学生将导师与自己一起发表的论文纳入学位论文)。显然，学位论文作为参考文献时没有导师的名字，的确是把导师的贡献忽略了。

③如果研究生在做学位论文期间，能够与导师一起把主要论文内容发表成期刊论文或会议论文，这当然很好。但是如果研究生没有与导师一起把学位论文的主要内容作为期刊论文或会议论文发表，那么导师之后要用到该学位论文或发表其中的内容时，是否存在著作权方面的问题？导师引用自己研究生的学位论文时，由于参考文献格式中没有自己的名字，是否会出现假性侵权问题？反过来，如果在读研期间，研究生与导师一起发表了论文，然后研究生将发表的论文纳入学位论文中，研究生是否存在假性侵犯导师论文著作权的问题？

④尽管学位论文的封面上是有导师的署名的，但它作为参考文献时却没有导师的名字，这本身就存在矛盾。

尽管上述标准已经成为国家标准乃至国际标准，但我认为还是可以修改的，而且我们也是可以带头修改的。

基于上述原因，个人建议学位论文作为参考文献时的格式可以做出修改：导师的名字放置学位论文作者之后，并加括号；或者把导师的名字直接放在学位论文作者之后，类似期刊论文的通讯作者。另外，学位论文的层次也需要有识别号，如 MS 或 DR。

进行上述修改的意义如下：

①有利于体现导师对于学位论文的责任，有了导师的名字，导师需要更加负责任。如果学位论文质量不合格，导师承担一定的责任，更加名正言顺。反过来也一样，导师也可以分享优秀的学位论文的荣誉。

②有利于体现导师的贡献，导师有了名字之后，使用该学位论文时更加合规（使用时当然也要考虑研究生的贡献）。同样，研究生将与导师合作发表的论文纳入学位论文也是合理的。他们之间不存在法律上的侵权问题，在某种意义上讲，学位论文是他们的共同成果，只是贡献大小不一样而已。

研究生与导师合作的情况千差万别，但我相信大多数的导师还是起到了真正作用的。

诺贝尔奖经久不衰的十条原因及十条启示（2019-08-10）

如今各种科技奖项、排名层出不穷，但一百多年过去了，就是没有一个新的奖项能够盖过诺贝尔奖。相信已经有一些知名人士解释过这个问题，但恕我无知无畏，我还是想写一篇短文说一说。个人觉得，诺奖之所以能够经久不衰，一百多年来一直处于世界科技奖项的顶峰，至少有以下十条原因。

①诺奖创建者有传奇的人生。诺贝尔（Alfred Nobel）是一位身跨数行的化学家、工程师、发明家、企业家。他一生获得了大量的技术发明专利，其中以硝化甘油制作炸药的发明最为闻名。他不仅从事研发，而且进行工业实践，兴办实业，开办了很多公司和工厂，积累了巨额财富。

②诺奖起源于一个持续稳定的发达国家。如果诺奖起源于一个战乱不断的穷困国家，这个奖项绝对不可能坚持这么长时间。瑞典虽然是一个小国，但瑞典的工业在全世界一直位于前列，不少科技处于国际领先或先进地位。而且，瑞典在几次世界大战中都没受太大影响，能长期稳定发展。

③诺奖已经成为全世界高度认同的最高科技奖项。一百多年来，900多位获奖者对人类的巨大贡献证明了诺奖是含金量最足的大奖，诺奖已经成为世界上的最高科学奖。特别是自然科学奖对人类发展的贡献，已经载入了人类社会发展史的史册。诺贝尔的名字也一道被载入了史册。

④诺奖包含了现代人类社会先进的科学文化与人文文化，对社会文明具有巨大的精神推进作用。诺奖所蕴含的科学精神和人文精神，对不同国家或地区、不同民族的科技、经济和社会发展，甚至对整个人类文明的进步，都具有非常重大的现实意义。

⑤诺奖一开始就是面向世界的科学大奖。诺贝尔在遗嘱中写道："对于获

奖候选人的国籍不予任何考虑。也就是说,不管他或她是不是斯堪的纳维亚人,谁最符合条件谁就应该获得奖金。我在此声明,这样授予奖金是我的迫切愿望。"在一百多年前有这样的宽阔胸怀是难能可贵的。

⑥诺奖最初的授奖原则就是遴选世界范围内最杰出的科学家,而且一直坚持至今。诺贝尔的遗嘱中写道:"将基金所产生的利息每年奖给在前一年度中为人类做出杰出贡献的人。将此利息划分为五等份,一份奖给在物理界有最重大的发现或发明的人,一份奖给在化学上有最重大的发现或改进的人,一份奖给在医学和生理学界有最重大的发现的人,一份奖给在文学界创作出具有理想倾向的最佳作品的人……"

⑦诺奖的遴选规则相对比较公平,其中很重要的一条原则是不接受毛遂自荐。根据诺贝尔的遗嘱,在整个评选过程中,获奖人不受任何国籍、民族、意识形态和宗教信仰的影响,评选的第一标准是成就的大小。通常,每年的候选人多达1000~2000人,具有推荐资格的有先前的诺贝尔奖获得者、诺贝尔奖评委会委员、特别指定的大学教授等。诺奖的提名和评选等活动都是秘密进行的。

⑧诺奖不受国家政府的干预。尽管诺奖的授奖仪式上一直有瑞典国王及王后出席和颁奖,但瑞典政府和挪威政府(诺贝尔和平奖由挪威颁发)无权干涉诺贝尔奖的评选。

⑨诺奖奖励的学科都是主流学科。物理、化学、医学、生理学、文学、经济等都是主流学科,主流学科自然汇集了全世界大量的主流科学家和学者,他们做出的杰出成就自然也是对世界科技的主流贡献。反过来说,这也支撑起了诺奖的分量和地位。

⑩诺奖的奖金金额高。多年来,诺奖一直是世界少有的巨额奖项,尽管现在已经不是世界上金额最高的了。对于许多科学家来说,奖金虽然不是他们主要追求的目标,但毕竟巨额的奖金代表着奖项的高级别。

从诺奖经久不衰永葆巅峰地位的十条原因中,我们可以获得十条做成功科学家的启示:①有多学科背景和有故事的科学家比较可能成功。②出生和工作在一个稳定发达国家的科学家比较可能成功。③有世界科学品牌平台支持的科学家比较可能成功。④能着眼于为人类留下科学精神和先进文化的科学家比较可能成功。⑤面向世界和做世界性科研的科学家比较可能成功。⑥能追求和坚持做首创的科学家比较可能成功。⑦不投机取巧的科学家比较可能成功。⑧不受行政干预和有独立思想的科学家比较可能成功。⑨做主流学科研究的科学家比较可能成功。⑩有生活保障和研究经费保障的科学家比较可能成功。

"酸溜溜的硕果"——写书人的"囧事"(2017-07-10)

在中国历史长河中不知何故形成了一种文化,读书人谈钱就会被视为低俗,被视为没有品位;读书人写书好像都是为了出名,"出名"两字就可以补偿作者的一切付出,而且政治对读书人的品格要求之一是淡泊名利。人们获取知识好像从来就是不需要付费的,付给讲师的劳务费一般都叫讲课费,而比讲课花费更多时间和精力的备课及知识的再加工,却通常被忽略不计。这种文化对现在的年轻人不知是否有影响,但我们这代人是受到了影响的。

久远的历史就不说了,我们还是回到当前的现实中。本文想要说的是读书人出版学术图书的"囧事"。世上有一拨类似我这样的人,他们仍然一根筋地怀有写书的情怀并追求出书。假期又来了,我又可以开始写新书,在起航之前先写这篇文章热身一下。

市场中的出版社给作者出书需要讲究经济效益是无可厚非的,出版社要在不亏本的前提下开展出版业务。因此,现在出版一部学术著作经常要作者支付数万乃至上十万的出版费。虽然大多数作者都不是自己掏腰包出书,基本都是由科研经费支持,但科研经费也不是随便就能得到的。

由此看来,虽然我们的传统文化要求读书人不谈钱,但现在读书人所从事的事业和面临的现实还是绕不开钱的问题。即便是出书这么一个不大不小的事情,除了出版合同上需要谈钱的事,如果有稿费也会涉及钱的问题。

科技工作者从开始研究到有足够的素材可以撰写出版一部有价值的新书,付出了多年辛苦的劳动。可想要将这种劳动成果供给世人利用,居然还需要生产者继续付出,而得到的报酬却是几乎为零,这是一个多么奇怪的事情啊!

外行人可能一句话就把我给说死了——出书不就是为了出名吗?如果从出名的角度来看,出十本书可能都没有上一次 CCTV 的《黄金 100 秒》来得爽快。古代的确有这种机会,出一部书就名扬天下,像宋应星的《天工开物》等,可他们都是死后多年才出名的。现代社会靠出学术书来出名的机会已经小到可以忽略不计了,出版一本发行量几千册的图书在有着十多亿人口的中国能出什么名?在现在浩瀚的信息海洋中,这简直就是大海中的一滴水。何况出书还要担负很大的责任,君不见几乎所有的学术图书在前言的最后总有一句"由于作者水平有限,不当之处请大家批评指正"之类的话。

既然如此,为什么还有人一根筋地忙于写学术书和出学术书呢?又有外行人会说,出书也能挣稿费赚钱啊!的确,如果版权法实施得很好,不说什么畅销书,就是学术图书也是有一定销量的,也是能够获得颇丰的版税的。但现在，我们还达不到这个水平。以自己出版过的一些书为例，一本书出版三五年之后，就有一些网站在兜售电子书，下载一本只要两块钱。我开的课用的教材是我编的，但学生们来听我的课，拿的书大都是复印本(校园里批量复印一页五分钱，复印一本书只要十多块)，我只能任其自然。课件的版权就更不用提了，我自己做的很多课件不知道何人何时给传到网上去了，倒是给有些网站带来了利润。如果作者要去维护这种权益，除非他是没事干，而这几乎是百分之百无用的。这样一来，本来发行量就少的学术图书还有什么销售量可言呢？在一本书定价上百元甚至数百元的欧美国家，在大学里很少看到学生大量复印教科书中的章节，而批量复印则是大家都懂的违法之事。至于明目张胆地把别人出版的纸质书制作成电子书和拿他人的课件在网站上兜售的事，一般也极为少见。

这种低成本甚至免费获取知识的环境，实际上造成了一种很不公平的现象，而且也破坏了整个社会的版权意识，以至于引发一系列的不良链式反应。

现在，许多出版社出书时的印数都是空白的，出版社把发行量当作商业秘密隐藏起来，而且一般都不会主动告知作者印刷数量。出版合同表面上签订了稿费的支付方式，但很少有出版社主动按时给作者付稿费和告知详情。其实，即使是某本书在一年中没有什么发行量、没有稿费，把这样的结果告诉作者也是可以的和需要的。一个出版社可能每年出版数百上千种书，就算出再多的书，每年也是要结算的，结算的时候给作者发个邮件应该不是麻烦的事情，但许多出版社都没有做到这一点。

国外一些名人出版一部传记，作者的稿费可以达到数百万数千万美元。如此丰厚的稿酬离不开强大的版权意识和保护体系。但我们现在对学术图书的版权保护，几乎没有多少实际作为。科技工作者不是执法者、监管者，在出版社、图书销售商及读者面前，他们好像只有被批评的份，面对权利受到侵害，他们只能怀着酸溜溜的感觉，安慰自己"出书可以出名"了。

我从1985年开始编讲义，1992年正式出版第一本书，迄今为止，以独著和合著的形式在中国劳动社会保障出版社、化学工业出版社、机械出版社、冶金工业出版社、中南大学出版社(原中南工业大学出版社)、高等教育出版社、科学出版社出版的专著、教材和科普读物等已经有30多种，在此期间从出版社的编辑老师们那里学习到了很多东西并建立了友谊。虽然我的科研经费不多，但支持出版还是没有问题的，也不期望出书能给自己带来多大的好处。我从出版图书中得到的好处也基本上是虚的，如：一部书获中国图书奖，两部书被选为国家级规划教材，两门课程(教材)获国家级精品课称号，有三部书得到了国家科学技术著作出版基金资助，也仅是一小部分的出版费而已。

十多年前有一位出版界的朋友对我说：吴老师，我相信出版一部好书比做一个一百万的项目更值。我是相信的。确实，出版一部书比做一个项目所花的心血更多，而且还能更留下点痕迹。出版了一部心里很喜欢的著作，捧在手里的感觉，远比得一个"红本子奖状"有内涵得多！而且真的有一种小小的成就感。为此，我放弃了不少做项目挣钱的机会。

在同行里，这辈子我赚的钱可能在数百万同行之下，但我出书的数量却可能在数百万人之上，这就摆平了。人生就是一种选择，我选择了我喜欢做的事。

写到此，标题中"酸溜溜的硕果"是什么，大家应该已经明白了。

13 年业余写博文小结，兼谈写博文的好处（2020-05-02）

13 年业余写博文的经历，不管在时间上还是内容上，对我来说都是值得一提和纪念的。

①长期坚持写博文，最大的收获是养成了独立思考的习惯，提升了思考能力。要写自己专业以外的东西，没有思考是没有东西可写的，也无法下笔。要经常有东西可写，就需要坚持观察并坚持思考。久而久之，便养成了深度思维的习惯，这也为我近十多年来能慢慢转到安全理论研究领域提供了基本素养，因为理论研究的重要基本功是思考。

②长期坚持写博文，可以提升自己的写作能力。由于历史的原因，我小学到中学基本没有读多少书，语文水平很低，写作能力极差。到了大学后，我学了一个最接地气的专业——采矿工程，做设计时就是画图，不需要写多少字。做科研项目也就是设计方案、做实验、做测定，然后画图表分析并得出结论完事，也不需要多高的写作水平。近一二十年，我慢慢进入了安全科学领域，才接触到较多社科方面的东西，才有了更高的写作要求。

③多年坚持写博文，可以提升自己的科研能力和基本素养。写文章与做科研的很多方面都是相通的：写文章需要有好的主题，好的选题对科研一样重要；写文章需要有好的构思，好的研究方法和方案对科研一样重要；写文章需要做各种推理、演绎、分析，做科研需要刨根问底，不断深入细化；写文章需要有自己的判断和观点，科研需要自己的认识和结论；写文章需要有鉴赏能力，好的科研成果需要有预见性和鉴别水准；等等。

④长期写博文，可以自然而然地拓展自己的专业视野。一个人一辈子做的科研课题通常是有限的，内容也是非常狭隘的。写博文则不受很多具体工作方面的限制，可以想象和思考的问题还是很多的，包括日常生活的方方面面。久

而久之，工作和写博文之间总会找到契合和关联的地方，专业面也随之拓展了。

⑤长期写博文，可以延长一线科研的寿命。现在不少学术能人过了50岁，就经常动口不动手了，只指导学生去做科研，这样自己的动手能力就退化了。博文是不可能代写的，经常写东西，意味着很多功能没有退化，起码敲键盘的能力还是具备的。比如我60多岁了，在疫情期间，除了正常工作外，还能正经八百地写成六篇中文理论文章投稿。

⑥长期结合专业写博文，既做了科普工作，也推广了科研成果，具有良好的社会效益。我在科学网和新浪网上的博文的阅读量虽然不算多，但与自己讲课、做报告的次数相比，一两百万的浏览量所能影响的人数要多得多，我相信我的博文对安全业界是有一定影响的。近几年来，有50多万学生选择和修完了我在智慧树上的安全科普课，与当面讲课的学生数量相比较，已经是不少了。

⑦长期坚持写博文，有利于提升个人的影响力。有些学术大腕在某一领域里的影响很大，但一旦拓宽一点领域，就无人知晓了。写博文的面比较宽，写成就能发表，网上传播也方便。这不仅满足了小小的发表欲望，而且可以结识很多不能谋面的朋友。我的不少朋友甚至一些工作业务，就是通过博客联系上的。

⑧长期在科学网上开博客，除了自己写文章之外，同时自然也会学习了很多别人的东西。不管资格高低，人类大都是想展示自己的长处的，何况科学网是高手如林的知识界呢。大专家更是如此，在他们发表的博文中经常有很多闪光的东西，这也是从同事身上很少学习得到的。

我开博客写博文主要还是以专业为基础，适当拓宽，但并没有特别专注于此。

十多年业余写博文的确花了不少时间和精力，如果将其用于做项目挣钱，也许是很可观的。但人生就是这样，选择了兴趣就不管那么多了。我现在也不愁吃喝，钱多了也不知道能做什么。到了身体真的不行了，需要花大钱时，再多的钱也很难买来好身体了。待到那时，我的选择是顺其自然，这没有什么遗憾的。

半年多来的八条心得(2021-03-28)

很久没有心思写博文了，其实现在也是。这半年多来的事情可以写一本书，但暂时只能分享八条刻骨铭心的体会。

①人生到了一定时候总是要走下坡路的，包括事业和身体。到了60岁左

右时，更是随时都要有遇到不测的思想准备，否则遇到牵连一家的负面突发事件时，就会不知所措，甚至坠入深渊。

②人到了60岁左右，健康状况开始比较明显地下降，此时真的不能太专注学术了，留点时间关注自己和家人的健康非常重要。多做点学术少做点学术地球照样转，但家庭成员的健康出了问题就是塌了半边天。

③对于安全健康问题，关注自己是远远不够的，但连自己都不关注更是不可取。家庭成员都是拴在一条绳上的蚂蚱，任何一个出了问题，全家都将不幸。我们应把家庭成员的安全与健康当作自己的一部分。

④每个人一定要不断学习相关知识，提升自己在各个年龄阶段的安全与健康素养。我的健康素养有很大不足，医学卫生方面的知识过于贫乏，这是我这段时间一直很后悔的事。

⑤没有切身的体验，安全与健康的价值、预防为主的意识、为家人和自己的安全与健康投资的理念等，都是很难刻骨铭心的。

⑥不要到了人生垂暮，才突然想起要补偿过去所失去的。还是要且行且珍惜，工作和生活两者都得兼顾。

⑦安全素养与健康素养都很重要，但健康素养更加实在，对自己和家人更有帮助。这也是健康比安全更加容易被普通大众所认识与接受，生命科学比安全科学更加热门的缘故。

⑧学术是学人生命的一半。没有学术，学人的生命好像就失去了价值，有了学术，可以慰藉人生。在遇到突如其来的变故时，学术也可以成为让自己活下去的勇气。

一家之言

不能独立发表文章是否就算"科研武功尽废"？(2017-05-11)

尽管我已经年纪一大把了，但我自认为科研武功尚在，重要标志之一是每年还能独立写成一两篇研究型论文发表。

要持续独立地写出研究型的论文，首先需要拥有稳定的科研方向和成熟的科研思想，并且还要在一线做科研，有自己的成果；其次是具有基本的论文写作能力，对所在领域刊物的文章质量要求和投稿格式要求等情况很清楚。

据我所知，现在高校里有很多教师上了50岁，就基本不自己写文章了。他们每年发表的文章,可能是团队里的年轻人写的然后挂名的。甚至有的教师看到未来无望,干脆放弃科研不写文章了。

年纪大了自己写不出文章尚好理解,但还有一个的现象:不少年纪轻轻的教师,甚至是杰出人才,也自己不写文章了。他们很习惯动口不动手的风格,仅仅是积极推动团队成员和研究生写文章然后挂名,在某种程度上也可以说是当纯粹的导师或领军人才了。这些人的主要工作是申请项目、组织和协调科研、项目汇报结题、申报成果等,久而久之就变成了科研包工头或项目总工程师。

就个人的体会来说,自己亲自做研究和写论文,亲自去投稿,这与单纯指挥团队或研究生做研究、写论文、投稿的感觉是完全不一样的。指挥别人做科研很难发现细节,而很多有价值的东西都是从细节中发现的;指挥别人做科研很难在做的过程中持续改进和提高,只有自己亲自实践了,在做的过程中才能及时发现问题、解决问题,才知道需要勇往直前还是急流勇退;自己亲自做了才不会瞎指挥、说大话,才能体会到做一件事的艰辛,不至于脱离团队。

有些人认为作为课题组负责人或导师,亲自做具体的事有失大家风范。但在科研创新过程中,飘在空中是不可能踏实的。即使团队成员或研究生做出了一项有意义的成果,如果自己没有真的贡献,挂个名,甚至挂第一,也不会有真正的自豪感。何况有些学术的东西自己不做就很难搞懂,自己不懂又挂个大名排在前面,被别人问起却说不清也会很没面子。

在一个科技工作者的生涯中,读研阶段没有独立文章发表很正常,因为此时发表的文章一般是在导师指导下完成或导师负责的课题内容,同时还可能需要导师资助费用,在这种情况下,与导师等一起署名发表论文是很正常的。但毕业以后,如果发表文章时还是多个作者一起署名,那基本就是以下两种情况了:一是自己仍然没有完全独立或独当一面,与读研时没有太大区别;二是自己也当起导师来了,发表的文章是学生写的,并且已经习惯这种科研方式。

多年来,我发表论文的经历大概分以下几个阶段:研究生时期与导师一起发表文章的阶段;毕业以后发表独立科研论文和发表团队协作科研论文的阶段;当了课题负责人和带了多位研究生后,以团队和研究生为主要作者共同发表论文的阶段。但我一直忘不了具体做些小事和亲自写小文章独立发表的初心,直到现在仍是这样。

个人觉得,到了自己不能独立做具体研究、亲自写文章的时候,可能自己的科研武功也就全废了。到了那时,我也将觉得没有资格指挥别人(包括研究生)做科研,也要自觉地退出科研舞台了。挂名文章不是我的风格和追求。我相信一篇文章的真正作者在心底里是不愿意无缘无故地挂上别人的名字的。

请不要让基金承载太多的"其他"（2015-08-05）

大家都说现在基金申请越来越激烈了，我也这么说。但原因是什么？是做基础研究的人越来越多了？是科技人员发现的新的基础科学问题越来越多了？可能都不是，基金承载了太多的"其他"才是主要原因。

《国家自然科学基金条例》第二条明确指出："国家设立国家自然科学基金，用于资助《中华人民共和国科学技术进步法》规定的基础研究。"《中华人民共和国科学技术进步法》第十六条指出："国家设立自然科学基金，资助基础研究和科学前沿探索，培养科学技术人才。"这两句话很明确地给出了基金的定位、方向和使命。

但近十年来，许多基层单位却赋予了基金太多的"其他"，如把基金当作个人学术水平、人才选拔、职称晋升、年度考核、工资晋级、单位科研排名的重要指标等。

基金承载了太多的"其他"，使得很多做基础科学研究的科技人员浪费了时间精力和聪明才智。比如：组建一个课题组，花时间拟了一个不是自己打心底里想为之奋斗的题目并撰写成了申请书。尽管获得了一个面上项目，在80万元左右的经费资助下做四年时间的研究，结果出了十几篇上不着天下不着地、不痛不痒，甚至是自己骗自己的文章。这对于一个苦读20多年书之后才能戴上博士帽子的高级青年人才来说，是多么的得不偿失，甚至可以说是多么失败的事啊！（当然那些拿了项目不做事或抱着应付态度的除外）

基金承载了太多的"其他"，一开始就使基金资助的科学研究工作趋于平庸。基金承载了太多的"其他"，将使基金的申请进入不正常的竞争秩序，还会有虚高的申请人数；基金承载了太多的"其他"，将浪费国家、集体和个人的人力、物力、财力；基金承载了太多的"其他"，将使很多擅长做工程和设计的科技人员丧失很多别的机会。

总之，基金承载了太多的"其他"，将背离基金的使命，使基金的申请和实施变得畸形，从而导致科技工作者、评审专家、基层单位、国家基金委不堪重负……基金承载太多"其他"的始作俑者是基层单位，而排名和追求论文数量是基金承载太多"其他"的根源。

个人认为，申请到了基金便有了一种责任和志愿，申请不到便是一种新机。不要为申请基金而思考科学问题。当萌发出愿意为之无怨无悔奋斗的科学问题时，再尽力去申请基金吧。从事工程和应用领域学科的科技人员在实践中真正地发现了科学问题时，再申请基金项目吧。

交叉综合学科该引进和培养什么类型的人才？(2019-06-01)

学科建设和发展需要引进什么样的人才？这是一个非常重要的问题，不同的人有不同的思路，常见的有：

从个人和课题组的研究需要出发，这种思路最普遍。自己和团队干什么就选什么类型的人，这是引进人才时最朴素的出发点。从此思路出发，之后就是按已有业绩的多少来进行二次筛选了。

单位的人力资源部门选人才时是从单位的需求出发的。强势学科进行人才引进可以受到单位的大力支持。接下来的思路很简单，就是认人才的"帽子"和业绩的绩点，谁的帽子大、点数多就让谁通过。至于具体的学科方向和课题组的研究领域，单位一般是不清楚也不加考虑的。

除了上述思路，还有国家需求、社会需求、学科前沿需求、拿大项目的需求、照顾关系的需求等。

但感觉很少有人根据学科的属性和发展规律来挑选人才。我觉得这种思路很有意思，什么类型的人才适合什么学科的发展？其中是有科学规律的，人才选择也需要符合科学规律。别的学科我不敢乱说，下面以自己熟悉的安全学科作为例子。

在国际上，安全学科是业界公认的大交叉综合学科，涉及理、工、文、管、法、医等，具有大交叉综合属性，复杂安全系统是一个真正意义上的跨学科系统工程问题。安全问题涉及更多的是人的问题，而人的问题更多的是社会科学的问题。

个人认为，基于安全学科的属性，安全学科人才最重要的特质是文理兼优，特别是从事安全学科的中上游领域研究时，文理综合素质较高的人才正好与安全科学的属性契合。由此可以推论：从真正意义上的安全学科看，挑选和评价安全学科的优秀人才时，必须从文理等多方面进行考核。具体来说，安全学科的优秀人才必须是既看 SCI 论文又看 SSCI 论文，既看 CSCD 论文又看CSSCI 论文，既看技术层面的成果又看社会科学层面的业绩。

同样，招收安全学科的研究生时，学生最好是对自然科学和社会科学都有兴趣，既有扎实的数理化等自然科学知识，又有较强的社会科学思考能力和分析复杂综合问题的能力，当然较好的文学修养和写作能力也是必需的。

很遗憾的是，与国外不一样，国内目前将安全学科放在了工科领域（尽管毕业生大都从事安全管理工作），这本身就与安全学科的属性不相符。而且，我们的绝大多数教师都来自工科领域。因此，教师和研究生所从事的绝大部分研究都处于技术和工程领域，在某种程度上可以说是与相关的理工科专业做着类似的研究，同着吃一碗饭，所做的东西不属于安全学科自己的主流领域。照现在这种情况来看，安全科学与工程这个一级学科真的没有必要单独设立，回到2011年前的状态就可以了。

更遗憾的是，本来应该是安全学科主流的文理兼容的研究，反而成了安全学科领域内的另类。而且，做出文理交融多样业绩的安全学科研究者和毕业生也没有得到合理的评价。他们的综合业绩经常需要丢弃掉一半，去适应现有的单一学科的评价体系。这是非常不合理、不公正的，也严重阻碍了安全学科与国际接轨及其可持续发展。

写到这里，我想分享一下我的学生王秉在获得2018年度中南大学大学生年度人物（十佳）时，我与主持人的两段对话（内容略有修改），来说明我对安全学科人才的认识。

问：王秉是您的学生，您在指导他进行学术研究的过程中，您最看重他的哪项特质？

答：哈哈，有两方面吧：①安全科学是大交叉综合学科，出色的研究者必须文理兼优。王秉的特质是综合素质高，这正好与安全科学的属性契合，因此王秉找到了能够发挥其聪明才智的研究领域。②安全科学上游的理论研究需要很有思想的研究者，这样做学问才能有高度、成体系。王秉的另一特质是他在学术方面很有思想，思考能力远比同龄人成熟。他虽然年龄比我小一大截，但他的学术思维能力与我相当，因此我们之间没有学术"代沟"，是很搭的一对。

问：您在指导他进行学术研究的过程中，哪项学术成果令您印象最深刻？

答：了解了王秉两方面的特质，就可以猜到他的学术成果上的特点。王秉是我指导的上百位研究生中学术成果最多的一个。他的成果既有高度又有基础，而且能成体系，故而能很快出版成专著或教科书，比如已经出版的《安全文化学》和已经完成书稿的《安全信息学》，都是可以作为教科书的新的专著。又如，他是我校理工医科研究生中在CSSCI期刊源上发表论文最多的一位。再如，他在JCR1、2区安全领域国际主流期刊上连续发表了六篇介绍中国安全学科领域进展的系列综述长文，这是很多安全界的专家都做不到的。这系列文章也首次让世界系统地了解了中国安全学科的发展状况。

为什么说给学报审稿时还能实话实说？（2017-09-06）

近期看了较多国内外刊物送来的文章，故而想谈一点审稿的感想。我这里说的刊物指比较严谨的和行业中比较有水平的学报，而不是那些见钱就刊的垃圾期刊。

个人觉得，眼下最能实话实说的学术评价可能就是审稿人为学报评审论文时的评价了，为什么呢？理由有以下十条：

第一，学报需要审稿人实事求是地写评语。因为学报通常有较高的稿件淘汰率，如果审稿人都说好话让稿件通过，那学报还怎么淘汰稿件。如果这样，主编和编辑可就没法工作了。

第二，学报都是真心想要优秀稿件发表的，它本身也要参与期刊业界中的竞争，垃圾稿件发多了，任何著名学报的牌子都会玩砸的。何况优秀的稿子一般都比较流畅、规范，编辑工作起来省心又省事，何乐而不为呢？

第三，学报和审稿人面对的投稿人大都是高校的博士、硕士研究生及普通教师，大家比较平等，有相同的处境与体会，稿件有什么问题可以实话实说，实事求是地进行评价。为国际刊物审稿时，一般保密性会更好一些，不会有患得患失的心理。

第四，审稿人和学报即使枪毙的一篇文章，也不是说文章就再没有机会发表了。因为刊物多的是，这个不行还可以投别的，一位审稿人和一家学报并不能完全主宰一篇文章的死活。

第五，审稿人审查文章时一般都是匿名的，学报为审稿人做的保密工作也很不错。不是有意去查证谁是文章作者，一般不太清楚作者是什么人。因此，审稿评价不会被作者的身份所左右。现在有些省份的评奖材料也是匿名的，但其中有很多的附件和信息，评审人很容易就可以知道报奖人的名字。

第六，一篇文章一般是针对某一小问题而写的，审稿人评价起来比较专一，比较好评价，只要就事论事就行了。不像以前做成果鉴定，一大堆材料累加在一起，只能给个总体分数。

第七，审论文是评价研究的结果，是好是坏比较容易看清楚，即使不全懂也能知道其深浅和工作量大小。不像评基金的申请本子，只能从本子上预测申请人未来是否能够做出设定的结果，好像算命一样。

第八，学报送给审稿人的不是一组论文，而是一篇论文，找专业对口的审稿人比较容易。因此，审稿人一般都是比较内行和专业的。而对于不熟悉的论文，审稿人直接拒审退回学报就可以了，所以评审结论都比较准确。

第九，审稿不涉及多少利益问题，给国内刊物审一篇文章可得 50 或 100元，审稿人没有什么"经济压力"。给国际刊物审稿一般都是义务审稿，一分不给。这不像各种成果评价和质量评估，专家到了被评单位，拿人家的评审费、吃人家的饭，说话就需要讲究分寸了。

第十，眼下国内的考核标准对发表于学报的论文看得不重，没有多少作者原意花大力气去搞攻关,这也给学报和审稿人带来了一个较为宽松的环境。

我觉得比较尽责任的审稿人除了遵守刊物对审稿人的通用要求(如保密、按期完成审稿等)之外,还需要具备一些别的品质:不仅有评价的能力,还要有赏识的能力;不仅要指出存在的问题,还要提出一些好的修改意见;不仅愿意审第一稿,还愿意审修改稿。这样的审稿人一般比较受学报的欢迎,学报也会不断地请他审稿。久而久之,审稿人可能还会与编辑结成朋友。

我现在经常充当投稿人,我和研究生的稿件也会遇到退稿的情况。被退稿时,我愿意反思论文的不足。我认为现在学报的审稿机制还是比较客观和合理的,我尊重审稿人的劳动和意见,特别是付出义务劳动的审稿人的意见。

浅议我国安全科学理论创新落后的根源(2017-08-08)

写下这么一个带有负面性结论的题目,需要先解释一下原因。

我看了《安全与环境学报》2017年6月(17卷3期809-812页)刊登的《2011—2015年安全科学与技术研究通报——团队协作与影响力(三)》一文,在文章统计的2011—2015年百个高频关键词中,竟然找不到"科学""理论""原理""模型""致因""系统"等理论性的词。在文章统计的2011—2015年百篇高引文章中,竟然也找不到一篇真正属于通用性安全科学理论研究的文章,绝大多数文章都是安全工程技术类的。

而在国际安全科学类刊物上发表的论文中,高频率出现的关键词大都是与安全科学理论与方法相关的,如"模型""性能""系统""行为""风险""氛围""损害""健康""组织""设计"等。

学界内都知道,做理论研究创新或首创是非常重要的,理论创新只有第一,没有第二。做安全科学理论研究也是如此,首创非常重要。为什么我国安全科学理论研究的总体水平比较落后呢?下面做简单的分析。同时声明一下,下面所述问题不针对任何人,而是为了讲理和问题的改进。其实,我自己也存在下面所说的问题。

①研究思维被周围现实牵着转。做安全科学理论研究仅盯着当前我国生产安全的发展水平和个人所观察到的局部问题,是很难有创新的。由于我国经济和生产力发展的不平衡,有些地区的生产方式还处于半个世纪前的落后状态,有的地区处于发达国家二三十年前的状态,少数地区处于当今的国际先进水平。对于前者,人们只要用传统的事故预防方法即可应对有关的安全问题;对于中间的,人们用国外数十年来形成的安全理论也可以基本解决问题;对于后者,也已经有了不少安全管理方法和理论可以运用。即使是盯着后者做安全理

论研究，也难有创新或首创可言。要做安全科学理论的前瞻研究，需要抛开个人所处现实中的生产安全问题和个人所观察到的局部问题，进而才能开展研究。

②实用主义的功利意识太强。多年来，我国科研的指导思想一直是理论联系实际，以解决实际问题为使命。安全领域也是一样，大多数安全科技工作者的学而致用思想过于牢固，因而绝大多数人都是在安全领域的下游，即应用层面进行研究，对中上游的理论研究没有兴趣，看不到其重要的意义。这导致从事安全理论研究的人极少，而且成了另类，进而得不到大多数人的认同和组织机构的支持。如此一来，理论研究成果自然难以出现。

③多年来的文理分科造成了科研思维狭窄片面。安全科学是一门社会科学与自然科学大交叉大综合的学科，其理论研究的创新，必然也需要大交叉大综合的思想和知识基础作为支撑。较长时间以来，我国人才培养的模式是文理分科，这导致大多数科研人才的思维方式是偏科的。安全领域的科研人才也是如此，有大交叉大综合思维和创新性思维的人才很少。有科学学、系统学和综合管理能力的安全理论人才不足，片面的思维模式，必然会限制理论的创新。

④研究缺乏国际视野或前瞻性。国内不少安全科学的研究者对国际主流的安全科学期刊上的文章知之甚少，对世界安全科学理论研究的最新成果缺乏了解，盲目强调中国特色，坚持原有的落后观念，固守原有的知识，不与国际主流的安全科学研究领域接轨，这样何谈能够提出引领国际潮流的安全科学创新理论？

⑤学习借鉴思维重于创新思维。学习和借鉴别人已有的理论和经验诚然是一种高效的方法，但久而久之也容易养成习惯。过去二三十年来，我国企业大都在学习国外的安全科学理论，安全教科书里也充满了国外的安全科学理论。因而，许多人的思想自然而然地被外国人的那些安全理论牵着走了，习惯于应用外国人的安全理论，很容易接受外国人提出的理论和方法。这使得我国的安全理论工作者很少思考自己独树一帜的创新理论，再加上安全理论创新非常困难，能知难而进者还是少数。

⑥事物的两面性和系统性兼顾不足。我们的工程技术人员在发明、创造和设计时，脑袋里只一根筋地想到研究结果的正面作用，而很少考虑研究结果的负面影响。从长远看，有些发明创造和设计还不如不要，例如有些农药和化学原料。另外，工程技术人才缺乏系统安全和全生命周期安全的思想，没有从多方面和多阶段的角度审视安全问题。结果是"铁路警察，各管一段"，衔接环节出了大问题，整体上的安全性也大打折扣。在上述背景之下，有关事物两面性和系统性的安全科学理论创新更加匮乏，也很难被接受和运用，进而导致安全

科学理论创新更加弱化和边缘化。

还有一个客观的原因：现实中安全的相对性和被动地位禁锢了安全科学理论研究的创新思维。

"学以致用""害人不浅"（2013-12-13）

现代词典解释，"学以致用"指为了实际应用而学习。"学以致用"的反义词是学非所用、用非所学。"学以致用"一直是大多数学者崇尚的金科玉律，也是无数老师指导学生和父母引导儿女学习的准则。

诚然，"学以致用"对于绝大多数人无疑是非常正确的，比如对于当今许许多多的农民、工人、技校学生、高职学生，甚至大多数大学生等都是适合的。

但如果一味强调学以致用，就会使学习变得极为功利，就会使人放弃很多该学的东西。比如，现在大学里，学生就会经常在心里掂量学习政治有什么用，学习高数有什么用，学习英语有什么用？其实，即使是专业课，也难说学了以后就有什么具体的用处。因此，很多学生学习是迫于考试，需要取得成绩才能毕业，进而为了通过考试就采取各种非正常的学习方法，这就完全背离了学习的目的。

对于高层次研究型创新人才的培养，我认为"学以致用"的指导思想是极为有害的。这种功利思想使人只会学到片面的知识而丢弃更有底蕴的智慧，只会想到眼前的利益而丧失前瞻性和洞察力，只会想到正面解决问题而缺乏相辅相成、融会贯通的能力。它会埋没许多人的创新能力和想象力，使极富天赋的人才成为庸才。

现在，"学以致用"思想不仅在高校里流行，企业在选人用人时，政府在做出决策时，科研机构和管理部门在投入资金与评价成果时，更是秉持着学以致用的思想。

个人认为，在真正意义上的高层次人才培养过程中，不管是自然科学、社会科学，还是艺术，我们都应该有"学以致博""学以致聪""学以致智"的境界，那样才能培养出未来的大师级人才！

拒绝黄金装饰！（2011-02-25）

黄金在人们心目中实在是太美好、太有诱惑力了，以至于由黄金衍生出很多好的新名词，如黄金周、黄金年龄、黄金时期、金子般的心等。

但你知道黄金是怎么获得的吗？黄金的获得过程浸透了血汗、充满了污染、消耗了巨多的能源!

目前在中国,每吨矿石中只要含有 0.5 克以上的黄金就有开采价值。

矿工们在几百米深处运用凿岩爆破的方式从矿井中开采出含有黄金的矿石,这些矿石的开采过程中浸透了矿工的血汗,甚至生命。开采过程对地下水系和土地造成了很大的破坏和污染,同时消耗了大量的能量。

这些含金矿石被提升到地表,被运到选矿厂加工,首先要把这些坚硬的大块石头破碎并磨细到粒径为几十微米的颗粒。可以想象,这一过程是何等的艰难啊!而且同时会产生噪声、粉尘等污染,也需要消耗大量的能量。

之后,为了提取极少量的黄金,需要使金子从矿石中分离出来。现在大约有80%的黄金是通过化学选矿的方法选出的。提取黄金的药剂之一是氰化钠,其毒性大家都有所耳闻。选矿过程中有很多工序,还会消耗大量的水、能量、药剂等。选矿过程会产生大量的污水、废气,更严重的是会产生海量的废渣,而堆积废渣需要占用大量土地。许多矿石伴生着有害物质,如砷、硫等,会造成重金属污染。

选矿富集以后的金精矿还需要运到冶炼厂,经过复杂的冶炼才能变成较纯的金子,这一过程同样也会产生大量的污染,消耗大量的能量。

通过介绍上述过程,说黄金充满了"罪恶"完全不为过!

今天,人们把黄金用作工业原材料,更多的是把黄金当作装饰品、奢侈品、硬通货、投资产品。这导致黄金价格猛涨,也导致金矿品位日益降低,黄金开采带来的环境污染、环境破坏、高能耗日益严重。

经常看到姚明拒绝吃鱼翅的公益广告,它说"没有买卖,就没有杀戮"。而人们追求黄金的欲望比追求鱼翅要强烈多了!上万座大小金矿开采黄金所造成的危害不知道要严重多少万倍!但就是没有看到电视上做拒绝黄金的公益广告,金融频道反而天天报道黄金价格猛涨的信息。

我们一边担忧中国有多少个地方出现重金属污染、有镉米危害等,天天高喊要低碳生活,可同时又在追求高碳排放和高污染换来的黄金。我想我们应该拒绝黄金。

科研管理杂议

少花钱赚吆喝，多崇尚做学问（2017-09-18）

这个年头花钱赚吆喝的事很多，可能做这种事最多的单位非高校莫属，如不断地办国际学术会议、搞国际交流合作、引进挂名高端人才、造一时的轰动效应等，大都是花钱赚吆喝的事。为什么国内高校乐意花钱赚吆喝？主要有以下原因：

①有钱花。多年来，高等教育部门从上到下都达成了共识，在做学科建设规划时，都要划出一块经费做提升学科影响和人才引进等工作。按照财务规定，钱已经计划了肯定得按时花完，有钱不花完可就有没有做事甚至计划造假的嫌疑了。

②学科评估指标要求。几乎所有的学科建设和评价内容都有国际学术交流与声誉这一项，而完成这项指标的传统做法就是办国际学术会议，哪怕没有外国人参加也行。为了邀请洋人参加会议，哪怕给他们买往返机票、提供免费吃住也在所不惜。而且不论来者属于何等层次，大会合影时一般都请洋面孔坐前排以显示这是名副其实的国际学术会议。

③如今哪个单位都知道人才的重要性，而且戴有"国"字号的高端人才对单位的评估排名更为重要，谁也都知道引进人才比培养人才更快。可是如果大家都有着共同的想法，这时即使能出大钱也很难引进人才。真实地引进人才既然做不到，名义上的也是可以的。因此，花钱虚引高端人才、设院士工作站、双聘多聘人才等形式多处可见。

④国人喜欢攀比，而且是表面的攀比，进而发展到盲目追随排名，因此大学排名一直受到热捧。每年，数百万的高考生和家长被由一二十人组成的大学排名小团队牵着走。上千个号称是知识传承和创新者的大学为了争取生源也被大学排名牵着走。大学为了竞争排名的位置，就需要拼命地吆喝。

⑤吆喝的效果比什么来得都快都响。比如，开个国际会议或全国性会议，几天时间内承办单位就可以给来自四面八方的参会者留下深刻印象，加上会前会中会后的媒体宣传，再偏远的单位也会名声大噪一时。

⑥举办国际国内学术会议，甚至请外籍学者做国际学术交流，都要承办单位付出大量的人力、物力和财力，就算只是走完规定的程序也要花费很多时

间。幸好高校有大量的研究生、本科生义务帮助，而且国内的高校都有专门对口的机构在专门做这些事，有了这些人力才能吆喝得起来。

⑦大家都喜欢人多热闹，有个机会大家聚聚会碰碰头吃吃饭，彼此之间拉拉关系套套近乎，也是一件令人开心的事。

其实，一所高校的影响力和水平绝对不是靠吆喝得来的（有句英文名言：A tree is known by its fruit.），而是靠高水平的科技创新成果和高质量的人才培养，然后经过长期的积累得来的。吆喝的风气在国内高校中已经盛行20多年了，实践也证明了其效果在逐渐变差。如果把同样的经费和时间花在教学和科研之上，长期坚持下去可能更为实际和有效。

如果实在需要吆喝，现在不花钱赚吆喝的方式也不少，可利用的媒体和工具很多，还可以利用自媒体。从个人传播学术成果的角度来说，在一个学术会议上做30分钟报告的效果，还不如用参会所花的时间用心写一篇短文在不错的公众平台上发表出来。

高校"双一流"建设的高潮也将要来临了，从目前的模式来看，肯定又少不了要花钱赚吆喝。在世界著名的大学中，学术交流的确也非常频繁，但他们做交流时一般不吆喝。不像有些大学开个会来个外宾需要打个大标语表示热烈欢迎，但用的却是汉字，其实主要目的是给本单位的师生看的。

如果还是依照过去的老模式进行"双一流"建设，则现在就可以预知是什么结果了，因为我们已经经历了多次。

本人见识短浅，对世界一流大学知之甚少。但我觉得，世界一流大学在于有许多一流学科支撑，而一流学科靠一群一流人才维持。这一群人才的共同特征是有自己的学术思想、学术兴趣、学术自信、学术创新，能自觉地将做学问当作终身（至少是在岗期间）孜孜不倦的追求和事业。这个群体大都不需要考核，也不在意考核，他们每个人都能拿得出一些自己独特的可以向同行展示的东西，而且说起时眼睛发亮、自我陶醉。这才是判断一所高校是否是世界一流的重要标准，而且是一流大学保持一流的原动力。

世界一流大学绝不是吆喝来的。让大学里所有的教师都崇尚做学问、能做学问才是"双一流"建设的方法。

不让"杰青"的天分夭折对科技发展至关重要（2018-08-04）

这两天，一年一度的国家"杰青"（国家杰出青年科学基金）人才又公布了，我非常佩服他们，也思考了一个问题。我国高度重视人才培养及广泛的国际交流，再加上近几十年的正规教育，现在已经是人才辈出，一代胜过一代，其中杰出甚至天才的青年人才也不少。

我要谈的"杰青"不是指那些能戴上国家级帽子的青年人才，因为实际的"杰青"人才要多得多。然而，"杰青"与杰出成果之间并不能画等号。现在的"杰青"的确出类拔萃，但还需要他们在以后继续发挥聪明才智。可是，一些制度、文化环境和社会风气并没有让他们继续发挥特长和天分，而是在诱导或逼迫他们的学术生涯夭折，去"改行"当"领军人才"或"领导"。

说到这里，许多人就不理解了。为什么当领军人才和领导，学术生涯就夭折了？当领军人才和领导为什么是被逼迫的？其中一个很重要的原因是目前"比大""比多"的科技评价机制。其实，戴有"杰青"帽子的人才是有很大压力的，在评上之前许多人已经竭尽全力了，评上之后其压力有增无减。由于要"比大""比多"，许多"杰青"人才不得不走上了"学而优则仕"的道路。因为一个人或一个课题组即使再有能耐再勤奋努力，其发表论文、获得经费、得奖的数量再多，也比不过一个系或一个学院的总和。为了做大做多，在目前的机制下，最简单的办法就是走上行政领导岗位，同时又做"领军人才"，这样才能获得足够的资源，包括关系、实验室、项目、经费、研究生、团队等。而当有了一个很庞大的团队以后，这些杰出人才其实就慢慢地变成了科研的组织者或科研总经理。虽然他们的组织能力等是比原来大得多了，但是他们的科研水平却逐渐变得平庸了。显然，当了"领军人才"之后，这些杰出人才就很少直接地做具体层面的研究工作了，也将很难发现研究过程中的细微的新现象和新问题。在某种程度上，他们这时其实已经失去了发挥科研天分的机会。相反，如果不走"学而优则仕"的道路，在比大比多的规则下，他们可能会走向平凡。因为在科研的道路上，取得真正成功的概率是很小的，大多数人是难以获得成功的。而我们的机制是小成果可以凑成大成果，只要足够多，而且科研成果是可以转让的，因而许多杰出人才就逐渐走向了平庸，走向了"拼多多"。

我作为一个绝对普通的人，对此也有深刻的体会。由于专业需要，我曾经兼任"生产队小干部"十多年，在那段时间里，自己最大的长进可能是更加"懂事"了，但具体的科研业务却难以深入下去，难以有自己的发现和创新。比如，指导研究生时，很难知道他们查阅的文献是否系统到位、设计的实验有没有什么缺陷、实验的次数和精度是否可靠、实验过程中发没发现异常现象。而在这些细节上，恰恰是可以发现新问题和找到新切入点的。还有，对于学生论文中引用的文献、公式、理论是否出自一次文献等，更是很少去检查考证。对学生的指导更多的是停留在原则方法层面上，具体细节都靠学生自己领悟，也没有充分挖掘学生的才能。学生发表论文时，挂个名字在后面，有时真感觉不妥。而近几年，我不再需要兼职打杂了，尽管年纪也大了，但真的感觉科研工作的成效和水平有了显著的提升。我能和学生一起思考问题、讨论问题、发现问题，能具体查阅文献，寻找蛛丝马迹，能及时为学生批改论文，偶尔也能自己执笔撰写文章。同时，我也有了更多的时间思考所在研究领域的发展动态，憧憬新的学科分支方向等，还能与学生一起发表得意的论文、出版新著作。

历史已经证明，革命性或颠覆性的成果都是极少数杰出科学家亲自做出来的，而不是靠组织一个巨大的团队完成的，因为科学研究不像盖高楼、架桥梁、铺公路。

为了真正地让我们的"杰青"人才出杰出成果，很重要的是一条是营造一个能让杰出人才一直坚持在一线科研岗位上安心做科研的环境，比如去掉"比大""比多"的评价制度、没有过大的竞争压力、宽松自由的氛围、比较充裕的科研资源等。

"学而优则仕"会使好不容易培育出来的杰出人才受到桎梏、走向凋谢。"学而优则仕"使本来就难得的杰出人才的天分得不到发挥，造成了一种巨大的资源浪费。

当然，也可能有一部分"杰青"人才一开始就梦想走"学而优则仕"的道路，因为"学而优则仕"几千年来一直影响着一代又一代的知识分子。也不排除一部分杰出人才由于兴趣转移或是不愿意吃做学问的苦而转向别的行业。

对于高校来说，一流大学的建设可能不再是投大钱引人才购设备建大楼了，更深层次的是软环境的建设，特别是文化建设。而高校的文化建设又需要有社会环境和机制的支持，从这一点上说，软环境的建设远比硬环境的建设难得多，它是大学本身所不能完全做到的事。

离岗科技工作者的经验需要被很好地传承下来（2021-11-12）

我快到职业生涯结束的时候了，这两年在偶尔回顾自己过去几十年的人生经历时，也萌发了总结自己多年教学与科研经验的想法。本来这些东西是想作为博文来写的，但写着写着觉得一篇博文还不够充分，也觉得这些内容如果能够正式发表还是有一些意义的，因此就写成了几篇文章，尽管在工作量的考核上这些文章与博文一样，都是不算工分的。

例如，在科研方面，我在思考自己近20年来所做的安全科学基础理论研究工作处于安全科学技术领域的什么位置时，就写成了《新时期安全科技的学科结构及专业设置研究》一文。从安全科技结构图中，可以明确我的研究工作的位置、侧重点及其与各种安全科技研究工作的关系，也可以厘清安全科技这一大交叉综合学科的各分支学科之间的关系和相互位置。在总结自己开展安全科学基础理论研究及其推广应用的经验时，写成了《安全科学基础理论研究及其推广应用的思想模型》一文，用思想模型的表达方式让自己的经验上升到更高的层次。

又如，在教学方面，我在总结十多年来创建的研究生新课程时，写成了《安全科学系列研究生新课程创建及推广经验》一文；在总结一二十年的安全科普工作时，写成了《"大学生安全文化"素质课的建设及推广经验》一文；在总结新教材的编写和课程建设的经验时，写成了《〈安全科学原理〉新教材及其在线课程的建设经验》一文。

通过上面的写作，我又有了一些别的体会。

①每位即将离岗或已经离岗的科技工作者都是有经验可谈的，不管是成功的、失败的，还是再平凡不过的工作，只要能够深入系统思考一下，都可以写出一些闪光的东西，都有值得向同行分享的内容。把它们写出来远比在退休座谈会上讲出来要有意义和有影响得多。

②经验是可以提升也需要提升的。如果把经验升华到方法、模型、规律的高度，写出来的东西对自己和读者都更有好处，既升华了自己的经验，也方便读者参考甚至传承。

③科技工作者多年的工作经验有学术价值，希望有关部门和学术期刊等能开辟专栏让他们有免费发表文章的空间，正式发表的文章比网上的博客更有传承性。经验总结文章的内容和风格不同于研究型文章，也希望有关刊物在发表这类文章时灵活处理。我自己也遇到过这种尴尬的情况，有些学术期刊的编辑一看是教学方面的文章，连摘要都不看就一退了之。

④在目前的情况下，要求离岗科技工作者把经验写成文章发表也不是易事。如果还能够敲键盘和上网，在科学网上开个博客，偶尔发表一两篇学术短文也是挺好的，还有利于身心健康。其实，科学网上的许多文章，特别是"科研笔记""教学心得"等栏目中的文章，不比很多学术刊物上的长篇文章差。那些刊物上的许多文章仅仅是在展示作者的业绩，与读者没有丝毫关系。

总的来说，离岗科技工作者的经验需要传承下来，请社会鼓励他们献出他们的宝贵思想财富。

打通一个单位内的成果计量好处多多（2020-06-06）

近二三十年来，在高校量化员工工作量的大背景下，许多计算工分的量化标准体系应运而生，使教学、科研、成果、经费等性质各不相同的东西都能挂起钩来，这给高校员工各种业务工作量之间的打通奠定了基础。但上述打通的范围大都是同一个小单位或同一个学科领域。

打通不同学科(特别是大类学科)之间的工作计量就比较困难了。比如文科和工科的科研经费显然不合适打通计量,因为文科的一个纵向课题一般只有几万到几十万经费,而一个大的工科项目的经费就有上千万,显然这是不可以比拟的。

那大类学科中的什么东西可以打通和等效呢?我觉得成果是可以打通和等效的。因为真实的成果本身是一种客观结果,其价值与专业没有关系。因此,我们没有必要人为地根据不同的学科将其分为三六九等。而且,成果打通计量还有很多好处。

①成果打通计量有利于交叉学科的发展。由于学科分割和学科评价机制长时间存在,很多人即使能够开展跨学科的研究工作,但为了适合已有的业绩评价体系,也只能在本学科的领域内开展研究,因为做出别的领域的研究成果可能得不到鼓励,不被计入业绩点。如果成果的计量打通了,就没有上面的问题了。只要有成果,不管属于什么领域,都能得到鼓励并计入业绩点。因此,打通成果计量,跨学科研究的积极性可能会提高,交叉学科也能够得到更快的发展。

②成果打通计量有利于挖掘人才的潜能。高校人才济济,但并不是所有人才的潜能都能发挥得淋漓尽致。有些人换个领域开展研究,可能会有自己意想不到的效果,其潜能会得到更加充分的发挥。成果打通计量,在某种程度也给这些人解放了思想,开放了所有的研究领域。

③成果打通计量有利于各尽所能。能者多劳是现实中的普遍规律,而多劳多得是合理的分配原则。可由于劳动成果不能打通计量,多劳多得的原则不见得行得通,能者多劳却可能普遍存在。因此,成果打通计量有利于人才各尽所能。

④成果打通计量有利于劳动权益平等。科研都是为了出成果,同样的成果谁弄出来都是可以的,只要有本事做出来。工科人员能弄出文科领域的成果,就需要得到同样的认可,反过来也是一样的。这在某种程度上也是劳动权益平等的体现。

⑤成果打通计量有利于竞争的公平公正。当下,人才、制度、平台、项目等的打通还是有很大难度的,成果打通计量,可以使很多人才突破制度壁垒。

成果计量打通包括不同学科之间的打通,也包括同一学科内不同工作之间的打通,还包括评估体系上的打通。

对于交叉学科,多方面的业绩计量打通显得更加重要。比如,安全学科是交叉学科,在职称评审、人才培养、人才引进、学科建设、成果审核等方面,业绩计量打通能够体现出其交叉性特征，有利于交叉学科的发展。

顺便说一下，我们课题组近几年在社科类的 C 刊发表了许多文章，如果我们身在社科领域，这肯定是很重要的成绩。可我们身处工科领域，只能将其当作业余的小菜一碟。

什么时候我们能不"被"？（2016-08-19）

很多小孩"被"读书、"被"特长，那是父母给"被"的，因为许多家长认为"读书"+"特长"才能帮孩子上重点中学，才能出类拔萃。中学时，很多青少年"被"分科、"被"大学、"被"专业，那都是家长、学校和社会给"被"出来的。

本来，一个人在大学之前被"被"还情有可原，因为毕竟还没有成熟。可高校中的教师一般都是博士了，却仍然在被"被"，就很不是滋味了。如果对高校青年教师做一个真实的调查，问他们"你是真的愿意当老师吗"这个问题。恐怕回答"是"的比例很低，大多数人当教师还是为了找份工作谋生，而不是出于对教师职业的热爱。这样一来，他们如何从事教育工作，如何培养学生？进了高校以后，很多青年教师接着"被"科研。他们做科研是为了写论文、报奖、完成考核和晋升职称，而不是出于对某一科研领域的真正兴趣，不是为了实现自己的理想。

一年一度的基金申请结果这几天又放榜了，不管申请到的还是申请不到的，我武断地说，有很大比例的申请者是"被"基金的。由于单位把能否申请到基金作为晋升职称和考核业绩的重要标准，很多人为了满足单位的要求，不管自己适合不适合做基础研究、有没有真正的研究兴趣，都要绞尽脑汁地拟定一个尽量能被评审人认可的题目和本子，并为之耗费大量的时间和精力。不少人在这种背景下拿到了项目，为了完成又不得不耗费更多的时间和精力。成果可能也有了，但自己是否认可呢？如果是"被"基金，我觉得申请不到也不必太郁闷，说不定做点别的事情还可能成就一番事业。

青年教师"被"科研、"被"基金好像还说得过去，其实还有许多学术带头人"被"科研、"被"基金。许多学术带头人做科研和申请基金也是为了完成考核，使大家有事可做，而不是满足自我实现的需要。

讲一下自己的情况吧。1977 年考大学上大学肯定是自愿的，但自己学的采矿工程专业是"被"的，当教师也是"被"的，早期做科研也基本上是"被"的，甚至 25 年前当教授也是"被"的。不过，我很庆幸到了 50 岁左右找到了发自内心感兴趣的可以不断继续下去的研究方向。因为我拿不拿基金项目都愿意全身心地进行研究，愿意时时刻刻地思考，即使项目完成或者退休以后，我也会继续研究它。

如果年轻人不"被"专业、不"被"教师、不"被"科研、不"被"基金,那高校将可能有另一个局面。

甲方乙方(2013-04-13)

一般来说,甲方指提出目标的一方,在合同拟订过程中主要提出要实现什么目标。乙方指接受目标的一方,在合同拟订过程中要接受甲方提出的目标。乙方一般是劳务方,也就是负责实现目标的主体。

以上甲方和乙方的解释也道出了中国科研人员的难处和无奈。

一方面,如今许多甲方往往是居高临下、趾高气扬、财大气粗、为所欲为,要你怎么做就怎么做。甲方追求的往往是"技术可行""经济合理""解决重大问题""符合国家需求",以及创造多少经济效益、累积多少GDP、发表多少SCI文章、产生多少专利,最好能够三五年内立竿见影,像盖高楼大厦和修高速公路那样,看得见摸得着。

另一方面,如今许多乙方往往是矮甲方一截,需要看甲方脸色行事、讨好甲方。在这样的科研氛围之下,再聪明的乙方也经常是灰溜溜的。

现在高校教师与企业签技术咨询项目时是乙方,与公司签横向科研项目合同时是乙方,与政府机构签科研课题任务书也是乙方,弄个教改项目也是乙方,应聘职称还是乙方,上课当个纯粹的老师更是一辈子的乙方。

很多优秀人才当了一辈子的乙方,一辈子为甲方所困。在此情况下,一些有识之士开始舍弃乙方身份,投身甲方生涯,可这样更糟糕,因为没有了能干的乙方,甲方又能做什么呢?

我当了很多年的乙方,近十年来慢慢觉得在某些方面也应该当当甲方,但不是当他人的甲方,而是当自己的甲方。我为自己想做的事情做乙方,甲乙合一,才自由自在,自得其乐,也有利于自我实现。

由填写年终教师考核表所联想到的(2011-12-20)

刚填好了自己的年终考核表,感觉意犹未尽,不禁想续上几句。

这些年来,不管你愿不愿意、在不在意、接不接受,每年年终绝大多数高校的管理部门都要把教师教书育人、科学研究等业绩折算成阿拉伯数字,然后与钱挂钩:上一节课多少钱、带一个研究生多少钱、发一篇SCI或EI文章多少钱、出一部书多少钱、拿一项奖励多少钱、获一项专利多少钱、进多少科研费值多少钱……年终考核教师的同时，也拷问了学问值几个钱。

对于潜心做教育或做学问的极少数人来说，这种考核其人格有点"糟蹋"的味道。什么叫斯文扫地？这时就可以感受到一点。当管理人员告知你一节课值 M 元或指导一个学生值 N 元时，"人类灵魂的工程师"等崇高境界一下子就荡然无存了。

绝大多数教师毕竟是平平凡凡的人，他们要满足基本需要，因此以钱为杠杆的考核方式的确很奏效。可久而久之，教师的工作就变成应付考核了。

在任何时代，教师中都有个别"不食人间烟火"的人，他们超脱了记工分的"低级趣味"。但这种考核方式毕竟会使他们受伤，长此以往，他们的超脱境界也会慢慢消失。

许多人在平时一味要求老师高风亮节，无私奉献，当灵魂的工程师，可到年终时，又把教师当作流水作业线上的工人或教书匠来对待，这就不符合逻辑，就会产生矛盾了。

毋庸置疑，高校每年最大的业绩是培养了多少合格人才，可高校却极少把培养了多少学生当作最主要的业绩，而是把拥有什么平台、得了什么奖、进了多少经费看得过重，这就忽略了绝大多数教师的业绩。

现在很多高校的管理体系大都建立在"人性恶"的基础之上，从而制定出各种各样的管理和考核办法来加以预防、惩戒。这就导致很多"办事员"变成了"管理员"，甚至"官员"，很多人对这种角色趋之若鹜。把 office worker 变成 officer 是不合适的；secretary 在英文中主要是"秘书"的意思，而我们把它当成了"书记领导"。

我期待着那一天，高校的教师们都没有基本的需求之忧，都能自觉劳动，不需要考核；高校管理体系建立的目的是帮助教师解决工作中可能遇到的问题，office worker 完全是为教学科研服务的。

我觉得评价人才培养或科学研究的成果与评价艺术品是一样的，有的是机器加工的流水线产品，有的是价值连城的孤品，它们的价格可以相差无数倍。而我们的考核制度恰恰把这种天壤之别给消除掉了，从而抹杀了很多珍贵的东西。

有感而发的安全点评

为什么安全科学和安全社科类文章经常遇到偏见？（2015-11-07）

随便问某个人：安全重要不重要？没有人会回答不重要。因为安全自古以来就是人类追求的目标之一，是现代人类社会活动的前提和基础，是国家和社会稳定的基石，是经济和社会发展的重要条件，是人民安居乐业的基本保证。

随便问某个人：安全学科的地位怎么样？许多人根本回答不上来。安全学科在我国的学科分类标准、研究生教育目录、本科教育目录上都已经是一级学科了，形式上与数理化是一个级别的。

随便问某个人：安全是自然科学还是社会科学的问题？恐怕许多人答不完整，给不出理由。其实，在半个多世纪以前，海恩里希在统计引发事故的人因和物因比例时，就得出了一个结论：80%以上的事故是人因所致，仅有百分之十几的事故是物因所致。由此接着问下一个问题：解决人因问题靠什么科学？显然需要靠社会科学。也就是说安全问题的解决更多的是靠社会科学，安全学科在很大程度属于社会科学。

在我国，属于工科的安全工程专业内也开设了许多社会科学成分很重的课程，如安全法学、安全管理学、安全心理学、安全经济学、安全行为学、安全教育学、安全文化学等。

在发达国家，职业安全人员多称为"安全师"，而不是我国的"安全工程师"，省略"工程"两字意味着职业安全工作不全是工程的问题。在美国，从事职业安全工作的人员可以来自文、理、工、管理、艺术、医学等学科，安全类专业可以授予多种学位。

在国际上，许多著名的安全类刊物刊载的文章同时可以被 SCI、SSCI 收录，比如 *Safety Science*，*Accident Analysis and Prevention*，*Applied Ergonomics*，*Chemical Health and Safety*，*Ecotoxicology and Environmental Safety*，*International Journal of Industrial Ergonomics*，*Journal of Loss Prevention in the Process Industries*，*Journal of Safety Research*，*Organizational Behavior and Human Decision Processes* 等。在我国，CSSCI 是不收录理工科类刊物的，而 CSCD 也不收录社科类刊物。目前，我国安全学科的文章仅能被 CSCD 收录。这种不考虑文理兼容的研究成果的现象，反映出我国综合交叉学科发展的艰难现状。

由此联系到我们课题组投稿时遇到的难题。近几年，我的研究生撰写了一些涉及安全社会科学方面的论文投稿，往往遇到退稿。投社会科学类的刊物时，编辑部基本上会以论文不属于本刊投稿范畴为由，做简单的退稿处理。在他们的心目中，安全是自然科学技术问题，安全文章不应该投到社科类刊物。这反映出社科类期刊管理者知识面狭窄，缺乏文理兼容的思想，不懂安全学科的地位、属性和重要性，非常保守，不愿意拓展刊物包含的领域。投自然科学技术类刊物时，编辑部相对好一点，他们大都认为安全属于理工科，因此会审视一下文章的内容。但如果用理工科的偏见看安全科学论文，又经常会感觉安全科学的论文内容"软"了点，通常会以没有用实验设备做测试、没有复杂的数学方程等为理由拒稿。相对而言，自然科学技术类刊物更加开通，其审稿专家也比较容易接受安全社科类文章，这说明理工科的专家对社会科学的内容也比较理解。

通过上面的现象也可联系到社会上的一种普遍现象：很多当领导做管理的都是理工科出身的人。"领导""管理"等工作本来应该是社科类人才的特长，但社科类人才却没有发挥出其优势来。因为理工科人才能够拓展自己的知识面和工作范围，特别是社科类的知识和工作，而社科类人才不容易拓展或兼容理工科的知识和工作。

为什么说安全已经成为独立的行业（2017-09-22）

社会发展到了今天，安全已经不是传统意义上的安全了，生产安全也不再是传统意义上的劳动保护了。安全界人士已经有了自己广阔的天地。安全需要依托于行业的说法和做法已经过时了。安全行业的确是需要为实体行业服务的，但这并不意味着它需要依托于其他实体行业，服务和依托是两个完全不同的概念。到了今天，安全行业就像医疗行业，已经能够成为一个独立的行业，主要原因如下：

①从人类需要的层次看，安全是所有人的需要，而且是永恒的需求。随着人类的生存需求得到满足，安全需求会越来越受到重视。这就决定了安全行业是一个经久不衰的行业。而且，世界组织和各国政府对劳动者的安全保护都做出了相关的立法规定。

②安全已经拥有了自己庞大的产业，安全行业绝非暴利行业，但安全人完全可以依靠安全产品和安全产业所产生的直接间接效益自给自足。拿一个简单易见的例子来说，劳动者从头到脚都需要的个体防护用品在中国就有数百亿上千亿的市场；公共安全装备的年市场额就高达数千亿元。

③安全已经有了自己庞大的从业队伍。各类安全管理人员有数百万，加上各种安全中介机构，如安全咨询、安全评价、安全培训、安全检测、社区保安、安全托管等职业安全人员，其从业人数已经可以与任何行业比个高低。如果放大到公共安全和防灾减灾领域，则安全的队伍和领域更多更广。

④安全行业已经有了自己的独立职业，比如国内外都有注册安全师、安全咨询师、安全培训师、SHE人士等，这些都是国际上认可的职业。如果把公共安全等领域的有关职业也纳入进来，那就有更多的安全职业了。

⑤安全行业已经有了自己的组织体系，上有联合国安理会、世界卫生组织、国际劳工组织，中有各个国家的安全和安监部门、行业生产安全协会、职业安全健康协会等，下有各个企业的安全工会班组和社区保安基层组织等。

⑥安全行业已经有了自己的相对完善的学科体系，安全行业的学术活动不亚于任何其他行业。安全行业已经有了自己庞大的人才培养体系和科技研发队伍，其学历包括专科、本科、硕士、博士，还有面向全民的安全科普教育等。另外，安全行业也有了自己的职称职务评价体系和晋升制度。

⑦安全行业有自己的庞大市场，人才、产品、产业、销售、服务、保险、媒体、信息、安全促进等领域都有安全行业的市场。

总的来说，安全行业正在发展成为人类共同需要的新兴行业，并且发挥着越来越大的作用，而不是依附于某一行业的非独立行业。安全行业从业人员不应该与其他实体行业从业人员比较地位和作用。

但遗憾的是，在高校中反而还有不少安全专业的教师看不到上述变化，看不到安全行业的崛起，仍然觉得安全是依附于某一生产行业的辅助专业，安全人才不能发挥主角的作用。因此，在制订安全专业人才的培养方案时，不论是高校安全专业的教师，还是用人单位的有关人士，他们总是时不时地提出建议，说安全需要依托于其他行业，因此安全专业人才的培养方案要分专业方向，比如化工、建筑、交通、矿山、冶金、机电。显然，提出这类问题的人对安全专业的定位和现状不够清楚，安全专业如果放在技术层面，那是需要结合专业技术问题的，但这样就没有必要开设安全专业了，有相关的技术专业就可以了，因为没有一个技术专业在进行设计、制造等活动时不考虑安全。

之所以开设安全专业，主要是为了解决专业安全技术以外的问题，如基于多个专业的安全组织、管理、协同、控制等系统问题，基于工程或产品的全生命周期安全管理问题，基于人因的种种失误问题，当然也包括各行各业中具有共性的安全与卫生问题，如能量失控导致的伤害，危险物质造成的伤害，粉尘、噪声、高温等职业危害等。

实际上，现有的实体行业成百上千，在大学四年里是不可能学遍所有专业的，安全专业人才只能在工作实践中补充相关知识。由于生产工艺和产品是可以分类和分行业的，有些人就把这种分类方式强加到安全专业上，实际上这并不合适。比如矿山行业的安全问题有人因安全问题、组织行为安全问题、机电安全问题、运输安全问题、危险化学品安全问题、爆炸问题、压力容器安全问题、高处坠落问题、物体打击问题、粉尘噪声问题等。这些问题在各种行业中都存在，可见按行业分什么化工安全、矿山安全、建筑安全等脱离了安全问题的实际，是不清楚现有安全专业定位的表现。有的安全人说他是搞××实体行业的安全的，其实准确的说法应该是主要为××实体行业的安全服务，他们对××实体行业相对比较熟悉。真正比较资深的安全人到任何实体行业中去，都能够很快胜任具体的工作。

今天，安全专业已经发展成为一个覆盖各个实体行业并为之进行安全服务的独立行业。安全专业不应该是依附于某一实体行业的从属专业。

为何大家对风险知之甚少（2015-08-14）

中国拥有13多亿人口，国土和海域面积辽阔，总体生产力处于发展中国家水平，人民的安全素质总的来说还不是很高。种种原因使得中国目前是一个事故大国，每年有无数大大小小的事故发生。事故数量多有利于事故概率的统计，有利于风险的计算与预测，有利于保险业的发展，有利于公民了解更多的风险。从某种意义上说，通过惨痛的伤亡代价换来的事故教训是非常宝贵的风险研究资源。

可事实上，当研究者需要运用这些数据做风险分析时，却往往找不到科学有效的数据可用，反而需要从发生事故较少的发达国家中查找和选用。研究者尚且如此，普通公民对风险的感知和了解就更少了。出现上述反差情况的重要原因如下：

①相关组织害怕公开事故数据会产生负面影响，故而将这些数据当作保密资料储存起来。因此，就谈不上开展事故数据库的建设和研究工作了。近十多年来，政府部门公开了一些事故数据，但大都是宏观的统计结果，对分析判断具体工作中的风险基本没有作用。安全是每一个人的事，安全需从我做起，安全需要靠每一个人。每个人都应该有了解各种事故发生率的权利，只有让广大公民了解各种事故的发生概率，了解生活和生产中存在的各种风险，大家才能积极主动地避免风险，做预防事故的主人，才能构筑起防控事故和降低风险的万里长城。

②我们的安全科技和管理工作者长期以来对事故的研究侧重于吸取事故的

直接教训，对事故的预防、教训、调查、责任追究等还是非常重视的，但对事故本身的科学层面的研究却做得非常不够。保险业也缺乏基础数据，影响了其快速发展。不仅在安全领域出现了上述问题，我们太过于就事论事，太过于讲究直接效益，从而忽视了规律的总结、基本数据的归纳、更深层次资源的挖掘等。实际上，即使有国外的事故发生概率可以参考，但外国人与中国人的文化习惯有较大的差异，其处理问题的方式和所犯错误的类型往往有所不同，所以使用事故发生概率等数据时还是本土数据最好。还有，事故发生概率等数据与时间具有很强的相关性，老掉牙的数据是不能用的。

所有人对风险了解得多了，事故自然就会变少。让公众了解风险是预防事故从我做起的有效途径。

为什么安全专家大都是事后诸葛亮？（2015-06-30）

安全是一个非常复杂的问题。事故都是小概率事件，小概率事件演化为重大事故更是少之又少，所以准确预测和判断是否会出事故和出多大事故是非常不容易的。如果能够百分之百地判定会出事故，那么在事故发生之前肯定会采取有效措施进行预防和控制，采取措施后，事故就不发生了。局外人此时一般都不能意识到安全专家发挥了巨大的作用，相反，有时还会怀疑这些措施和投入是否必要。这就导致安全专家的重要贡献不仅没有得到表彰，反而会被质疑。这是一个令人遗憾的事实。

还有一种情况是安全专家本来没有做什么安全预测和判断，或是根本就预测不出来可能发生的事故灾难，待到事故灾难发生以后，再运用安全科学理论对其进行剖析。

更多的情况是大众经常在媒体上看到的，这些专家本来就与事故没有什么关系，他们由于工作需要并且兼做媒体工作，就只能发表一些事故之后的评论了，这类专家最会让大众产生"安全专家都是事后诸葛亮"的印象。其实，这种事后诸葛亮的做法也不是一无是处，对事故进行分析是完全有必要的，它可以作为以后预防事故的经验和案例。

综上所述，希望大家理解安全工作的特点和性质，理解平安无事也是来之不易的，平安无事也是需要成本和代价的，其中不乏安全专家的贡献。媒体上的许多像是安全专家的人其实不是真正的安全专家。

对安全的几个常见误解(2013-12-17)

误解一：安全学科是工程技术学科。其实安全学科是一门综合学科，因为它与几乎所有的学科都交叉。具体谈论某一学科的安全问题时，安全学科可称为交叉学科。安全学科包含自然科学与社会科学，即使是现在放在工学里的安全工程本科专业，其培养方案中的安全法学、安全管理学、安全经济学、安全心理学、安全行为学、安全教育学、安全文化学等也主要属于社会科学范畴。

误解二：发生事故都是因为技术出了问题。其实在半个多世纪前，海因里希等人就对事故致因做过大量统计，证明事故的原因更多的是人为的。预防事故的所谓3E对策(工程、教育、管理)也说明预防事故更多的是与安全教育和安全管理相关的事。

误解三：把某行业中的各种安全问题都当作是安全学科的问题。其实某行业中的很多安全问题更多的是行业里的专业问题，而处理行业里的安全技术问题的人才更多的是该行业的技术人才。

误解四：安全管理人员一定要懂专业技术。其实安全管理人员能够精通专业技术当然更好，但并不是非要懂技术才能做安全管理工作，因为安全管理涉及更多的是人的问题、法规制度的执行、教育的问题等。现代管理科学的人才大都不是专业技术人才。

误解五：安全的目的是保障生产顺利进行。其实安全是为了人，保障安全是以人为本的具体体现。国外一般都不叫"安全生产"，而称为"职业安全健康"。

请不要出了重大安全事故后再承认安全的价值(2015-08-15)

前段时间参加了一次安全培训活动，听了一位安监领导总结安全监管工作的一段话：安全管理人员是"在最艰苦的环境中做最艰难的工作，用得罪人的方式保护人，在以默默无闻的业绩防止惊天动地的事故发生"！我对此印象特别深刻，又感觉非常心酸。

在中国做安全工作为什么这么难？最根本的原因是人们的安全观出了问题，平时看不到安全的价值。比如2015年7月26日上午，湖北荆州的安良百货公司内发生了一起自动扶梯事故。一名女士踏上自动扶梯顶端的一块松动翘起的盖板时，盖板发生翻转，她坠入上机房驱动站内防护挡板与梯级回转部分的间隙内死亡。当时央视的连续报道使得这个事故在国内家喻户晓。如果当时站在电梯旁边的商场工作人员的安全意识强一点，能够提前及时停掉电梯，虽然没有人会觉得她按下电钮的小小动作挽救了一条人命，产生了很大的经济价值，但事实确实如此！

对利益的追求是社会人的本性之一。出于对利益的追求，有些企业或个人，会选择节省安全投入，甚至钱迷心窍、利欲熏心、要钱不要命、铤而走险，所以安全管理人员为了大家的安全，往往需要时刻与那些只顾眼前利益人做斗争，这让开展安全工作变得很艰难。

安全工作的最佳效果是零事故，而许多人在短时间内处于零事故状态的时候，就觉得安全是理所当然、自然而然的，甚至觉得安全管理人员是多余的，安全投入是亏本生意。许多人对安全科技工作和研究成果的认识也是非常片面的，总是要用正效益的计算方法来衡量安全工作的经济价值。上述对安全价值的错误认识导致了我们对安全工作的不理解，甚至对安全职业有很大的偏见。

天津港"8·12"瑞海公司危险品仓库特别重大火灾爆炸事故让每一个有理智的人都知道，不论是对经济效益还是对社会效益来说，安全的价值是巨大的！安全为天，生命无价！

"在最艰苦的环境中做最艰难的工作，用得罪人的方式保护人，在以默默无闻的业绩防止惊天动地的事故发生"，这毕竟不是我们职业安全人士所希望做的工作。

"安全"与"应急"不适合并列在一起（2020-01-23）

较早地把"安全"与"应急"并列放在一起是在 2011 年安全科学与工程独立成为我国研究生教育一级学科以后，安全科学与工程学科组提出该一级学科的五个建议学科方向：安全科学、安全技术、安全系统工程、安全与应急管理、职业安全健康。其中，以我的理解，"安全与应急管理"是"安全管理和应急管理"的简称。当时这么写是为了把应急管理专业也纳入安全科学与工程一级学科之中，其实安全管理就包括应急管理。而"职业安全健康"是"职业安全与健康"的简称，也是习惯叫法。

2018 年 3 月，国家成立应急管理部，之后有些原来的安全机构纷纷加上了"应急"两字，许多报刊上的文章中也经常把"应急"与"安全"两词连在一起使用。但我个人觉得"安全"与"应急"放在一起是不合适的。

安全的英文为"safety""security"，应急的英文为"emergency"。

（1）从词义来看

①什么是"应急"？

查一下稍微旧一点的汉语词典，"应急"一词的解释为"应付迫切的需要"（商务印书馆1990年8月第110次印刷的《现代汉语词典》，1983年1月第2版，第1388页）。"应急"的简明含义为应对突然发生的需要紧急处理的事件，客观上事件是突然发生的，主观上需要紧急处理这个事件。钱伯斯英文词典把"emergency"定义为突然发生并要求立即处理的事件，包括应付急需，应付紧急情况；需要立即采取某些超出正常工作程序的行动，以避免事故发生或减轻事故后果的状态，有时也称为紧急状态；泛指立即采取超出正常工作程序的行动；对于已经发生的重大事件进行相应的处理，例如抗旱救灾、应急避难等。

②什么是"安全"？

安全通常有非常广泛的含义，如：人没有受到威胁、危险、危害、损失；人类处于免受损害风险的状态；人类的整体与生存环境资源和谐相处，互相不伤害，不存在危险的隐患；生产过程中系统的运行状态存在的可能损害被控制在人类能接受的水平以下的状态；国家的安全包括政治安全、国土安全、军事安全、经济安全、文化安全、社会安全、科技安全、信息安全、生态安全、资源安全、核安全等。我给出的定义是：安全是一定时空内理性人的身心免受外界危害的状态。

从词性上来看，应急是一种动作，安全是一种状态。两者并列也不合适。

（2）从人类需求的层次看

在马斯洛需求层次理论中，安全是人类生理需求之上的第二层次的需求，而应急根本就不存在于其需求层次中，即在人类的主要需求中，应急根本没有位置。安全与应急没有可比性，不合适放在一起。

（3）从目标诠释的内容看

可以这么说"安全"：安全是我们的命根，安全是幸福，安全是一切存在的根本，安全是一切工作的开始，安全是稳定的基础，安全是当代人民的追求，安全是生产与生命的保证，安全创造财富，安全出效益，安全出速度，安全出美满，安全出甜蜜，安全等于生命，安全是个宝生命离不了……

能这么说"应急"吗？如果说应急是我们的命根，应急是幸福，应急是一切存在的根本，应急是一切工作的开始，应急出美满，应急等于生命……人们一定觉得有问题，因为这完全不符合汉语的表达方式。如果一定要这么说，那一定是强词夺理。

（4）从各自体现的价值观看

安全是以人为本、积德行善的伟业；安全工作需要热爱生命，关注生命，有人文关怀精神。用"应急"两字替代上面的"安全"两字肯定不合适，应急在某种意义上讲是一种临时行为。它们各自体现的价值观是不同的。

（5）从安全科学原理看

安全是一个系统工程，在安全系统里，应急是安全的一个重要环节，但绝不是安全工作的出发点。应急是安全系统工程中的一项内容，应急管理是安全管理的组成部分。应急与安全肯定有联系，但如果在"应急"前面加个"大"字就说大应急包括安全，那是以偏概全的歪理。

（6）从时间维度看

应急是事故预防失效、屏障无效、发生事故及事故出现之后的行动，也包括事故恢复、事故处理和吸取教训等。几千年来，安全工作一直包括事前预防、事中应急处理、事后恢复和吸取教训等，而且安全工作是以预防为主，安全工作的成效非常重要。在长尾理论中，应急所占的时间区段极为短暂，预防事故和促进安全的工作状态占据了绝大多数时间。

（7）从现代安全理论看

现代安全理论不仅强调事故灾难的预防，还看重安全状态的正面促进作用以及提升抗风险的韧性功能，现代安全理论强调把安全事务做得更好，而不是仅仅不出坏事，安全工作不是应急。

行政部门，不管其名称叫什么，都可以管理和指挥其下属部门（不管下属部门的名字是大是小）。但学科和科学领域中并没有行政关系，讨论学科和科学问题时得按学理来分析。

安全的工作重点是预防，这是几千年实践得来的铁律。已有的安全法规中的基本方针或原则都体现为安全预防为主。例如：安全生产法中的"安全第一，预防为主，综合治理"；职业病防治法中的"预防为主，防治结合"；消防法中的"预防为主，防消结合"；突发事件应对法中的"预防为主、预防与应急相结合"；防震减灾法中的"预防为主、防御与救助相结合"；草原防火条例中的"预防为主、防消结合"；森林防火条例中的"预防为主、积极消灭"；防汛条例中的"安全第一，常备不懈，以防为主，全力抢险"；抗旱条例中的"以人为本、预防为主、防抗结合"；地质灾害防治条例中的"预防为主、避让与治理相结合"；煤矿安全监察条例中的"以预防为主，安全监察与促进安全管理相结合、教育与惩处相结合"。

我认为安全法规中的预防为主的方针和原则绝不能改变，预防为主仍将是我们必须遵守的工作方针。

环境容量与人类灾难（2010-08-19）

在我们赖以生存的地球上，各处的条件是不一样的，这是人类无力改变的事实。因此，这也决定了不同地域中可供人类生存和发展的环境容量有很大的不同。有些地方的环境容量很大，在这种地方人类可以得到很好的生存和发展，比如在欧洲的大部分地区、中国的东南部；有的地方环境容量很小，在这些地方人类很难生存，更难发展，比如在极地、沙漠等地区。

人类要生存发展，这当然无可非议，谁都没有限制别人生存发展的权利。因此，我们可以看到在许多不适宜人居住的高山、峻岭、峡谷、山沟等地区建起了村庄和城市，而且在不断扩大；在生态非常脆弱的地区过度放牧；在缺水的旱地或盐碱地上挖掘水源、发展工业。

但如前所述，地球上有些地方就是不适宜人类栖息和发展的。接着，就很有可能发生山洪、泥石流等灾害，吞没大量生命。

如果人类坚持这么发展下去，我们的地球还能存在多少年？我们是否能够接受有些地区先天不足的命运？不该发展的地方就不要发展，可以发展的地方要接纳不能发展的地方的人。

2010 年 8 月甘肃南部舟曲县突发特大泥石流灾害，我们短期内可以采取措施预防泥石流等地质灾害的发生，如加强地质灾害调查、发现地质灾害隐患、采取工程治理技术进行治理等。但我们能够永远根治这种灾害吗？答案是不可能的。原因是我们无法改造地球，是地球养育人类，而不是人类养育地球。

附录：吴超主要学术著作一览

做了几十年的安全学术研究，自己觉得引以为豪的东西，还是一些出版了的著作，特别是一些别人没有写过的著作。以下是从 1992 年以来，我与同事共同出版的主要著作、教材及科普读物的目录，读者从中也可以了解我 40 年来具体的研究和教学工作内容。

1. 学术专著

[1] 吴超, 王秉, 等. 安全系统科学学导论[M]. 北京: 科学出版社, 2021.

[2] 吴超, 黄浪, 王秉. 新创理论安全模型[M]. 北京: 机械工业出版社, 2018.

[3] 吴超. 安全科学原理[M]. 北京: 机械工业出版社, 2018.

[4] 吴超, 王秉. 安全科学新分支[M]. 北京: 科学出版社, 2018.

[5] 吴超. 安全科学方法论[M]. 北京: 科学出版社, 2016.

[6] 吴超, 孙胜, 胡鸿. 现代安全教育学及其应用[M]. 北京: 化学工业出版社, 2016.

[7] 吴超, 王婷. 安全统计学[M]. 北京: 机械工业出版社, 2014.

[8] 吴超, 李明. 微颗粒黏附与清除[M]. 北京: 冶金工业出版社, 2014.

[9] 吴超, 易灿南, 曹莹莹. 比较安全学[M]. 北京: 中国劳动社会保障出版社, 2014.

[10] 吴超. 安全科学方法学[M]. 中国劳动社会保障出版社, 2011.

[11] 吴超, 龚清群, 孙胜. 安全生产宣传用语精选[M]. 北京: 中国社会劳动保障出版社, 2005.

[12] 吴超. 化学抑尘[M]. 长沙: 中南大学出版社, 2003.

[13] 吴超, 孟廷让. 高硫矿井内因火灾防治理论与技术[M]. 北京: 冶金工业出版社, 1995.

[14] 王秉, 吴超. 安全情报学导论[M]. 北京: 科学出版社, 2022.

[15] 王秉, 吴超. 安全信息学[M]. 北京: 机械工业出版社, 2021.

[16] 贾楠, 吴超. 相似安全系统学[M]. 北京: 化学工业出版社, 2018.

[17] 李刚, 吴超, 吴将有, 等. 金属矿矿井通风优化与局部除尘技术[M]. 徐州: 中国矿业大学出版社, 2018.

[18] 游波, 施式亮, 吴超. 深井受限空间环境模拟系统与安全人因指标研究[M]. 西安: 西

安交通大学出版社,2018.

[19] 王秉,吴超.安全文化学[M].北京:化学工业出版社,2017.

[20] 王秉,吴超.安全标语鉴赏与集粹[M].北京:化学工业出版社,2016.

[21] 阳富强,吴超.硫化矿自燃预测预报理论与技术[M].北京:冶金工业出版社,2011.

[22] 古德生,吴超,等.我国金属矿山安全与环境科技发展前瞻研究[M].北京:冶金工业出版社,2011.

[23] 王从陆,吴超.矿井通风及其系统可靠性[M].北京:化学工业出版社,2007.

[24] 廖国礼,吴超.资源开发环境重金属污染与控制[M].长沙:中南大学出版社,2006.

2. 教材及科普读物

[1] 吴超,陈沅江,王秉,等.高职学生安全教育(第3版)[M].北京:高等教育出版社,2022.

[2] 吴超,王秉.安全教育学教程[M].北京:化学工业出版社,2021.

[3] 吴超,王秉.大学生安全文化(第2版)[M].北京:机械工业出版社,2017.

[4] 吴超.学生实习(实训)安全教育读本[M].北京:中国劳动社会保障出版社,2015.

[5] 吴超,刘辉,潘伟.非煤矿山安全知识15讲[M].北京:冶金工业出版社,2015.

[6] 吴超,陈沅江.高职学生安全教育(第1版)[M].北京:高等教育出版社,2014.

[7] 吴超,等.安全工程本科专业毕业论文(设计)教学实践[M].北京:中国社会劳动保障出版社,2010.

[8] 吴超.矿井通风与空气调节[M].长沙:中南大学出版社,2008.

[9] 吴超,吴宗之.公共安全知识读本[M].北京:化学工业出版社,2006.

[10] 吴超.大学生安全文化[M].北京:机械工业出版社,2005.

[11] 吴超,王方.社区给水排水管道维护[M].北京:中国社会劳动保障出版社,2005.

[12] 吴超,李孜军.社区保洁[M].北京:中国社会劳动保障出版社,2005.

[13] 吴超,孟廷让.矿山安全系统工程基础[M].长沙:中南工业大学出版社,1992.

[14] 陈沅江,吴超,吴桂香.职业卫生与防护[M].北京:机械工业出版社,2009.

[15] 胡汉华,吴超,李茂楠.地下工程通风与空调[M].长沙:中南大学出版社,2005.

[16] 陈沅江,吴超.职业卫生安全知识问答[M].北京:中国社会劳动保障出版社,2005.

[17] 李孜军,吴超.社区公共设备维护与管理[M].北京:中国社会劳动保障出版社,2005.

[18] 陈沅江,吴超.社区保安[M].北京:中国社会劳动保障出版社,2005.

[19] 何德文,吴超.防尘防毒安全知识[M].北京:中国社会劳动保障出版社,2005.

[20] 李孜军,吴超.企业安全知识问答[M].北京:中国社会劳动保障出版社,2004.

[21] 李孜军,吴超.机械安全知识问答[M].北京:中国社会劳动保障出版社,2004.

后记 ◯ ⦁

    出书往往会受到版面的限制。从 2007 年以来，我发表的博文有 1000 多篇，总字数有一两百万，要把这些素材删节成约四十万字的书稿，总感觉丢弃了很多好东西，挺可惜的。因而，我的确经历了多次忍痛割爱和删了又删的过程。另外，在编辑这本文集的过程中，我又写了几篇博文，而且相信以后还会继续写下去，因此对出版这书又感觉意犹未尽。还有，我其实还有大量的配图可以加上，如与研究生们的毕业合影等，完全可以做到图文并茂，但为了节省篇幅，一张都没有附上。最后，本来还安排了一章讲述自己和单位的故事，有七八万字的篇幅，也完全删掉了，当然这也使本书的安全学术主题更加明确了。幸好，上述的这些遗憾，在网络发达的今天完全可以弥补。以后有空时，我自己可以将其排版成电子文集，那就不会受版面和主题的限制了。如果读者对我更多的文章感兴趣，可以在网上搜索，就是麻烦了一点，需要自己选择，而且网上的是比较原始、未经加工的文字。

    这本书是我出版过的专著、教材中的另类，是唯一的以短文集形式出版的书。从这以后，我也许不会再专门出版新书了（至少是近几年没有计划）。想到这里，我觉得还应该借这个机会给自己的人生写一点总结，毕竟到了 65 岁了，人生的成长和工作阶段该经历的已经都经历了，剩下的就是变老和终结阶段。那要写点什么呢？人能活到 65 岁，两万多天，真的很不容易，特别是我们这一代人，经历的动荡和磨难太多，能活到今天，真的要感恩许多，因此下面就写感恩吧。

    想说出感恩的理由，也是需要思考和智慧的。只有明白感恩的理由，才能明辨是非和功过，才能摆正自己的心态，才能活得坦荡和潇洒，才能无愧于自己的心，才能找到自己想要的未来。感恩的话有千言万语可说，但感恩的心是千言万语难以表达的。

    先从亲人谢起吧！感谢父母在那非常特殊和极端艰难的时代里，以微弱的身躯和百倍的努力，把我养大成人。感谢老婆这么多年能够忍耐一个不太懂情趣的工科男及其所从事的无趣专业，并给予我不断的鞭策，使我不敢懒惰苟且，使我不懈努力。感谢儿子从读书到毕业到找到理想工作，都很少需要我操心，让我有大量时间忙乎那没有尽头的事务和枯燥无味的事业。感谢岳父岳母多年来给予我们一家三口的精心扶持和无微不至的关怀。感谢哥哥、姐姐、妹妹等亲人在数十年里在遥远的家乡不断给我鼓励，他们在家乡一直陪着父母等亲人，而且从来没有批评和抱怨过我。感谢奶奶在我儿时经常给我讲故事，让我安然入睡，感谢她不讨厌我小时候的调皮捣蛋。感谢从未见面的爷爷在晚年对家里的支持，在我上大学后，他万里迢迢寄来一大包我看不懂的英文、德文科技书，饱含着老人家的无限期望。感谢外婆外公，儿时过年过节去他们家时，少不了给我一个熟鸡蛋，让我美美地吃上一顿饱饭。感谢所有的亲人对我的关心和期盼，原谅我几乎没有给他们带来什么物质性的回报……

感谢我的小学老师们，给我人生启蒙，让我学会了算术、写字、唱歌，现在还记得那个美丽善良多才多艺的林老师，写出一手"圆"体字的吴老师；感谢我的初中老师们，在那充斥着"读书无用"的年代，偶尔让我感受到学习成绩优秀的自豪，还有位政治课老师曾让我帮他改作业使我体会到学习好的乐趣；感谢我的高中老师们，让我在学工学农中总是一马当先，同时让我锻炼了身体，最后还能原谅我的鲁莽和无知；感谢我的大学老师们，特别是我的多位导师们，让我的知识从极端贫乏，到能够拿到学士学位、硕士学位和博士学位，并掌握了一个专业的知识……

感谢我曾经的本科学生们，我年轻时初出茅庐，不像老师的样子，也没有教给他们多少有益的东西，他们却没有抱怨和批评过我。感谢多年来我带过的研究生们，对我这个知识非常不全和摸着石头过河当导师的老师，从来没有瞧不起，还为我所从事的研究领域做出了突出贡献，毕业后还总是惦记着我。

感谢我的同事们，不管是老是少，他们都是我心中的朋友，都给过我或多或少的支持，并使我感到融入了集体而少有孤独感。感谢我的单位和领导们原谅我多年来没有多少突出的成就和业绩，仍让我晋升职称并留岗至今，我一直珍惜着这份平凡的工作。感谢我的同行们这么多年给予了我很多帮助和鼓励，使我有机会在行业里发挥一点微薄的作用和一技之长。感谢相关的企业和组织机构这么多年给予的项目研究经费支持和信任，让我能够维持科研生涯，满足人生的自我实现需要。感谢我的东家中南矿冶学院—中南工业大学—中南大学，使我40年里一直能够学习和工作在岳麓山脚下这块宝地上……

感谢小学、中学、大学里那些曾经一起学习过的同学们，他们让我领略了同学情的美好和长久。尽管有些同学多年来不曾见面和联络，但彼此之间的那份惦念总不时出现。感谢那些共同战斗过的课题组同事和前辈，有的虽然已经离世，有的由于工作调动而分开多年，极少联络，但他们仍然给我留下了美好的回忆……

感谢大自然滋养我的身体，尽管不是特别健壮，但大脑还是灵活如前，各个器官也还基本能听我的使唤，到现在还能写点东西、出点活……

感谢这么多年来在网络上相识却未曾谋面的朋友们，他们扩大了我的交流空间，给予了我存在感……

感谢这个时代，让我一有点思想或心得就能够很快地抒发和传播出去……

本来想写一百个感谢的，以契合"百感交集"的涌现性，但抱歉写不完了，更多的感谢就请允许我用省略号代替吧……

上面的感谢其实是我在 2017 年满 60 岁时写的一篇博文的基本内容，现在时过五年，这些感谢仍然不变。尽管这些感谢写得很粗浅，但我所要表达的情感是真挚和有温度的。以此作为本书的后记。